软件体系结构

原理、实践与思维

沈　军　著

东南大学出版社
SOUTHEAST UNIVERSITY PRESS
·南京·

内 容 提 要

本书采用系统化思维策略解析软件体系结构相关知识。第 1 章概述，给出软件体系结构的定义、涉及内容，以及主体部分的组织结构并解析应有的学习策略。第 2 章基础，主要解析软件体系结构赖以建立的基础——程序基本范型，包括定义、作用、发展脉络、基本原理及其演化本质。第 3 章构件，主要解析用以建立软件体系结构的基本构件——设计模式，包括概念、作用、常用设计模式及其抽象本质。第 4 章形态，主要解析分别面向同族系统和异族系统的两类软件体系结构的基本风格及其关系，以及由它们衍生的各种典型风格及其具体应用。第 5 章案例，主要解析面向 Web 应用的新 3-Tier/n-Tier 体系结构的基本工作原理和面向服务体系结构(SOA)的基本工作原理，同时简单解析面向领域体系结构的基本思想。第 6 章表达，主要解析软件体系结构的基本建模方法及描述方法，包括非形式化方法和形式化方法。第 7 章应用，通过具体设计工具和应用案例，解析软件体系结构的基本设计过程。第 8 章发展，从程序基本范型和软件体系结构两个方面，重点解析云计算和 Enterprise SOA，以及可恢复语句组件模型和元模型及 MDA，并对软件体系结构的发展本质进行深入剖析。

本书主要面向普通高等院校计算机学院、软件学院的高年级本科生、硕士生相关课程的教学，以及作为软件体系结构相关研究人员的学术参考资料，也可以满足对计算机软件技术感兴趣并想进一步提高认识能力的普通读者的自学需求。

图书在版编目(CIP)数据

软件体系结构：原理、实践与思维 / 沈军著. —
南京：东南大学出版社，2023.8
　　ISBN 978-7-5766-0813-7

　　Ⅰ. ①软… Ⅱ. ①沈… Ⅲ. ①软件—系统结构 Ⅳ.
①TP311.5

中国国家版本馆 CIP 数据核字(2023)第 138841 号

责任编辑：张　煦　责任校对：韩小亮　封面设计：王　玥　责任印制：周荣虎

软件体系结构：原理、实践与思维

Ruanjian Tixi Jiegou：Yuanli、Shijian Yu Siwei

著　　者：沈　军
出版发行：东南大学出版社
出 版 人：白云飞
社　　址：南京四牌楼 2 号　邮编：210096　电话：025 - 83793330
网　　址：http://www.seupress.com
电子邮件：press@ seupress.com
经　　销：全国各地新华书店
印　　刷：广东虎彩云印刷有限公司
开　　本：787 mm×1092 mm　1/16
印　　张：25
字　　数：624 千字
版　　次：2023 年 8 月第 1 版
印　　次：2023 年 8 月第 1 次印刷
书　　号：ISBN 978 - 7 - 5766 - 0813 - 7
定　　价：78.00 元

前　　言

作为信息文明核心标志的计算机工具,促进了生产力的发展,对人类生活产生了深远影响。计算机工具的二阶结构成为激发人类思维潜能的引擎,这种特性主要体现在软件技术的发展。随着应用发展,用于处理应用逻辑的软件系统越来越庞大、越来越复杂,因此,软件体系结构应运而生并得以发展。然而,局限于本土文化带来的思维特性及其延伸的各种问题,目前国内对软件体系结构的研究与认识缺乏系统性和应有深度,由此,导致相应教材及著作的缺失。目前,市面上仅有的几本教材和著作,对软件体系结构涉及的知识既零碎又抽象,并且对当今软件技术发展的新思想和新方法缺乏关注或体现。更重要的是,对软件技术发展的思维本质或驱动软件技术发展的核心因素几乎没有涉及。从而,基于对教材的认识及其延伸的教学设计及应用实施,严重制约了我国核心软件产业的发展,并从本质上导致了面向软件技术发展的创新思维源泉的枯竭!

计算机是由程序控制,程序固化了人类处理问题的思维。为了实现计算机应用,如何构造程序或者如何有效地描述人类处理问题的思维成为一个核心问题。为此,计算模型(或称为程序基本范型)得到发展,不同的程序基本范型决定了不同的软件体系结构。尽管程序基本范型给出了程序构造的基本方法及程序基本形态结构模型,然而建立在这种基本模型之上、针对特定应用场景处理的某些稳定结构或者说这种基本模型的应用经验成为优秀软件体系结构的基本建筑块。随着应用发展,其逻辑及功能越来越复杂,相应的软件系统也越来越复杂,为降低复杂性,人类采用的基本手段是分层,不同的分层策略构成软件体系结构的基本风格。软件系统具有工程学科特性,因此软件体系结构建模与描述显然是软件体系结构的最终目标之一,由此建立软件系统构造、分析与评估的基础。基于上述理论及方法,软件体系结构设计实现最终的具体应用。进一步,尽管软件演绎了人类思维,人类思维也有着各种形态,然而,人类的思维一定存在着共性规律。因此,各种计算模型及其延伸的支持语言、工具和平台等,其本质存在认识的连续性。基于这些认识,以及对软件体系结构对未来应用发展的重要意义的思考,作者于十年前面向硕士生开设了"程序基本模型""软件体系结构""软件开发方法和技术""软件工程"等课程,面向本科生开设了"软件体系结构""程序设计基础及语言""计算思维及应用(研讨)""算法与程序设计"等课程。在多年教学实践基础上,构筑了本书的体系结构。特别是,结合作者对认知科学及认知计算方面的相关研究工作，将计算思维教学融入本书中，突出作者提出的二维教材设计法的内涵，进一步演绎软件即思想、软件即文化的本质。

本书采用系统化思维策略，解析软件体系结构相关知识。首先按照从基本原理及方法（第1章至第4章）、实践（第5章）、建模及设计（第6章、第7章）到发展（第8章）的逻辑构筑教材第一条主线。然后，将深入认识、思维和认知提升，以及计算思维等采用投射方式分布在各个相关章节，构筑教材的第二条主线，该主线既横向保持与相关章节知识的衔接及针对性，又纵向保持主线的系统性。基于本教材，可以针对不同教学需求和对象，采用多种教学路线。例如：面向工程应用型教学，可以以第1章到第5章为一个教学单元，以第6章部分及第7章为另一个教学单元，同时适当兼顾第8章部分内容。由此分别对应于初级应用、高级应用以及两者综合。面向研究型教学，可以以第1章到第4章为一个教学单元，以第6章、第8章为另一个教学单元，同时将第5章和第7章作为其配套的实验教学。面向高级学术研讨型教学，可以以第2章、第6章及第8章为一个教学单元，并将第5章作为其配套的教学案例。针对同一种教学路线，也可以演绎出多种教学设计。例如：针对面向工程应用型教学路线，既可以采用基于演绎思维的常规型按部就班式教学设计，也可以进行思维倒置，采用问题驱动、基于归纳思维的引导式教学设计（由第5章开始，归纳到第1章到第4章等）。具体教学应用中，究竟采用哪种教学设计，完全取决于教师主体个人的认知能力、教学能力及对教材的认识深度。

本书配套电子资源（包括教材配套补充内容、教材全部插图、个别案例的对应答案。另外，部分习题解析将动态增加），读者可以通过扫描本书封底的二维码获取。

本书出版得到了东南大学出版社的大力支持，在此表示衷心感谢！特别感谢张煦老师，她为本书出版给出了建设性意见，并任劳任怨、积极推进。另外，我的学生刘云云、张文斌、姜子威、刘永博、张舒韬等为本书的案例及图片工作给予了大力支持，在此向他们表示衷心感谢！

本书出版得到国家重点基础研究发展计划（973计划）项目"服务可扩展的网络体系结构描述方法研究"（2009CB320501子项）、东南大学2022年校级规划教材建设立项的支持。

本书写作参考了较多资料（含在线资源等），主要参考文献已列出，由于时间跨度较大，有些资料来源不一定能够一一列出，如有重要遗漏，请读者们来信指出，以便修正和补充。特别说明的是，作者对所参考资料都是经过自身内化后再进行写作，并对一些错误和不妥之处进行了修改。

本书中的观点都是基于作者个人的认知、理解和感悟，限于个人水平，难免存在偏差和不妥之处，希望读者来信批评与指正。同时也恳切盼望各位同仁来信切磋，Email地址是 junshen@ seu. edu. cn。

作　者

2023-05-19 于古都金陵

目　　录

第 1 章 概　述

本章主要给出软件体系结构的定义，解析软件体系结构的重要性及涉及的主要内容。在此基础上，给出本书的组织结构及应有的学习策略。

什么是软件体系结构

所谓**体系结构**(或体系，Architecture)，是指一种思想的抽象，它一般包含两个方面，一个是抽象级别较高的概念层次内容，主要是指这种思想的核心理念、相关原则和方法等；另一个是抽象级别相对较低的技术层次内容，主要是指其作用的宿主系统的基本组成元素及其相互关系的定义及描述。显然，前者本质上是强调体系结构的"体系"涵义，后者本质上是强调体系结构的"结构"涵义。深入而言，从逻辑上看，前者是体系结构的核心要素，后者仅仅是前者的一种具体表现，用于诠释前者的内涵。

软件体系结构(Software Architecture)是指一系列关于软件系统组织的重大决策(即原则、思想)，以及软件系统的基本组成要素及其相互关系，是软件系统结构的抽象，由软件元素、元素的外部可见属性及元素间的关系以及相关的设计准则组成。显然，软件体系结构是体系结构概念在软件上的投影或具体应用，软件系统成为体系结构作用的宿主系统。

对于体系结构，理解的核心在于抽象程度。首先，体系结构并不等同于系统结构的具体设计说明，而是该说明的一种抽象描述与表达。其次，根据上下文或特定应用背景，要区分究竟是侧重于"体系"还是侧重于"结构"。并且，对于"结构"，还应注意到它是指"体系"的内部要素，还是指"体系"的外部认知框架(即体系自身的结构)，由此决定其具体内涵。

为什么要研究软件体系结构

得益于计算机工具的特殊结构，计算机应用一般都需要通过构造软件系统实现。随着人类文明信息化程度的深入，企业 IT 应用越来越复杂，导致软件系统越来越庞大。众所周知，如果要建造一个摩天大厦，首先必须给出其设计蓝图，然后才能在设计蓝图的指导下，一步步按照工程要求进行建造。绝不是仅仅凭想象随意施工。与之相似，如果要构造一个庞大、复杂的软件系统，显然也必须在具体实施之前进行其蓝图设计，即进行软件体系结构设计。这是复杂大系统构造方法与简单小系统构造方法之间的本质区别。

另外，相对于其他系统而言，软件系统有其特殊性。一方面，随着人们对软件认识程度的不断深入，软件构造的基本方法和技术不断发展，目前，已诞生了各种各样异质的方法和技术。并且，应用系统赖以执行的基础环境，包括硬件系统和系统软件平台，也存在异质性。另一方面，应用具有恒变性，业务规则多次被重新定义，新业务模型也屡屡出现。随着应用的不断发展，多年的反复改造使很多系统之间具有复杂的交叉依赖，异质和冗余度相当高。不同时期采用不同技术和平台构建的软件系统逐渐形成"信息孤岛"，企业应用程序环境变成一个大杂烩，企业应用程序环境的维护和集成成本居高不下。特别是面对新世纪全球化、虚拟化的商业环境，许多企业由于不能及时提供所需功能而错失良机。因此，如何匹配技术的动态性和应用的动态性，显然必须从一个战略高度进行分析。也就是说，为了有效地"重用"现有系统并与之"协同"工作，及时开发新的业务功能，减轻成本压力，必须为企业计算建立十分"灵活"和"敏捷"的"完美"结构，使企业软件环境内部保持恒久的"有序度"。软件体系结构正是实现这一需求的有力武器。

更进一步地认识软件体系结构也是软件自身发展的使然。按照事物发展的普遍规律，从软件发展的脉络来看，其目前正处于由初级阶段到高级阶段的过渡时期。软件体系结构的建立，以及以软件体系结构为核心的新一代软件开发方法学的研究与发展，标志着该学科的逐步成熟。

1.3 软件体系结构涉及的内容

软件体系结构研究源自于软件工程研究，目前已基本上相对独立。事实上，软件工程主要关注软件开发的整个过程，涉及软件开发整个过程的各个方面，包括人员、资源和费用等非技术因素，而软件体系结构主要关注软件系统本身的抽象结构定义和设计。从认识论层面，可以将软件工程和软件体系结构看做是针对软件开发的宏观视图和（某个）微观视图及其他们的辩证关系。

按照给出的软件体系结构定义，软件体系结构应该涉及基本软件构造范型、设计模式、基本风格、典型案例和描述与设计等内容。其中，基本软件构造范型是软件体系结构建立的基础和最小粒度的元素。不同的软件范型蕴涵了其直接支持的软件体系结构，同时，软件范型发展的轨迹也反映了软件体系结构发展的历程和进化理念，两者在思维本质上具有通约性。设计模式是面向对象软件设计中关于对象关系和结构的一种设计经验抽象，它能有效支持软件结构对于应用恒变特性的适应性，提高软件系统的维护和演化能力。尽管设计模式来源于面向对象软件设计，但其思维本质对软件体系结构如何适应应用的恒变特性，也有同样的指导意义。软件体系结构中往往在某个局部大量采用设计模式，以重用久经考验的设计经验。软件体系结构基本风格抽象了一些经过实验验证有效的软件体系结构基本设计方法，这些方法广泛应用于现实软件系统的设计之中。典型案例是指软件体系结构的各种具体实现，它集成了软件范型、设计模式和软件体系结构基本风格。软件体系结构描述是指通过一定的语言或符号，从形式上定义软件体系结构，实现软件体系结构蓝图的书面具现，从而，方便对软件体系结构进行交流、审核和分析验证。软件体系结构设计是指针对某个具体软件系统或应用,利用软件范型、设计模式和软件体系结构基本风格等知识以及相应描述手段,进行艺术创造,创建出能够满足该具体软件系统需求或应用需求的相应软件系统的一种完美蓝图。

软件体系结构所涉及的各部分内容,从逻辑上构成一个整体,如图 1-1 所示。

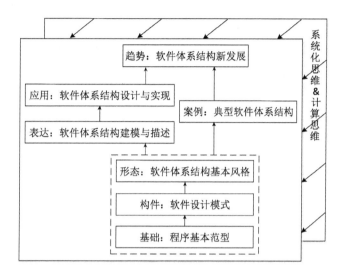

图 1-1　软件体系结构涉及的内容及其关系

1.4 本书的组织结构及学习策略

本书后面的章节,基于图 1-1 所示逻辑关系而展开。第 2 章到第 4 章,以及第 6 章构成一个认知单元,属于原理篇,从细粒度到粗粒度,从内核到外延,解析软件体系结构的多层次认知视图。第 5 章和第 7 章构成一个认知单元,属于实践篇,解析原理篇的具体应用。第 8 章构成一个认知单元,属于原理篇的进化,从内核程序范型和外延软件体系结构两个方面解析其相关的新发展。另外,针对每一章,最后都从思维层次给予本章认知的深度进阶解析,这些内容采用横切方式分布于各章,从逻辑上构成隐式的思维篇。

针对本书的知识体系,宏观上可以采用面向应用和面向研究的两种基本学习策略。面向应用的学习策略,主要学习第 1-4 章、第 6 章的基本内容,以及第 5 章和第 7 章的内容,以理解目前软件开发领域中常用软件体系结构相关概念和知识及其对具体技术和产品的映射为核心,进行具体软件体系结构的设计与实现。面向研究的学习策略,主要学习第 1-4 章、第 6 章内容和第 8 章内容,并兼顾第 5 和第 7 两章内容,以理解目前软件学科领域中软件体系结构相关概念、知识及其发展脉络及内在思维联系为核心,尤其是对隐式思维篇的学习和创新应用,进一步从认识论层次深刻理解软件体系结构发展轨迹内在的思维特征,以此把握软件体系发展的方向。通俗而言,面向应用的学习策略主要培养工程师,而面向研究的学习策略主要培养研究员。微观上,应该采用基于模式的学习策略,即重点认识具体范型、方法和技术背后所蕴涵的各种模式(隐性知识)及其在这些具体范型、方法和技术中的应用(模式建构),在模式层次进行学习。具体而言，映射到每一章内容的学习，首先学习各种具体模型、方法和技术，包括它(们)的概念、术语和基本原理等。然后，再深入一步，思考并发掘这些概念、术语和基本原理中共同采用的一些问题处理思想，例如分层处理思想、抽象粒度等。最后，还要在此基础上，对各种概念、术语和基本原理等进行比较和分析，认识它们之间发展和演化的脉络及其原因，例如软件范型发展和演化的脉络及其原因等。针对本书整个内容的学习，应该在普通知识(显性知识)和模式知识(隐性知识)两个层面展开学习。首先，在每个层面注意从各种具体知识点中形成知识链，例如普通知识层面中的知识关系、模式知识层面中的模式关系。然后，将两个知识面综合，形成知识球。从而，达到知识的触类旁通和融会贯通。

1.5 本章小结

软件体系结构对现代软件开发具有极其重要的作用。软件体系结构涉及内容和知识既抽象又具体，并且其形而上和形而下两极都开放。本章从定义、意义、内容和学习策略几个方面，基于系统化认知思维，为本书的展开及有效学习建立宏观的认知视图。

习　题

1. 什么是软件体系结构？它一般包含哪两个方面的内容？两个方面的内容是什么关系？
2. 如何理解软件体系结构和软件工程之间的区别和联系？
3. 如何理解软件范型、设计模式和软件体系结构基本设计风格三者之间的关系？
4. 什么是应用的恒变特性？你认为对应用恒变特性的灵活适应是不是软件体系结构设计的核心，为什么？
5. 什么是基于模式的学习策略？请举例说明。

拓展与思考：

6. 对于 Architecture 的中文翻译，你认为应该是"体系"还是"体系结构"？为什么？

(提示：从中文构词规则角度，"体系结构"具有二义性，一是与"体系"等价(作为合成名词)，另一个是"体系的结构"(不作为合成名词)，是指"体系"本身的结构。对于后者，首先，"体系"的涵义既包括思想、原则和方法，也包括其作用的宿主系统的基本组成要素及其相互关系。其次，对这两者的统一认识或研究它们的关系就是"结构"的含义，即采用"结构化视图"去认识"体系"，是指对"体系"[Architecture]的一种结构化的认知框架。)因此，体系结构本质上是将"结构化思维"具体运用于"体系"。相对于"体系"所包含的"结构"涵义部分，"体系结构"是一种结构的结构。事实上，体系结构的核心在于"体系"，并侧重于"体系"中的"结构"含义，这是 Architecture 的本意。

7. 建立一个精美的小狗窝与建立一个庞大的摩天大厦，在策略上究竟有何本质不同？
8. 事物发展初级阶段和高级阶段分别基于什么样的思维特征？(提示：从人类认知的归纳思维和演绎思维两种基本思维方式角度考虑)

第 2 章　基础:基本程序范型

本章主要解析软件体系结构赖以建立的基础——程序构造基本范型。首先,给出程序基本范型的定义,解析程序基本范型对软件体系结构的作用。然后,梳理程序基本范型发展脉络,解析各种程序基本范型的基本原理。最后,解析对程序基本范型的深入认识和思考。

2.1　什么是程序基本范型

所谓**范型**(Paradigm),一般是从事某一类科学活动所必须遵循的公认的模式。显然,**程序基本范型**是指程序构造所必须遵循的公认的基本模式,它定义了程序构造的基本原理及程序的基本结构形态。其中,基本原理是核心,属于方法论范畴,需要定义方法构建的基本要素及其关系。基本结构形态是基本原理的具体表现,诠释基本原理的思想和内涵。

程序基本范型是程序的一种抽象,它独立于各种具体程序,相对于具体程序的抽象模型,程序范型位于元模型抽象层次,其抽象级别高于具体程序的抽象模型。另外,程序基本范型也是程序设计语言赖以建立的基础,程序设计语言各种机制的建立本质上就是用于支持程序基本范型的实现。程序基本范型与程序设计语言的关系是多对多关系,一种范型可以由多种语言实现,一种语言也可以同时支持多种范型。

2.2　程序基本范型对软件体系结构的作用

程序基本范型既反映了软件体系结构构建的核心思想,也奠定了软件体系结构构建的基础。一方面,它定义了软件体系结构构建的基本单元元素的形态。另一方面,它定义了基本单元元素之间关系的基本形态。通过基本单元元素及其相互关系的定义,确定了软件系统构造的基本准则。因此,不同程序基本范型隐式地定义了软件体系结构构建的不同基本方法。

程序基本范型的发展脉络

审视程序基本范型从诞生到发展的历程,尽管各种程序基本范型的发展存在一定的时间交叉,但从其是否作为软件构造的主体支撑方法和技术来看,程序基本范型的发展基本上符合如图 2-1 所示的轨迹。

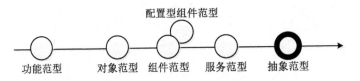

图 2-1　程序基本范型的发展轨迹

程序基本范型的发展脉络也清晰地体现了计算机应用发展的历程,以及计算机技术发展的历程。计算机应用发展和计算机技术发展两者相辅相成,一方面,计算机应用发展对计算机技术提出了新的要求,促进计算机技术发展;另一方面,计算机技术发展又为新型计算机应用发展提供了基础,促进计算机应用发展。作为计算机技术之一的软件技术,在计算机应用和其他计算机技术之间建立起桥梁。因此,程序基本范型的发展事实上也就是不断动态地粘合应用与技术。图 2-2 给出了计算机应用、计算机技术和程序基本范型的关系。

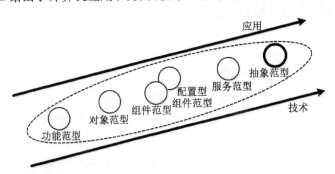

图 2-2　技术、应用和程序基本范型的关系

程序基本范型的原理解析

本节按照程序基本范型演化的轨迹,主要解析各种程序基本范型的基本原理及其思维本质,并阐述其对软件体系结构建立的影响。

2.4.1　功能(或过程)范型

功能范型(Function Paradigm,也称为面向功能范型、功能模型)也可以称为面向过程范型(鉴于软件工程中已有过程模型的专有定义,本书不采纳该称谓)或函数式范型(鉴于计算理论中已有函数式编程范型的专有定义,本书也不采纳该称谓),它是模型化软件构建方法的第一个基本范型。功能范型的基本原理是将一个系统分解为若干个基本功能模块，基本功能模块之间可以按需进行调用。基本功能模块集合及其调用关系集合构成一个软件系统的基本模型。

功能范型诞生于 20 世纪 60 年代，它强调了对程序两个 DNA 之一数据处理（功能）的抽象，通过功能分解和综合的方法，降低系统构造的复杂性。从而，实现一体式程序体系结构向结构化程序体系结构的转变，并建立了结构化程序设计方法，该方法是第一代模型化方法，称为面向功能的程序开发范型。

功能范型的核心之一，是基本功能模块的抽象及耦合。事实上，基本功能模块是一种处理方法的抽象，这种方法独立于其处理的具体数据集，建立在抽象的数据集上。通过将抽象数据集具体化，就可以实现处理方法在某个具体数据集上的作用，从而实现处理方法的重用。因此，基本功能模块的抽象一般需要定义其处理的抽象数据集。具体实现中，基本功能模块一般有**函数**（Function）和**过程**（Procedure）两种形式，前者返回处理结果，后者不返回处理结果。抽象数据集称为形式参数，具体数据集称为实际参数。图 2-3 分别给出了基本功能模块在 Python 语言和 C++语言中的实现。

```
def 函数名( [形式参数列表] ) :
    函数体

def sum(a, b) :
    c = a+b
    return c
def BabyProg():
    print("Hello world!")
```

Python 语言实现

```
函数返回值数据类型 函数名( [形式参数列表] )
{
    函数体
}

int sum( int a, int b )          void BabyProg( )
{                                {
    int c = a + b;                   cout << "Hello world!";
    return c;                    }
}
```

C/C++语言实现

图 2-3　基本功能模块的实现

基本功能模块的耦合，是指一个模块调用另一个模块时如何实现被调模块抽象数据集的具体化以及被调模块如何返回其处理结果给主调模块。前者一般称为参数传递，后者称为函数调用返回。目前，考虑到模块嵌套调用的实际应用需求，参数传递和函数调用返回的实现方式基本上都是通过**堆栈**（Stack）机制进行，图 2-4 给出了参数传递和函数返回实现的基本思想。按照传递方式，传递基本上有**值传递**（pass by value）和**引用（或地址）传递**（pass by）两种形式。值传递将实际参数值（函数调用时）或函数处理结果值（函数调用返回时）复制到堆栈，引用传递则是将实际参数值（函数调用时）或函数处理结果值（函数调用返回时）存放的内存地址复制到堆栈。因此，当被调模块的抽象数据集具体化后，值传递方式不会因为被调模块的处理而

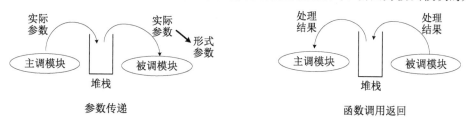

图 2-4　参数传递和函数调用返回实现的基本思想

改变原始的实际参数值,而引用传递方式由于被调模块的处理会通过实际参数值存放的内存地址而间接地作用于原实际参数,从而改变原始的实际参数值。另外,对于函数调用返回,引用传递可能会带来错误隐患,因为程序设计语言中,为了提高内存使用效率,对模块中的数据往往采用按需即时存储分配策略。例如:C/C++语言中,引用传递会导致无效引用和内存泄漏错误。图2-5是两种参数传递方式的C++语言实现。

```
include <iostream> using namesparce std;
int SubModule(int p, int q)
{
    int r;
    r = p + q;
    p--;  q++;
    return r;
}

int main( )
{
    int x = 10, y = 20, z = 0;
    z += SubModule(x, y);
    cout<<"The Result is:"<<z<<endl;
    cout<<"x="<<x<<", "<<"y="<<y<<endl;
}
```
```
The Result is: 30
x=10, y=20
```

```
include <iostream> using namesparce std;
int SubModule(int &p, int &q)
{
    int r;
    r = p + q;
    p--;  q++;
    return r;
}

int main( )
{
    int x = 10, y = 20, z = 0;
    z += SubModule(x, y);
    cout<<"The Result is:"<<z<<endl;
    cout<<"x="<<x<<", "<<"y="<<y<<endl;
}
```
```
The Result is: 30
x=9, y=21
```

图2-5　两种参数传递方式的C++语言实现

功能范型的核心之二,是递归思想的具体实现。所谓**递归**(Recursion),是指不断通过缩小待处理数据集规模来处理问题(即"递"),并通过不断综合小规模数据集的处理结果来得到大规模数据集处理结果(即"归")的一种问题处理方法。图2-6给出了递归方法的基本思想。

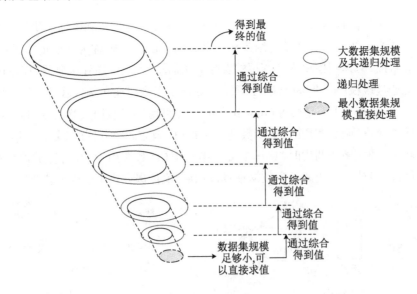

图2-6　递归方法的基本思想

　　功能范型中,递归思想体现在两个方面:一个是基本功能模块的递归应用,另一个是处理逻辑或数据组织方法的递归应用。基本功能模块的递归应用,是将图 2-6 中的一种处理方法通过一个基本功能模块实现,将数据集规模作为基本功能模块的形式参数之一,这样在基本功能模块处理逻辑的定义中,显然需要在缩小后的数据规模上再调用其自身(使用同一种处理方法)。可见,递归是一种特殊的模块耦合关系,其主调模块和被调模块是同一个处理模块。图 2-7 给出了基本功能模块递归应用的一个具体案例。根据模块调用关系的不同,递归可以呈现多种具体应用形式,如图 2-8 所示。其中,相对于图 2-8(a),嵌套递归是一种"阶"拓展,其他都是"维"拓展。

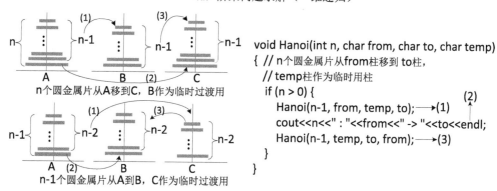

（a）阶乘问题求解（一维递归）

（b）汉诺塔问题求解（二维递归）

图 2-7　基本功能模块递归应用具体案例

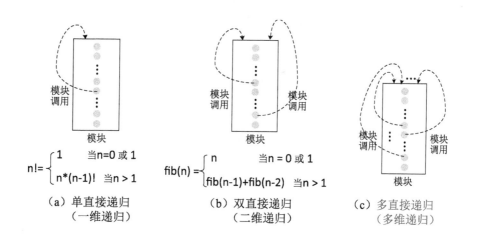

（a）单直接递归
（一维递归）

（b）双直接递归
（二维递归）

（c）多直接递归
（多维递归）

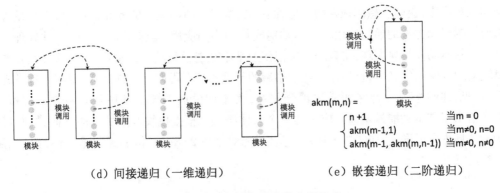

$$akm(m,n) = \begin{cases} n+1 & \text{当}m=0 \\ akm(m-1,1) & \text{当}m\neq0, n=0 \\ akm(m-1, akm(m,n-1)) & \text{当}m\neq0, n\neq0 \end{cases}$$

（d）间接递归（一维递归）　　　（e）嵌套递归（二阶递归）

图 2-8　递归的多种具体应用形式

处理逻辑的递归应用，是指将问题的整个处理逻辑看作为数据集，将基本的处理逻辑看作为最简单的处理方法，从而实现用基本的处理逻辑及其递归组合来实现处理不同复杂度问题的整个处理逻辑。功能范型抽象了三种基本的处理逻辑：**顺序**、**分支**和**循环**。图 2-9 给出了它们的语义解析。图 2-10 解释了处理逻辑的递归应用内涵。其中，程序 A（大程序）和子程序 B（小程序）在思维上具有显式通约性。因此，它演绎了大小辩证统一的哲学思想具体应用。事实上，递归思想诠释了计算思维的本质内涵。

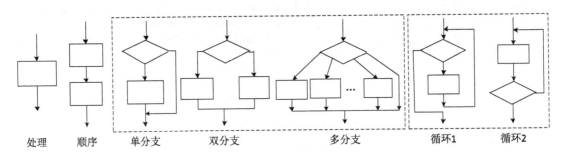

处理　顺序　　单分支　双分支　　　多分支　　　循环1　循环2

图 2-9　三种基本的处理逻辑及其语义

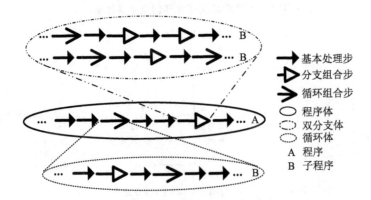

→ 基本处理步
▷ 分支组合步
➤ 循环组合步
◯ 程序体
⬭ 双分支体
⬭ 循环体
A 程序
B 子程序

图 2-10　处理逻辑的递归应用内涵

数据组织方法的递归应用，是指将需要组织的全部数据看作为数据集，将基本的数据组织方法看作为最简单的处理方法，从而实现用基本数据组织方法及其递归应用来实现针对不同规模数据集的结构化组织。在计算机中,数据组织基本方法通过单个数据及其组合关系来构建,具体而言,首先给出单个数据的组织方法,然后给出数据之间的组合关系定义,这种方法本身具备自我演化能力,体现典型的递归应用特点。一般而言,单个数据具有不变与可变两种特性,与之对应,计算机中通过常量和变量来表达。对于数据关系,可以按需定义关系集。例如:C++语言中,数据关系有三种:**绑定、堆叠和关联**。另外,数据组织方法分为**型和实例**,型表示数据组织方法的形态和特性定义,是一个抽象的概念,计算机中一般通过**数据类型**(Data Type)实现。实例是指型的一个具体表现或值。显然,一个型可以有多个不同的实例。例如:C++语言中,**复合数据类型**就是通过**基本数据类型**的递归应用而实现,具体解析参见图 2-11 所示。图 2-12 所示给出了 C++语言中数据组织递归应用的案例。

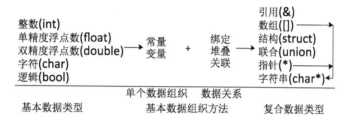

图 2-11　C++语言中基本数据组织方法

由于功能范型侧重于程序的数据处理(功能)部分,淡化了程序的数据组织部分以及数据组织与数据处理之间的关系,因此,对于大规模程序构造,功能范型具有其固有的(或天生的)缺陷——**数据波动效应**。所谓数据波动效应,是指如果一个模块修改了或调整了某个数据组织结构,但它没有及时通知其他与此数据组织结构相关的模块,则该数据组织结构的变动会引发意想不到的影响,这种现象会在整个程序中产生连锁反应(即

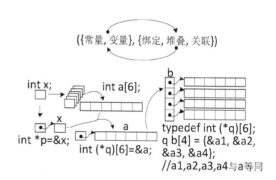

图 2-12　C++语言中递归数据组织的具体应用

波动效应),最终导致整个程序的不正确性。尽管功能范型存在固有缺陷,并由此失去其主流技术的地位,但其模型化构造方法的建立,以及模块化设计思想、递归构造思想的建立,对软件构造方法产生了深远的影响。

2.4.2　对象模型

对象模型(Object Paradigm,简称面向对象范型、对象模型)诞生于 20 世纪 80 年代,它以对象为核心,强调对程序中数据组织的抽象,并实现数据组织和数据处理的统一。在此基础上,建立面向对象的软件构造方法。对象范型的基本原理是将一个系统分解为若干个对象,对象之间可以通过发送消息按需进行协作。对象集合及对象关系集合构成一个系统的基本模型。

所谓**对象**(object),是指客观世界中存在(已经存在或将要存在)的东西,可以是具体的(例如:人、桌子、书等),也可以是抽象的(例如:缓冲池、堆等)。在计算机中,为了描述一个对象(或以对象进行数据组织),显然必须给出对象的**型**,并按需建立对象的各个具体实例(称为对象的值）。例如：C++语言中，以**类**（class）描述一个对象的型，以变量描述对象的值。一个对象一般有静态属性和动态行为（即对象的职责），例如汽车有型号、颜色、价格、牌号、生产厂家等静态属性，有发动、刹车、转弯等动态行为等。因此，对象型的描述中必须将该类对象的静态属性和动态行为描述清楚。其中，静态属性对应于数据组织，动态行为对应于数据处理，从而以对象为核心，将数据处理和数据组织进行统一。进一步，考虑到数据的隐私与保护，可以对属性和行为进行公开级别的控制，称为信息隐藏或封装。图 2-13 给出了对象描述的基本视图。图 2-14 给出了 C++语言中对象描述的一个具体案例。

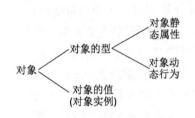

图 2-13　对象描述的基本视图

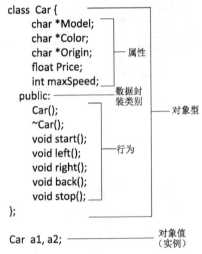

图 2-14　C++语言中对象描述
的具体案例

对象范型的核心之一，是对数据类型的抽象与拓展。所谓数据类型的抽象，是指允许用户按需定义自己的数据类型并通过其进行数据组织，从而拓展某种程序设计语言固有的数据类型，为应用程序的构造带来灵活性。相对于传统固有数据类型，拓展的数据类型称为**抽象数据类型**（Abstract Data Type，ADT）。一般来说，一种数据类型既要规定其数据的取值范围，又要定义其数据的基本运算操作。因此，对象范型中的对象描述机制，可以满足数据类型定义的要求。其中，对象的属性描述对应于数据取值范围，对象的行为描述对应于数据基本运算操作。可见，对象本质上就是数据，对象描述就是定义一种数据类型。值得注意的是，抽象数据类型的定义体现了数据组织方式的递归应用特性。相对于功能范型中的复合数据类型，抽象数据类型的实现灵活性和扩展性要强得多。

对象范型的核心之二，是同构（或同族）对象关系的定义，这种关系体现在**继承**（Inheritance）和**多态**（Polymorphism）两个方面。所谓继承，是指同族对象中，后代可以共享前代的属性及行为特征。例如，麻雀作为子类可以是父类——鸟的一种类型，因此，麻雀可以继承鸟类的一些属性及行为特征。同时，麻雀也可以有自己的属性和行为特征；也可以改变父类的一些行为特征。所谓多态，是指对象的某种行为可以呈现不同的表现形态。根据不同形态表现的时机，多态可以分为静态多态和动态多态。静态多态是指在对象的具体实例建立前，对象的行为描述中就已经将各种形态的表现定义清楚。这种多态形式一般用于一个对象内部的行为描述中。动态多态是指各种形态的表现要在对象的具体实例建立后才能具体确定。这种多态形式一般用于具有继承关系的同族多个对象的行为描述中。此时，父类通常只给出抽象行为（即对象可以做什么），而不定义具体行为（即对象究竟如何做）。各个子类具体定义其对象应有的行为。这样当通过抽象引用概念性地要求对象做什么时，将会根据当前实例化的具体类（父类或子类）得到不同的行为，具体行为取决于对象的具体类型。例如，对于一个图形类，可以定义一个 draw() 行为。但是，对于直线、圆、矩形和椭圆等不同的图形（它们都是图形类的后代），显然各自的 draw() 会呈现出不同的具体形态（绘制方法）。动态多态机制具有较强的灵活性，它提供了一种统一的控制机制。事实上，动态多态也可以看成是一种遗传变异，是作用在继承机制上的一种更细粒度的控制,是一种特殊的继承。C++语言中,静态多态通过**函数重载**(Function Overloading)机制实现,动态多态通过**虚函数**(Virtual Function)机制实现。

对象范型通过对象机制统一了数据组织和数据处理两个方面,并建立了抽象数据类型的构造方法。然而,其抽象级别仍然较低,认识视野仍然局限于实现层次,对概念层次和规约层次的重视不够,从而使得基于对象范型的面向对象设计思想和方法失去了应有的巨大效能。也就是说,抽象数据类型的具体实现仍然需要由具体程序设计语言来体现,对象不能独立于语言。另外,对象范型通过继承机制强化了同族对象关系,而对异族对象关系并没有显式说明。因此,尽管对象范型通过统一数据组织和数据处理两个方面可以解决功能范型的数据波动效应缺陷,但对于异构集成以及大规模软件开发,对象范型暴露出它的不足之处。

2.4.3　组件范型

组件范型(Component Paradigm,也称为面向组件范型、组件模型)诞生于 20 世纪 90 年代,它在对象范型基础上,强调了异族对象关系以及对象独立性问题。异族对象关系主要是指组件内部完成组件功能的各种对象不但是同族的,也可以是异族的。对象独立性是指组件建立在二进制基础上并独立封装,可以独立部署。组件范型的基本原理是以**接口**(Interface)为核心,通过接口抽象组件的行为。在此基础上,建立面向接口的软件构造方法。组件集合及其协作关系集合构成一个系统的基本模型。

所谓接口,是指对象动态行为的集合。接口也支持继承机制。因此,相对于对象范型,组件范型更加重视在概念层次和规约层次上认识面向对象的方法和思想,强调对象是一组责任,具有可以被其他对象或对象自身调用的方法(即行为)。也就是说,将数据组织部分封装在内部,不对外暴露。而将针对数据的处理部分以接口形式对外暴露,接口的具体实现也封装在内部,不对外暴露。

所谓组件,是指能完成特定功能并能独立部署的软件合成单元。一个组件一般具有一个或多个接口,每个接口的功能由一个或多个方法(或称为函数)来体现。接口的具体功能(即其每个方法的具体行为)由组件对象实现。组件对象之间可以通过聚合和委托方式进行功能重用。图 2-15 是组件的基本结构,图 2-16 是组件功能重用的两种基本方式。图 2-17(a)是 Microsoft COM(Component Object Model)组件的基本结构。COM 支持 DLL(Dynamic Link Library)和 EXE 两种封装结构。图 2-17(b)是 COM组件的运行时结构。

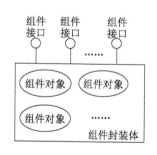

图 2-15　组件基本结构

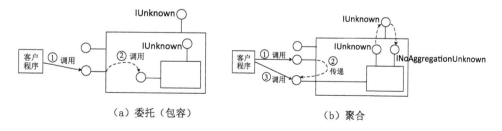

（a）委托（包容）　　　　　（b）聚合

图 2-16　组件功能重用方式

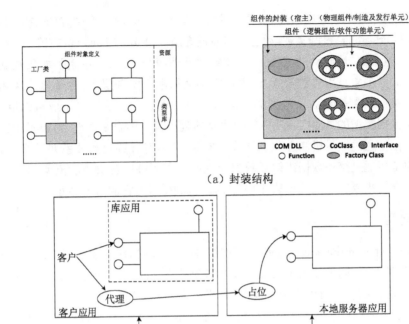

（a）封装结构

（b）运行时结构

图 2-17　Microsoft COM 组件的基本结构

组件范型强调标准,以实现具有独立性的组件之间的集成。组件范型的标准一般称为**软件总线**(简称**软总线**,Software Bus),它定义组件的封装结构并提供基本的集成服务功能(例如:命名服务、查找服务等等)。满足同一标准的组件,可以通过软总线进行集成。目前,流行的组件范型标准有 Microsoft 的 COM、SUN 的 Java Beans 和 OMG 的 CORBA（Common Object Request Broker Architecture）。为了实现对组件的管理和集成,软总线除了提供各种基本服务功能外,还提供一些高级服务功能,例如:属性服务、持久化服务、安全服务、事务服务等等。图 2-18 是组件集成的基本原理。其中,组件对象首先必须在软总线中进行注册,然后才能被使用。某个客户应用或一个对象需要使用某个组件对象时,也是通过软总线进行查找,然后再使用。因此,软总线充当组件对象集成的中介。

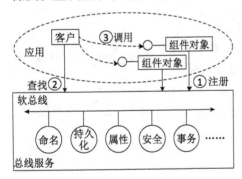

图 2-18　组件集成的基本原理

组件范型一般采用基于框架的程序构造方法。所谓**框架**(Framework),是指已实现部分共性功能的某类程序结构的基本实现。框架抽象了某类程序的结构,定义其中各个功能组件及其相互关系并实现部分共性功能。框架类似于生产线,它定义了一种产品的生产。通过框架构造程序,相当于按照生产线进行各种组件的装配以生产一个具体产品。框架可以分为**水平型**、**垂直型**和**复合文档型**三种。水平型框架一般面向通用类程序的构造,与特定应用领域不相关。例如 Microsoft Visual C++支持的各种工程类型就是各种水平型框架。垂直型框架一般面向特定应用领域,它抽象和封装了该应用领域应用程序的基本结构和共性基本组件。例如 San Francisco 就是一种垂直型框架的雏形。复合文档型框架是一种比较通用的框架,它将一个程序抽象为一个文档(可以是单页或多页),将构成程序的各个组件实例看作是文档中的一个个独立元素,各个独立元素通过事件消息相互联系。通过复合文档框架构造程序,相当于用各种各样的独立元素(带有界面或不带界面)在文档上创作一幅动态的美丽图画。因此,随着图形用户界面的流行以及计算机应用的广泛普及,复合文档型框架已经成为程序构造的主流框架。目前,除了 Microsoft Visual C++外,基本上所有开发工具都是支持复合文档型框架的。图 2-19 是利用复合文档型框架进行程序构造的基本原理及样例。图 2-19(a)是单页式复合文档框架构造程序的基本原理,组件之间的关系通过相应的代码实现。图 2-19(b)和图 2-19(c)分别给出了利用 Visual Studio 开发环境和利用 C++ Builder 开发环境开发程序的一个样例,其中,第一张图片建立一个窗体,表示一页文档,然后在其上分别放置并建立了命令按钮、复选框和标签三个组件实例;第二张图片给出了组件之间的关系,分别通过 Visual BASIC 语言的过程和 C++

语言的函数来实现,具体关系是:当用鼠标点击命令按钮时,复选框被选中,并且标签显示"Hello C++ !"(分别如图 2-19(b)和图 2-19(c)中的第四张图片,第三张图片为程序原始运行状态),再次用鼠标点击命令按钮时,复选框释放选中,并且标签分别显示"Hello C++ NET !"和"Hello C++ Builder!"(分别如图 2-19(b)和图 2-19(c)中的第五张图片)。

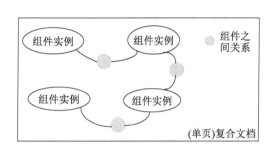

(a) 基本原理

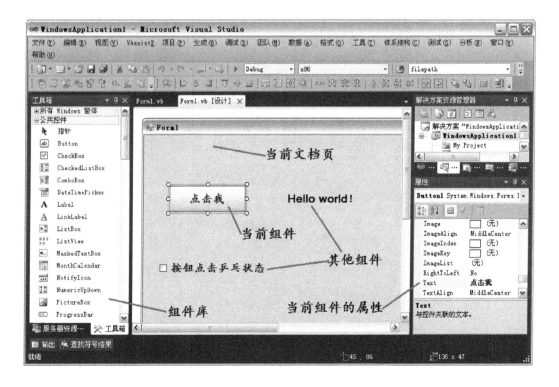

代码：实现组件关系的建立

（b）一个样例（Visual Studio 开发环境）

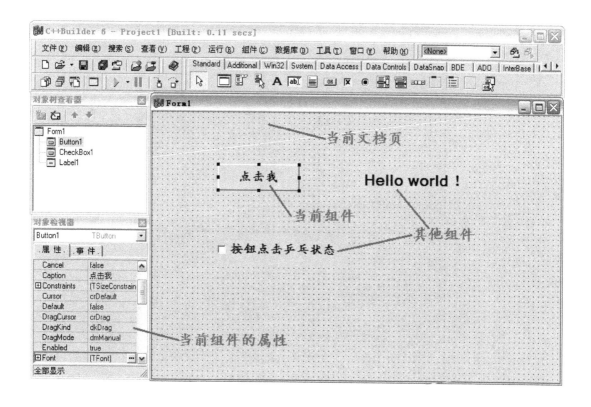

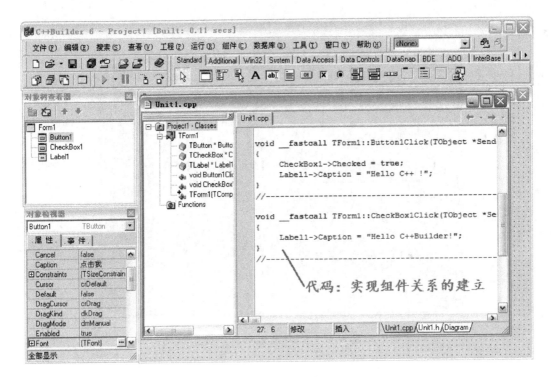

代码：实现组件关系的建立

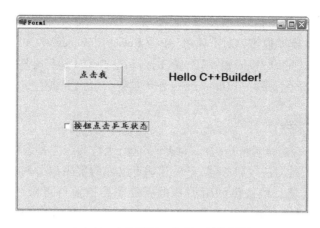

（c）另一个样例（C++ Builder 开发环境）

图 2-19 利用复合文档型框架进行程序构造的基本原理及案例

相对于对象范型,组件范型的基于二进制黑盒重用机制,为软件维护提供了技术上的保障。基于框架的程序构造模式,为软件工业的大规模生产奠定了基础。然而,尽管组件范型的独立性特性拓展了对象范型的重用机制,但是,各种标准之间的异构集成和重用仍然是一个问题。

由于组件范型解决了异构集成问题,因此分布对象计算模型得到迅速发展。分布对象计算的基本模型如图 2-20(a)所示。它在软总线基础上,通过在客户端和服务器端分别增加代理机制来实现分布环境下组件对象之间的集成。客户端代理、服务器端代理以及软总线为应用开发者屏蔽低层网络通信的细节和异构环境的特性,建立一个面向分布式环境应用开发的通用基础结构。

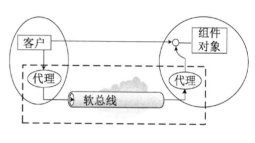

（a）基本模型

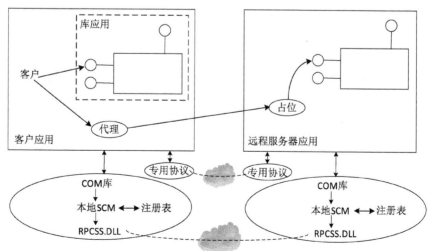

（b）DCOM 运行时结构

图 2-20 分布对象计算基本模型

CORBA 直接支持分式计算模型,Java Beans 通过 Java RMI(Remote Method Invoke)将其组件范型拓展为分布式计算模型,COM 通过 RPC(Remote Procedure Call)将其拓展为 DCOM(Distributed Component Object Model)。图 2-20(b)所示是 DCOM 运行时基本结构。对于 DLL 封装的组件,DCOM 通过自动加载一个 Dllhost.exe 作为其宿主,以支持其在远程机器中独立运行。

2.4.4　配置型组件范型

配置型组件范型(Configurable Component Paradigm,也称为配置型组件模型),又称为服务器端组件范型。它专门针对应用服务器,定义其基于组件的程序构造基础结构模型。在传统分布对象计算范型中,软总线提供的附加基础服务需要被业务逻辑代码显式地使用。如图 2-21(a)所示。然而,对于响应大量客户端的服务器而言,基础服务的提供涉及系统资源的有效利用,基础服务需要与资源管理技术一起使用。因此,如果这两者都由业务逻辑代码来显式使用,那么应用开发的复杂度就会急剧增加! 特别是随着组件交互行为的更加复杂,协调这些基础服务就成为一项十分困难的任务,这就需要与编写业务逻辑代码无关的系统级专门技术来处理。同时,这样处理也可使业务逻辑代码的开发者避免陷入各种基础服务和资源管理机制的系统级事务处理泥潭之中,从而将其思维重心服务于其工作的本质——业务模型建立。因此,配置型组件范型的基本原理,是将应用业务逻辑与系统基础服务两者解耦,由系统基础服务构成一个服务容器,自动隐式地统一为各种应用业务逻辑按需提供相应的基础服务。也就是说,应用业务逻辑可以按需提出不同的基础服务要求,即可配置。这样,基于问题分离(separation of concerns)原理和功能可变性(functional variability)原理,将业务逻辑的功能部分和系统资源有效管理的技术部分两者分开,可以允许两者独立演化并促进基础服务和资源的重用。图 2-21(b)是隐式使用软总线基础服务的原理,图 2-21(c)是配置型组件

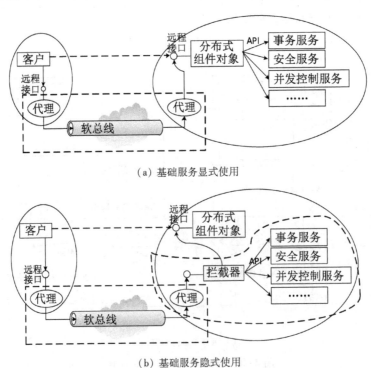

(a) 基础服务显式使用

(b) 基础服务隐式使用

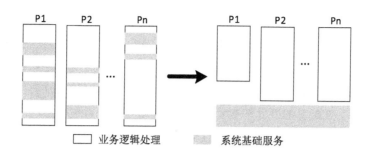

（c）基本实现思想

图 2-21 配置型组件范型的基本原理

范型的基本思想。图 2-22 是配置型组件范型的基本体系。其中，容器提供的基础服务主要包括基本服务和高级服务两类，基本服务主要用于组件实例的运行管理，例如实例池管理、JITA（Just-in-Time Activation）、并发管理等；高级服务主要用于为组件实例提供附加的高级处理功能，例如事务处理、安全管理、事件服务、消息服务等。容器内置并扩展了软总线的基础服务集。

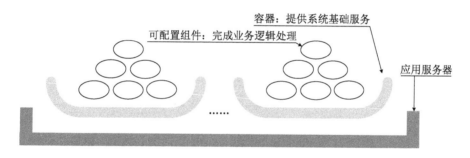

（a）宏观体系（服务器结构）

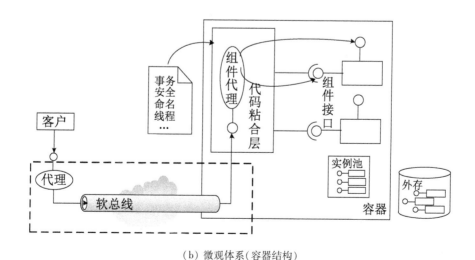

（b）微观体系（容器结构）

图 2-22 配置型组件范型的基本体系

配置型组件范型中,配置型组件是一种分布式、可部署的服务器端组件。图 2-23(a)是配置型组件的基本模型。其中,"组件实现"具体实现组件接口的功能,"配置说明"用来配置组件运行时所需要的基础服务功能。组件实现体一般实现三个方面的功能:业务逻辑功能操作实现具体的业务逻辑规则;生命周期回调操作面向服务容器,服务容器通过这些操作管理组件实例的运行(例如钝化、激活等);主操作主要用来创建、查找和删除组件实例。一个应用往往涉及多个组件,因此,在配置型组件基本模型基础上建立应用部署包模型,如图 2-23(b)所示。执行应用业务逻辑的配置型组件的可配置性体现在如下两个层面。首先,在应用部署包进行部署时,相应的部署工具(例如 Windows 中的服务管理器)根据部署包中的公共配置以及各个业务逻辑组件的配置说明进行相应配置要求的登记。同时,自动生成客户端和服务容器端的相应代码粘合层(Glue code layer)(含面向分布计算的两端代理)。例如,COM+中,通过 Windows 服务管理器,可以在组件安装时为每一个应用生成一个特殊的安装文件(*.msi),该文件记录所有组件及其配置参数以及相应的粘合层代码。然后,每当客户端调用组件的相应业务操作功能时,客户端代理附加调用上下文,经过总线将请求发送给服务容器,服务容器中的代码粘合层负责创建组件实例,并且通过拦截机制在将客户端请求发送到目标业务逻辑操作之前,根据其预先登记的配置要求启用相应的基础服务,将附加的基础服务功能加入到应用业务逻辑中。同时,为了实现服务器资源的有效利用和提高各个组件实例的执行性能,服务容器通过组件的生命周期回调接口对运行中的组件实例进行管理。图 2-24 是配置型组件范型的基本运行原理。

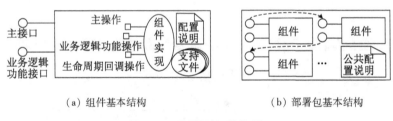

(a) 组件基本结构　　　　　(b) 部署包基本结构

图 2-23　配置型组件范型

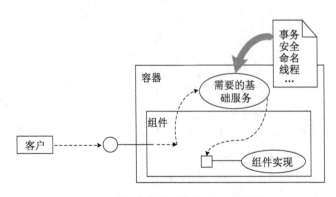

(a) 通过拦截机制加载需要的基础服务

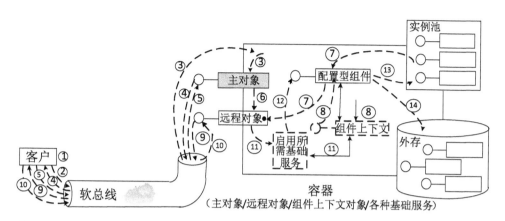

① 客户启动总线;② 客户请求总线查找一个配置型组件并创建其实例;③ 容器拦截请求,并创建作为对象工厂的主对象;④ 容器将主对象引用返回客户;⑤ 客户请求主对象创建配置型组件实例;⑥ 主对象创建一个远程对象(该对象具有与配置型组件一样的业务逻辑功能接口),用来实现基础服务的启用;⑦ 容器按池管理策略建立一个配置型组件实例,并将其链接到远程对象(即将其引用传给远程对象);⑧ 容器创建一个组件上下文对象并通过配置型组件的生命周期回调操作将其引用传给配置型组件实例;⑨ 容器返回远程对象的引用;⑩ 客户调用远程对象的业务逻辑功能接口(即要调用配置型组件的业务逻辑功能接口);⑪ 远程对象根据预先登记的配置要求,进行所需基础服务操作,并将操作状态设置到组件上下文中;⑫ 远程对象再将请求转发给配置型组件实例(即调用其业务逻辑功能操作); 配置型组件实例可以通过组件上下文对象获取容器的当前工作状态并使用系统资源;⑬ 容器对配置型组件实例进行池化管理;⑭ 容器对配置型组件实例进行持久化管理; (注:客户端代理和服务器端代理省略)

(b)基本运行过程

图 2-24 配置型组件范型的基本运行原理

目前,流行的配置型组件范型标准有 EJB、COM+和 CCM(CORBA Component Model)。CCM 定义了一种较为完善的可配置组件范型,但目前还没有具体的产品。EJB 中,主对象称为 **Home 对象**,远程对象称为 **EJB 对象**,配置型组件称为 **Enterprise Bean**,配置型组件的配置说明用**配置描述器**给出。另外,还可以通过一个特定**属性描述器**描述 Enterprise Bean 的一些附加特性,以便 Enterprise Bean 在运行时使用。目前,一个 EJB 对象只能支持一个接口。EJB 基础服务包括生命周期管理、持久性服务、事务处理服务、安全管理服务等。对于这些基础服务,Enterprise Bean 都可以按需进行配置。图 2-25(a)是 EJB 配置型组件包以及可部署包(应用程序)的基本结构。图 2-25(b)是 EJB 运行时的基本结构。COM+中,主对象称为**工厂对象**(ClassFactory 实例),配置型组件称为**组件对象**(CoClass 实例),远程对象是组件对象的一种包装,COM+中通过**调和器对象**(Mediator)给出。配置型组件的封装一般只能以一个 DLL 文件给出,配置型组件的配置说明可以通过在程序中加入属性描述给出(这种方式称为说明性程序设计,即 declarative programming,或称为基于属性的编程)或在组件安装时进行交互式配置。COM+的一个配置型组件可以实现一个或多个接口的功能。COM+组件的基本结构参见图 2-17 所示。图 2-26(a)是 COM+运行时的基本结构。事实上,COM+并没有特别地定义一种可配置组件范型,而是在 COM/DCOM 组件基础上融入 MTS(Microsoft Transaction Server,微软事务服务器)及其他基础服务功能并借助于 Windows 操作系统构成一个运行时环境,由 Windows 操作系统及各种基础服务套件充当应用服务器和容器的角色。任何 DLL 封装格式的 COM 组件,只要在 Windows 服务管理器中导入到某个应用程序(即安装组件)并进行相应配置

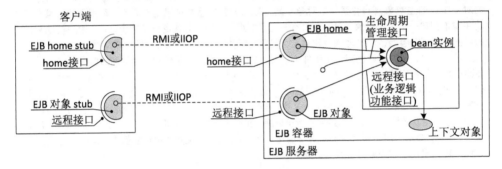

即可成为 COM+组件。因此，COM+应用程序可以看成是一种逻辑可部署包，它可以含有多个 COM+组件，这些组件具有相同的已配置特性。图 2-26（b）是 COM+应用程序与 COM+组件之间的关系。COM+基础服务增强了有关线程同步方面的控制服务（基于套间、活动的同步控制机制），提供对组件实例并发运行的细粒度控制。图 2-26（c）是 COM+并发控制的基本模型。COM+服务容器除了提供实例池管理、分布式事务处理外，还提供基于角色的安全管理、松散耦合的事件服务等。并且，还集成了 MSMQ（Microsoft Message Queue）、负载平衡、内存数据库等服务功能。

（a）EJB 可部署包的基本结构

（b）EJB 运行时结构

图 2-25　EJB 的基本结构

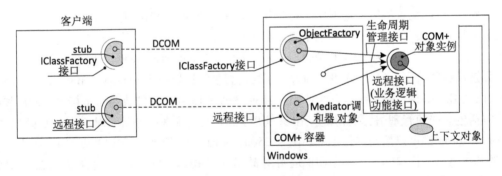

（a）COM+运行时结构

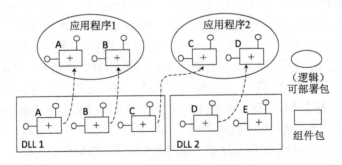

（b）COM+应用程序可部署包

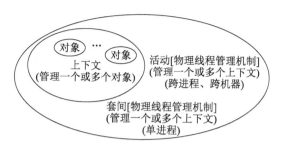

（c）COM+并发管理模型

图 2-26 COM+的基本结构

随着 Microsoft . NET 平台的推出，COM+组件标准得到了修正和改善。.NET 采用**装配件**（assembly）作为基本的组件打包及部署单元，它是一种**逻辑组件**（Logical Component），可以包含**打包清单**（Manifest，描述该配件以及所需的其他配件，包括版本号、编译链接号以及编译器在编译时捕获的修正号、文化特征等版本信息）以及一个（或多个）物理 DLL 或 EXE 模块，每个模块内部包含 **IL 代码**（Intermediate Language Codes，中间语言代码）、**元数据**（metadata，描述配件中声明的所有类型及其关系）及**资源**（包括图标、图像等），模块以文件形式存储。装配件可以是静态的（由开发工具生成，存储在磁盘中），也可以是动态的（在内存中动态生成并立即运行，可以保存在磁盘中再次使用）。模块及装配件的结构如图 2-27 所示。在装配件基础上，.NET 环境进一步通过**应用程序域**（AppDomain）概念定义装配件的运行模型（即逻辑组件的运行结构及作用域），建立.NET 环境中的可配置组件范型。图 2-28（a）所示给出了应用程序域与装配件的关系。并且，.NET 平台通过 CLR（Common Language Runtime）环境封装并提供类似于 COM+容器所提供的基础服务（参见.NET 命名空间 System. EnterpriseServices），拓展了 COM+的容器机制。从而，使得.NET 中的每个应用程序域成为一个在 CLR 中可以独立配置并部署的逻辑可部署包（参见图 2-28（b）所示）。因此，.NET 平台通过元数据机制及 CLR 改善了 COM+的各种缺陷，简化了组件的开发和部署。例如：.NET 没有派生出所有组件的正式基本接口（例如：IUnknown），而是将所有组件都从 System. Object 类派生，即所有.NET 组件对象都是 System. Object 类的多态表现；.NET 没有类工厂，而是由运行时环境将类型声明解析成包含该类型的装配件以及该装配件内确切的类或结构；通过完善的无用单元回收机制改善由引用计数的缺陷而导致的内存泄漏和资源泄漏；采用元数据方法代替类型库和 IDL（Interface Description Language，接口描述语言）文件；采用命名空间和装配件名称来确定类型范围的方法以提供类型（类或接口）的唯一性来改善基于 GUID（Globally Unique IDentifier）的注册的脆弱性；.NET 没有套间，默认情况下，所有.NET 组件都在自由线程环境中运行，由开发者负责同步组件的访问。开发者可以依赖.NET 的同步锁或使用 COM+的活动来实现同步；.NET 中通过在类定义中使用关键字 internal 告知运行时环境拒绝一个装配件之外的任何调用者访问该装配件内的组件。从而，可以防止 COM+中通过搜索注册表找到私有组件的 CLSID（CoClass IDentifier，组件类标识符）以使用它的漏洞；.NET 通过为指定代码段配置许可并提供证据，将 COM+基于角色的安全性拓展为角色安全和调用身份验证双向的安全控制，为高度分散、面向组件的环境提供新的安全模型；.NET 中有关组件的一切操作都不依赖于注册表，并严格维护版本控制，从而简化组件的部署；与 COM+只支持运行时不同语言所实现的组件的集成不同，

.NET同时支持运行时和开发时的组件的无缝集成（例如：允许使用一种语言开发的组件从使用另一种语言开发的组件派生）；采用基于属性的编程方法增加组件配置的灵活性；等等。另外，.NET支持两种组件：**使用基础服务的组件**（Serviced component）和**标准的被管理组件**（Managed component，也称为托管代码或受控代码）。其中，前者就是COM+标准组件的演化和发展，而后者（总是含有元数据）则是新的组件封装模型。.NET实现了两者的统一。为了支持说明性程序设计，.NET提供的新型程序设计语言C#直接支持将配置要求以属性方式写入程序中，建立基于属性的程序设计方法（Attribute-based programming）。

（a）单DLL（模块）文件

（b）单EXE（模块）文件

（c）多DLL（模块）文件

图 2-27　.NET 装配件基本结构

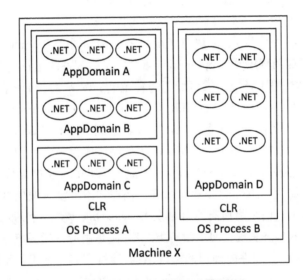

（a）组件对象、应用程序域和进程的关系

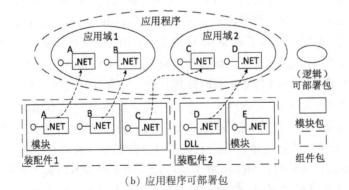

（b）应用程序可部署包

图 2-28　.NET 应用程序结构

2.4.5　服务范型

进入 21 世纪,随着互联网应用的不断普及,配置型组件范型及其衍生的分布式对象计算范型,由于其紧耦合、多标准和低层传输协议的依赖性等弊端,导致其不能适应面向互联网的应用动态集成需求。因此,面向服务范型应运而生,并在此基础上建立服务计算范型。

所谓**服务**(service),是指一个封装着高级业务概念、实现公共需求功能、可远程访问的独立应用程序模块。服务一般由**数据**、**业务逻辑**、**接口**和**服务描述**组成,如图 2-29 所示。服务独立于具体的技术细节,一般提供业务功能,而不是技术功能。

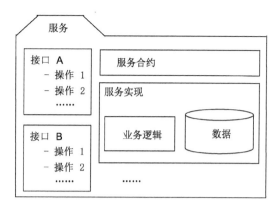

图 2-29　服务的一般结构

服务范型的基本原理是明确服务提供者和服务使用者,并通过服务中介实现两者的耦合。如图 2-30 所示。服务范型通过定义独立于具体技术、可以扩展的通用描述手段来描述服务和实现服务交互,而将服务实现的具体技术细节隐藏在内部。从而,实现服务的无缝集成。图 2-31 所示给出了服务范型的抽象作用。

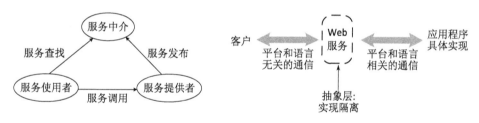

图 2-30　服务模型的基本原理　　　　图 2-31　服务模型的抽象作用

目前,服务范型的标准主要是 Web Services。Web Services 以 XML(eXtensible Markup Language,可扩展标记语言,也称为元标记语言,它给出一套定义语义标记的规则,即定义元句法)作为最基本的通用描述规范,并定义其各种规范,例如服务定义与描述、服务访问以及服务发布、发现与集成等。

信息是人类社会必要和重要资源,信息处理技术是现代社会的基本要求。因此,如何组织和描述信息并对信息进行访问和各种处理成为一个核心问题。特别是互联网的蓬勃发展,信息的可交换性变得越来越重要。XML 技术体系就是针对这一问题的一套标准。一个信息实体一般涉及结构、种类、属性和内容几个方面,为了描述各种不同的信息,XML 首先通过 Infoset 定义一个信息实体(称为信息文档)的抽象概念模型,然后基于该模型,通过 XPath(识别 Infoset 信息模型的子集)、XPointer(基于 XPath,引用外部文档的子集并扩展 XPath 的数据模型,可以寻址文档中的点和范围)、XLink(两个文档之间的各种链接关系)、XBase(为相对 URI 引用指定基本参照点 URI。URI 是 Uniform Resource Identifier 的简称,一般包括两个子集:Uniform Resource Locator,URL 和 Uniform Resource Name,URN)和 XInclude(引用外部已析通用实体)定义如何创建信息文档内和信息文档间的关系,通过 DOM(Document Object Model,在内存中创建整个信息文档的树型结构，对文档内容随机访问，适用于 XML 文档的结构化处理）、SAX 和 StAX(Simple API for XML, Streaming API for XML，都是基于 XML 事件的解析，不需将整个文档读入内存，也不创建信息文档的树型结构，不能对文档内容随机访问，适用于对大型文件的简单快速、高效率的处理。SAX 采用被动的 push 方式，StAX 采用主动的 pull 方式）定义如何访问信息文档的编程接口。同时，通过 Schema（一种基于 XML 的语言）为信息文档定义结构和类型，通过 NameSpace(命名空间)将一个信息元素与其关联的 Schema 关联起来，避免 XML 文档中的元素和属性等名称在使用中发生冲突，通过 XSLT(XSL Transformation，一种基于 XML 的语言)定义一个词汇表（比如 Schema 类型）到另一个词汇表的转换规则。从而，建立 XML 技术体系中的核心规范集。最后，基于这些规范，面向各种应用，定义各种具体的应用规范。例如 Web Services 中的 SOAP（Simple Object Access Protocol）、WSDL（Web Services Description Language）和 UDDI（Universal Description, Discovery and Integration）等。图 2-32 所示给出了 XML 技术的体系。图 2-33 到图 2-35 所示分别给出 SOAP 规范、WSDL 规范和 UDDI（Universal Description, Discovery and Integration）规范的直观视图。

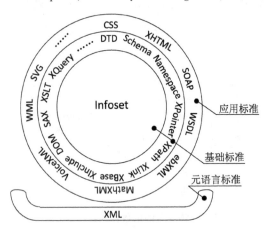

图 2-32　XML 技术规范

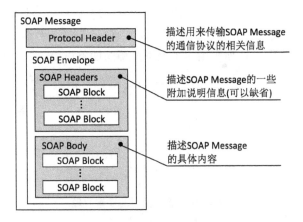

图 2-33　SOAP 规范

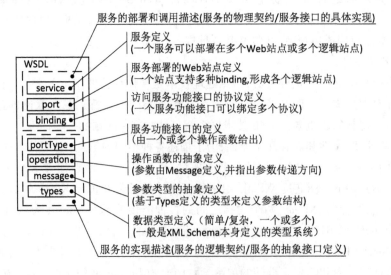

图 2-34　WSDL 规范

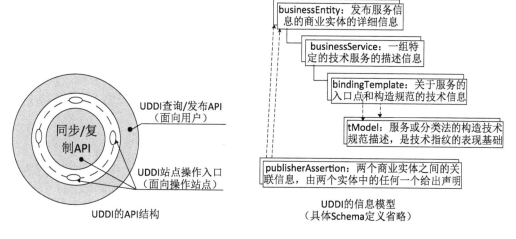

图 2-35　UDDI 规范

事实上,XML 是一种通用的结构化信息编码标准。也就是说,作为一种可以创建其他专用标记语言的通用元标记语言,XML 可以对任意结构化信息进行定义(即编码)。XML Infoset 所定义的信息模型是层次型模型,层次型结构的递归特性决定了其广泛的适用性和描述能力。尽管目前的 XML 标准(1.0 或 1.1)主要面向传输和存储(即串行化)定义了语法细节,但是,XML 中的许多技术标准都是建立在 Infoset 抽象模型基础上,因此,对于不使用 XML 1.0 串行化格式的应用(即不是用于传输或存储,而是用于数据交换、互操作、类型化值、Web 发布和分布式计算、组件集成等等),这些技术也具有通用性。也就是说,XML 可以是软件集成问题的统一解决方案。如图 2-36 所示。

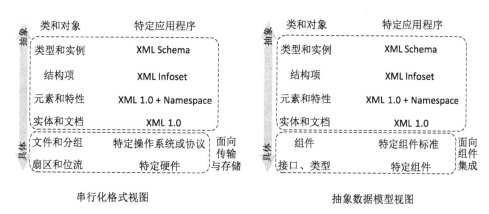

图 2-36　XML 作为一种集成技术

针对信息的可交换性,JSON(JavaScript Object Notation)提供了一种轻量的处理方法,相对于 XML,JSON 具有数据格式简单、易于读写、易于解析、占用带宽小等特点。

Microsoft . NET 平台面向新一代 Web 应用开发,通过在开发工具 Visual Studio . NET 中提供的 Visual C# Projects 中的 **ASP. NET Web Service 模板**类型以及建立支持属性编程的新型程序设计语言 C#,直接支持面向 Web Services 的应用开发。通过 Web Services,将 COM+对象包装为面向互联网的一种服务对象。如图 2-37 所示。另外,. NET 平台还提供了一系列公共

29

Web 服务,称为. NET My Services。这些服务类似于传统程序设计中的系统函数、类库中的类或者组件库的组件,供应用开发时按需调用。

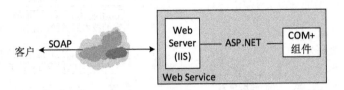

图 2-37　面向互联网的 Web 服务对象

相对于组件范型而言,服务范型也采用基于框架的程序构造方法。但是,与组件范型的框架不同,服务范型的框架是一种动态框架,它根据业务流程的需要,动态集成各个 Web 服务。因此,这种方法也称为基于流程的程序设计方法,即流程是一种动态框架。组件范型采用与机器相关的二进制,并且标准不统一,从而导致对服务接口与执行环境的分离不够彻底。而服务范型采用与机器无关、基于 XML 的文本描述,并且标准统一。从而使得服务接口与执行环境彻底分离。因此,服务范型的思维重心在于业务服务和业务流程的抽象,专注于业务描述,将业务逻辑与代码实现(依赖特定执行环境)相互分离(参见图 2-31)。因此,服务范型比组件范型更加抽象。另外,从支持软件大工业生产的角度来看,组件范型侧重于细粒度的技术基础,而服务范型则是面向粗粒度的应用基础。

服务范型也演绎了递归思想,主要体现在动态框架本身又可以作为一个服务被其他动态框架集成。图 2-38 所示是服务范型递归思想的解析。

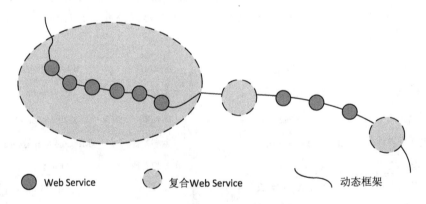

　　●　Web Service　　　○　复合Web Service　　　⌒　动态框架

图 2-38　服务范型的递归思想

相对于 Web Services,RESTful(Representational State Transfer)从资源及其维护角度建立了一种轻量的 Web 服务范型,其具体解析参见第 8.2.2 小节。

2.4.6　抽象范型

尽管服务范型已经强调业务逻辑的抽象并使之独立于具体的平台和环境,但其系列标准中对于动态框架的建立仍然局限于传统控制流的设计思维,具有封闭性,不能适应应用不断变化所带来的复杂交互场景的应用业务流的描述。因此,服务模型的抽象层次还不够高,抽象程度还不够深。于是,抽象范型得到自然演化并诞生。

目前,抽象范型主要包括基于归纳思维的**可恢复语句组件模型**(Resumable Program Statements Component)和基于演绎思维的**元模型**(Meta Model)。两者异曲同工,都是面向抽象层的应用业务逻辑的描述,而不关注描述的具体实现平台和环境,实现完整的技术独立性和应用发展适应性(有关抽象范型的具体解析,请读者参见第 6 章)。

2.5 深入认识程序基本范型

从程序基本范型演化和发展的轨迹来看,人们对软件的认识不断深入,针对软件构造方法和技术的思维核心也不断变迁。从面向机器的功能范型,到面向问题的对象范型以及组件范型,再到面向应用或业务的服务范型。这种发展,显式地区分了软件需要解决的应用问题和软件本身构造技术问题,并通过程序基本范型进行粘合(参见图 2-2)。从而,回归了软件的本质,即软件用来描述客观世界。

从软件工程角度来看,功能范型的思维核心强调实现阶段,对象范型的思维核心强调分析和设计阶段,组件范型的思维核心强调技术相关的维护阶段,服务范型的思维核心强调技术无关的维护阶段。而且,软件重用的粒度越来越大。

从软件体系结构角度来看,随着程序基本范型的演化和发展,软件体系结构也不断演化和发展。从无模型的一体式钢板结构到基于功能范型的结构化体系结构,比如 Client/Server 结构、老三层结构;从结构化体系结构到基于对象范型、组件范型的框架结构和新三层结构;再到基于服务范型的 SOA(Services-Oriented Architecture,面向服务的体系结构。关于 SOA 的相关解析请参见第 5.2 小节和第 8.2 小节)结构,体系结构的发展由无到有、由技术和平台的相关性到技术和平台的无关性、由基于归纳思维的策略到基于演绎思维的策略、由相对固定和封闭的框架到灵活和开放的框架。从而,使体系结构的思维核心由其外延转向其内涵。

从认识论角度来看,程序基本范型演化和发展的抽象性越来越高,由以机器为中心到以应用为中心,再到以企业为中心。从而,真正诠释了软件设计的内涵。另外,尽管程序基本范型经历了多代发展,但从本质上看,对象范型以后的各种范型,基本上都是采用面向对象的思维策略,只是其抽象级别越来越高。特别是服务范型的诞生,使得我们可以将整个互联网看做是一台计算机,将 Web Service 看做是部署在该计算机中的各个软件功能组件,在此基础上建立新型的 Web 应用程序类型及其构造方法。从而,从软件视角诠释网络就是计算机的深刻内涵。

更为深入地看,功能范型的函数及其调用呈现线性特性,而对象范型(及以后的范型)的对象及其交互关系呈现非线性平面(及超平面)特性,范型蕴含的思维维度不断拓展。另外,功能范型带来的程序流程基本控制结构及其递归应用,实现了维拓展(顺序结构)和阶拓展(分支结构和循环结构、语句的堆叠与嵌套结构)两者的综合,奠定了实现无限创造的基础。

近年来,人工智能(Artificial Intelligence, AI)发展迅猛,伴随着其发展,各个领域都嵌入了AI。事实上,任何领域应用的发展,其高级阶段必然都会需要 AI,因此,各领域嵌入 AI 也是其自身发展使然。作为现代计算基础,程序范型必然也会嵌入 AI,程序范型的发展趋势必然是一种智能件范型,它从根本上构建统一的智能应用的基础结构,将 AI 属性从应用层面提升到核心的范型层面,实现抽象的深入。基于智能件范型,也必将诞生一种崭新的智能型软件体系结构,这是软件范型及软件体系结构自身发展的使然和必然。

2.6 本章小结

作为软件的主体,程序及其构造基本范型是软件体系结构的基础,对程序基本范型的理解可以提高对软件体系结构的认识,特别是对程序基本范型演化动因和规律的认识,有利于把握软件体系结构发展的脉络。本章为后面章节的展开奠定思维基础。

习　　题

1. 程序基本范型对软件体系结构的作用主要体现在哪些方面?

2. 请给出程序基本范型发展的基本脉络及其演化规律。

3. 如何理解程序基本范型是应用与技术的粘合剂?

4. 什么是内存泄漏? 什么是无效引用? 请以 C/C++为例,举例说明之。Java 和 C#中是通过什么技术解决内存泄漏问题的?

5. 功能范型的两个核心问题是什么? 功能范型的主要缺点是什么?

6. 请举出两个递归应用的例子。

7. 所谓递归,即是分解(递)和综合(归)。以求 P_5^3 和 C_5^3 为例,解析其递归求解的过程,给出分解阶段和综合阶段。

8. 分治法也是用同样的处理方法处理不断缩小的数据集,以最终求解。它与递归方法的本质区别是什么?

9. 对象范型的三个基本要素是什么? 请举例说明对象、类和实例三个概念之间的区别和联系。

10. 什么是抽象数据类型? 为什么说抽象数据类型可以实现数据类型的扩展? 如何理解递归思想在抽象数据类型中的应用?

11. 什么是多态? 什么是静态多态? 什么是动态多态? 请用 C++举例说明。

12. 相对于复合数据类型,ADT(抽象数据类型)为什么灵活性和扩展性都要强?

13. 从封装的角度看,"对象"只是封装数据,而"组件"则封装数据和处理。关于这一点,你是如何理解的?

14. 对象可以理解为"具有责任的东西",对象应该清楚地定义责任,并且自己负责自己。请问:对象的责任是通过什么描述的? 它与功能范型有什么联系?

15. 什么是逻辑组件(组件对象及其关系)? 什么是物理组件(封装结构)? 对于内存芯片和内存条,哪个属于逻辑组件,哪个属于物理组件?

16. 什么是垂直框架、水平框架和复合文档框架? 请给出利用复合文档框架构造程序的基本步骤。

17. 普通组件和可配置组件,在基本逻辑结构上有何区别?

18. 配置型组件模型中,组件实例通过上下文使用系统资源,而上下文由服务容器进行控制,这种运行结构对系统资源的有效利用有什么好处?

19. 请指出下列 COM+相关机制在.NET 中的对应物:

1) 接口 IUnknow;

2) 类工厂;

3) 引用计数;

4) IDL 文件或类型库;

5) GUID;

20. .NET 模块文件中必须的要素是什么?.NET 装配件中必须的要素是什么?

21. 相对 COM、COM+ 的组件封装机制,.NET 装配件采用两层封装机制(逻辑组件和物理文件)的优点是什么?

22. .NET 中,装配件是逻辑封装机制,DLL、EXE 或模块是物理封装机制,请问真正的组件是什么? 它位于何处? 请举例说明。

23. .NET 中,AppDomain 和装配件的关系是什么? 它们分别与 COM+ 中的什么概念相对应?(提示:可部署包、应用程序、可配置组件模型与组件包、组件的封装)

24. XML Infoset 所定义的抽象信息模型是怎样的?

25. XML 1.0 是如何给 Infoset 的抽象模型定义其面向串型化的语法结构的? 它规定的一个文档的结构是怎样的?

26. Namespace 规范的作用是什么? 为什么要建立这种规范?

27. XML Schema 是干什么的? 与 DTD 相比它有哪些主要优点?

28. 给出 XPath 的基本结构,并说明每个部分的作用。举例说明 XPath 的应用。

29. 给出 XPointer 的基本结构,并说明它与 XPath 的关系。举例说明 XPointer 的应用。

30. 请给出 XML1.0+NameSpace、SOAP 的 Schema、SOAP、一个具体的 SOAP 报文四者之间的关系,并以编译原理中的文法和语言为例,分别找出两者之间四层抽象关系的对应视图。

31. Web Services 中是如何描述一个服务的? 一个 Web Service 和一个组件,在基本逻辑结构上有何区别?

32. 如果将服务看成是一种组件,则 XML 也可以看作是一种组件技术。如何理解这一点?(提示:从 XML 的描述和集成能力着手)

33. 传统的 Web 应用以网站上部署的整个应用为基础,而 Web Services 使新型的 Web 应用以网站上部署的 Web Service(服务组件)为基础,这两者有什么本质区别?

拓展与思考:

34. 配置型组件模型主要解决如何在客户端之间共享(服务器)资源的问题。如何理解这一点? 它是如何实现的?

35. 什么是元模型? 为什么说程序基本范型是一种元模型?

36. 针对功能范型,C 语言中函数调用有 CDECL、STDCALL、FASTCALL 三种调用形式,请详细说明这三种调用机制的含义。

37. 分层处理方法的本质是什么? 如何理解分层处理方法在配置型组件模型中的作用?(提示:分布式计算模型中,两端代理之间的关系是紧耦合的,一般不能通过改变代理来实现服务端基础服务的应用。配置型组件模型中,通过在代理外面增加容器机制实现扩展的灵活性)。

38. 如果将整个互联网看做是一台计算机,请你畅想一下软件视图、硬件视图和系统视图,并将目前你所知道的各种软硬件技术映射到相应的视图中。

39. 对于数学模型和非数学模型，请各举出一个例子。

40. 对于 5 个客户端、每个客户端每分钟 1 000 个请求和 1 000 个客户端、每个客户端每分钟 5 个请求这两种情况，服务器在处理上有何区别？哪种会发生拥塞和崩溃？为什么？

41. 对于如下两种分布式对象计算应用场景，哪一种使用池机制比较好？为什么？

1）为了向用户提供丰富的体验，胖客户端应用程序长时间占用对象，而只在其中一小段时间内使用对象；

2）面向众多的客户访问，瘦客户端需要不断地为每个客户端建立对象、分配资源、执行计算机之间或进程之间的相关调用、然后清除对象。

42."对象"是递归的化生。关于这一点，你是如何理解的？

第 3 章　构件:设计模式

本章主要解析用以建立软件体系结构的基本构件——设计模式。首先给出设计模式的概念,解析设计模式对软件体系结构的作用。然后,解析几种常用的设计模式。最后,解析对设计模式的深入认识和思考。

3.1　什么是设计模式

所谓**模式**(patterns),是指对一个在我们周围不断重复发生的问题及其解决方案的核心的一种描述。所谓**设计模式**(design patterns),是软件设计模式的简称,是模式概念对软件设计领域的直接投影或模式概念在软件设计领域中的具体应用。具体而言,设计模式是指对被用来在特定场景下解决面向对象软件中一般设计问题的类和相互通信的对象的描述。也就是说,一个设计模式命名、抽象和确定了一个通用设计结构的主要方面,这些设计结构能被用来构造可复用的面向对象设计。设计模式确定了所包含的类和实例,它们的角色、协作方式以及职责分配。

一般来说,一个模式必须具备四个基本要素:**模式名称**(pattern name)、**问题**(problem)、**解决方案**(solution)和**效果**(consequences)。模式名称用一个简洁的助记符概括模式涉及的问题及其解决方案和效果,它简洁地描述了模式的本质。问题描述了应该在什么时候使用模式,包括使用模式必须满足的一系列先决条件,即特定的背景。解决方案描述了设计的组成成分,以及它们之间的相互关系及各自的职责和协作方式。效果描述了模式应用的效果以及使用模式应权衡的问题,包括对时间和空间的权衡,有关语言和实现问题,对系统的灵活性、扩展性和可移植性的影响等。

3.2　设计模式的主要作用

设计模式描述了在面向对象软件设计过程中针对特定问题的简洁而优雅的解决方案。在此,特定问题一般是指一个软件系统中的某个局部方面。因此,设计模式的粒度介于程序基本模型和体系结构之间。通过设计模式,可以使得软件体系结构的设计不再从最基本的元素(类似于黄沙、水泥和石子等)开始,而是可以从设计模式这个基本构件块(类似于各种预制件)开始。从而,使得新的设计建立在以往工作的基础上,复用以往成功的设计经验,有利于提高软件体系结构的质量。特别是,**框架**(framework,是指构成一类特定软件可复用设计的一组相互协作的类。它定义该类软件的体系结构)的流行促进了设计模式的广泛应用,以便使框架具有足够的灵活性和可扩展性。

另一方面,设计模式可以建立面向体系结构的一套通用设计词汇,方便设计人员进行交流讨论、书写文档以及探索各种不同设计方案。设计模式也帮助软件设计人员建立以模式为基础的独特的体系结构设计的思考方式,使他们可以在比设计表示或编程语言更高的抽象级别上讨论一个系统,从而降低其复杂度。也可以提高他们的设计层次以及相互之间讨论这些设计的层次。可以更加容易、快速地理解已有系统。

3.3 常用设计模式解析

根据模式用来解决的问题的不同,通常将设计模式分为**创建型**(creational)、**结构型**(structural)和**行为型**(behavioral)三种。创建型模式与对象的创建有关,它抽象了类的实例化过程,使一个系统不必关心其包含的对象是如何创建、组合和表示的,即在实例化时提供接口和其实现之间的透明耦合;结构型模式处理类或对象的组合问题,以便获得更大的结构;行为型模式对类或对象怎样交互(相互之间通信模式)和怎样分配职责进行描述(类或对象的模式),刻画了在运行时难以跟踪的复杂的控制流。

根据模式的作用范围,通常将设计模式分为类模式和对象模式。类模式处理类和子类之间的关系,这些关系通过继承建立,是静态的,在编译时刻就确定下来了。对象模式处理对象之间的关系,这些关系在运行时刻是可以变化的,更具动态性。创建型类模式通过继承方式改变被实例化的类,创建型对象模式将实例化委托给另外一个对象。结构型类模式采用继承机制来组合接口或实现,例如多继承机制。结构型对象模式不是对接口和实现进行组合,而是描述了如何对一些对象进行组合,从而实现新功能的一些解决方案。因为可以在运行时改变对象组合关系,所以对象组合方式具有更大的灵活性,可以实现静态类组合不可能实现的功能。行为类模式使用继承机制在类之间分配行为,行为对象模式使用对象复合而不是继承机制在类之间分配行为。

3.3.1 创建型设计模式

1) 工厂方法模式(Factory Method)

工厂方法模式就是要针对如何创建对象以及管理对象这一问题,给出一个良好的解决方案。一般情况下,对象的创建和管理由对象的使用者负责。然而,如此一来,对象的使用者就必须预先知道需要创建和管理的对象类型。事实上,在实际应用中,对象的使用者往往需要创建和管理各种对象。因此,预先知道需要创建和管理的所有对象类型,显然是不合适的、不方便的。针对这个问题,工厂方法模式通过提供一个抽象的创建对象的操作 *CreateProduct*( ),以便抽象出所有各类对象的创建操作,如图 3-1(a)所示。针对某个具体应用,可以通过具体子类来覆盖该抽象操作,定义具体的某类对象的创建工作,即 CreateProduct( )。如图 3-1(b)所示。这样,在处理对象的创建和管理这一问题上,就可以在抽象层面上建立一个通用的结构,客户通过该结构,只要调用抽象工厂类的对象创建操作,就可以创建出各种具体子类的对象并管理它们。从而,使得该通用结构可以相对独立于各种具体对象类的对象的创建过程。如图3-1(c)所示。

正是由于抽象操作 *CreateProduct*( )是用来创建对象的,其工作性质类似于一个工厂,因此,抽象操作 *CreateProduct*( )称为工厂方法,该模式就称为工厂方法模式。工厂方法模式是一种类模式,它将对象的创建工作延迟到子类中。由此,使得客户和抽象类之间的关系保持稳定,并通过继承方式不断地定义各种具体对象类的对象的创建工作,支持该结构的扩展能力。如图3-1(d)所示。图3-1(e)给出了工厂方法模式的基本结构。

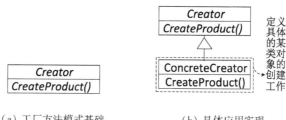

（a）工厂方法模式基础   （b）具体应用实现

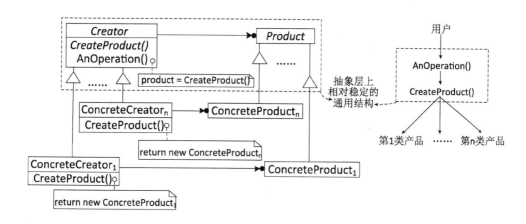

（c）工厂方法模式的通用稳定结构

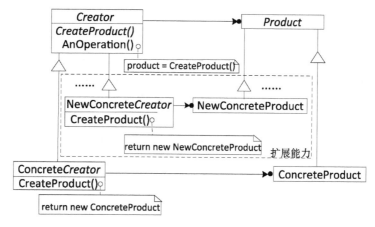

（d）工厂方法模式的扩展性

37

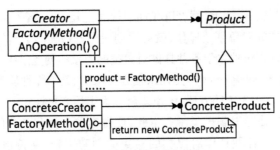

（e）工厂方法模式基本结构

图 3-1 工厂方法模式

工厂方法模式具体应用时，也可以为 *FactoryMethod*（）指定一个 *Product* 类的参数——产品标识符，实现参数化的工厂方法。从而，使得 *FactoryMethod*（）可以创建多种产品。通过为新产品引入新的标识符或将已有的标识符与不同的产品相关联，这种方法可以简单而有选择性地扩展或改变一个 Creator 生产的产品。另外，在支持模板的语言中，也可以实现一个以 Product 类作为参数的 Creator 的模板子类，从而避免仅为了创建适当的 Product 对象而必须建立 Creator 子类的约束。

工厂方法模式广泛应用于框架中，框架使用抽象类定义和维护对象之间的关系。对象的创建和管理通常由框架负责。因此，框架中包含工厂方法，框架中的对象都通过工厂方法创建，框架通过使用工厂方法模式建立起一种抽象稳定的通用系统结构。当通过框架开发软件时，框架的一个实例就是通过继承方式子类化框架中定义的各抽象类，并通过覆盖具体定义创建各种子类对象的操作。从而，使得客户不必关心各种对象的具体创建过程。EJB 中，Home接口就是工厂方法模式的典型应用，所有 EJB 对象（用以实现 EJB 接口）的创建都必须通过Home（用以实现 Home 接口）对象实现，EJB 对象的具体创建过程对客户来说是透明的，EJB 容器也可以对 EJB 对象进行统一管理。

2）抽象工厂模式（Abstract Factory）

工厂方法模式解决了一个工厂（Creator 相当于一个工厂）及其所生产产品问题的通用解决方案。然而，有时一种应用需要同时产生一系列相关的产品。针对这个问题，工厂方法模式固然可以解决一个产品系列中各种产品的问题，但是，一个产品系列中各种产品之间相互独立，它们的相关关系还是需要显式地另外处理。为此，我们可以在工厂方法模式的基础上，抽象出抽象工厂模式。

抽象工厂模式通过定义一个能生产一个产品系列的抽象工厂类，建立用于解决同时生产一系列相关产品的通用解决方案，如图 3-2（a）所示。针对某个具体应用，可以通过子类覆盖抽象工厂类中生产各种产品的操作，具体定义产品系列中各种产品的具体生产工作，如图 3-2（b）所示。一个具体工厂子类，显然对应于一个具体的产品系列，可以同时生产出这一系列的各类产品。然而，抽象工厂类并不能预先知道其所需要生产的某种产品系列的各个具体产品类，因此，抽象工厂类中不能直接定义生产某种产品系列中各种具体产品的操作，只能定义一组抽象的生产一个产品系列的操作 $CreateProduct_1$（）~ $CreateProduct_n$（），以便抽象出所有具体工厂子类的系列化产品的生产操作。而一个产品系列的产品生产的具体实现则可以由具体的工厂子类去完成（通过继承，具体定义 $CreateProduct_1$（）~ $CreateProduct_n$（）的行为，建立具体应用的 $CreateProduct_1$（）~ $CreateProduct_n$（））。这样，在处理一个工厂及其如何生产一个产品系列的产品和管理这些产品这一问题上,就可以在抽象层面上建立一个通用的结构,客户通过该结构,只要调用抽象工厂类中对应于一个产品系列的产品生产的操作,就可以生产出一个产品系列的各种具体产品并管理它们。从而,使得该通用结构可以相对独立于各种具体产品系列的产品的生产过程。如图 3-2(c)所示。

正是由于抽象工厂所能生产的一个产品系列是不确定的,需要由具体的工厂对象来确定。因此,该模式称为抽象工厂模式,表示其可以面向任何系列化产品的生产并管理这些相关的产品。抽象工厂模式是一种对象模式,它将对象的创建工作委托给具体的工厂对象。由此,使得客户和抽象工厂之间的关系保持稳定,并通过继承方式不断地定义各种具体产品系列及其相应的具体工厂,支持该结构的扩展能力。如图 3-2(d)所示。图 3-2(e)给出了抽象工厂模式的基本结构。

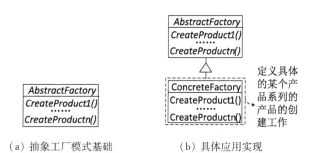

（a）抽象工厂模式基础　　　　　（b）具体应用实现

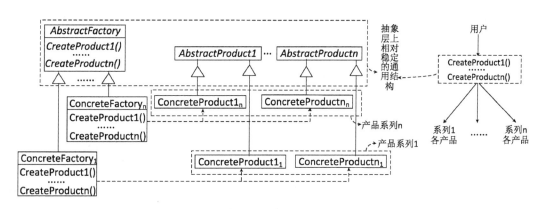

（c）抽象工厂模式的通用稳定结构

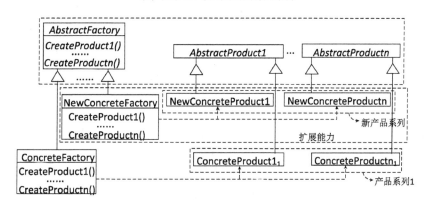

（d）抽象工厂模式的扩展性

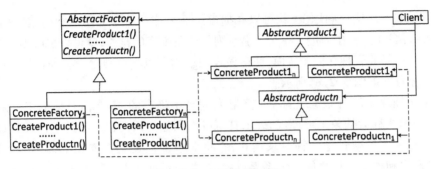

（e）抽象工厂模式基本结构

图 3-2　抽象工厂模式

抽象工厂模式尽管通过更换具体的工厂可以很容易地交换不同的产品系列，但却难以扩展抽象工厂以生产新种类的产品。为了解决该问题，抽象工厂模式具体应用时，可以将生产一个产品系列的操作 $CreateProduct_1()$ ~ $CreateProduct_n()$ 合成为一个操作 $CreateProducts()$，然后为该操作指定一个用来标识被生产的产品系列类型的参数，从而以类模式方法实现。另外，对于含有多个产品系列，且产品系列之间差别比较小的应用场景，具体工厂也可以使用 Prototype 模式来实现，使产品系列中的每一种产品可以通过复制其原型来生产。这样，就不必要求每个新的产品系列都需要定义其相应的具体工厂类。

抽象工厂模式可以广泛应用于需要强调一系列相关的产品对象的设计以便进行联合使用或一个系统需要支持多个产品系列的配置的应用场合，例如支持多种平台或风格的图形客户界面工具包的构建等。

3）生成器模式（Builder）

生成器模式专门为含有各种不同部件的复杂产品的生产提供一种良好通用的解决方案。为了解决含有各种不同部件的复杂产品的生产问题，生成器模式分离了产品的构建和表示，使得同样的构建过程可以创建不同的表示。也就是说，生成器模式对复杂产品中所有部件的构建过程进行抽象，建立一个抽象的复杂产品生产类，如图 3-3（a）所示。某个具体复杂产品的生产过程，可以通过继承抽象类来具体定义。从而，定义一个通用的构建过程，如图 3-3（b）所示。显然，基于一个相同的部件集合，依据部件使用的数量和部件之间不同的结构组合情况，可以生产出各种不同的复杂产品，即创建不同的表示，如图 3-3（c）所示。

正是将一个复杂产品的生产过程封装在一个抽象类中，并通过其子类定义具体复杂产品的各个部件的生产及装配过程，所以该模式称为生成器模式。生成器模式是一种对象模式，它将对象的创建工作委托给具体的生成器对象。生成器模式中，可以通过继承抽象类来扩展复杂产品的种类，如图 3-3（d）所示。图 3-3（e）给出了生成器模式的基本结构。

生成器模式中，生成器通过向导向器提供一个复杂产品构造的抽象接口（该接口包含创建复杂产品各种部件的抽象操作），隐藏复杂产品的具体表示和内部组合结构。每个 ConcreteBuilder 包含了创建和装配复杂产品中各种部件的所有代码。这些代码只需要写一次，然后不同的导向器可以复用它以便在相同部件集合的基础上构建不同的产品。也就是说，客户通常用合适的具体生成器来配置导向器，然后，依据所要生产的复杂产品的组合情况，使用该生成器包含的创建和装配每种部件的代码来处理它的各个部件，即客户可以在导向器的控制下一步一步地构造产品，当产品完成时从生成器取回它。如图 3-3（f）所示。因此，生成器模

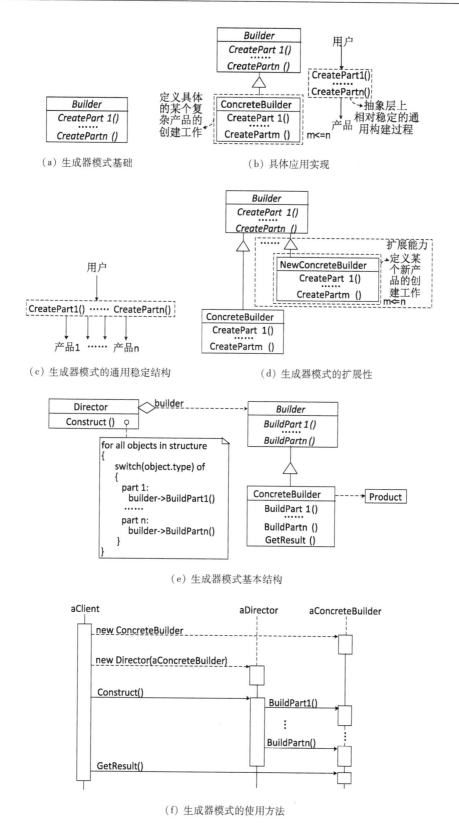

（a）生成器模式基础 （b）具体应用实现

（c）生成器模式的通用稳定结构 （d）生成器模式的扩展性

（e）生成器模式基本结构

（f）生成器模式的使用方法

图 3-3　生成器模式

式能够更好地反映产品的构造过程。同时，也可以对产品的构建过程及内部结构进行更精细的控制。另外，考虑到由各个具体生成器生成的部件之间，其表示相差太大，因此，在生成器模式中，产品类不需要建立统一的抽象类。

生成器模式可以应用于包含各种对象的复合文档的相关处理场合，例如可以应用于包含各种对象的文档解析器或阅读器的设计和实现。

4）单件模式（Singleton）

单件模式确保一个类只能创建一个实例，并提供一个访问实例的全局访问点。如何才能保证一个类只有一个实例并且该实例易于被访问呢？显然，对于易于被访问这一点，可以通过设置一个全局变量实现。然而，全局变量不能防止客户实例化多个对象实例。为此，单件模式通过设置一个面向类的私有成员变量，让一个类自身保存它的唯一实例。同时，提供一个面向类的成员函数，作为唯一实例的访问点。该成员函数只有在该类没有实例时才实例化该类创建一个实例，并将实例赋值给类的私有成员变量。

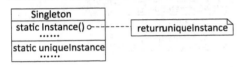

图3-4 单件模式的基本结构

并且，通过拦截创建对象实例的请求来保证该类没有其他的实例被创建；通过将构造函数设置为保护或私有，防止客户绕过静态构造函数机制而直接实例化这个类。图3-4给出了单件模式的基本结构。

单件模式是一种对象模式，它将对象实例的创建工作交给类的一个对象完成。因为单件模式通过类封装它的唯一实例，而且客户只能通过其提供的访问点访问该实例。因此，单件模式可以严格地控制客户怎样访问实例以及何时访问实例。另外，单件模式也可以子类化，这样可以在运行时刻用所需要的子类创建实例并动态地配置应用。

单件模式广泛应用于框架或容器的实现中，以便确保其中的工厂对象实例的唯一性。

5）进一步认识创建型模式

创建型模式也称为工厂模式，它们都是针对如何生产产品和管理产品这一问题，给出一个良好的解决方案。它们既将一个系统需要使用哪些具体类的信息封装起来，又隐藏了这些类的实例是如何被创建和放在一起的。一个系统关于其所有对象所知道的只是由抽象类所定义的接口。因此，在什么被创建、谁创建它、它是怎样被创建的、以及何时创建这些方面，创建型模式提供了很大的灵活性。创建型模式允许客户用结构和功能差别很大的产品对象，静态或动态地配置一个系统。

创建型模式有效分离了对象的使用者和对象的创建及管理者两个角色的职责，使得对象的使用者不必关心所使用的对象究竟是如何创建的。

Factory Method模式是类自己封装了对象创建的操作（工厂函数），不需要另外定义一个用于负责创建对象的类。只需要通过子类化创建一个需要创建特定对象的子类并重载工厂函数即可。这种方法中，如果需要改变产品类型，就可能需要创建一个新的子类。由此，可能导致级联的多层子类化。Abstract Factory模式和Builder模式都需要另外定义一个用于负责创建对象的类，通过类的协作（对象的复合）来完成产品生产工作。Factory Method模式可以生产各种产品，Abstract Factory模式通过另外的工厂对象生产多个类的对象，这些对象具有相关性并组成一个产品系列。Builder模式通过另外的工厂对象使用一个相对复杂的协议，逐步创建一个复杂的产品。Singleton模式用来控制一个类只能有单个实例。

Abstract Factory模式和Builder模式中的工厂对象，其操作的实现建立在Factory Method模式基础上。

3.3.2 结构型设计模式

1）适配器模式（Adapter）

适配器一般是指计算机系统中用来连接系统总线和外围设备的一种接口设备,它将系统总线的标准控制信号转换成各种外围设备需要的控制信号。借用这一概念,适配器模式就是专门针对接口不兼容问题提供一种解决方案,将一个类的接口转换成客户希望的另外一个接口,使得原本由于接口不兼容而不能一起工作的那些类可以一起工作。

适配器模式中,需要转换的类（Target）的接口（Request（））称为标准接口,客户希望的另外一个接口称为专用接口（SpecificRequest（））。相应地,实现专用接口的类称为被适配者（Adaptee）,实现两种接口转换的类称为适配器（Adapter）。适配器模式可以采用类模式,也可以采用对象模式。类模式实现时,通过多继承机制实现两种接口的转换,如图3-5（a）所示。对象模式实现时,通过对象的组合机制实现两种接口的转换,如图3-5（b）所示。也就是说,类模式适配器将需要转换的类和实现专用接口的类平等关系看待,而对象模式适配器将需要转换的类和实现专用接口的类作为上下关系看待（依赖于一个适配对象包含另一个被适配对象）。对象模式适配器不需要对每一个需要使用的被适配者都进行适配器的子类化,可以按需动态地进行接口转换,具有较大的灵活性。

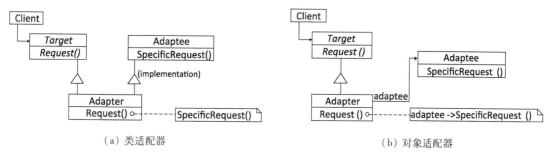

（a）类适配器　　　　　　　　　　　　　　　　　　（b）对象适配器

图3-5　适配器模式的基本结构

适配器模式可以使客户将一个自己的类加入到一些现有的系统中去,而这些系统对这个类的接口可能会有所不同。适配器模式也可以使客户正在设计的系统重用已经存在、但接口并不完全一致的功能。通过多继承方式,可以实现双向适配器,使得接口差异较大的两个类能够透明地互操作。

适配器模式广泛运用于需要重用已经存在、但接口不符合要求的类;以及需要创建一个可以重用的类、该类可以与其他不相关的类或不可预见的类协同工作的应用场合。

2）外观模式（Facade）

外观模式针对客户如何使用一个含有许多功能的复杂系统这一问题,给出了一种通用方便的解决方案。外观模式通过给原有系统提供一个称为系统外观的对象来实现此目标。外观对象定义一个（或一组）接口,向客户提供一致的界面。图3-6（a）给出了外观模式的基本结构。

外观模式对客户屏蔽了复杂系统中的各个子系统组件,实现客户与子系统之间的松散耦合,降低客户与子系统之间的耦合度。并且,外观模式减少了客户处理的对象数目,使得子系统使用起来更加方便。外观模式隔离了客户与子系统,可以有效支持子系统（系统功能）的扩展、更新和维护（如图3-6(b)所示），也可以支持系统的切换。外观模式简化了接口，即将对多个接口（对应于各个子系统）的访问改造成对一个接口（对应于外观对象）的访问。

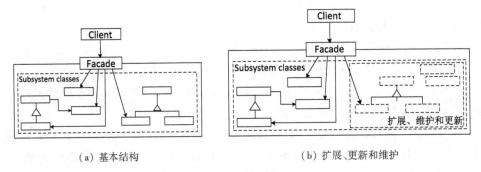

（a）基本结构　　　　　　　　　　　　　　　（b）扩展、更新和维护

图3-6　外观模式

外观模式广泛适用于封装或者隐藏原系统、使用一个复杂系统的部分功能、以特殊方式使用一个系统、对原系统进行维护、集成多个框架等应用场合。

3）桥接模式（Bridge）

通常，当一个抽象类可能存在多种实现时，一般使用继承机制来处理。也就是，由抽象类定义相应的接口，而具体的子类则用不同的方法实现接口。如图3-7(a)所示。然而，这种方法将抽象部分和它的实现部分固定在一起，导致难以对抽象部分和实现部分独立地进行修改、扩展和重用。同时，继承机制也使得客户代码与平台相关，导致系统的移植性差。针对该问题，桥接模式通过分离抽象部分和实现部分，分别将它们放在独立的类层次结构中，从而实现两个

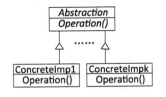

（a）常用接口实现方法

部分的独立演化。如图3-7(b)所示。同时，通过抽象部分对实现部分对象的聚合来建立完整的结构，并将抽象部分的基类和实现部分的基类之间的关系称为桥接。如图3-7(c)所示。

桥接模式对客户隐藏实现细节，灵活支持系统的扩展（如图3-7(d)所示）以及一个系统在不同平台之间移植。并且，桥接模式可以在运行时刻动态实现实现部分的选择和切换。

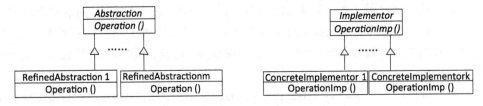

b）分离抽象部分与实现部分

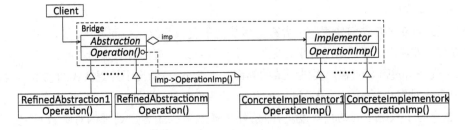

（c）抽象部分与实现部分桥接（桥接模式基本结构）

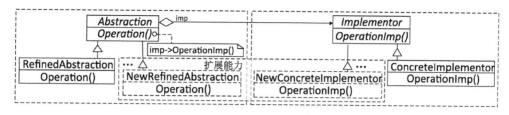

（d）抽象部分和实现部分独立演化

图 3-7　桥接模式

桥接模式广泛应用于构建面向不同平台的系统的应用场合,例如,一个通用图形处理系统等。

4）组合模式（Composite）

组合模式针对如何由一系列基本对象构成具有树状结构的组合对象并使用一致性方法使用基本对象和组合对象的问题,提供一种解决方案。为了处理该问题,组合模式首先抽象出一个既代表基本对象又代表组合对象的抽象类,该类既定义与基本对象相关的一些抽象操作,也定义一些与组合对象相关的一些抽象操作。组合对象实际上是一种容器对象,用于组合一些基本对象或其他组合对象。如图 3-8(a)所示。然后,各种基本对象类通过继承机制具体实现抽象类中与基本对象相关的一些抽象操作。各种组合对象类则通过继承机制具体实现抽象类中与组合对象相关的一些抽象操作;同时,通过遍历方式具体实现与基本对象相关的一些抽象操作,以便对其聚合的各个对象进行操作。如图 3-8(b)所示。

组合模式通过递归方式定义了包含基本对象和组合对象的类层次结构,并通过一致性的接口使用基本对象和组合对象,从而简化了客户代码(即在组合对象类中不需要通过选择语句处理不同的对象)。组合模式也可以在不影响客户代码的前提下,十分容易地增加新类型的组件,增加其扩展能力。如图 3-8(c)所示。然而,组合模式也存在一些缺陷。例如,它与类层次设计原则相冲突,因为抽象类中定义的与组合对象相关的操作对基本对象来说毫无意义。并且,在抽象类中定义的与组合对象相关的操作,尽管对客户具有良好的透明性,但也会带来安全隐患。例如,客户可能对基本对象执行增加对象或删除对象的操作。另外,作为容器对象的组合对象,应该对如何存储和管理其聚合的各种子对象进行仔细的考虑。例如,采用什么样的数据结构来存储子对象? 子对象是否需要排序? 对于频繁遍历和查找而言,是否需要利用 Cache 改善性能? 等等。

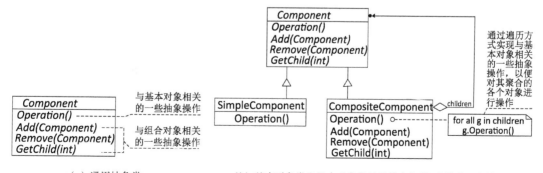

（a）通用抽象类　　　　（b）基本对象类和组合对象类的具体定义（组合模式基本结构）

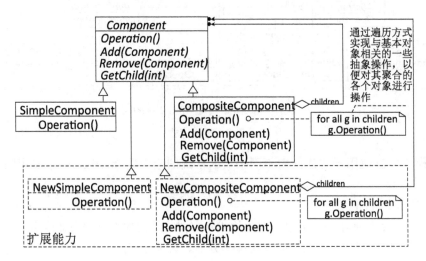

（c）组合模式的扩展性

图 3-8　组合模式

组合模式广泛应用于具有整体—部分层次结构的对象组合的应用场合。例如,用户界面工具箱中视图的实现、复合文档的构建等。

5) 装饰模式(Decorator)

一般情况下,通过继承机制,子类可以在父类功能的基础上增加一些新功能。但是,这种方法不够灵活,因为所有子类对象的实例都将具有这些新添加的功能。如果要求只对子类对象实例中的部分实例添加新的功能,这种方法显然是不可能做到。也就是说,通过继承机制对新功能的选择是一种静态控制方法,客户不能控制对对象实例添加或删除新功能的方式和时机。装饰模式就是针对如何动态地给一个对象实例添加一些新的功能这一问题,为客户提供一种灵活的解决方案。为了处理该问题,装饰模式首先定义一个称为装饰的对象,该对象提供与需要添加新功能的对象具有一致的接口,以达到对使用需要添加新功能的对象的客户的透明性。如图 3-9(a) 所示。然后,将需要添加新功能的对象嵌入到装饰对象中,由装饰对象将客户的请求转发给需要添加新功能的对象(如图 3-9(b) 所示),并且在转发前或后执行一些额外的操作,以动态地为需要添加新功能的对象添加新的功能。如图 3-9(c) 所示。图 3-9(d) 给出了装饰模式的基本结构。

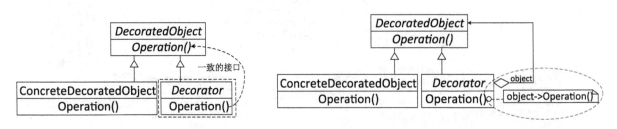

（a）与被装饰对象接口一致的装饰对象　　　　　　（b）将被装饰对象嵌入到装饰对象中

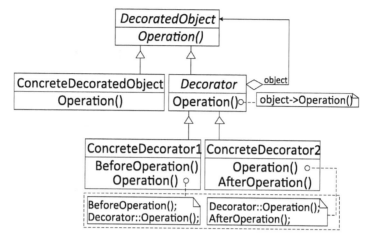

（c）装饰对象在转发客户请求前后执行附加的功能

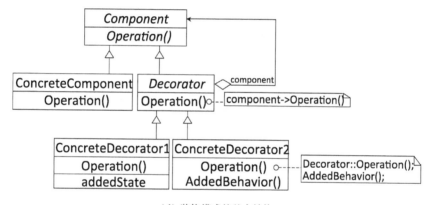

（d）装饰模式的基本结构

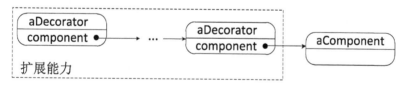

（e）装饰模式的扩展能力

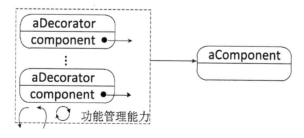

（f）动态管理各种新功能

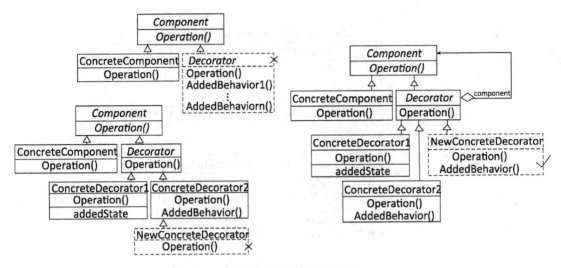

（g）装饰模式的"即插即用"思想

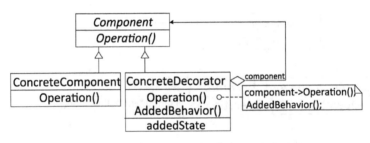

（h）将添加新功能的操作合并到一致性接口的操作中

图 3-9　装饰模式

　　装饰模式可以动态地为一个对象实例按需添加各种新功能，以体现其扩展能力。如图 3-9（e）所示。同时，装饰模式还可以按需动态地对各种新功能进行管理，例如添加、删除和建立不同组合。如图 3-9（f）所示。装饰模式中，装饰对象可以看成是被装饰对象的外壳，它可以改变被装饰对象的行为。装饰模式提供了一种"即插即用"的方法来给需要添加功能的对象添加功能。也就是说，它并不是在一个复杂的可定制的类中支持所有可预见的功能，而是首先定义一个简单的类，然后用装饰类逐渐给它添加功能。由此，可以从简单的部件组合出复杂的功能。这样，可以不必为不需要的特征付出代价。同时，也更容易不依赖于 Decorator 所扩展（甚至可能是不可预知的扩展）的类而独立地定义新类型的 Decorator。如图 3-9（g）所示。装饰模式具体应用时，必须注意如下一些问题：首先，当仅仅需要为某个对象实例添加一个新功能时，抽象的 Decorator 类可以省略，直接将添加新功能的操作合并到一致性接口的操作中。如图 3-9（h）所示。其次，为了确保接口的一致性，装饰对象和被装饰对象必须有一个公共的父类，即 DecoratedObject。并且，该类只集中于定义接口，而不应该存储数据，对数据表示的定义应该延迟到子类中，否则该类会变得过于复杂和庞大，导致难以大量使用。同时，该类也不应该有太多的功能，因为有些具体的子类可能不需要某些功能。

　　装饰模式可以应用于图形用户界面工具箱的构建中，以便给各种窗口组件添加各种图形装饰、控制对特定组件的访问，以及跟踪组件交互行为及输出调试信息等。装饰模式也可以用于输入/输出流的控制中,以便按需对特定输入/输出流进行特殊功能的处理,例如加密、捎带信息等等。总之,当需要扩展多种功能,但又不能通过生成子类的方法进行直接扩展时,就可以采用装饰模式。因为,每种功能扩展都需要独立扩展,这样每一种功能组合就会产生大量的子类,导致子类数目呈爆炸性增长。

6) 进一步认识结构型模式

由于模式实现只是基于继承机制(包括单继承和多继承)或对象组合机制,因此,结构型模式之间具有相似性,特别是它们的参与者和协作者之间的相似性。然而,透过这些相似性,应该看到各种模式所要解决的问题是不同的。适配器模式用以解决两个已有接口之间的不匹配问题,如图 3-10(a)所示。它不考虑这些接口是如何实现的,也不考虑它们各自的演化问题。适配器模式不需要对独立设计的类中的任何一个进行重新设计,就能使它们协同工作。与适配器模式复用一个原有的接口不同,外观模式需要定义一个新的接口,并将该接口映射到多个已有接口,如图 3-10(b)所示。桥接模式对抽象接口与它的实现(可能有多个)进行桥接,用以将多个抽象接口映射到多个实现接口,如图 3-10(c)所示。适配器模式一般在类设计好以后实施,以解决不兼容的两个类同时工作。显然,这种不兼容耦合往往是不可预见的。而桥接模式必须在设计类之前实施。也就是说,使用桥接模式者必须事先知道一个抽象将有多个实现,并且抽象和实现两者是独立演化的。组合模式和装饰模式都是通过递归组合方式来组织可变数目的对象,因此,它们具有相似的结构。但是,两者的目的不同。组合模式用以将多个基本对象组合成一个复杂对象,使基本对象和复杂对象能够用统一的方式处理,并且,多重对象可以被当作一个对象来处理。如图 3-10(d)所示。因此,它的重点在于表示。装饰模式用以将多个功能添加到一个对象,避免静态实现功能组合时带来的子类急剧增加的弊端。如图 3-10(e)所示。因此,它的重点在于装饰。适配器模式、外观模式和桥接模式主要通过接口映射机制,实现多个对象或类的集成,形成更大的结构。适配器模式可以看成是 1:1 的映射,外观模式可以看成是 1:n 的映射,桥接模式可以看成是 m:n 的映射。组合模式和装饰模式主要通过对象的递归组合,实现多个对象的集成,形成更大的结构。

 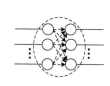 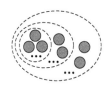

（a）适配器模式　　（b）外观模式　　（c）桥接模式　　（d）组合模式　　（e）装饰模式

图 3-10 结构型模式的基本作用

除了类适配器模式外,其他模式(包括对象适配器模式)都是对象模式,它们都具有较大的灵活性。

3.3.3 行为型设计模式

1) 策略模式(Strategy)

所谓策略,是指一种思想和方法。例如,军事策略是指有关军事方面的一些处理问题的指导思想和方法。策略模式主要用来针对应用中处理某个问题的方法需要不断改变的情况,提供一种灵活的解决方案。例如,订单处理中有关税收计算问题,受政策的影响,具体计算方法经常会发生变化。策略模式的基本思想是,将需要不断改变的方法单独从应用中抽取出来,建立具有统一使用接口的抽象策略类,从而使方法的变化独立于使用它的客户。如图 3-11(a)所示。也就是说,客户使用策略时,可以通过统一抽象接口,调用不同的具体策略。处理某个问题的方法的各种具体实现,可以通过子类化抽象策略类而具体定义其行为。如图 3-11(b)所示。图 3-11(c)所示给出了策略模式的基本结构。

策略模式通过独立地抽象和封装策略部分,为策略使用者定义了一系列可供重用的策略和行为,并提供了用条件语句选择所需的行为以外的另一种选择方法。这种方式可以消除通过直接子类化策略使用者类来扩展不同行为所带来的弊端,即将行为硬编码到策略使用者类中而导致行为的实现与策略使用者的实现混合起来,从而使策略使用者类难以理解、难以维护及难以扩展,而且也不能动态地改变行为,如图 3-11(d)、图 3-11(e)所示;或者,使策略使用者的代码中包含一些暂不需要的行为实现代码,使代码量变得庞大,执行效率受到影响。

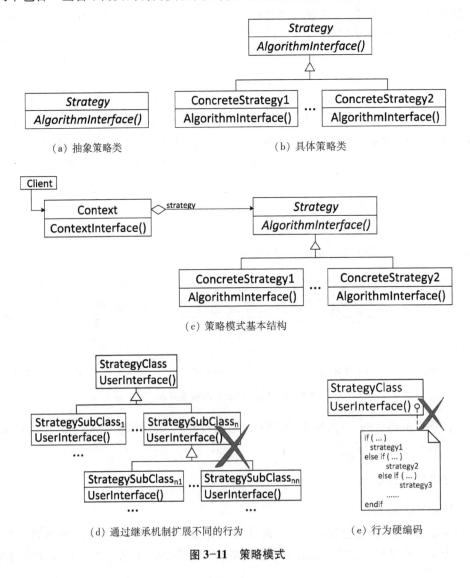

图 3-11　策略模式

策略模式是一种对象模式,它将具体策略封装在一个个对象中,从而可以方便地指定或改变一个对象所使用的具体策略。也就是说,策略模式通过改变受委托对象来改变委托对象的行为。策略模式具体实现时,要考虑到与策略使用者之间的协作。也就是说,策略使用者可以将待处理的原始数据传送给策略对象,策略对象将处理结果返回给策略使用者。协作的具体实现,可以是让策略使用者定义一个接口以便让策略对象来访问它的数据;或者,策略使用者可以将自身作为一个参数传递给策略对象,以便让策略对象在需要时可以回调策略使用者。一般来说,通常有一系列具体策略类供客户选择,客户创建并传递一个具体策略对象给策略使用者,以便策略使用者将客户的请求转发给它的策略对象。另外,也可以为策略使用者定义缺省的行为,这样就可以使策略对象成为可选,即策略使用者在使用某种策略前先检查是否存在策略对象,如果存在就使用它;如果没有,策略使用者就使用缺省的行为。

策略模式可以提供相同行为的不同实现,以便客户可以根据不同的时间或空间权衡取舍需求从不同的实现策略中进行选择。同时,策略模式也为软件的单元测试带来方便。因为每个具体的业务规则实现都有自己的类,可以通过自己的接口单独测试。这比将业务规则代码混合到策略的使用者代码中的测试要简单得多。

然而,策略模式也存在一些缺陷。首先,客户必须了解各种不同的具体策略,否则就不能选择一个合适的策略。因此,可能不得不向客户暴露其具体的实现问题。其次,策略使用者与具体策略之间存在一定的通信开销。因为策略使用者需要将具体参数传递给具体策略。最后,策略模式会增加一个应用中的策略对象的数目。

策略模式可以使用在需要在不同时间应用不同业务规则的应用场合,例如数据输入验证方法、寄存器分配方法、指令集调度策略、价格计算方法等,以便客户在多种不同的具体实现方法中选择。

2)观察者模式(Observer)

观察者模式也称为依赖模式(Dependents)或发布-订阅模式(Publish-Subscribe),主要用来为如下应用场景提供一个通用的解决方案,即有一组对象,它们都对某个事件感兴趣,当这个事件发生时,这些对象需要得到通知,以便它们做一些相应的处理工作。针对这种应用场景,显然可以通过让每个对象侦听事件的方法来实现。但是,每次当侦听事件的对象集合发生改变时,这种解决方案就需要改变发出事件通知的对象,以便增加对新加入的侦听对象的事件通知。可见,让发出事件通知的对象(通知者)和关注事件的对象(被通知者)紧密耦合在一起并不是一个好的解决方案。为了处理这种问题,观察者模式首先将两者解耦,将所有希望获得通知的对象(被通知者)称为**观察者**(observer),即它们在观察一个事件的发生。然后,让观察者自己负责自己的行为,了解自己观察的究竟是什么,而不是让事件通知者关心究竟有哪些观察者在依赖自己,毕竟这不是它的行为,它的行为只是在事件发生时负责发出通知。为此,观察者需要有一种方式向其所关心的目标注册。为了实现这一功能,观察者模式中将事件通知者定义为目标,并让其提供两个操作 Attach(Observer)和 Detach(Observer),分别用来让观察者将其注册到目标的观察者列表中,或从目标的观察者列表中将自己删除。如图 3-12(a)所示。由于目标对象已经有了已注册的观察者,因此,当事件发生时,目标对象就可以通知所有已注册的观察者。为此,目标对象还应该实现一个通知方法 Notify()。如图 3-12(b)所示。同时,为了响应事件并对其进行处理,每个观察者对象应该实现一个处理方法 Update()。如图 3-12(c)所示。另外,考虑到有的观察者可能需要得到更多与事件相关的信息,因此,具体的目标对象实现时，也可以增加获取信息和设置信息的方法 GetState( )和 SetState( )，以便观察者对象需要时调用。如图 3-12(d)所示。可见，观察者模式的这种解决方案不会随着观察者集合的变化而改变，因此具有较大的扩展性和灵活的适应性。图 3-12(e)所示给出了观察者模式的基本结构。图 3-12(f)所示给出了一个目标对象和两个观察者之间的协作关系。

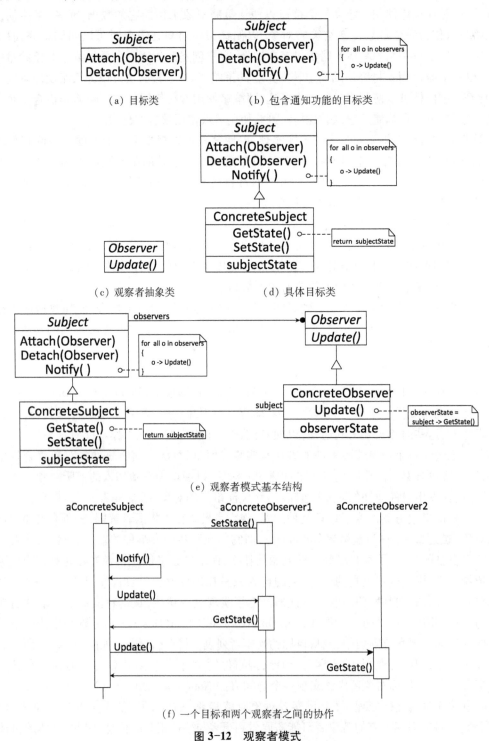

图 3-12　观察者模式

观察者模式的基本结构中,假设由目标对象保存对其所管理事件感兴趣的所有观察者。但是,这种基本实现方案,对于目标较多而观察者较少时,可能带来较高的存储代价。为此,可以采用一个关联查询机制(例如使用一个 Hash 表)来维护目标到观察者的映射,此时一个没有观察者的目标就可以不产生存储开销。从而,以增加访问观察者的时间开销来换取高存储代价的空间开销。再者,在某些情况下,一个观察者依赖于多个目标可能是有应用意义的。例如,一个表格对象很可能依赖于多个数据源。针对这种应用场景,可以扩展观察者对象中的 Update()接口(例如,增加一个表示目标对象的参数),以便使观察者知道到底是哪一个目标发送来的通知。由于目标与它的观察者是依赖于通知机制来保持状态的一致性,因此,究竟如何来触发事件通知操作 Notify(),也可以有多种具体的实现方法。一种是由目标对象的状态设定操作在改变目标状态后自动调用 Notify()。这种方法对客户透明,但是多个连续的操作会产生多次连续的通知,直接降低执行效率。另外,对于某些不需要更多地获取事件信息(即不会调用目标对象的状态设定操作 SetState()),而只要一个简单事件通知的应用而言,就不能发出事件通知。另一种方法是让客户自己负责触发,以便在适当的时机主动调用 Notify()。尽管这种方法具有灵活性,但也会因为客户的疏忽而导致错误,例如客户忘了调用 Notify()。另外,客户删除一个目标对象时,应该确保不在其所有观察者中遗留对该目标的悬挂引用。反之,客户也不能简单地删除一个观察者对象,因为其他的对象可能会引用它们,或者它们可能还在观察其他的目标。

观察者模式中,目标和观察者之间的耦合关系是抽象的,耦合的程度最小。因为一个目标所了解的只是它有一系列都满足抽象 Observer 类的简单接口的观察者,而不知道每一个观察者究竟属于哪一个具体的类。这种特点可以使得目标和观察者分别位于不同的抽象层次并互相通信,例如目标对象可以位于较低层次,而观察者对象则位于较高层次。从而,确保系统层次的完整性,而不是横跨两个层(违反层次性)或都处于两个抽象层的某一个层之中(损坏层次的抽象性)。另外,这种耦合关系的实现,目标对象发送的通知不需要指定它的接收者。因此,可以在任何时刻动态地按需增加或删除观察者,具有灵活的动态扩展能力。当然,由于各个观察者之间相互独立,因此,某个观察者对目标的改变可能会带来更新的波动效应而导致错误。因为它对目标的一个看似无害的操作可能会引起一系列观察者对象以及依赖于这些观察者对象的那些对象的更新。

观察者模式可以适用于如下应用场合,即对于一个具有两个方面并且其中一个方面依赖于另一个方面的抽象模型,此时将两者分别封装在独立的对象中,可以使两者各自独立地改变和复用。或者,当一个对象状态的改变需要同时改变其他对象的状态,但不知道具体有多少对象有待改变,此时,观察者模式可以带来灵活的扩展性。再或者,当一个对象必须通知其他对象,但它又不能假定其他对象究竟是谁,此时,观察者模式采用的解耦思想可以带来较大的方便性。MVC(Model-View-Controller,参见第 4 章相关部分的解析)风格中,M 和 V 之间的关系就是典型的观察者模式的使用。

3)模板方法模式(Template Method)

所谓**模板**,一般是指用来制作某类东西的一种工具,它定义了或规定了这类东西的基本形态。例如绘图模板作为一种工具,它定义了各种基本图形符号的形态,可以用来帮助我们绘制各种图形。所谓模板方法,在此是指抽象类中一个具有模板功能的成员函数。显然,该函数定义或规定了某种东西的基本形态。在此,某种东西主要是指一个包含若干基本处理步骤的计算过程。因此,模板方法模式就是对一些具有相同计算过程的处理方法进行抽象,对基本处理步骤进行标准化,在概念层次建立概括所有这些计算过程的一个通用计算过程模板。例如,尽管不同计算机语言对文件操作的具体步骤和方法不同,但从概念上看,文件操作一般都是遵循**打开**(或**建立**)、**读/写**和**关闭**三个基本的步骤。也就是说,对于文件操作问题,不同计算机语言的处理方法具有相同的计算过程。为了对这一类问题给出一种良好的解决方案,模板方法模式首先抽象计算过程,定义该计算过程应有的一个个基本处理步骤,并以此建立一个抽象类,封装这个计算过程,建立覆盖所有具体计算过程的通用计算过程。如图 3-13(a)所示。同时,在抽象类中再提供一个接口,用来代表这个计算过程,建立通用计算过程模板。该接口就称为模板方法,如图 3-13(b)所示。然后,通过抽象类的子类化,由各个子类定义具体的计算过程(即实现计算过程的每个具体步骤),如图 3-13(c)所示。客户通过模板方法就可以复用面向不同处理对象的相同计算过程,降低代码的冗余。图 3-13(d)所示给出了模板方法模式的基本结构。

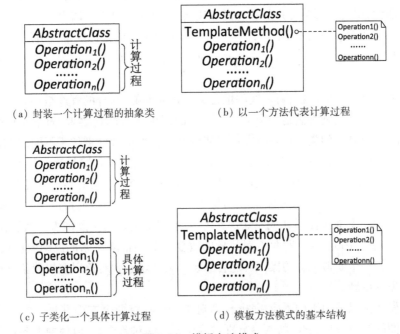

(a) 封装一个计算过程的抽象类　　　　　(b) 以一个方法代表计算过程

(c) 子类化一个具体计算过程　　　　　(d) 模板方法模式的基本结构

图 3-13　模板方法模式

模板方法模式是一种类模式,它定义一个算法的基本结构,而将算法中的一些具体操作步骤描述延迟到子类中,以提供具体的行为。事实上,模板方法模式绑定了一组相关的操作步骤,这些步骤必须按预定顺序逐个执行。因此,模板方法模式可以实现钩子操作(hook operations),即通过在一组相关的操作步骤中安排一些钩子操作,实现功能的扩展。从本质上看,模板方法模式给出了父类控制其子类扩展的一种通用解决方案。因为子类只能在允许的扩展点(某些步骤)才能扩展。

模板方法模式广泛应用于应用框架中,因为应用框架需要对其未来的各种子类的扩展进行控制。

4) 迭代器模式(Iterator)

所谓迭代,是指在某个计算过程中,每一步的计算都需要其前一步的结果作为计算因子之一。迭代器模式针对一个聚合对象中所有元素的顺序访问问题,通过迭代方式建立一种通用的遍历方法,同时对外隐藏该聚合对象内部的具体表示结构。迭代器模式首先将对聚合对象的访问和遍历行为从聚合对象中分离出来,单独建立一个称为迭代器的类来负责访问和遍历聚合对象的行为。如图 3-14(a)所示。迭代器类定义了访问一个聚合对象的应有接口,具体的迭代器对象负责跟踪聚合对象中的当前元素。如图 3-14(b)所示。由于聚合对象和迭代器对象是耦合在一起的,因此,客户必须知道一个迭代器对象所要操作的聚合对象是谁。为此,可以让聚合对象实例化其相应的迭代器,并将其自己提供聚合对象,以便迭代器对其进行访问。如图 3-14(c)所示。图 3-14(d)所示给出了迭代器模式的基本结构。

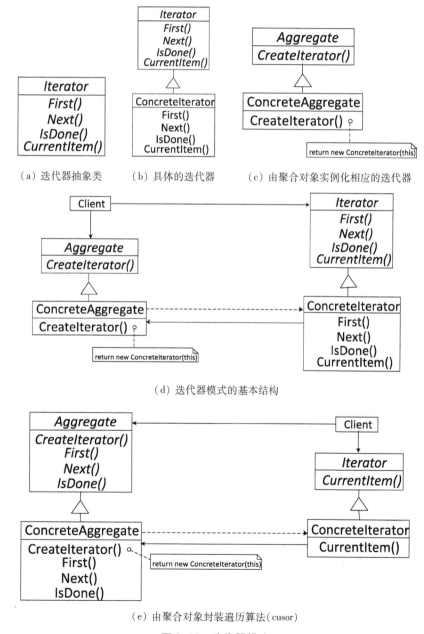

图 3-14 迭代器模式

将对聚合对象的遍历访问机制与聚合对象本身分离，使得客户可以定义不同的迭代器来实现不同的遍历访问策略，而不需要在聚合对象接口定义中一一列出。也就是说，迭代器模式不仅简化了聚合对象本身的接口，还支持以不同的方式遍历一个聚合结构以及对同一个聚合对象同时进行多个遍历（每个遍历由一个迭代器对象实现并维护其自己的遍历状态）。迭代器模式中，迭代过程控制既可以由客户完成（**外部迭代器**，external iterator），也可以由迭代器自己完成（**内部迭代器**，internal iterator）。一般来说，外部迭代器比较灵活，可以实现内部迭代器不能完成的一些功能；而内部迭代器使用较为方便，因为它已经定义好了迭代逻辑。另外，遍历算法不一定非要在迭代器中定义，也可以在聚合对象中定义（即将各种接口移到聚合对象中，如图 3-14(e) 所示）。此时，只需要在迭代器中存储并维持当前迭代状态即可（这种迭代器称为**游标**，cursor）。显然，由迭代器负责遍历算法的处理方案，有利于在相同的聚合对象上使用不同的迭代算法，也有利于在不同的聚合对象上重用相同的遍历算法。但是，如果遍历算法需要访问聚合对象的私有变量，则将遍历算法放在迭代器中会破坏聚合对象的封装性。对于具有递归性质的聚合对象，外部迭代器一般难以实现，因为为了跟踪当前的迭代状态（即某个当前对象标识）必须存储一条纵贯该层次的路径。反之，采用内部迭代器则会更容易实现。因为它仅仅需要递归地调用自己即可，从而隐式地将路径存储在调用栈中，而无需显式地维护当前的迭代状态。

聚合数据组织结构是一种针对批量数据组织的复合组织结构（例如集合、列表、记录式文件、树等），遍历是聚合数据组织结构的一种基本操作，迭代器模式为聚合数据组织结构的遍历访问提供了一种通用的解决方案。

5) 进一步认识行为型模式

针对需要解决的某个问题中可能发生变化的某部分行为，行为型模式基本上都是通过抽象，采用一个单独的对象（对于对象行为模式而言）或方法（对于类行为模式而言）来封装这部分的行为并定义一致性的抽象接口。例如策略模式中的 strategy 对象（封装一个算法）、观察者模式中的 observer 对象（封装对同一个目标所产生的事件的处理方法）、模板方法模式中的 TemplateMethod() 方法（封装一个算法的基本框架）和迭代器模式中的 iterator 对象（封装访问和遍历一个聚集对象中各个元素的方法）。然后，在此基础上，进一步定义这个封装变化行为的独立对象与其他使用它的对象之间的交互协作关系以及建立在协作关系之上的复杂的控制流。例如策略模式中，用一个具体的 strategy 对象来配置上下文对象，使上下文对象维护一个对 strategy 对象的引用；同时，上下文对象也可以定义一个接口供 strategy 对象来访问它的数据。观察者模式中，目标对象提供注册和删除接口供 observer 对象使用，并且提供通知接口向观察者对象发送事件通知；同时，目标对象也应该提供一些接口供 observer 对象来访问它的数据。迭代器模式中，iterator 对象有一个聚集对象的引用并维护其当前状态；同时，聚集对象在建立 iterator 对象时必须将自身的引用传给 iterator 对象。模板方法模式中，采用的是静态类行为模式，因此，不涉及多个对象之间的协作，只是通过抽象类来实现各种具体类（及其延伸的对象）所定义的具体算法之间的框架的一致性（即算法的步骤不变。这也可以看作是各种不同具体类的对象之间的一种协作，但在此没有交互）。

行为型模式一般都涉及多个承担各自行为的对象之间的协作。但各种模式存在着具体的应用语义区别。例如，观察者模式主要处理动态变化的依赖关系，而不是固定依赖关系。策略模式则是处理固定的依赖关系。模板方法中的代码变与不变。

3.4 深入认识设计模式

　　尽管面向对象设计方法可以用来促进良好的设计以及对设计活动进行标准化,但是,它仅仅提供一种基本方法,不能描述设计专家的经验。设计模式作为一种可复用的抽象,它捕获了随时间进化与发展的问题的求解方法,这些方法是面向对象设计中的最佳实践方法和有价值的经验。也就是说,设计模式文档化已有经验。因此,相对于基本的面向对象设计而言,设计模式是属于应用层面的知识。这类似于创作经验和语言及语言基本使用方法之间的关系。也就是说,设计模式是在语法之上的一个层面进行,用更大的应用语义概念结构来组织设计和思考设计。从认知角度来看,基本的面向对象设计方法属于显性知识,而设计模式则属于隐性知识。如图 3-15(a) 所示。

　　事实上,设计模式也可以看成是另一种面向对象设计观,它拓展了基本的面向对象设计的认识视野,从关注单个对象或单族同构对象关系延伸到关注多个异构对象之间的关系,从关注实现对象到关注对象世界的抽象。基本的面向对象设计方法中,因为其主要关注单个对象或单族同构对象关系,因此,一般都是采用继承机制。这种方法导致紧耦合低内聚的层次结构。尽管将一切作为特例来解决问题是非常容易的,但这会产生高冗余和类爆炸!设计模式因其关注多个异构对象之间的关系以及关注对象世界的抽象,因此,一般都采用聚合机制来定义多个类或对象关系。这种方法强调松耦合高内聚的平面结构。也就是说,设计模式将基本面向对象设计方法中的继承机制用来实现抽象类的特化(即接口继承),然后再将整个继承层次结构看作是一个高内聚的整体,再在此基础上通过聚合机制关注多个整体之间的松耦合关系(即面向接口编程)。如图 3-15(b) 所示。因此,设计模式可以看成是巨型继承层次结构的替代方案。

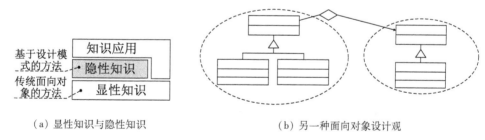

　　　　（a）显性知识与隐性知识　　　　　　　　　　（b）另一种面向对象设计观

图 3-15　传统面向对象设计方法与基于设计模式的设计方法

　　作为文档化经验的设计模式,可以为开发人员提供了一种使用专家设计经验的有效途径。针对某类问题的处理,利用已有的设计模式就能一次又一次地复用有效方案而不必做重复劳动。从而,既可以提高开发效率,也可以提高质量。

　　尽管设计模式可以提高开发效率,但不一定提高执行效率。设计模式的目标主要是增加灵活性和复用性。因为需求总是恒变的,阻止变化是不可能的,知道什么将会变化也是不可能的。因此,设计者应该知道哪里会变化,通过隔离变与不变,使设计(及其最终的代码)能够灵活地适应未来变化。可见,从软件生命周期来看,设计模式本质上也是关注维护。这与程序基本模型的发展本质具有相同之道。

实现灵活性的基本手段是采用分层思想,将直接关系转变为间接关系,如图3-16(a)所示。因此,所有设计模式几乎都是如此。图3-16(b)给出了若干设计模式蕴涵的分层思想解析。

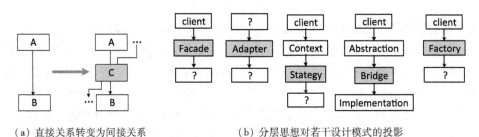

（a）直接关系转变为间接关系　　　　（b）分层思想对若干设计模式的投影

图 3-16　分层思想及其应用

在模式层次上构建体系结构,需要提高思维层次,建立起模式层次的思维方法。一个设计模式相当于一个词汇,多个设计模式的联合相当于句子,由句子就可以构造段落和文章(即各种设计方案,是模式的具体应用),从而构建各种具有强大灵活性、适应性和扩展性的子系统结构和系统结构(即体系结构)。因此,尽管设计模式领域不可能建立完备的模式设计语言(针对一个具体领域,有可能建立完备的语言),但设计模式确立了部分通用术语(即词汇),帮助我们在应用语义层面理解已有的软件结构和交流设计方案。由于模式是在语法基础之上的层面应用更大的语义概念结构来组织设计和思考设计。因此,面向模式的思维,要求懂得模式的正确使用、模式组合应用、模式系统、其他方面的模式等。模式的正确使用是指应该正确理解每个模式的使用场景(所针对的问题及其上下文),即知道在什么情况下使用某个模式才是最恰当的。同时,了解一个模式的目的也是重要的,它可以帮助我们选择要使用的模式。模式组合应用是指联合多个模式解决问题。尽管每一种模式都是针对面向对象设计中的一个特性的经常出现的问题给出了解决方案,但并不意味着它们不能联合使用。模式的正确使用和模式组合应用就是所谓的模式建构。模式系统是指在模式思维层次,建立模式库、模式语言,以及基于模式的设计工具等等。软件元模型的核心,就是要在模式层次上建立一种开发范型(参见第8.4小节的解析)。其他方面的模式是指除了设计模式外的其他模式,例如分析模式、资源管理模式、并发控制模式等等。

最后,更为深入地,从认识论的层面,基于设计模式的方法和传统的基本方法代表着两种思维方法,前者属于演绎式思维,强调整体到局部的认识;后者属于归纳式思维,强调局部到整体的认识(部分到整体不可能得到优美的设计)。从传统的基本方法到基于设计模式的方法,也反映了人们对软件设计问题认识的成熟,标志着软件设计由实践阶段转变为理论阶段研究。也就是说,模式本身并不是重要的,重要的是它教会我们认识和解决关系问题的方法以及对真实的感悟力。

3.5 本章小结

尽管软件设计模式主要针对面向对象的软件设计,然而,由第2章的解析可以清晰地看到,对象范型以后的各种范型都是以面向对象思想为基础。因此,相对于狭义的面向对象软件设计,设计模式强调的接口继承和面向接口设计的思想具有更加广泛和普适的指导意义。因此,高质量软件体系结构的构建必然是建立在设计模式之上,设计模式为软件体系结构提供了基本的构件集合。本章并从应用思维角度深入解析了设计模式的抽象本质。

习　题

1. 请解释模式与设计模式的关系。

2. 为什么模式必须关注问题及其解决方案两个方面?请给出模式的五个要素。

3. 请解释模式对体系结构的作用。

4. 什么是类设计模式?什么是对象设计模式?它们有什么区别?

5. 请解释工厂方法模式、抽象工厂模式、生成器模式和组合模式分别适用解决什么问题?(即分别用于构建什么类型的对象)

6. Bridge 模式和 Decorator 模式都是结构型模式,是将已有的功能组合起来。请解释 Bridge 模式和 Decorator 模式在功能组合时有何不同?

7. 当一个类需要将其部分职责委托给另一个独立的类的时候,委托类和被委托类成为平行的两个类层次。如何通过工厂方法模式解决该问题?

8. 请说明工厂方法模式与抽象工厂模式的区别和联系。

9. 假设需要开发多套图形系统,每套系统包括图形的打印和显示,则使用哪种模式比较恰当?请给出设计结构。

10. 复合文档通常由各种对象组成,为了解析这种文档,使用哪种模式比较恰当?请给出设计结构。

11. 操作系统中的系统调用采用的是什么设计模式?操作系统中的设备管理方法采用的是什么设计模式?网卡是哪一种设计模式的具体体现?

12. Façade 与 Adapter 有何异同?分别适用哪种场合?

13. 如果要显示用于文件管理的树型组织结构,使用哪种模式比较恰当?请给出设计结构。

14. 如果要开发一个图形绘制系统,并且支持多种不同的绘制设备,使用哪种模式比较恰当?请给出设计结构。

15. 日常生活中,各种服务机构都发展 VIP 客户,这种服务模式与哪种设计模式思想类似?

16. 对于观察者模式,如果观察者只关心目标的某种特定事件,则如何扩展注册操作 Attach()?如果目标和观察者之间的依赖关系特别复杂,例如一个操作可能涉及对几个相互依赖的目标进行改动,此时就必须保证仅仅在所有的目标都已经更改完成后,才能一次性地通知它们的观察者,而不是每个目标都在改动后就通知观察者。请给出解决该问题的一个可行方案。另外,对于与事件相关的信息(可能大量,也可能少量),既可以以 Update() 参数的形式传递(push model,推模型),也可以由观察者显式地向目标询问(通过 getState() 操作。pull model,拉模型)。请比较这两种实现方式的优缺点并说明它们分别适用于哪种场合。

17. 考虑到观察者在更新其状态的过程中需要查询目标的当前状态,因此,目标在发出通知前应该确保其状态自身的一致性。如何结合模板方法实现这种控制?

18. 如果将筛选通知的职责转给目标实现,可以避免额外不需要的通知,降低广播通知模式的执行代价。如何与策略模式联合来解决此问题? 如果不同的观察者有不同的信息需求,则除了用拉模型外,如何结合策略模式联合来解决此问题,而同时避免回调目标?

19. 如果一个要成为观察者的类已经存在,但又不希望对其进行修改,则如何将其集成(提示:适配器模式)? 这种方法会不会增加复杂性?

20. 工厂方法模式可以应用在模板方法模式中,如何使用? 模板方法模式和策略模式都是用来处理算法的变化部分,它们有何不同? 如果用多个策略模式互联来实现模板方法模式,是否可行? 如果需要访问多个不同的数据库,既可以通过 if-then-else 语句实现,也可以通过复制和粘贴代码实现。这两种实现方案有何缺点? 如果考虑将来还可能支持新的数据库访问,如何给出一种好的实现方案?

21. 如果一个具有递归特性的聚合结构(具有层次结构)中,节点有一个接口可以从一个节点移到它的兄弟节点、父节点和子节点,则外部迭代器、内部迭代器和游标三种迭代器中哪种最合适? 空迭代器(NullIterator)是一个退化的迭代器,它的 IsDone 操作总是返回 true。这样有助于处理边界条件。如何在层次结构的聚合结构中用统一的方法进行遍历(提示:每个节点可以返回遍历其子节点的迭代器,聚合元素和叶节点分别返回一个迭代器实例和一个空迭代器)?

22. 在遍历一个聚合结构时,如果增加或删除其中的元素,可能会导致两次访问同一个元素或遗漏某个元素。当然通过复制该聚合并对复制后的聚合进行遍历来解决,但每次发生元素增加或删除时都进行一次复制,代价太大。请问如何解决此问题来确保迭代器的健壮性?

23. 适配器模式解决 1:1 的变化适应性问题,策略模式解决 1:n 的变化适应性问题,桥模式解决 m:n 的变化适应性问题,你是如何看待这个问题的?

24. 在面向对象的世界中,封装具有两层含义:OO 基础层的数据隐藏(或信息隐藏)和 OO 应用(模式)层的变化性封装(将变化性封装在一个抽象类中)。请解析这两种封装的关系及作用。

25. 解释下列概念的关系:设计模式、复合设计模式、设计模式语言、设计模式族(或集合,指相同的一般性问题或同一问题的不同方案)和设计模式系统(相同领域或相同问题的若干模式)。

26. 对象复用一般有三种方式:类继承(白箱复用/静态/耦合型对象编程)、对象组合(黑箱复用/动态/分离型接口编程)和参数化类型(模板)。请解析它们之间的区别以及各自的优缺点和适用场合。

27. 创建型模式提供实例化时建立接口和实现的透明连接。如何理解这一点? 请举例解析说明。

28. 体系结构关注组件外部可见特性,而设计模式关注组件内容的结构。如何理解这种关系?

29. 什么是设计复用? 什么是实现复用? 哪个更重要?

拓展与思考:

30. 模式是已经存在的,还是新创造的? 为什么?

31. 如何理解"问题分离原则是高效软件开发的关键"？（提示：独立演变、复杂性管理、角色分离、技术基础设施重用等）

32. 尽管我们可以挖掘各种设计模式，但如何具体使用各种模式却是一个问题。其中，也存在一些更高层次的模式，即模式的模式。你如何理解这一点(模式的这种递归特性)？

33. 通过继承建立的类结构关系是固定的静态结构，而运行时快速变化的通信对象的网络则是一种动态结构，两者相互独立。因此，语言机制不可能体现动态，语言的应用可以面向运行时刻的对象及其类型之间的关系的设计，这种设计问题直接影响运行的效率。通过上述这段分析，相对于类设计模式，如何理解对象设计模式的灵活性？

34. 请举例解析说明："策略模式通过改变受委托对象来改变委托对象的行为"。

35. 以程序设计语言的体系结构作为类比，解释设计模式、多个设计模式联合、模式语言、模式族、模式系统几个概念之间的区别和联系。

36. 几个人的小公司和几千人的大公司采用不同的管理结构。其中，最重要的一点就是责任转移。通过责任转移分解大公司的复杂管理问题，并建立多个部门之间的协作。设计模式也是给出一种适应变化的稳定结构，它在思维上与公司管理问题有什么共同之处？

37. 分析共性和可变性是应用设计的方法，设计模式建立在此基础上。分析矩阵可以作为一种描述工具用来封装变化。分析矩阵的行用来表示需要处理的具体功能，第一列用来表示与功能对应的概念，其他列用来表示一个概念的多种特殊情况。如何用分析矩阵来确定需要的设计模式？

38. 以一种松散的方式把一些模式串接在一起来构造软件是可能的，这样的软件仅仅是一些模式的堆砌，而不紧凑。这不够深刻。然而另有一种组合模式的方式，许多模式重叠在一个物理空间：这样的软件非常紧凑，在一小块空间里集成了许多内涵；由于这种紧凑，它变得深刻。如何从演绎和归纳两种思维方式来理解这一点？两种思维方式的关系是什么？哪一种更适合高级应用场景？

39. 为什么说模式语言是开放的、不完备的。

第 **4** 章　形态:基本风格

本章主要解析面向同族系统和异族系统的两类软件体系结构基本风格,同时解析由它们衍生的各种典型风格,并通过相关产品作为案例解析这些典型风格的具体应用。最后,剖析基本风格的思维本质。

4.1 什么是软件体系结构风格

所谓**风格**(Style),一般是指某样东西的外观表现形态特征及其蕴含的文化属性。例如欧洲建筑物的建筑风格、某种品牌服装的设计风格等等。软件体系结构风格显然是风格的一种特例,或者说是风格概念在软件设计领域的投影或映射。它是指一个软件系统体系结构的基本呈现形态特征及其蕴含的设计哲学。

风格一般由若干基本元素构成,并且采用一种或多种特定的设计手段和方法。也就是说,用特定的方法将一些基本元素组织成一种风格。在此,基本元素相当于素材,体现风格的静态属性;而特定方法和手段实现素材的集成和运用,体现风格的动态属性。对于软件体系结构而言,程序基本模型和设计模式就是其风格建立的基本元素;特定方法和手段是指**分层**(delaminating)。也就是说,通过分层手段、基于程序基本模型、运用设计模式建立软件体系结构的基本风格。

4.2 软件体系结构基本风格解析

4.2.1　Layer 风格概述

Layer 风格是面向同族系统的一种软件体系结构风格。所谓同族系统,在此是指一个紧耦合的系统,这种系统内部各个层次之间的关系对外部系统来说是透明的(注:计算机行业中的"透明"概念,一般是指"看不见"的意思)。外部系统只能与该系统的顶层或低层交互,不能与其中间层进行交互。系统内部可以按需与中间层交互。因此,同族系统的体系结构风格一般采用垂直型层次划分基本模型进行表现,以体现其紧耦合特性。如图 4-1 所示。Layer 风格是面向单个计算系统的软件系统构造,例如面向一台计算机、一个网络中继结点等等。

4.2.2　Layer 风格案例

● ISO/OSI RM

20 世纪 70 年代后期,为了统一各个计算机公司提出的网络体系结构,实现由同构计算机系统互连的自封闭网络系统到由不同公司异构计算机系统之间开放互连的统一网络系统,适应计算机网络

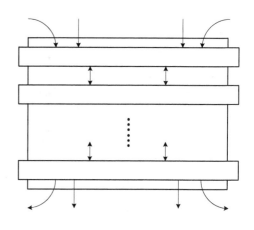

图 4-1　Layer 风格基本模型

及其应用的发展需求,国际标准化组织（ISO,International Organization for Standardization）提出了开放系统互连（OSI, Open System Interconnect）参考模型（RM, Reference Model）,如图 4-2 所示。ISO/OSI RM 基于 Layer 风格建立,每一层解决异构计算机系统互连的一个方面的问题,所有层次构成一个完整的整体。ISO/OSI RM 的特点在于,各个层次相对独立,通过标准的接口进行交互。并且,通过抽象不断由低层向高层提供服务。从而借助于 Layer 风格将一个完整通信端系统的构造复杂度转化为一个个简单层构造的复杂度,实现多维复杂度到一维复杂度的降维。

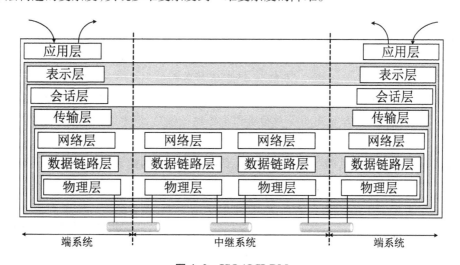

图 4-2　ISO/OSI RM

● TCP/IP 协议族

自 20 世纪 60 年代末,美国 ARPA 网的成功组建,奠定了以分层协议结构、分组交换技术以及 NCP（Network Control Protocol）、TCP/IP（Transfer Control Protocol / Internet Protocol）等重点协议为特征的开放式网络的基础。与 ISO/OSI RM 不同,TCP/IP 协议族采用抽象的统一网络模型,并基于该网络模型研究并实现异构系统的互连。同时,考虑到网络部署成本、网络运行的操作开销等,TCP/IP 协议族简化了 ISO/OSI RM 的上面三个层次。如图 4-3 所示。

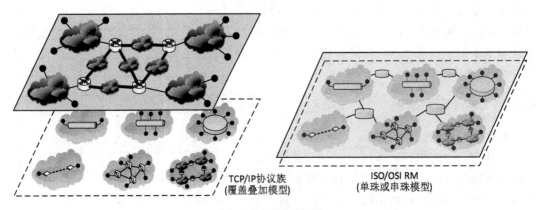

（a）异构网络互连视图

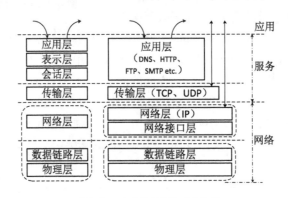

（b）与 ISO/OSI RM 的对应关系

图 4-3　TCP/IP 协议族

自从 20 世纪 80 年代初开始，局域网的诞生和迅速发展，尤其是基于 IEEE 802.3 标准的以太网（Ethernet）的兴起，迎合并推动了微型机和工作站的发展，同时也促使计算机的应用模式向网络化方向迅速迈进。企业网、校园网等开始出现并逐渐热门，它们采用远程网与局域网相结合的方式实现。此时，与 ISO/OSI RM 相比，TCP/IP 协议族的抽象网络模型对于各种网络系统（包括局域网、广域网等各种网络系统）的互连显示出其固有的灵活性和伸缩性，逐渐成为网络互连的事实标准，并最终带来了今天的 Internet 及其应用的蓬勃发展。

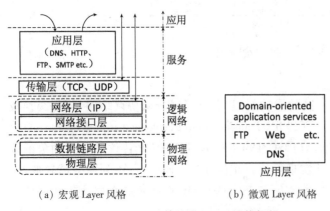

（a）宏观 Layer 风格　　（b）微观 Layer 风格

图 4-4　TCP/IP 协议族 Layer 风格解析

TCP/IP 协议族的 Layer 风格体现在两个方面。首先，从整个体系结构来看，可以以物理网、抽象逻辑网、统一的传输服务和应用服务构成宏观 Layer 风格。其次，从应用服务 Layer 本身来看，可以以 DNS、Web、领域应用构成微观 Layer 风格。图 4-4 是 TCP/IP 协议族的 Layer 风格的解析视图。

● MVC 结构

MVC(Model-View-Controller)结构是面向图形用户界面(Graphics User Interface,GUI)应用开发的一种结构,它将需要展示的数据部分称为模型(Model),将数据的显示部分称为视图(View)。为了支持模型和视图两者的独立演化,通过称为控制器(Controller)的部分将模型和视图耦合在一起。图 4-5 所示是 MVC 结构的基本视图。

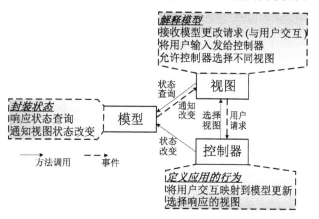

图 4-5　MVC 结构

从本质上看,MVC 结构采用的就是 Layer 风格,它通过增加一个控制器 Layer,将模型和视图之间的两者直接耦合关系转变三层间接耦合关系,从而增加了灵活性。图 4-6 所示给出了 MVC 结构的 Layer 风格及其灵活性解析。

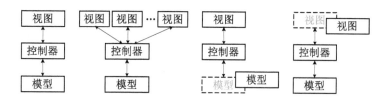

图 4-6　MVC 结构的 Layer 风格及灵活性

Microsoft Visual C++开发环境附带的 MFC(Microsoft Foundation Class),支持基于 MVC 结构的应用开发框架(Application Framework),为用户的桌面窗口应用开发提供帮助。Visual C++将这种结构称为文档(Document)—视(View)结构,将基于这种结构的应用开发称为基于文档—视结构的应用开发。MFC 类库中,通过多个类及其消息传递机制定义了这种结构的相互依赖关系,用户只要继承各种基类并具体化每个类的既定行为,就可以享用这种结构带来的控制关系。Visual C++的文档—视结构支持文档和视图之间 1:1 和 1:n 的关系,并且通过多重文档类型支持两者之间的 m:n 关系(即一种文档类型对应一种或多种视图,多种文档及其视图的集合体现 m:n 关系)。图 4-7 所示是 Visual C++文档—视结构的基本模型。其中,Document 对应于模型,View 对应于视图,Frame 及 Document template 对应于控制器。图 4-8 所示是 Visual C++文档—视结构的灵活性体现。

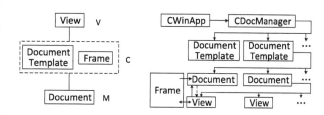

图 4-7　Document-View 结构

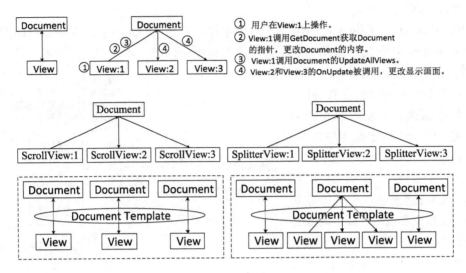

图 4-8　Document-View 结构的灵活性

随着互联网的发展，基于 Web 的应用不断出现，诞生了面向 Web 应用的新 3-Tier/n-Tier 体系结构（有关新 3-Tier/n-Tier 的详细解析，参见第 5 章）。针对该体系结构的表示层的应用开发，诞生了各种基于 MVC 结构的框架。图 4-9 所示是目前 J2EE（Java 2 Enterprise Edition）平台中最为流行的开源框架 Struts 的基本结构。其中，视图由各种 jsp 页面组成，模型由各种 JavaBean 组成（通过 JavaBean 与数据库系统交互。考虑到各种 JavaBean 主要用于处理数据库中的数据，本书将 JavaBean 和数据库一起作为 MVC 的模型部分，如果从代码与数据的区分角度，也可以将 JavaBean 纳入控制器部分。事实上，前者是从概念层次划分 M 和 C，后者是从技术层次划分 M 和 C，两者位于不同的抽象层次），控制器由 ActionServlet 及其各种具体的 Action 承担（各种 Action 内部调用具体的 JavaBean）。

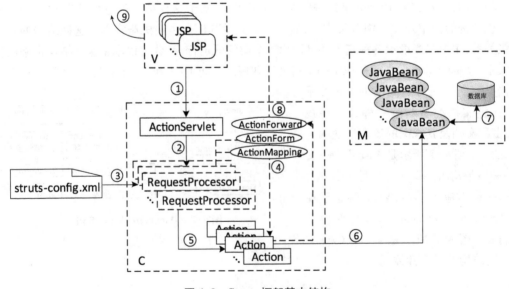

图 4-9　Struts 框架基本结构

4.2.3　Tier 风格概述

Tier 风格是面向异族系统的一种软件体系结构风格。所谓异族系统,在此是指一个松耦合的系统,这种系统的各个层次之间的关系对外部系统来说是不透明的。外部系统可以与该系统的任何一个层进行交互。因此,异族系统的体系结构风格一般采用水平型层次划分基本模型进行表现,以体现其松耦合特性。如图 4-10 所示。Tier 风格面向分布式环境的软件系统构造,例如分布式数据库应用系统等等。Tier 就是指可以被远程访问的一个层或一个逻辑列。从整个分布式环境来看,Tier 就相当于分布式 API。

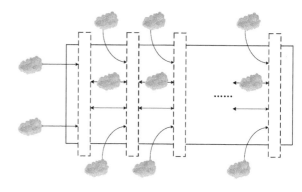

图 4-10　Tier 风格基本模型

4.2.4　Tier 风格案例

- Client/Server 结构

微型计算机的诞生,促进了计算机应用模式由主框架体系模式向分布式体系模式转变。由微型计算机、个人工作站和计算机网络构成的分布式环境,奠定了 Client/Server 结构的基础。Client/Server 结构中,应用程序从逻辑上分为两个部分,一部分主要用于处理与用户交互的功能,称为 Client 端程序。另一部分主要用于处理与业务规则相关的各种计算功能,称为 Server 端程序。两个部分通过网络通信进行请求和处理结果的交互。

数据库技术及其应用系统的建立,就是建立在 Client/Server 结构基础上。Client 端程序一般由各种专用或通用的、方便用户界面设计的开发工具承担,例如 PowerBuilder、Visual BASIC、Delphi 等。Server 端程序一般由数据库管理系统(DBMS,Data Base Management System)及其支持的**存储过程**(Store Procedure)等机制实现。两者之间通过标准的 SQL 命令进行交互。图 4-11 所示是数据库应用系统结构的基本视图。

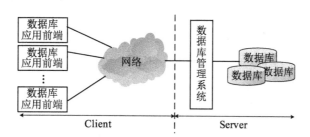

图 4-11　数据库应用系统结构

- old 3-Tier/n-Tier 结构

随着应用的发展,应用规则的处理变得越来越复杂,Client/Server 结构中 Server 端的负荷越来越重,严重影响应用系统的执行效率。同时,Server 端代码的维护以及系统的维护也变得十分复杂。为此,对 Server 端的工作性质从逻辑上进行划分,将用于处理复杂应用规则的代码从数据库管理系统中独立出来,建立一个专门面向应用业务规则处理的逻辑层次,称为业务逻辑层,实现该层功能的系统称为应用服务器。将数据库管理系统及其基本应用称为数据服务层。从而,将 Client/Server 结构演化为 old 3-Tier/n-Tier 结构。如图 4-12 所示。

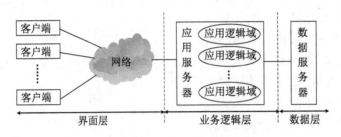

图 4-12　old 3-Tier/n-Tier 结构

● Browser/Server 结构

面向大规模应用的实施,Client/Server 结构以及 old 3-Tier/n-Tier 结构存在固有的缺陷。这种缺陷主要表现为,客户端由于存在各种异构的平台,导致其应用系统的维护量急剧上升,制约应用的进一步发展。

互联网的诞生,带来了 Web 应用模式。这种应用模式的客户端是统一的浏览器(Browser),Server 端是专门的信息服务器。Web 应用主要以信息服务为核心,形成如图 4-13

图 4-13　Browser/Server 结构

所示的 Browser/Server 结构。事实上,Browser/Server 结构是 Client/Server 结构的一种特殊类型,相对于 Client/Server 结构的客户端来说,由于浏览器没有太多的处理逻辑,因此,其维护比较简单。一般地,将 Client/Server 结构中的客户端称为胖客户端或富客户端(rich client),而将浏览器称为瘦客户端(thin client)。

尽管 Web 应用模式为大规模应用的部署和维护带来了方便性,但是,Web 应用以信息服务为核心的本质决定其服务器端的逻辑结构与传统的 Client/Server 结构或 old 3-Tier/n-Tier 结构的服务器端的逻辑结构存在本质的不同。Web 应用的信息组织以 HTML 语言描述的页面为基本单元,并通过超链接实现信息页面之间的语义链接。这种应用模式需要预先建立各个具体的信息页面。然而,信息具有动态特性。并且,传统的应用模式中,信息一般都是存放在数据库中。因此,为了集成数据库系统并实现信息的动态性,Web 应用模式由初期的 Browser/Server 结构向 Browser/Server/Database Server 结构演化并发展动态网页技术。动态网页技术通过在静态 HTML 网页中增加脚本代码来实现数据库的连接和访问以及对信息的处理,通过在信息服务器端执行扩展的脚本代码来动态的生成 HTML 网页,从而实现数据库系统集成和信息动态呈现的目标。图 4-14 所示是 Browser/Server/Database Server 结构的基本视图。图 4-15 所示是动态网页的执行过程。

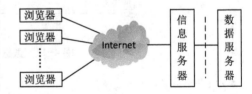

图 4-14　Browser/Server/Database Server 结构

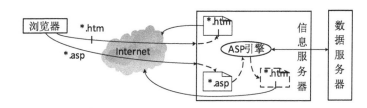

图 4-15　动态网页的执行过程(以 Microsoft ASP 技术为例)

● 新 3-Tier/n-Tier 结构

随着应用发展的不断深入,支持动态网页技术的 Web 应用两层结构(如图 4-14 所示)存在与 Client/Server 结构中 Server 端同样的负载问题,因此,该结构自然地演化为面向 Web 应用的新 3-Tier/n-Tier 结构。如图 4-16 所示。

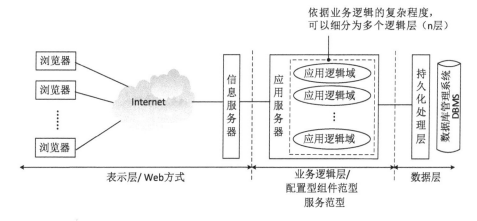

图 4-16　新 3-Tier/n-Tier 结构

随着程序基本模型的发展,软件构造技术日新月异。针对 new 3-Tier/n-Tier 结构的每层,以新型的程序基本模型及其构造技术、设计模式为基础,学术界和工业界展开了广泛的研究和探索,诞生了一系列技术和开发工具及应用框架(例如上面提到的 Struts 等)。有关新 3-Tier/n-Tier 结构及其应用框架的详细解析,参见第 5 章。

特别是服务模型的诞生,促进了 Web 应用模式的发展,建立新型的服务计算范型,并在此基础上诞生面向服务的体系结构(SOA)。有关 SOA 的详细解析,参见第 5.2 小节和第 8.2 小节。

4.3 深入认识体系结构基本风格

人类处理复杂问题的基本思路是分而治之。逻辑分层是一种常用的分而治之的基本手段。针对复杂软件系统的体系结构问题,随着人们对软件的认识的不断深入以及应用自身发展带来的不同需求,人们先后形成了 Layer 和 Tier 两种基本风格。并且,基于这两种风格,随着应用的发展,诞生并演化出多种体系结构形态。从系统化思维的角度来看,Layer 风格主要面向一个独立系统,而 Tier 风格主要面向一个分布系统。从软件体系结构的整体来看,Layer 风格可以看成是软件体系结构的微观风格,而 Tier 风格可以看成是软件体系结构的宏观风格,两者的统一形成软件体系结构的完整风格。图 4-17 所示体现了这种统一性。

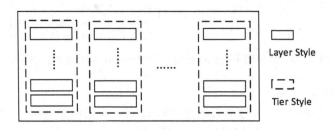

图 4-17　Layer 风格和 Tier 风格的统一性

更加深入地认识,分层的本质也体现了逻辑文化的特性。因此,软件体系结构风格蕴涵着以逻辑文化为核心的西方文化要素。从而,诠释了风格的文化内涵以及文化、环境、思想和技术之间的相互关系。

4.4　本章小结

软件体系结构基本风格给出了软件系统的基本形态,定义其运行基本逻辑。从宏观视野看,基本形态是基本分层策略的一种具体运用,针对同族系统和异族系统,两种基本软件体系结构风格分别给出了相应的分层原则,并基于此诞生各种典型的软件体系结构。另外,两种基本风格是统一的,本质上也反映了软件体系结构发展和演化的脉络及其规律。

习　题

1. 什么是风格？什么是 Layer 风格？什么是 Tier 风格？请各举一个例子。

2. 请举例说明一个 Client/Server 结构的具体应用,并给出相应的实现代码。

3. 请解析为什么企业应用伸缩性的需求导致了 Client/Server 结构向 old 3-Tier/n-Tier 演化。

4. n-Tier 中 n 的含义是什么？

5. Web 应用模式与传统应用模式有什么不同？

6. 为了集成传统的应用模式,Web 应用模式是通过什么方法实现的？

7. old 3-Tier/n-Tier 结构与 new 3-Tier/n-Tier 结构相比,有什么相同点和不同点？

8. MVC 结构的灵活性主要体现什么方面？

9. 对于网络互联问题,ISO/OSI RM 与 TCP/IP 协议族模型分别采用什么样的 Layer 风格？

10. 风格与文化有什么关系？

11. 体系结构风格能否看成是体系结构层面的设计模式？为什么？如果是,能否将此看成是递归思维在设计模式上的一种具体应用？

12. Microsoft Visual C++中是如何实现 MVC 结构的？请通过相应的代码解析 MVC 结构的灵活性。

13. 尽管目前人们都将 TCP/IP 协议族模型看成是 ISO/OSI RM 的一个案例,并与之做相应的对比。然而,从思维本质上看,ISO/OSI RM 是一维模型,TCP/IP 协议族模型是二维模型。你是如何理解这种关系的？

14. 如何认识 Layer 风格和 Tier 风格的统一性？

第 5 章　案例：Web 应用三层/多层结构

本章根据目前应用发展现状,通过具体案例重点解析面向 Web 应用的新 3-Tier/n-Tier 体系结构的基本工作原理和面向服务的体系结构(SOA)的基本工作原理。同时,简单解析面向领域体系结构的基本思想。最后,解析对新 3-Tier/n-Tier 体系结构和 SOA 的综合认识及思考。

5.1 新 3-Tier/n-Tier 体系结构及其案例

随着互联网的诞生及其不断发展,当前的应用几乎都建立在互联网基础上。各个 IT 工业巨头都针对互联网应用的发展提出了相应的对策。例如 Microsoft 公司的 DNA(Windows Distributed interNet Architecture)和 .NET、SUN 公司的 ONE(Open Network Environment)等等。为了集成新型的 Web 应用模式和传统的计算模式,学术界和工业界展开了广泛的研究和探索,在传统的 C/S 结构和 old 3-Tier/n-Tier 结构的基础上,建立了 new 3-Tier/n-Tier 结构(如图 4-16 所示)。并且针对 new 3-Tier/n-Tier 结构的每一个层次进行深入研究,逐步演化出各种技术、开发工具及应用框架。

5.1.1　表示层基本工作原理及其案例

表示层采用以 Browser/Server 结构为基础的 Web 应用模式,任何应用由一套网页组成,网页可以包含各种多媒体资源,网页之间通过超链接实现应用语义链接。应用部署在一台或多台 Web 服务器(也称为信息服务器或网站)上。用户通过在浏览器中输入一个网址或点击当前网页中的一个超链接,使用 http 协议穿越互联网向 Web 服务器请求所需要的网页,网页由浏览器解释并呈现给用户。图 5-1 所示是网页的基本结构,图 5-2 所示是 Web 应用的基本原理。图 5-3 所示是 Microsoft Windows 平台 Web 应用的案例。

```
<html>
   <head>
      与浏览器相关的控制要求及相关信息
   </head>
   <body>
      具体的多媒体内容及其页面布局
   </body>
</html>
```

图 5-1　网页的基本结构

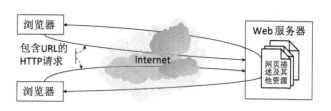

图 5-2　Web 应用的基本原理

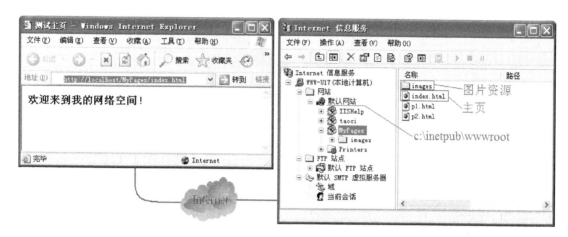

图 5-3　Microsoft Windows 平台 Web 应用的案例

基本的 Web 应用以信息展示为主要目的，构成应用的网页都是以 HTML（HyperText Markup Language）进行描述。这些网页的格式及内容都是固定的。然而，动态性是信息的本质属性。因此，固定的静态网页显然是不能满足应用需求的。为此，动态网页技术应运而生。动态网页技术经历了客户端技术和服务器端技术两个发展阶段，客户端技术包括 Microsoft Windows 平台的 ActiveX 控件技术、基于虚拟机的 Java Applet 技术、客户端脚本（script）技术和 DHTML（Dynamic HTML）技术等；服务器端技术包括公共网关接口技术（Common Gateway Interface，CGI）、专用 Web 服务器 API 技术（Internet Server API，ISAPI；NetScape API，NSAPI）、ASP（Active Server Page）技术、Java Servlet 技术、JSP 技术（Java Server Pages）和 PHP（Personal Home Page 或者 PHP：Hypertext Preprocessor）技术等。相对于客户端动态网页技术，服务器端动态网页技术可以减少网络流量、避免浏览器的兼容性问题以及提供更高的代码安全性等优点。对于服务器端动态网页技术，根据现实应用的需求，在此主要解析 CGI、ASP、JSP 和 PHP 技术。

1）CGI 技术

CGI 技术是最通用的服务端动态网页技术，大部分 Web 服务器都支持 CGI 技术。CGI 技术建立在操作系统进程概念基础上，通过进程之间的信息交互和多进程运行机制实现动态网页信息的处理及 HTML 网页的动态生成。用户经由浏览器的请求及相关输入数据通过 Internet 发送给 Web 服务器，Web 服务器利用操作系统进程机制启动相应的 CGI 程序进程并将相关输入数据通过操作系统共享环境变量或标准输入（stdin）传送给 CGI 程序进程，CGI 程序进程按要求进行信息的各种处理（包括与数据库管理系统交互、与各种组件的交互以及与其他程序的交互)并将结果合成为 HTML 网页描述格式,然后再通过操作系统的标准输出(stdout)将最终的 HTML 网页描述文本传送给 Web 服务器,由 Web 服务器经过 Internet 转发给用户浏览器。在此,Web 服务器充当了客户端浏览器和 CGI 程序进程之间的网关角色。图 5-4 所示是 CGI 技术实现的基本思想。图 5-5 所示是 CGI 技术实现的一个案例。

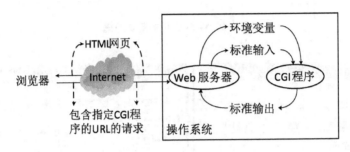

图 5-4　CGI 技术实现的基本思想

```
int main( )
{ //将HTML中Form的信息直接输出到Web浏览器
    fprintf(stdout, "content-type: text/plain\n\n");---------→输出CGI标题
                                                        CGI标题与HTML信息两
                                                        部分之间以一个空行分开
    char *pszMethod;
    pszMethod = getenv("REQUEST_METHOD");
    if (strncmp(pszMethod, "GET") == 0) { -----------→判断输入方法
        // 对于GET方法，从环境变量获取数据
        fprintf(stdout, "input data is :\n%s", getenv("QUERY_STRING"));
    }                                            →从环境变量读取数据
    else { // 对于POST方法，从标准输入stdin获取数据
        int iLength = atoi(getenv("CONTENT_LENGTH"));          处理数据
        fprintf(stdout, "input data is :\n");
        for(int i = 0; i < iLength; i++)
        { char cGet=fgetchar(stdin); fputchar(stdout,cGet); }  输出HTML信息
    }
    return 0;          →从标准输入读取数据
}
```

CGI程序编写的一般步骤:
1) 判断数据输入的方法是 GET还是POST;
2) 读取数据（根据分隔符号&分解每个接收的表单变量，并同时对数据进行解码）;
3) 处理数据;
4) 输出CGI标题，输出 HTML数据;
5) 退出。

图 5-5　CGI 技术实现的一个案例

由于 CGI 技术建立在进程概念基础上,涉及 Web 服务器和 CGI 程序进程之间的频繁信息交互。因此,对于大量请求的响应,其执行性能受到严重影响。然而,通过独立的 CGI 程序进程处理动态网页信息,具有技术独立性优点,即 CGI 程序可以通过各种计算机语言实现。

2) ASP 技术、JSP 技术和 PHP 技术

ASP、JSP 和 PHP 技术是针对 CGI 技术的弊端而诞生的新一代动态网页实现技术。这些技术采用抽象和分层策略,将动态网页信息的处理代码和其执行环境分开,通过扩展 HTML 网页的标记,将处理代码直接嵌入在 HTML 网页中。同时,定义嵌入代码的标准规范,依据该规范实现一个通用执行环境。每当 Web 服务器接收到用户端请求时,自动启动执行环境并将用户所请求的含有嵌入代码的动态网页描述文本交给执行环境执行。通过嵌入代码的执行,动态地生成最终的 HTML 网页传送给客户端浏览器。嵌入 HTML 网页的代码称为**脚本代码**(或

简称**脚本**），执行环境称为**脚本引擎**（Script Engine）。图 5-6 所示是基于脚本引擎的动态网页技术实现的基本思想。图 5-7 所示是 ASP 技术实现的基本思想及其案例。图 5-8 所示是 JSP 技术实现的基本思想及其案例。图 5-9 所示是 PHP 技术实现的基本思想及其案例。

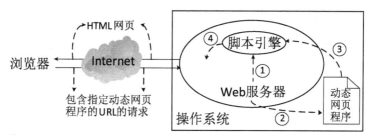

① Web服务器启动脚本引擎；　② Web服务器按URL找到动态网页程序；
③ Web服务器将动态网页程序交给脚本引擎处理；
④ 脚本引擎解释动态网页程序并生成相应的 HTML网页。

图 5-6　基于脚本引擎的动态网页技术实现的基本思想

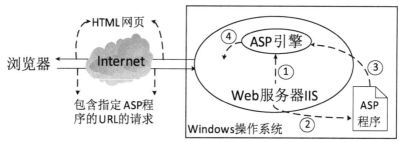

① Web服务器IIS启动ASP引擎；　② Web服务器IIS按URL找到ASP程序；
③ Web服务器IIS将ASP程序交给 ASP引擎处理；
④ ASP引擎解释ASP程序并生成相应的 HTML网页。

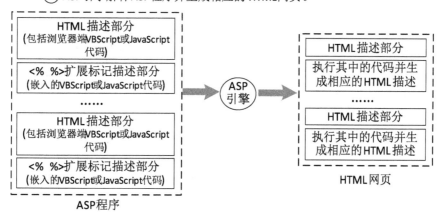

（a）基本思想

```html
<html>
 <head>
  <meta http-equiv="Content-Type" content="text/html; charset=UTF-8" />
  <title>data access in ASP</title>
 </head>
 <body  bgcolor="#FFFFFF">
  <% set conn = server.createobject("adodb.connection")          建立数据库连接对象
  conn.open "DSN=student;uid=student;pwd=magic"                         通过给定的
  set rs = conn.execute("select * from student where total>=360")      数据源建立
                                                                       数据库连接
  nfields = rs.fields.count-1              获取查询结果数
  %>                                       据表的字段个数
 <table border=1>                                            从student数据表中
   <tr>                                                      查询总分大于等于
     <% ' display all the attributes                         360分的学生信息
     for i=0 to nfields %>
       <td><b><% =rs(i).name %></b></td>              以网页形式描述查询
     <% next %>                                       结果数据表的表头
   </tr>
   <% ' Now lets grab all the records
    do while not rs.eof %>
     <tr>
       <% for i = 0 to nfields %>                     以网页形式描述查
         <td valign=top><% =rs(i) %></td>             询结果数据表的当
       <% next %>                                     前行信息记录
     </tr>
     <% rs.movenext          更新查询结果数据表的游标位置(移动到下一个信息记录)
     loop %>
 </table>
 <% rs.close              释放查询结果
 set rs = nothing         数据表对象
 conn.close               释放数据库连接对象
 set conn = nothing
 %>
 </body>
</html>
```

以网页形式描述查询结果数据表的表头

no	name	sex	school	total
N001	aaaa	M	SNU	320
N002	bbbb	M	PNU	360
N003	cccc	F	SNU	390
N004	dddd	M	GNU	310
N005	eeee	F	PNU	350
N006	ffff	F	PNU	380

student数据表

（b）案例

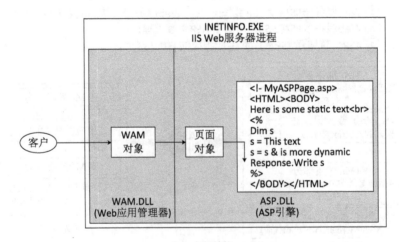

（c）内部结构

图 5-7　ASP 技术实现的基本思想及其案例

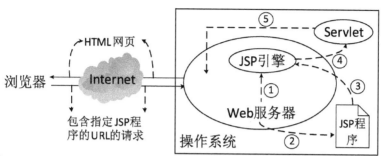

①Web服务器启动JSP引擎;　　②Web服务器按URL找到JSP程序;
③Web服务器将JSP程序交给JSP引擎处理;
④JSP引擎执行JSP程序并生成相应的 Servlet程序;　　⑤Servlet程序执行并生成 HTML 网页。

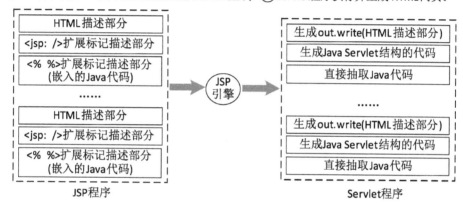

（a）基本思想

```
//显示所有学生按平均成绩排列的名次表
<%@ page contentType="text/html; charset=GBK" %>
<%@ page import="java.sql.*" %>
<jsp:useBean id="OperationBean" scope="application" class="jsp.OperationBean" />
<jsp:setProperty name="OperationBean" property="*" />
<html>
 <head><title></title></head>
 <body bgcolor="#ffffff">
  <h1>名次表（按平均分排名）</h1>
  <% OperationBean.setData();
    OperationBean.Heapsort(10);
    OperationBean.setStuTable(true);
        out.print(OperationBean.getStuTable());
  %>
  <h3><a href="jsp3.jsp">均分低于80的学生成绩表</a></h3>
 </body>
</html>
```

案例——JSP 网页

```
package org.apache.jsp;
import java.sql.*;
import javax.servlet.*;
import javax.servlet.http.*;
import javax.servlet.jsp.*;
import org.apache.jasper.runtime.*;
public class jsp2$jsp extends HttpJspBase
{
  static { }
  public jsp2$jsp( ) { }
  private static boolean _jspx_inited = false;
  public final void _jspx_init() throws org.apache.jasper.runtime.JspException { }
  public void _jspService(HttpServletRequest request, HttpServletResponse response)
                      throws java.io.IOException, ServletException

  {
    JspFactory _jspxFactory = null;
    PageContext pageContext = null;
    HttpSession session = null;
    ServletContext application = null;
    ServletConfig config = null;
    JspWriter out = null;
    Object page = this;
    String _value = null;
    try
    {
      if (_jspx_inited == false)
      { synchronized (this) {  if (_jspx_inited == false) { _jspx_init();   _jspx_inited = true; }}}
      _jspxFactory = JspFactory.getDefaultFactory();
      response.setContentType("text/html; charset=GBK");
      pageContext = _jspxFactory.getPageContext(this, request, response,"", true, 8192, true);
      application = pageContext.getServletContext();
      config = pageContext.getServletConfig();
      session = pageContext.getSession();
      out = pageContext.getOut();
      out.write("\r\n");    out.write("\r\n");
      jsp.OperationBean OperationBean = null;
      boolean _jspx_specialOperationBean = false;
      synchronized (application)
      { OperationBean= (jsp.OperationBean)
         pageContext.getAttribute("OperationBean",PageContext.APPLICATION_SCOPE);
        if ( OperationBean == null )
        {
          _jspx_specialOperationBean = true;
          try {
             OperationBean = (jsp.OperationBean) java.beans.Beans.instantiate(this.getClass().getClassLoader(),
                                                        "jsp.OperationBean");
             } catch (ClassNotFoundException exc) {throw new InstantiationException(exc.getMessage());}
              catch (Exception exc) { throw new ServletException (" Cannot create bean of class "+
                                                        "jsp.OperationBean", exc);}
           pageContext.setAttribute("OperationBean", OperationBean, PageContext.APPLICATION_SCOPE);
        }
      }
      if(_jspx_specialOperationBean == true) { }
      out.write("\r\n");
      JspRuntimeLibrary.introspect(pageContext.findAttribute("OperationBean"), request);
      out.write("\r\n\r\n\r\n<html>\r\n<head>\r\n<title>\r\n</title>\r\n</head>\r\n\r\n<body bgcolor=\"#ffffff\">
                            \r\n<h1>\r\n名次表（按平均分排名）\r\n</h1>\r\n\r\n");

      OperationBean.setData();
      OperationBean.Heapsort(10) ;
      OperationBean.setStuTable(true);
      out.print(OperationBean.getStuTable() ) ;
      out.write("\r\n\r\n<h3>\r\n<a href=\"jsp3.jsp\">均分低于80的学生成绩表</a>\r\n</h3>\r\n\r\n</body>
                                                        \r\n</html>\r\n");

    } catch (Throwable t) {  if (out != null && out.getBufferSize() != 0)   out.clearBuffer();
                    if (pageContext != null) pageContext.handlePageException(t); }
    finally { if (_jspxFactory != null) _jspxFactory.releasePageContext(pageContext); }
  }
}
```

案例——由 JSP 网页生成的 Servlet 程序

（b）案例

图 5-8　JSP 技术实现的基本思想及其案例

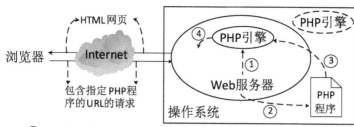

① Web服务器启动PHP引擎；　② Web服务器按URL找到PHP程序；
③ Web服务器将PHP程序交给PHP引擎处理；
④ JSP引擎解析PHP程序并生成相应的 HTML网页。

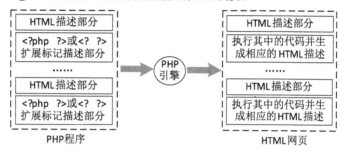

（a）基本思想

```
//一个用于处理聊天信息的PHP程序          嵌入HTML文本的PHP        // env.inc文件
<?php                               脚本代码的扩展标记        <?php
  require("env.inc");                                        $tempdir="/tmp/";
  if (($chatuser!="") and ($chatword!=""))                   $chatfile="/tmp/chat";
  {                                                        ?>
    $chatstr = "<font color=8080ff>".date("h:i:s")."</font><font color=ff8080>".$chatuser.
       "</font>: ".$chatword;                                      用时间、用户名和用户
    $cmdstr="echo \"".$chatstr."\" >> ".$chatfile;                 说的话构成一个字符串
    if (!file_exists($chatfile))  passthru("touch ".$chatfile);    将构成的字符串组成一条echo命令
    passthru($cmdstr);         执行echo命令，字符串
  } ?>                          附加到聊天记录文件          如果聊天信息记录文件
<html>                              嵌入HTML文本的PHP       "/tmp/chat"不存在，则建立该文件
    <body bgcolor=ffffff leftmargin=0 topmargin=0 marginheight=0 marginwidth=0 >
        <form action=<? echo $PHP_SELF; ?> method=post >
          <table border=0 width=100%>           获取用于处理客户端表单信息的PHP
            <tr>                                 程序名（在此仍然是本PHP程序）
              <td align=right>用户:</td>
              <td><input type=text name=chatuser size=8 value="<? echo $chatuser; ?>"></td>
              <td align=right>发言:</td>                              获取用户名
              <td><input type=text name=chatword size=30 maxlength=500></td>
              <td><div align=right><input type=submit value="送出"></td>
            </tr>
          </table>
        </form>
    </body>
</html>
```

注：客户端首次请求该PHP程序时，chatuser和chatword都为空，则PHP引擎输出一个用于聊天的HTML网页（含表单）；然后输入用户名和其说的话并单击"送出"按钮后，Web服务器仍然由该PHP程序处理请求。此时，将时间、用户名和其说的话附加到一个聊天文件"/tmp/chat"中。

（b）案例

图 5-9　PHP 技术实现的基本思想及其案例

ASP 技术中,脚本引擎通过动态链接库(Dynamic Link Library,DLL)实现,因此,Web 服务器 IIS 与脚本引擎属于同一个进程空间,具有较好的执行性能。ASP 可以支持 VBScript 和 JavaScript,并且内置各种常用的基本 COM 组件(包括用于与客户端交互的对象 Request、Response,与数据库系统交互的 ADO 等)。ASP 技术主要用于 Microsoft Windows / IIS(Internet Information Server)或 PWS(Personal Web Server)平台。

JSP 技术建立在 Java 基础上,JSP 引擎首先将 JSP 网页转变为 Java 服务器端小程序 servlet,然后,利用标准的 Java 虚拟机执行该 servlet 生成最终的 HTML 网页描述文本。

PHP 技术是基于传统的操作系统 Shell 程序机制、专门针对 Web 应用的一种开源服务器端脚本技术。它与系统平台无关,并且对与数据库系统的交互进行了简化。PHP 脚本引擎可以配置成 CGI 工作方式,也可以配置成模块工作方式(与 Web 服务器工作在同一个进程空间)。并且,通过再次使用抽象和分层策略,PHP 技术将脚本引擎分离成核心与扩展两个部分,通过扩展部分可以支持许多其他工具与外挂模块,从而实现其脚本引擎功能的不断扩展。

随着程序基本模型、设计模式等软件构造方法和思想的发展,针对表示层的构造,建立了各种各样的应用框架,使得表示层的构造、维护和扩展更加统一和方便。这些框架可以分为 Rich Client 框架和 Thin Client 框架两大类,前者需要在浏览器脚本代码中实现较多的处理逻辑,后者主要以服务器端的脚本代码为主。Struts 框架是目前比较流行的一种 Thin Client 表示层框架,在第 4 章中已经给出了其基本的结构。作为一种面向 Web 应用表示层软件开发的基础结构,Struts 框架通过 Java Bean、JSP、ActionServlet/RequestProcessor 和 Action 以及 Struts-config. xml 几个元素建立了一种运行控制结构。这种结构将相应于 MVC 模型部分的 Java Bean 嵌入在 Action 中,对具体的模型没有涉及,因此它可运用于任何业务逻辑的处理需求,具有强大的适应能力。另外,对于相应于 MVC 视图部分的 JSP,Struts 框架提供了一些定制标签(Tag),使得网页的结构设计及布局与具体网页内容相分离,进一步加强了网页内容

1）用户通过浏览发送请求给Web服务器；（根据Web服务器配置文件web.xml中关于Servlet部分的配置）Web服务器将请求交给ActionServlet处理；

2）ActionServlet将请求委托给RequestProcessor处理；

3）RequestProcessor首先获取请求的URL，由此得到处理该表单请求的Action，根据该Action在配置文件struts-config.xml中匹配到<action-mapping>段中的该Action并获得相应的的配置信息，由这些信息建立ActionMapping对象; 根据<action-mapping>段中的该Action的配置信息，获得相应的ActionForm类，建立ActionForm对象并填写其信息、验证其信息；

4）根据<action-mapping>段中的该Action的的配置信息，获得相应的Action类，建立Action对象实例；

5）调用Action对象实例的execute方法，并为之传递ActionMapping对象、ActionForm对象、request对象和response对象4个参数；

6）Action对象实例的execute方法具体执行所需的应用业务逻辑，可能调用完成应用业务逻辑的各种Java Bean（Java Bean可能与数据库交互）；

7）接受execute方法返回的ActionForward对象，由该对象获得需要响应的JSP页面的指示，然后根据该指示通过<action-mapping>段中的该Action的配置信息得到需要响应的JSP页面；

8）将JSP页面返回给Web服务器，并由Web服务器转发给用户浏览器。

图 5-10　Struts 框架的工作原理

的可独立维护性和页面逻辑实现的方便性。Struts 框架通过配置文件 Struts-config. xml 实现 JSP 与 Action 之间的耦合，通过 ActionForm 这个 Bean 实现 JSP 与 Action 之间信息的交互以及对 JSP 表单信息的初始化及数据验证。Struts 框架的工作原理如图 5-10 所示（同时参见图 4-9），图 5-11 给出 Struts 框架每个元素的基本结构。图 5-12 所示是一个具体案例，图 5-13 给出了该案例的详细解析。

```
ActionServlet类
{
    ……
    process()；-----→调用RequestProcessor类的process()
    init();
    doPost();
    doGet();
    destroy();
    ……
}
```

（a）ActionServlet 类（中央控制器）基本结构

```
RequestProcessor类
{
    ……
    public void process(HttpServletRequest request, HttpServletResponse response)
                        throws IOException, ServletException
    { }-----                     创建ActionMapping对象；
    ……          ------→         创建ActionForm对象；
    }                            创建Action类实例并调用其execute()
}
```

（b）RequestProcessor 类（中央控制器的具体执行者）基本结构

```
Action类
{
    ……
    public ActionForward execute(ActionMapping mapping, ActionForm form,
                    HttpServletRequest request,  HttpServletResponse response)
    {
      ……    ------------------------------------→ 在此可以与JavaBean交互
      return mapping.findForward(" ");
    }                              ------------------→指定用于响应的视图
    ……
}
```

（c）Action 类（分控制器）基本结构

```
ActionForm类
{
    public ActionErrors validate(ActionMapping  mapping,
                    HttpServletRequest request)
    { }                        ------------------→验证
    public void reset(ActionMapping mapping,
                    HttpServletRequest request)
    {}
    public String getXXX() { }           ------→初始化
    public void setXXX(String s){ }
    ……
}
```

（d）ActionForm（表单参数 Bean）基本结构

```
<? xml version="1.0" encoding="UTF-8" ?>
<! DOCTYPE struts-config PUBLIC "-//Apache Software Foundation//DTD Struts Configuration 1.2//EN"
      "http://struts.apache.org/dtds/struts-config_1_2.dtd">
<struts-config>
  <data-sources> ... </data-source>
  <form-beans>
    <form-bean name=" " type=" " >                    - - - - - - - - - - - - - - - ->   name值与action域中的name值对
      <form-property name=" "  type=" " initial=" " />                                    应
      ......
    </form-bean>
    ......
  </form-beans>
  <global-exceptions>
    <exception type=" " key=" " path=" " handler=" " bundle=" " scope=" " />
    ......
  </global-exceptions>
  <global-forwards>
    <forward name=" " path=" " />
  </global-forwards>
  <action-mappings>
    <action   attribute=" "
      input=" "                    - - - - - - - - - - - - - - - - - - - - ->  input值与jsp网页对应
      name=" "                     - - - - - - - - - - - - - - - - - - - - ->  name值与form-bean域中的name值对
      path=" "                                                                 应，指定Action的参数ActionForm
      scope=" "
      type=" "
      validate=" " >
    <set-property property=" " value=" " />
    <exception type=" " key=" " path=" " />
    <forward name=" " path=" " />    - - - - - - - - - ->  name值与Action类的返回
      ......                                                mapping.findForward(" ")中的参数对应; path
    </action>                                               值指定Action处理完后的显示视图(jsp页面)
  </action-mappings>
  <controller> ... </controller>
  <message-resources  parameter="Resources" >
    keyname=Resources_cn.properties    - - - - - - - ->  keyname与jsp网页中bean:message 的bundle值对应
    ......
  </message-resources>
  <plug-in> ... </plug-in>
</struts-config>
```

（e）struts-config. xml 配置文件基本结构

```
<%@ page contentType="text/html;charset=UTF-8" language="java" %>
<%@ taglib uri="http://struts.apache.org/tags-bean" prefix="bean" %>
<%@ taglib uri="http://struts.apache.org/tags-html" prefix="html" %>
<html>
  <head><title><bean:message key=" " /></title></head>
  <body>
    <h1><bean:message key=" " /></h1>                      bean:message 中的key值与配置文件中
    <html:form action=" ">    - - - - - - - - - - - - - - - message-resources域中的keyname对应
      注册名: <html:text propety=" " /><br/>                 action的值与配置文件
      密码:   <html:passwordt propety=" " /><br/>            action域中的path值对应
      <html:submit /><html:cancel />
    </html:form>
  </body>
</html>
```

（f）jsp 网页基本结构

图 5-11   Struts 框架每个元素的基本结构

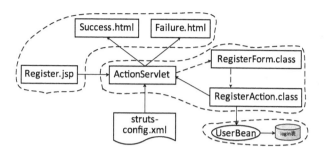

图 5-12　一个 Struts 应用案例

```
<%@ taglib uri = "http://struts.apache.org/tags-bean" prefix="bean" %>
<%@ taglib uri = "http://struts.apache.org/tags-html" prefix="html" %>
<html>
  <head>
    <title><bean:message bundle="MyResource" key = "welcome.title" /></title>
  </head>
  <body>
    <h3><bean:message bundle="MyResource" key = "login" /></h3><br/>
    <html:form action = "/register" >
    <html:form action = "/register" >
      注册名：<html:text property = "loginName" /><br/>
      密码：<html:password property = "password" /><br/>
      <html:submit /><html:cancel />
    </html:form>
  </body>
</html>
```

(a) Register. jsp

```
public class RegisterAction extends Action
{
  public ActionForward execute(ActionMapping mapping, ActionForm form,
          HttpServletRequest request , HttpServletResponse response )
  {
    RegisterForm registerForm = (RegisterForm) form;
    String username = registerForm.getLoginName();
    String password = registerForm.getPassword();
    UserBean bean = new UserBean();
    boolean result = bean.verifyLogin(username, password);
    if (result)
    { return mapping.findForward("success");  }
    else
    { return mapping.findForward("error");  }
  }
}
```

(b) RegisterAction. java

```java
public class RegisterForm extends ActionForm
{
    private String password;
    private String loginName;
    public ActionErrors validate(ActionMapping mapping, HttpServletRequest request )
    {  // return null;  }
    public void reset(ActionMapping mapping, HttpServletRequest request )
    {  }
    public String getPassword()
    { return password;}
    public void setPassword(String password)
    { this.password = password;}
    public String getLoginName()
    { return loginName;}
    public void setLoginName(String loginName)
    { this.loginName = loginName;}
}
```

（c）RegisterForm. java

```xml
<? xml version="1.0" encoding="UTF-8" ?>
<! DOCTYPE struts-config PUBLIC "-//Apache Software Foundation//DTD Struts Configuration 1.2//EN"
"http://struts.apache.org/dtds/struts-config_1_2.dtd" >
<struts-config>
  <data-sources />
  <form-beans >
    <form-bean name="registerForm" type="example.form.RegisterForm" />
  </form-beans>
  <action-mappings >
    <action   attribute="loginForm"          welcome.title=Welcome to my networked
            input="/form/register.jsp"        space!
            name="registerForm"               login=Please login!
            path="/register"             /WEB-INF/classes/example/ApplicationResources.properties
            scope="request"
            type="example.action.RegisterAction" >
        <forward name="success" path = "/form/success.html" />
        <forward name="error" path = "/form/failure.html" />
    </action>
  </action-mappings>
  <message-resources parameter = "example.ApplicationResources" key = "MyResource" />
</struts-config>
```

（d）struts-config. xml

```
import java.sql.*;
import java.util.*;
public class UserBean
{
  private Connection con = null;
  private Statement stmt = null;
  private String sql = "select * from login";
  private ResultSet rs = null;

  public boolean verifyLogin(username, password)
  {
    try {
      Class.forName("sun.jdbc.odbc.JdbcOdbcDriver");
      con = DriverManager.getConnection(Mydsn,"","");
    } catch (Exception e){e.printStackTrace(); return null; }

    try { stmt = con.createStatement();  rs = stmt.executeQuery(sql); }
    catch (SQLException e){ }

    try{ if(con!=null) con.close() ; } catch(SQLException e)  { e.printStackTrace(); }

    return ((rs != null) && (rs.getString("LoginName") == username) &&
            (rs.getString("Password") == password))
  }
}
```

（e）UserBean. java

图 5-13 案例解析

5.1.2 业务逻辑层基本工作原理及其案例

业务逻辑层主要用于处理复杂的应用规则。在第 2 章中,我们已经解析了针对业务逻辑层而诞生的配置型组件模型的基本原理。目前,为了增加应用的伸缩性,业务逻辑层的实现都是建立在配置型组件模型基础上。在此分别用 COM+和 EJB 两种技术标准,详细解析一个业务逻辑层案例的具体实现。

1）COM+技术标准

COM+中,通过 **COM+应用程序**这一概念抽象一个具体应用的逻辑规则实现的相关组件集合。这些组件具有统一的配置属性(即运行时对基础服务的需求说明)。为了开发基于 COM+的应用,首先应该对给定的应用问题进行需求分析,抽象出相关的实现业务逻辑规则的组件对象,并定义其应有的接口。然后,按照下列步骤进行组件的实现及应用的部署、配置和运行。

① 可配置组件的建立

为了利用 COM+容器环境提供的各种基础服务,根据配置型组件模型的规范,实现应用逻辑规则的组件必须实现面向容器环境的相关接口,以便容器环境在组件运行时对其进行管理。同时,容器环境也向配置型组件提供一个上下文对象,以便配置型组件使用容器环境的信息以及利用容器环境提供的高级基础服务。. NET 环境中,通过 System. EnterpriseServices 包中的 ServicedComponent 类抽象了配置型组件的基本结构,其中提供了 Activate（ ）、CanBePooled（ ）、Deactivate（ ）、Finalize（ ）、Dispose（ ）等成员函数。通过 System. EnterpriseServices 包中的 ContextUtil 类将事务处理等高级基础服务提供给配置型组件。图 5-14 给出的案例中(用 C#描述),通过继承 ServicedComponent 类获得这些成员函数,通过调用 ContextUtil 对象使用高级基础服务。

```
using System;
using System.Collections.Generic;
using System.Linq;
using System.Text;
using System.EnterpriseServices;
using System.Data.OleDb;
using System.Reflection;
namespace COMPlusSamplesTwo
{
    [Transaction(TransactionOption.Required)]
    public class TxCfgClass : ServicedComponent    //通过继承,获得与容器环境相关的相应成员函数
    {
        private static string init1 = "Provider=Microsoft.Jet.OLEDB.4.0;Data Source=" + @"D:\sxp\pubs.mdb";
        private static string add1 = "insert into authors(au_lname,au_fname) values('test1', 'test2')";
        public TxCfgClass() { }
        private void ExecSQL(string init, string sql)
        {
            OleDbConnection con = new OleDbConnection(init);
            con.Open();
            OleDbCommand cmd = new OleDbCommand();
            cmd.Connection = con;
            cmd.CommandText = sql;
            cmd.ExecuteNonQuery();
            con.Close();
        }

        public void Add()
        {
            try
            {
                ExecSQL(init1, add1);
                Console.WriteLine("The operation in the same database completely");
                Console.WriteLine("Record(s) added, press enter...");
                Console.Read();
            }
            catch (Exception e)
            {
                ContextUtil.SetAbort();      // ContextUtil是容器环境提供给组件的上下文对象
                Console.WriteLine("Because there are some errors in the operation ,so transcation abort");
                Console.WriteLine("The error is " + e.Message);
                Console.WriteLine("abort successfully");
                Console.Read();
            }
        }
    }
}
```

图 5-14   COM+的一个组件实现

COM+中,配置型组件一般以 DLL 形式封装。也就是说,图 5-14 所示的组件实现最终应该生成一个 DLL 文件。

② 可配置组件的安装及配置

生成的 DLL 文件(即可配置组件的宿主)可以有三种方法进行安装:**自动注册**、**手动注册和通过 Windows 的服务管理器安装**。图 5-15 所示是通过 DOS 命令行手动注册的方式;图 5-16 所示是通过服务管理器安装的方式。图 5-17 所示是图 5-14 的组件通过服务管理器安装的结果。

C:\>**regsvcs /c**   DLL文件名   COM+应用程序名

图 5-15   通过 DOS 命令行手动注册方式

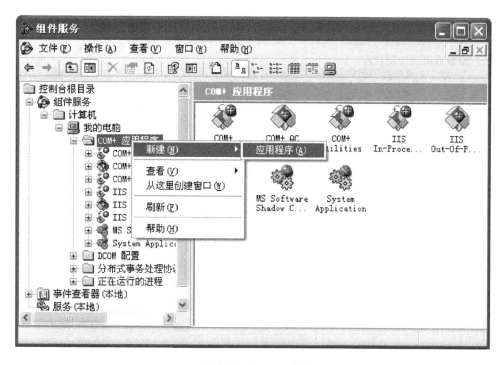

(a) 新建一个 COM+应用

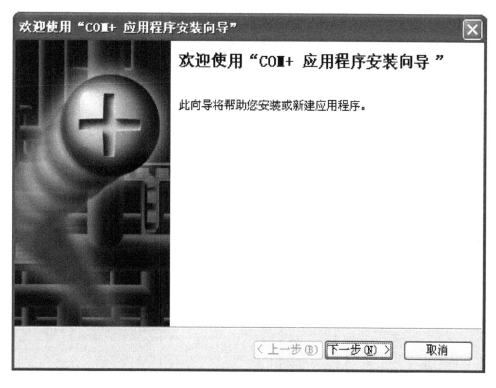

(b) 启动 COM+应用程序安装向导

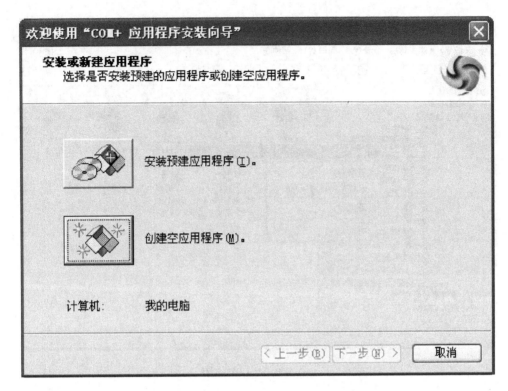

(c) 选择新建一个 COM+应用(即创建空应用程序)

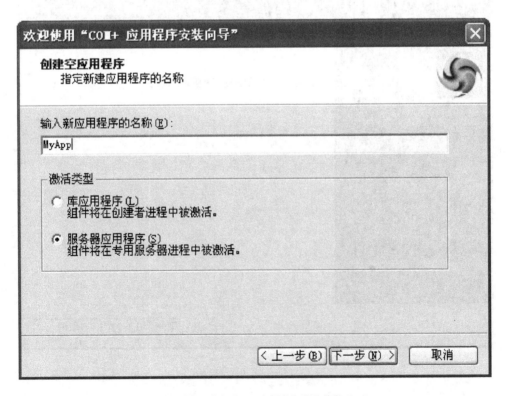

(d) 确定一个新 COM+应用的名称及其类型

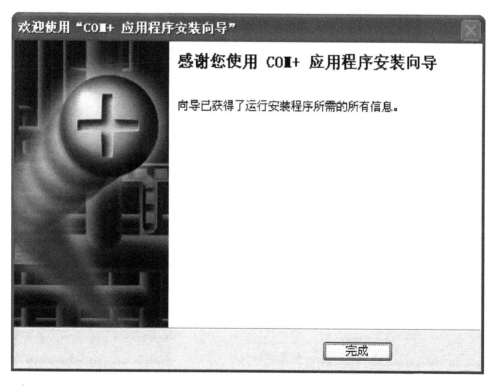

（e）确定 COM+应用的标识

（f）结束安装向导

（g）新建完成一个 COM+应用 MyApp

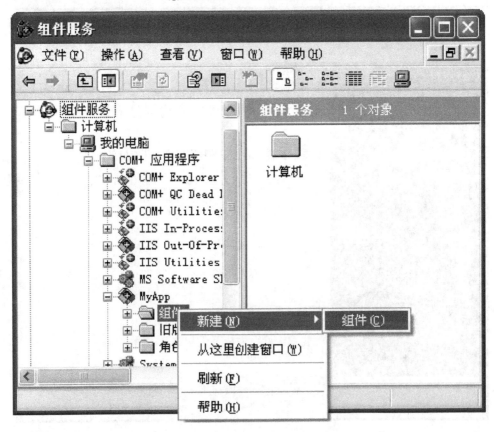

（h）在应用 MyApp 中添加组件

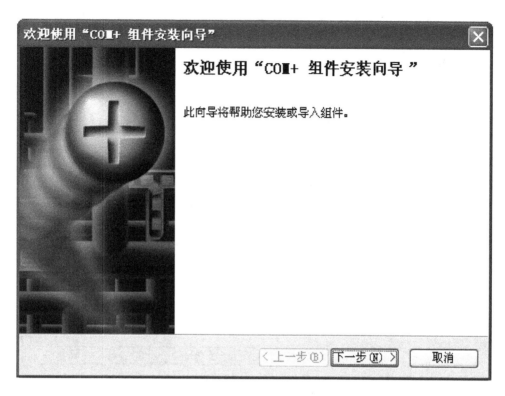

(i) 启动组件安装向导

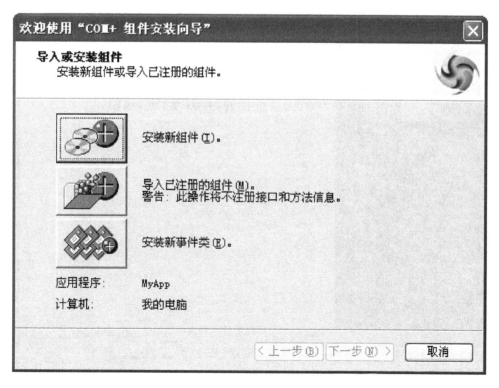

(j) 安装新组件

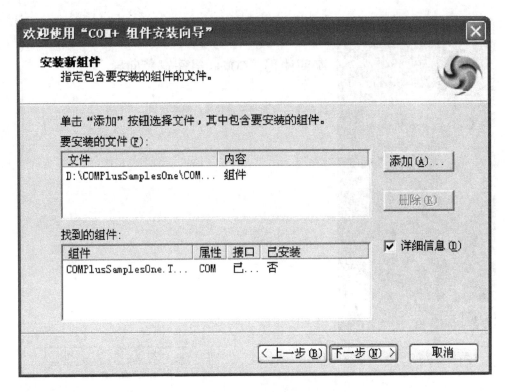

（k）选择要安装的组件

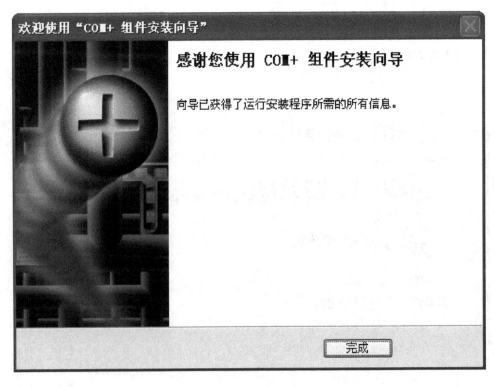

（l）结束组件安装向导

（m）加入组件后的 COM+应用 MyApp

图 5-16　通过服务管理器安装方式

（a）建立新的 COM+应用 COMPlusSamplesTwo

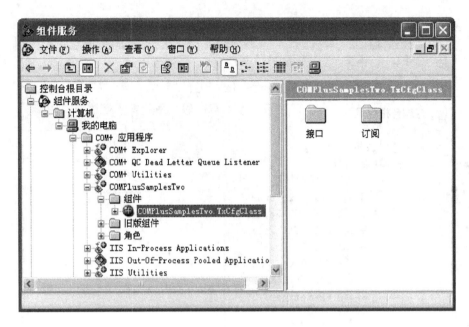

（b）在新 COM+ 应用 COMPlusSamplesTwo 中安装组件

图 5-17　图 5-13 的组件通过服务管理器安装的结果

　　组件安装后,可以对其进一步配置。配置就是说明其在运行时需要容器环境提供哪些基础服务。COM+中,可以通过两种方式进行配置说明,一种是在服务管理器中通过属性对话框进行组件及应用的配置,如图 5-18 所示;另一种是在组件实现时,直接在语言中通过属性说明。.NET 环境提供的新型语言 C#就支持这种属性编程,如图 5-19 所示。

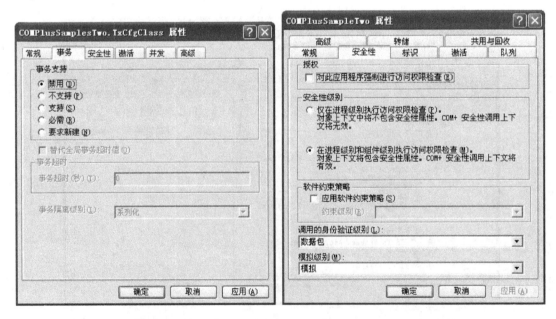

（a）配置组件的属性　　　　　　　　　　　　　　　（b）配置应用的属性

图 5-18　通过服务管理器进行配置

```
using System;
using System.Collections.Generic;
using System.Linq;
using System.Text;
using System.EnterpriseServices;
using System.Data.OleDb;
using System.Reflection;
namespace COMPlusSamplesTwo
{
    [Transaction(TransactionOption.Required)]    // 需要容器提供事务处理基础服务
    public class TxCfgClass : ServicedComponent
    {
        private static string init1 = "Provider=Microsoft.Jet.OLEDB.4.0;Data Source=" + @"D:\sxp\pubs.mdb";
        private static string add1 = "insert into authors(au_lname,au_fname) values('test1', 'test2')";
        public TxCfgClass() { }
        private void ExecSQL(string init, string sql)
        {
            OleDbConnection con = new OleDbConnection(init);
            con.Open();
            OleDbCommand cmd = new OleDbCommand();
            cmd.Connection = con;
            cmd.CommandText = sql;
            cmd.ExecuteNonQuery();
            con.Close();
        }

        public void Add() //添加一条记录到数据库
        {
            try
            {
                ExecSQL(init1, add1); //在一数据库中插入一条记录
                Console.WriteLine("The operation in the same database completely");
                Console.WriteLine("Record(s) added, press enter...");
                Console.Read();
            }
            catch (Exception e)
            {
                ContextUtil.SetAbort();//事务回滚
                Console.WriteLine("Because there are some errors in the operation ,so transcation abort");
                Console.WriteLine("The error is " + e.Message);
                Console.WriteLine("abort successfully");
                Console.Read();
            }
        }
    }
}
```

图 5-19　直接在语言中说明

③ 客户端调用可配置组件

当组件安装和配置完成后，客户端程序可以调用组件的功能。图 5-20(a)是客户端程序，图 5-20(b)是运行结果。为了测试配置型组件利用容器环境基础服务的情况，将图 5-19 程序中的 SQL 语句改为如下：

private static string add1 = " insert into authors(au_lname,au_fname) values('test1', test2)" ;

此时，由于第二个字段的赋值是一个未定义的变量 test2，SQL 语句执行失败，从而引起事务回滚。图 5-20(c)是其运行结果。

④ 生成客户端代理

当基于 COM+的一个应用经过开发、安装和配置后，一般还需要将其在一个分布式环境中

```
using System;
using System.Collections.Generic;
using System.Linq;
using System.Text;
using System.EnterpriseServices;
using COMPlusSamplesTwo;
namespace Client
{
  class Program
  {
    static void Main(string[] args)
    {
      COMPlusSamplesTwo.TxCfgClass cfg = new COMPlusSamplesTwo.TxCfgClass();
      cfg.Add();
    }
  }
}
```

（a）客户端程序

（b）事务正确提交的运行结果

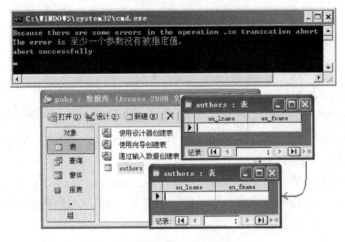

（c）事务回滚后的运行结果

图 5-20　组件调用执行结果

进行部署。通过 Windows 服务管理器，可以为已经安装和配置好的 COM+应用导出一个客户端代理，以便客户从其他计算机上经过网络访问本机的 COM+应用组件。图 5-21 所示给出了客户端代理的导出过程。

（a）导出应用 MyApp

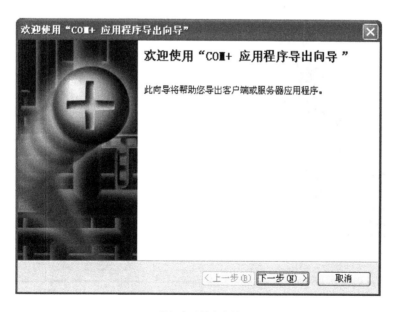

（b）启动导出向导

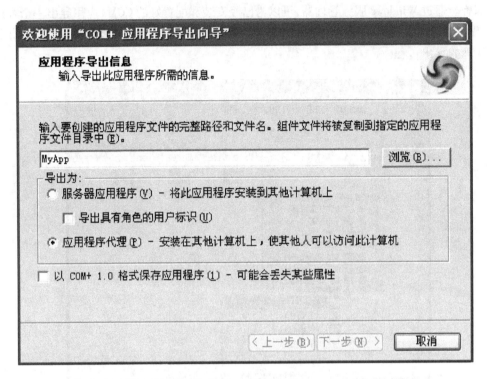

（c）确定导出客户端代理

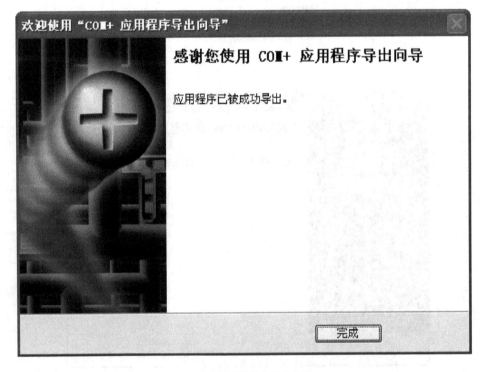

（d）完成导出并结束导出向导

(e) 导出的客户端代理

图 5-21　客户端代理的导出过程

⑤ 导出可直接部署的应用包

图 5-21 导出的是客户端代理程序。如果在图 5-21(c) 中选择导出**服务器应用程序 (V)**，则可以将已经安装和配置好的整个 COM+应用导出，以便在其他计算机上进行该应用的部署。图 5-22 是 COM+应用导出后的结果。

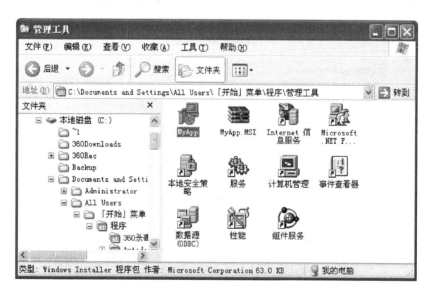

图 5-22　COM+应用导出后的结果

2）EJB 技术标准

① 可配置组件的建立

按照 EJB 技术标准，可配置组件需要定义一个 Home 接口(由此接口，容器自动生成 Home 对象)、一个远程接口(由此接口，容器自动生成 EJB 对象)、一个 Enterprise Bean 类(实现远程接口的具体功能）以及相应的配置说明（对于实体 bean，还需要定义一个主键类，用以通过数据库记录实体 bean 的状态）。图 5-23 给出了一个 EJB 可配置组件（案例 1）的定义，另一个 EJB 可配置组件（案例 2）的定义参见配套在线资源第 5 章。

支持 EJB 的开发环境中，一般都会自动生成配置说明文件。并且，通过开发环境将上述的远程接口、Home 接口和 Enterprise Bean 类编译后，利用开发环境的相关菜单命令或打包命令，将它们与配置说明文件一起生成一个可安装应用包。图 5-24 所示分别给出了案例 1 的两种打包方式。

```java
package com;
import javax.ejb.*;
import java.rmi.RemoteException;
import java.rmi.Remote;

public interface Hello extends EJBObject
{
    public String sayHello(String message) throws RemoteException;
}
```

（a）定义远程接口

```java
package com;
import javax.ejb.*;
import java.rmi.RemoteException;

public interface HelloHome extends EJBHome
{
    public Hello create() throws CreateException, RemoteException;
}
```

（b）定义 Home 接口

```java
package com;
import java.rmi.RemoteException;
import javax.ejb.*;

public class HelloBean implements SessionBean
{
    private SessionContext context;

    public HelloBean() { }
    public String sayHello(String message)
    {
        if (message == null)  message = "";
        message = "I am xiongxiong.Hello " + message + "!";
        return message;
    }
    public void ejbCreate() throws CreateException{ }
    public void ejbActivate() throws EJBException, RemoteException { }
    public void ejbPassivate() throws EJBException, RemoteException { }
    public void ejbRemove() throws EJBException, RemoteException { }
    public void setSessionContext(SessionContext newContext) throws
EJBException
    { context = newContext; }
}
```

（c）定义 Enterprise Bean 类

```xml
<?xml version="1.0" encoding="UTF-8"?>
<!DOCTYPE ejb-jar PUBLIC "-//Sun Microsystems, Inc.//DTD Enterprise JavaBeans 2.0//EN"
        "http://java.sun.com/dtd/ejb-jar_2_0.dtd">
<ejb-jar>
    <description><![CDATA[No Description.]]></description>
    <display-name>Generated by XDoclet</display-name>
    <enterprise-beans>
        <session>
            <description><![CDATA[Description for Hello]]></description>
            <display-name>Name for Hello</display-name>
            <ejb-name>Hello</ejb-name>
            <home>com.HelloHome</home>
            <remote>com.Hello</remote>
            <ejb-class>com.HelloBean</ejb-class>
            <session-type>Stateless</session-type>
            <transaction-type>Container</transaction-type>
        </session>
    </enterprise-beans>
    <assembly-descriptor></assembly-descriptor>
</ejb-jar>
```

（d）配置说明（ejb-jar.xml）

图 5-23　EJB 可配置组件的定义：案例 1

```
//将EJB的几个文件编译并产生.class文件
javac -classpath C:\jboss\client\jboss-j2ee.jar MyFirstEJB/com/Hello.java

javac -classpath C:\jboss\client\jboss-j2ee.jar MyFirstEJB/com/HelloHome.java

javac -classpath C:\jboss\client\jboss-j2ee.jar MyFirstEJB/com/HelloBean.java

//打包并生成.jar文件
jar cfv MyFirstEJB.jar MyFirstEJB/com/*.class META-INF/ejb-jar.xml
```

（a）通过命令行打包

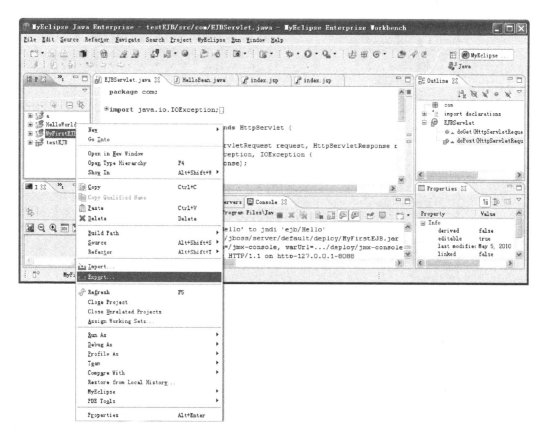

（b）利用开发环境 Eclipse 打包——将当前组件打包

（c）利用开发环境 Eclipse 打包——选择打包类型

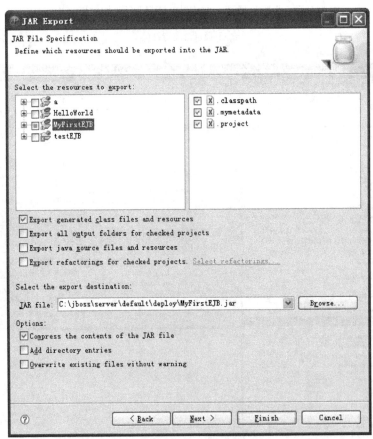

（d）利用开发环境 Eclipse 打包——选择打包的资源并确定包的存放位置

图 5-24　EJB 打包方式

② 可配置组件的安装及配置

开发完成的组件包(＊.jar)、应用包(＊.ear)或 Web 应用包(＊.war)都必须在应用服务器中进行安装和配置后才能使用。不同的应用服务器，其安装和配置方法也不同。例如，对于支持热部署的 JBoss 应用服务器而言，只要将各种包复制到其指定的部署目录 C:\jboss\server\default\deploy(组件包和应用包部署)或 C:\jboss\server\default\deploy\jboss-web.deployer(Web 应用包部署)(假设 JBoss 应用服务器的安装目录为 C:\jboss)中即可。JBoss 应用服务器将会不断扫描该目录，以便动态地获得已经部署的各种包。另外，为了应用开发方便，各种开发环境也直接支持特定应用服务器的安装和配置。图 5-25 所示给出了利用开发环境 Eclipse

(a) 建立 Eclipse 与应用服务器的联系——启动联系配置对话框

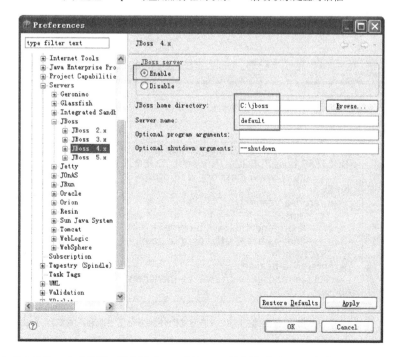

(b) 建立 Eclipse 与应用服务器的联系——选择 JBoss 服务器(指定 JBoss 安装目录)并自动启动

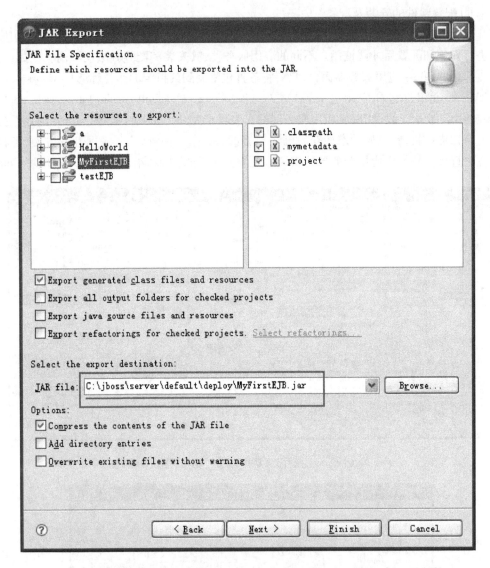

（c）指定组件打包的存放位置就是 JBoss 应用服务器的部署目录而直接完成打包和部署

```xml
<?xml version="1.0" encoding="UTF-8"?>
<!DOCTYPE jboss PUBLIC "-//JBoss//DTD JBOSS 2.4//EN"
        "http://www.jboss.org/j2ee/dtd/jboss_2_4.dtd">
<jboss>
    <enterprise-beans>
        <session>
            <ejb-name>Hello</ejb-name>
            <jndi-name>ejb/Hello</jndi-name>
        </session>
    </enterprise-beans>
    <resource-managers></resource-managers>
</jboss>
```

（d）调整 JBoss 的配置文件（jboss. xml）使其向外部公布已安装和配置的组件

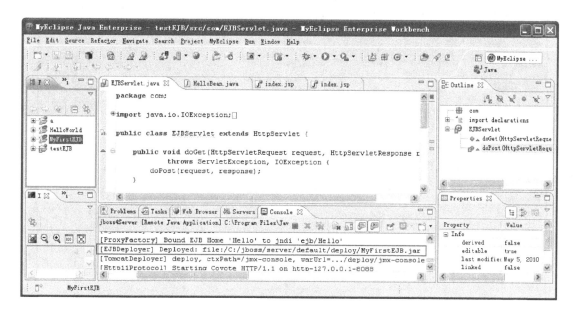

（e）部署的结果

图 5-25 利用开发环境 Eclipse 在 JBoss 应用服务器中进行组件包安装和配置

（V6.0）在 JBoss（V4.2）应用服务器中进行案例 1 组件包安装和配置的过程。图 5-26 所示给出了在 JBoss 应用服务器中独立进行案例 1 组件包安装和配置的过程。图 5-27 所示给出了利用开发环境 Eclipse（V3.2.2）在 WebLogic（V9.0）应用服务器中进行案例 2 组件包安装和配置的过程。图 5-28 所示给出了在 WebLogic 应用服务器中独立进行案例 2 组件包安装和配置的过程。

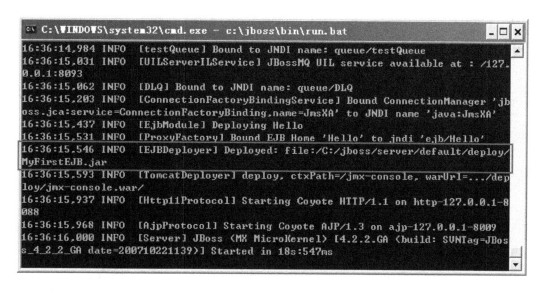

图 5-26 通过将组件包复制到 JBoss 应用服务器的部署目录中进行独立安装和配置的结果

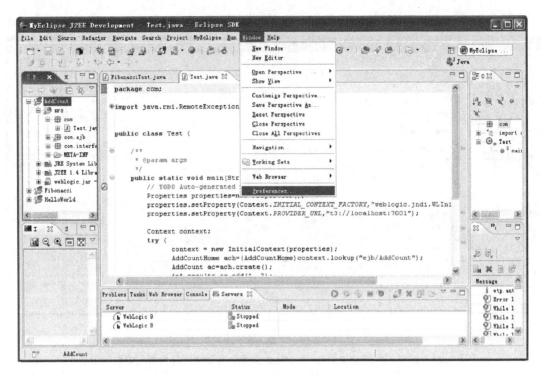

（a）建立 Eclipse 与应用服务器的联系——启动联系配置对话框

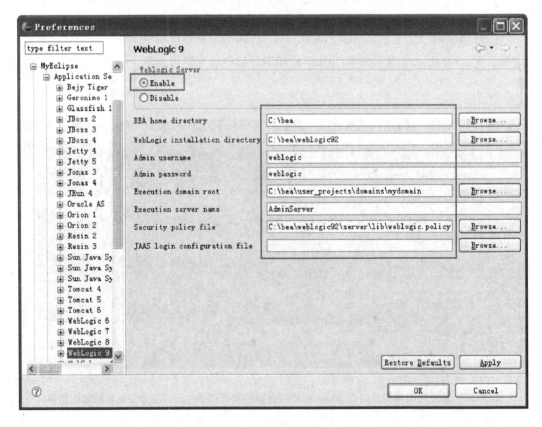

（b）建立 Eclipse 与应用服务器的联系——选择 WebLogic 服务器（指定 WebLogic 安装目录）并自动启动

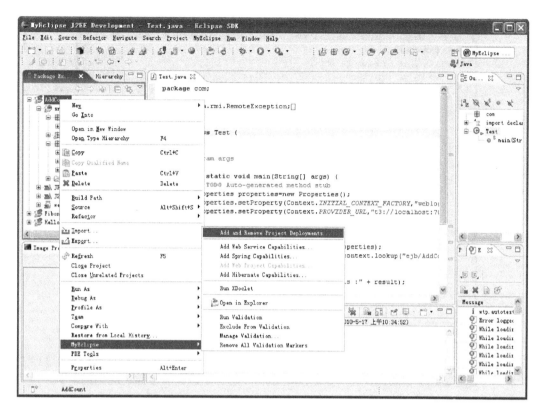

（c）启动部署向导

（d）添加要部署的组件包

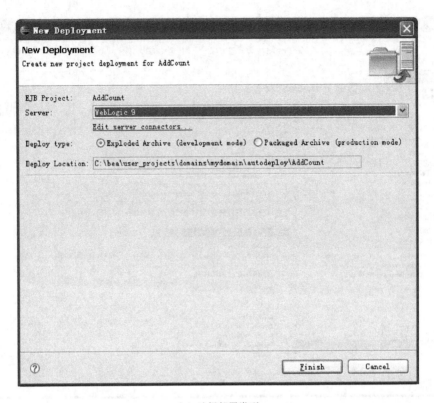

(e) 选择部署类型

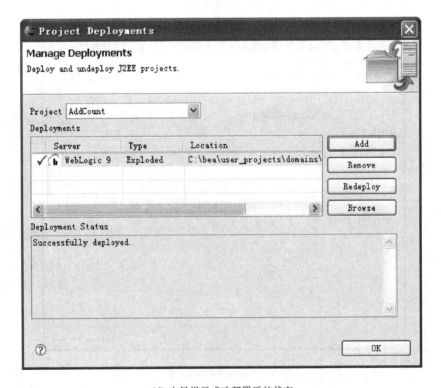

(f) 向导提示成功部署后的状态

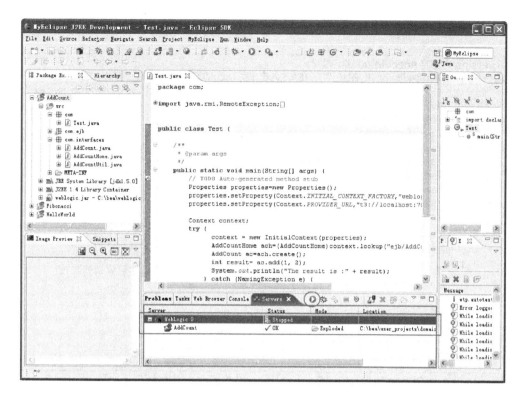

（g）在 Eclipse 中可见到组件已经成功部署并启动 WebLogic 服务器

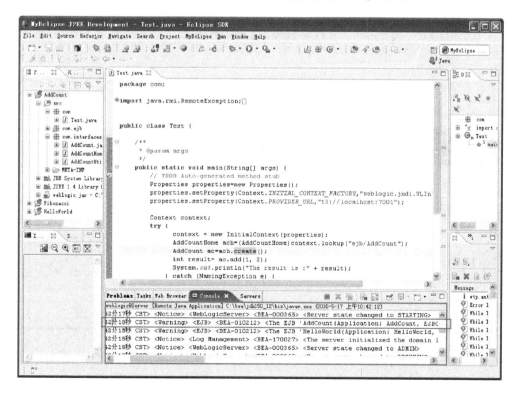

（h）WebLogic 服务器启动后搜索到已经部署的组件

```
<?xml version="1.0" encoding="UTF-8"?>
<!DOCTYPE weblogic-ejb-jar PUBLIC "-//BEA Systems, Inc.//DTD WebLogic 6.0.0 EJB//EN"
                  "http://www.bea.com/servers/wls600/dtd/weblogic-ejb-jar.dtd">
<weblogic-ejb-jar>
    <description><![CDATA[Generated by XDoclet]]></description>
    <weblogic-enterprise-bean>
        <ejb-name>AddCount</ejb-name>
        <stateless-session-descriptor></stateless-session-descriptor>
        <reference-descriptor> </reference-descriptor>
        <jndi-name>ejb/AddCount</jndi-name>
    </weblogic-enterprise-bean>
</weblogic-ejb-jar>
```

（i）调整 WebLogic 的配置文件（Weblogic-ejb-jar.xml）使其向外部公布已安装和配置的组件

图 5-27　利用开发环境 Eclipse 在 WebLogic 应用服务器中进行组件包安装和配置

```
jar –cvf  c:\AddCount.jar  .\AddCount\classes\*.class  .\AddCount\classes\*.xml
                注：当前目录为 C:\eclipse-SDK-3.2.2-win32\eclipse\workspace
```

（a）通过命令行将案例 2 打包

（b）通过"开始"菜单或者 http://localhost:7001/console 启动配置向导 Admin Server Console 并登录

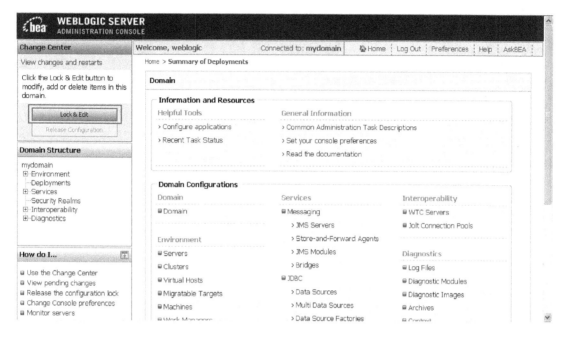

（c）单击 Lock & Edit 命令按钮冻结服务器状态

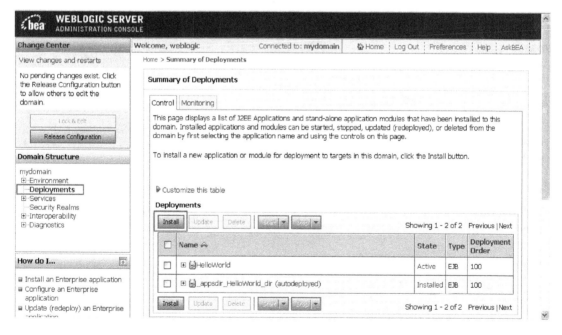

（d）单击打开 Deployments 目录显示服务器当前部署状态并单击 Install 命令按钮

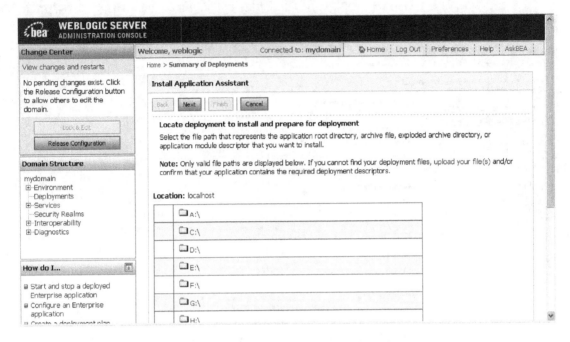

（e）选择要部署的包 c：\AddCount.jar

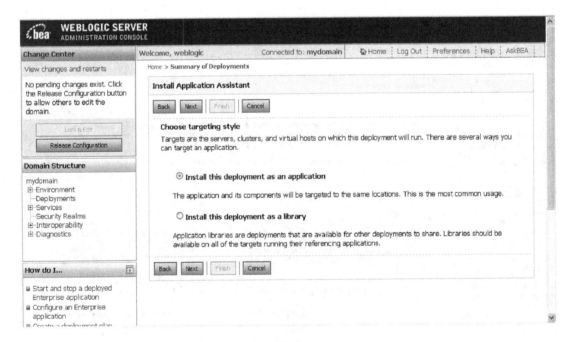

（f）选择部署类型

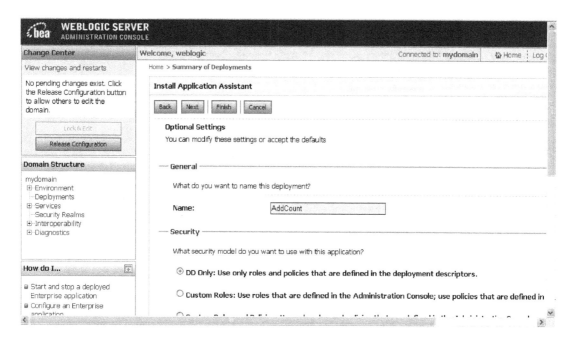

（g）配置组件的各种属性

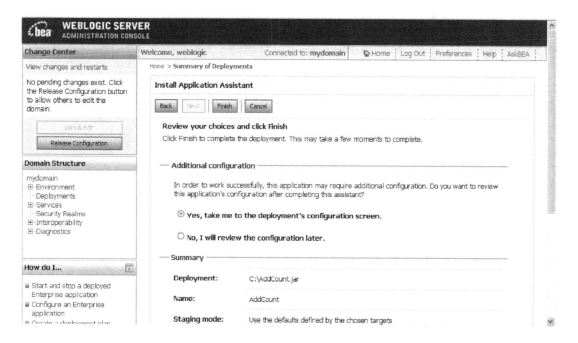

（h）配置组件的各种属性(续)

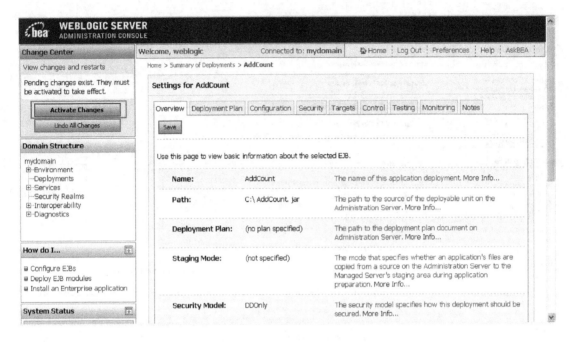

（i）准备激活已配置的组件属性

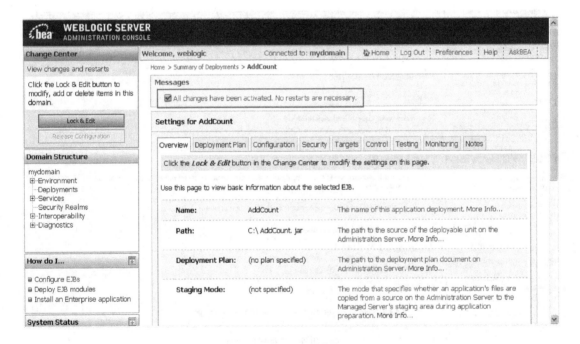

（j）激活后的状态

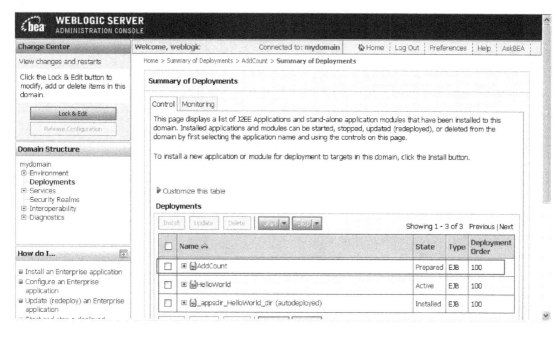

（k）已安装及配置完成的当前组件

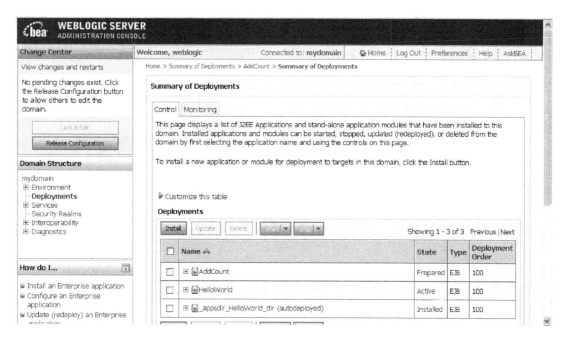

（l）再次单击 Lock & Edit 命令按钮冻结服务器状态

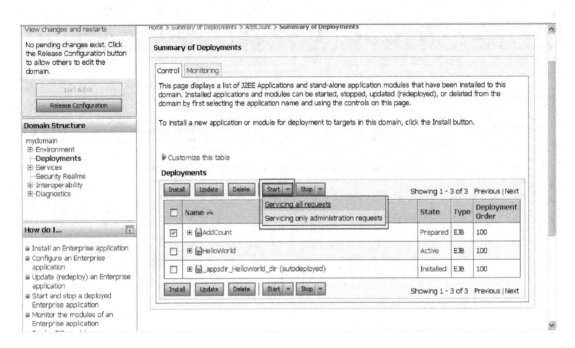

（m）启动已安装和部署的当前组件

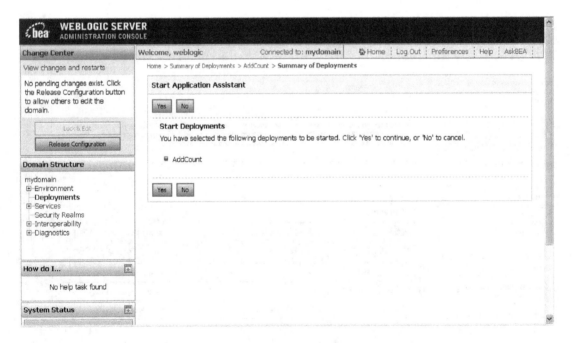

（n）再次确认是否启动

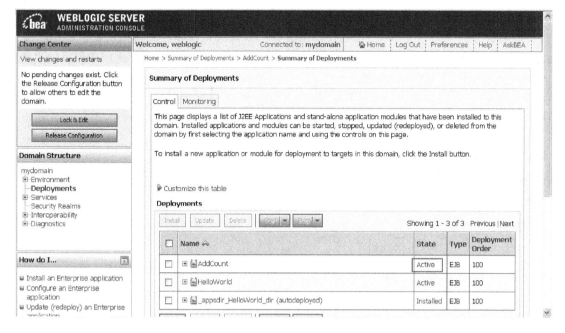

（o）启动后的状态

图 5-28 在 WebLogic 应用服务器中独立安装和配置案例 2 组件包

③ 生成客户端代理

EJB 平台中，客户端一般都是通过 JNDI（Java Naming and Directory Interface）查找其所需要的组件并获得其代理（stub），然后通过代理访问组件的业务方法（参见图 2-25b）。因此，当一个 Enterprise Bean 发布到 EJB 容器时，容器就会自动为它创建一个 stub 对象，并将其注册到容器的 JNDI 目录中，以便客户端查找和访问。

目前，大多数 EJB 产品都简化了图 2-22a 的模型，将应用服务器和容器融合在一起。也就是说，上述 JBoss 或 WebLogic 中的组件安装及配置，已经实现了组件在其相应 EJB 容器中的发布。客户端通过 JNDI 即可直接使用。

EJB 中，JNDI 一般是通过名称进行组件查找。默认的名称命名规则如下：

● 如果 EJB 应用打包成后缀为 ∗.ear 的发布文件，则默认的 JNDI 名称是"包文件名/类名/local"（对于本地接口访问）或"包文件名/类名/remote"（对于远程接口访问）。例如，对于一个打包成 HelloWorld.ear 文件含有 HelloWorldBean 类的应用，访问其远程接口的 JNDI 注册名为 HelloWorld/HelloWorldBean/remote。

● 如果 EJB 应用打包成后缀为 ∗.jar 的发布文件，则默认的 JNDI 名称是"类名/local"（访问本地接口）或"类名/remote"（访问远程接口）。例如，打包成 HelloWorld.jar 文件含有 HelloWorldBean 类的应用，访问其远程接口的 JNDI 注册名为 HelloWorldBean/remote。另外，"类名"不带包名。例如，对于 com.ejb.impl.HelloWorldBean，只需取 HelloWorldBean。

如果不使用 JNDI 的默认名称，也可以通过应用服务器的配置文件描述一个发布的组件及其在 JNDI 中注册名之间的对应关系（参见图 5-25（d）配置文件或图 5-27（i）配置文件）。

④ 客户端调用可配置组件

分布式计算环境通常使用命名和目录服务来获取共享的组件和资源。命名和目录服务将名称与位置、服务、信息和资源关联起来。

命名服务提供名称和对象的映射,目录服务可以提供对象属性和对象的映射。JNDI 是 J2EE(Java 2 Enterprise Edition)平台中提供命名和目录服务的功能包,它面向用户提供抽象统一的服务接口调用,用户通过这些接口可以访问各种各样的命名和目录服务系统。同时,JNDI 面向命名和目录服务提供商定义一个服务提供者接口(Service Provider Interface, SPI),以便各个实现命名和目录服务系统的提供商将其系统集成到 JNDI 中。抽象统一的服务接口到具体服务提供商的服务功能的映射由 JNDI 实现,对用户透明。图 5-29 所示是 JNDI 的基本体系结构。通过 Naming Manager 之间的交互,JNDI 可以实现整个分布计算环境中多种命名和服务系统之间的联邦结构,从而,为用户提供分布式命名和目录服务。

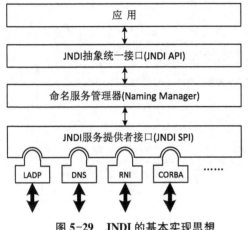

图 5-29　JNDI 的基本实现思想

使用 JNDI 的基本方法是,首先需要选择命名和目录服务的提供者,构建一个访问环境。然后,通过该访问环境查找已经发布的各种资源。访问环境一般是由一系列环境属性构成,针对不同的命名和目录服务的提供者,通过设置这些环境属性的具体值(与命名和目录服务的提供者相对应)来建立环境属性对象,再以该环境属性对象为基础建立 JNDI 访问环境对象。例如,对于 LDAP(Lightweight Directory Access Protocol)服务提供者,可以运用图 5-30(a)所示方法构建访问环境。对于 JBoss 环境的服务提供,可以运用图 5-30(b)所示方法构建访问环境。

```
Hashtable env = new Hashtable();  //建立用于存放环境属性的Hash表
env.put(Context.INITIAL_CONTEXT_FACTORY, "com.sun.jndi.ldap.LdapCtxFactory");
    //通过Hash表设置环境属性INITIAL_CONTEXT_FACTORY的值, 建立环境属性对象
InitialContext ctx = new InitialContext(env);  //以环境属性对象为基础建立访问环境

HelloWorld helloworld = (HelloWorld) ctx.lookup("HelloWorldBean/remote");  ①
```

(a) LDAP 服务提供者的访问环境构建

```
Properties props = new Properties();  //建立环境属性对象
props.setProperty("java.naming.factory.initial", "org.jnp.interfaces.NamingContextFactory");  设置环境
props.setProperty("java.naming.provider.url", "localhost:1099");                                属性值
props.setProperty("java.naming.factory.url.pkgs", "org.jboss.naming");
InitialContext ctx = new InitialContext(props);  //以环境属性对象为基础建立访问环境

HelloWorld helloworld = (HelloWorld) ctx.lookup("HelloWorldBean/remote");
```

(b) JBoss 环境中服务提供者的访问环境构建

图 5-30　JNDI 访问环境构建方法

访问环境建立后,用户就可以通过访问环境对象的 lookup( )方法按注册名查找并使用所需要的资源。如图 5-31 中的①所示。

如上所述,在 EJB 中,客户端是通过 JNDI 查找组件并获得其代理,然后通过代理实现可配

置组件的业务接口功能的调用。图 5-31 所示是通过 JSP 网页访问案例 1 组件（参见图 5-23）的客户端代码及运行结果。图 5-32 所示是通过普通方式访问案例 2 组件（参见配套电子资源第 5 章）的客户端代码及运行结果。

```jsp
<%@ page language="java" isELIgnored="false" pageEncoding="gb2312"%>
<html>
  <head>
    <title>EJB</title>
  </head>
  <body>
    <form action="EJBServlet" method="post">
      <input type="text" name="info" />   //该参数传给图5-31c中①处的info
      <input type="submit" value="提交">
    </form>
  </body>
</html>
```

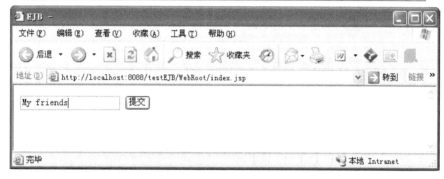

（a）初始输入信息的 jsp 页面及浏览效果

```jsp
<%@ page language="java" isELIgnored="false" pageEncoding="utf-8"%>
<html>
  <head>
    <title>message</title>
  </head>
  <body>
    <h1>${info}</h1>    //变量info的值由图5-31c中②处进行设置
  </body>
</html>
```

（b）响应结果页面 message. jsp 及浏览效果

```
package com;
import java.io.IOException;
import javax.ejb.CreateException;
import javax.naming.InitialContext;
import javax.naming.NamingException;
import javax.servlet.ServletException;
import javax.servlet.http.HttpServlet;
import javax.servlet.http.HttpServletRequest;
import javax.servlet.http.HttpServletResponse;

public class EJBServlet extends HttpServlet
{
  public void doGet(HttpServletRequest request, HttpServletResponse response)
                    throws ServletException, IOException
  { doPost(request, response); }

  public void doPost(HttpServletRequest request, HttpServletResponse response)
                    throws ServletException, IOException
  {
    request.setCharacterEncoding("gb2312");
    String info = request.getParameter("info");  //获取输入页面表单信息（参见图5-31a）①
    InitialContext context = null;
    Hello hello = null;
    try {  context = new InitialContext();
        HelloHome home = (HelloHome) context.lookup("ejb/Hello");
                        //按照图5-25d中配置的JNDI注册名查找HelloHome组件对象
        hello = home.create();  //由Home对象创建EJB对象hello及组件对象HelloBean
    } catch (NamingException e) {  e.printStackTrace();  }
      catch (CreateException e) {  e.printStackTrace();  }
    info = hello.sayHello(info);  //由Hello对象将请求转发给HelloBean
    request.setAttribute("info", info);  //设置message.jsp中info变量的值（参见图5-31b）②
    request.getRequestDispatcher("message.jsp").forward(request, response);
                        //由message.jsp作为响应网页
  }
}
```

（c）响应初始输入信息页面的服务器小程序

图 5-31　通过 JSP 网页访问组件的客户端代码及运行结果

```
package com;

import java.rmi.RemoteException;
import java.util.Properties;
import javax.ejb.CreateException;
import javax.naming.Context;
import javax.naming.InitialContext;
import javax.naming.NamingException;
import com.interfaces.AddCount;
import com.interfaces.AddCountHome;

public class Test
{
  public static void main(String[] args)
  {
    Properties properties=new Properties();
    properties.setProperty(Context.INITIAL_CONTEXT_FACTORY,
                        "weblogic.jndi.WLInitialContextFactory");
    properties.setProperty(Context.PROVIDER_URL,"t3://localhost:7001");
    Context context;
    try {
        context = new InitialContext(properties);
        AddCountHome ach=(AddCountHome)context.lookup("ejb/AddCount");
                        //按照图5-28i中配置的JNDI注册名查找AddCount组件对象
        AddCount ac=ach.create();     int result= ac.add(1, 2);
        System.out.println("The result is :" + result);
    } catch (NamingException e) { e.printStackTrace(); }
      catch (RemoteException e) { e.printStackTrace(); }
      catch (CreateException e) { e.printStackTrace(); }
  }
}
```

（a）客户端程序

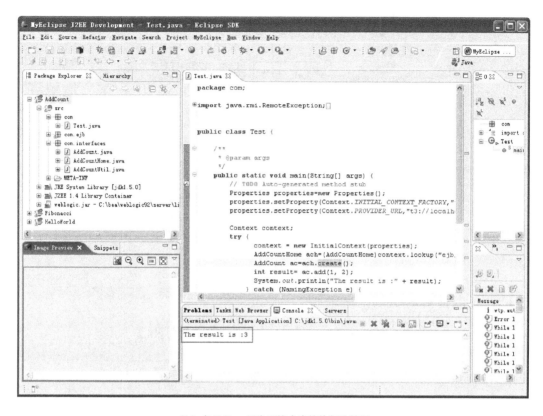

（b）在 Eclipse 开发环境中直接执行的结果

图 5-32　通过普通方式访问组件的客户端代码及运行结果

　　由于业务逻辑层的复杂性,应用服务器的执行性能显得尤其重要。基于配置型组件模型的 COM+和 EJB 技术标准面向大型复杂应用系统可以提供良好的支持。然而,对于一些中小型应用而言,它们显得太臃肿太庞大。为此,轻量级框架 Spring 成为比较流行的业务逻辑层解决方案。Spring 将组件之间的依赖关系外置在配置文件中,通过**控制反转**(Inversion of Control,IoC）技术动态实现组件依赖关系的耦合。组件之间依赖关系的外置可以灵活地配置组件依赖关系以及对组件及其依赖关系的维护和扩展。控制反转技术可以确保组件对象实例按需建立（即用到时才建立）,始终保持容器在运行时只有最小（最轻量）的组件对象实例集合,从而有利于系统资源的使用并提高容器的执行效率。图 5-33(a) 所示是 Spring 框架的基本体系。图 5-33(b) 所示是 Spring 框架中针对业务逻辑层的容器的基本执行原理。图 5-34 所示是一个案例的解析。

Spring AOP (Source-level Metadata AOP infrastructure)	**Spring ORM** (Hibernate support iBatis support JDO support)	**Spring Web** (WebApplicationContext Multipart resolver Web utilities)	**Spring Web MVC** (Web MVC Framework Web Views JSP / Velocity PDF / Export)
	Spring DAO (Transaction Infrastructure JDBC support DAO support)	**Spring Context** (Application context UI support Validation JNDI EJB support and remodeling Mail)	
Spring Core (Support UtilitiesBean container)			

（a）基本体系

121

处理应用的业务对象集合
(Bean、Object、POJO)

配置文件   生成 完整的可配置
(配置元数据)   的应用系统

配置文件与支持 IoC 的容器配合生
成一个可配置可维护的应用系统

(b) 容器的基本执行原理

图 5-33 Spring 框架基础

```java
public interface Person
{
    public void useTool();
}
```

```java
public interface Tool
{
    public String Action();
}
```

```java
public class Sewing implements Person
{
    private Tool  tool;

    public Sewing() { }
    public void setTool(Tool tool)
    { this.tool = tool; }
    public void useTool()
    { System.out.println(tool.Action()); }
}
```

```java
public class Scissors implements Tool
{
    public Scissors() { }
    public String Action()
    { return "一把锋利的剪刀!"; }
}
```

(a) 定义 Person 接口和 Tool 接口并实现之

```xml
<? xml version="1.0" encoding="gb2312" ?>
<!DOCTYPE beans PUBLIC "-//SPRING//DTD BEAN//EN"
 "http://www.springframework.org/dtd/spring-beans.dtd">

<beans>
  <bean id="sewing" class="example.Sewing">
    <property name="tool">
      <ref  local="scissors"/>
    </property>
  </bean>
  <bean id="scissors" class="example.Scissors"/>
</beans>
```

(b) 配置 sewing 和 scissors 的依赖关系

```java
package example;

import org.springframework.context.ApplicationContext;
import org.springframework.context.support.FileSystemXmlApplicationContext;

public class BeanTest
{
  public static void main(String[] args) throws Exception
  {
    ApplicationContext ctx = new FileSystemXmlApplicationContext("bean.xml");
    Person p = (Person) ctx.getBean("sewing");  // 建立特定Person对象实例p, 即类Sewing的对象实例
    p.useTool();
  }
}
```

调用Sewing的对象实例的方法useTool(), 该方法体内需要tool对象实例, 但程序中并没有显式地创建tool对象实例, Sewing类代码中也没有显式地将tool对象实例和Sewing的对象实例耦合在一起。tool对象实例由Spring IoC容器在运行时依据配置文件中依赖关系定义, 动态地建立Scissors的对象实例并注入给Sewing的对象实例(通过调用Sewing的对象实例的setTool()函数)。Sewing的对象实例不仅不需要了解Scissors的对象实例的实现过程, 也无须了解Scissors的对象实例的创建过程。在sewing需要使用tool的时候, 自然就会由Spring为他送来!

运行结果为:
一把锋利的剪刀!

(c) 测试 Spring 的 IoC 功能

```
<? xml version="1.0" encoding="gb2312" ?>
<!DOCTYPE beans PUBLIC "-//SPRING//DTD BEAN//EN"
 "http://www.springframework.org/dtd/spring-beans.dtd">

<beans>
  <bean id="sewing" class="example.Sewing">
    <property name="tool">
       <ref local="ruler"/>
    </property>
  </bean>
  <bean id="scissors" class="example.Scissors"/>
  <bean id="ruler" class="example.Ruler"/>
</beans>
```

```
public class Ruler implements Tool
{
    public Ruler() { }
    public String Action()
    {   return "一把标准的尺子!"; }
}
```

```
package example;

import org.springframework.context.ApplicationContext;
import org.springframework.context.support.FileSystemXmlApplicationContext;

public class BeanTest
{
  public static void main(String[] args) throws Exception
  {
    ApplicationContext ctx = new FileSystemXmlApplicationContext("bean.xml");
    Person p = (Person) ctx.getBean("sewing");  // 建立特定Person对象实例p, 即类Sewing的对象实例
    p.useTool();
  }
}
```

运行结果为:
一把标准的尺子!

调用Sewing的对象实例的方法useTool(), 该方法体内需要tool对象实例, 但程序中并没有显式地创建tool对象实例, Sewing类代码中也没有显式地将tool对象实例和Sewing的对象实例耦合在一起。tool对象实例由Spring IoC容器在运行时依据配置文件中依赖关系定义, 动态地建立Ruler的对象实例并注入给Sewing的对象实例(通过调用Sewing的对象实例的setTool()函数)。Sewing的对象实例不仅不需要了解Ruler的对象实例的实现过程, 也无须了解Ruler的对象实例的创建过程。在sewing需要使用tool的时候, 自然就会由Spring为他送来!

（d）通过提供另一个 Tool 的实现并修改配置文件展示组件依赖关系的灵活维护

```
public class Sewing implements Person
{
    private Tool  tool;

    public Sewing() { }
    public void setTool(Tool tool)
    {  this.tool = tool; }
    public void useTool()
    {  System.out.println(tool.Action()); }
}
```

```
public class Sewing implements Person
{
    private Tool  tool;

    public Sewing(Tool tool)
    {  this.tool = tool; }
    public void useTool()
    {  System.out.println(tool.Action()); }
}
```

```
<? xml version="1.0" encoding="gb2312" ?>
<!DOCTYPE beans PUBLIC "-//SPRING//DTD BEAN//EN"
 "http://www.springframework.org/dtd/spring-beans.dtd">

<beans>
  <bean id="sewing" class="example.Sewing">
    <constructor-arg>
       <ref  local="scissors"/>
    </constructor-arg>
  </bean>
  <bean id="scissors" class="example.Scissors"/>
</beans>
```

（e）"设值注入"和"构造注入"（及配置）

图 5-34　一个案例解析

　　尽管 Spring 也通过容器机制管理组件实例的运行,但它对组件的实现没有太多的代码侵入和污染。也就是说,相对于 COM+和 EJB 而言,组件的实现不需要额外提供与容器管理有关的相关代码,普通的 Java Beans 组件或 POJO(Plain Old Java Object)对象都可以直接参与运行。图 5-35 所示给出了 EJB 的组件对象与 Spring 的组件对象的区别。鉴于轻量级框架中这种组件依赖关系维护方法的优点,EJB 3.0 也实现了该方法。并且,EJB 3.0 也支持属性编程(通过@注释方式)。图 5-36 所示是图 5-23 案例的 EJB 3.0 版本。

```
package sa.example.springcomponent;
public class MyComponent {
  private String message;

  public String getMessage() { return message; }
  public void setMessage(String message) {
    this.message = message;
  }
  public void display( ) {
    System.out.println(getMessage() );
  }
}
```

```
package sa.example.ejbcomponent;
public class MyComponent implements SessionBean {
  private SessionContext ctx;
  private String message;

  public void setSessionContext(SessionContext c){ this.ctx = c; }
  public void ejbRemove() { }
  public void ejbPassivate() { }
  public void ejbActivate() { }

  public String getMessage() { return message; }
  public void setMessage(String message) {
    this.message = message;
  }
  public void display( ) {
    System.out.println(getMessage() );
  }
}
```

图 5-35　EJB 组件对象与 Spring 组件对象的区别

```
package com;
import javax.ejb.Remote;

@Remote
public interface Hello
{
    public String sayHello(String message);
}
```

(a) 定义远程接口

```
package com;
import javax.ejb.Stateless;
import com.Hello;
import org.jboss.annotation.ejb.remoteBinding;

@Stateless
@RemoteBinding(jndiBinding="ejb/Hello")
public class HelloBean implements Hello
{
    public String sayHello(String message)
    {
      if (message == null)  message = "";
      message = "i am xiongxiong.Hello " + message + "!";
      return message;
    }
}
```

(b) 用无状态 session bean 方式具体实现远程接口

```
<?xml    version="1.0"    encoding="UTF-8"?>
<ejb-jar    xmlns:xsi="http://www.w3.org/2001/XMLSchema-instance"
            xmlns="http://java.sun.com/xml/ns/javaee"
            xmlns:ejb="http://java.sun.com/xml/ns/javaee/ejb-jar_3_0.xsd"
            xsi:schemaLocation="http://java.sun.com/xml/ns/javaee
                        http://java.sun.com/xml/ns/javaee/ejb-jar_3_0.xsd" version="3.0">

    <display-name>Name for Hello</display-name>
    <enterprise-beans>
        <session>
            <ejb-name>Hello</ejb-name>
            <business-remote>com.Hello</business-remote>
            <ejb-class>com.HelloBean</ejb-class>
            <session-type>Stateless</session-type>
            <transaction-type>Container</transaction-type>
        </session>
    </enterprise-beans>
</ejb-jar>
```

（c）ejb-jar. xml 配置文件

图 5-36　图 5-23 案例的 EJB 3.0 版本

5.1.3　数据层基本工作原理及其案例

数据层为整个应用提供数据服务。数据服务一般都涉及大存储量的数据资源,必须借助于外部存储器实现。传统的实现方法是基于各种专用或通用的**文件系统**(File System,FS)实现。数据库技术诞生后,一般都是通过**数据库管理系统**(Data Base Management System,DBMS)实现。随着程序基本模型及开发技术的发展,数据层的实现也经历了**专用实现**、**基于 ODBC**（**Open Data Base Connectivity**）**的实现**（基于功能模型的实现）、**基于对象模型的实现**和**基于 ORM**（**Object Relation Mapping**）**技术的实现**几个发展阶段。

1）ODBC 体系结构

专用实现阶段,数据服务的实现嵌入在实现应用逻辑的代码中,数据存储基本上采用基于操作系统中文件系统的专用存储格式。数据资源及其服务与应用逻辑实现程序紧密绑定在一起。由于文件系统是一种通用的数据服务实现策略,它并没有针对大容量数据资源的管理和维护专门考虑各种应用因素,例如执行性能、安全、数据冗余、数据之间关系维护等等。为了适应大容量数据资源管理和维护的应用需求,诞生了数据库技术,数据服务也基本上由数据库技术实现。数据库系统都是通过提供一组函数向应用程序提供数据服务,不同数据库系统所提供的函数组往往是不同的,从而导致数据驱动的应用程序编写起来非常复杂,因为开发人员必须熟悉所用数据库系统的不同函数库。为了统一各种数据库系统的访问,Microsoft 公司借助于操作系统中管理硬件设备的思想,提出了 ODBC 技术标准,为应用开发建立一致的数据服务访问模式。图 5-37 所示是 ODBC 的体系结构。图 5-38 是 Windows 操作系统中建立 ODBC 数据源的基本过程。

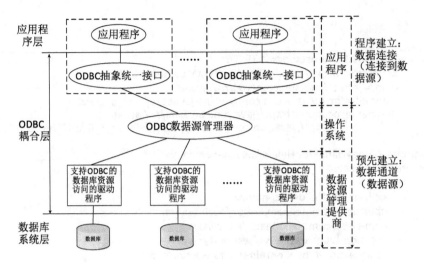

图 5-37   ODBC 体系结构

（a）启动数据源管理器

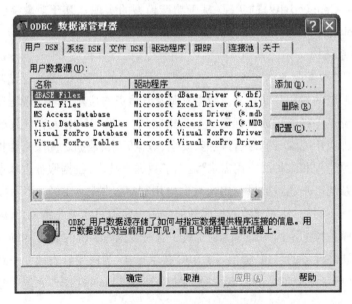

（b）已经建立的"用户 DSN"类型的数据源

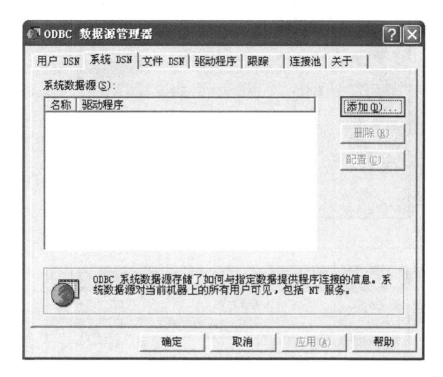

（c）选择建立"系统 DSN"类型的数据源

（d）选择待建新数据源的驱动程序

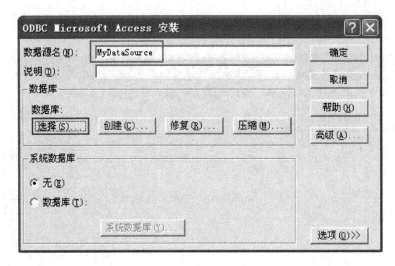

（e）为待建新数据源命名

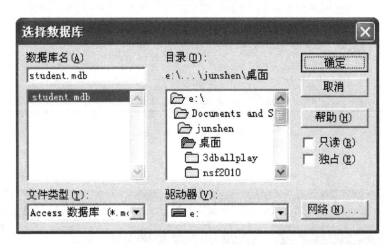

（f）为待建新数据源确定具体数据库

（g）为待建新数据源确定了具体数据库

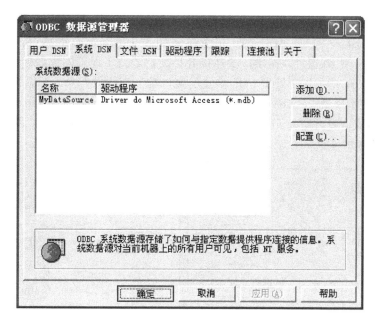

（h）已新建一个"系统 DSN"类型的数据源 MyDataSource

图 5-38　Windows 操作系统中建立 ODBC 数据源的基本过程

ODBC 体系结构较好地区分了应用程序、操作系统和数据资源管理提供商三者之间职责，并通过**数据源**这一概念实现他们之间的协作。本质上，ODBC 体系结构通过分层思想将使用数据服务的应用程序和提供数据服务的数据库系统隔离，在它们之间填补一个耦合层。

2）传统的数据服务访问方式

ODBC 体系结构主要面向基于数据库系统而实现的数据服务访问。并且，鉴于 ODBC 体系结构诞生的时代，ODBC 体系结构中定义的抽象统一接口建立在功能模型基础上，即按照访问数据库的基本过程，定义各种抽象函数接口。然而，数据资源还可能存储在各种各样的介质中，例如电子邮件、Web 页面、Excel 数据表格等等。并且，随着程序基本模型的发展，对象模型、组件模型以及服务模型相继诞生。于是，对数据服务的访问方式也随之发展。首先通过对象模型封装 ODBC 抽象接口，为应用提供基于对象模型的访问接口。例如，DAO（Data Access Object）、RDO（Remote Data Object）等。其次，通过组件模型建立面向各种数据源的通用数据服务访问接口 OLE-DB（Object Linking and Embedding，Database），为应用程序提供基于组件模型的通用数据服务访问接口。OLE-DB 将 ODBC 的基于数据库系统的数据源拓展到各种类型的数据源，以表格形式抽象所有数据源的信息模型，并在此基础上抽象定义各种数据服务对象及其关系，建立统一的数据服务访问接口和逻辑。OLE-DB 中，数据源由数据提供者（Data Provider）指定，ODBC 数据提供者即是基于 ODBC 的数据源的 OLE-DB 的实现方式，该方式使得 OLE-DB 集成了 ODBC。尽管 OLE-DB 作为一种数据访问技术规范已经抽象和定义了通用数据访问的模式，但其具体实现仍然取决于使用者。也就是说，OLE-DB 并没有给出一个通用的面向应用程序的数据访问组件。ADO（ActiveX Data Object）正是这一问题的解决者，它位于 OLE-DB 之上并以一个独立组件实现了 OLE-DB 的思想。也就是说，ADO 组件实现了 OLE-DB 定义的各种数据服务对象及其关系，建立了统一的数据服务访问接口和逻辑。应用程序只要通过 ADO 并按照统一的数据服务访问接口和逻辑，就能够访问各种数据源。最后，随着

Internet 的发展及服务模型的诞生,XML 成为统一的数据交换标准。为了支持 XML,ADO 进一步发展为 ADO. NET。一方面,ADO. NET 仍然强化 OLE-DB 和 ADO 的思想,向用户提供基于表格形式的信息模型,并通过数据供应器连接各种数据源及实现不同数据模型到表格信息模型的转换;另一方面,增加用于处理 XML 格式的接口功能,并支持 Dataset 与 XML 格式之间的相互转换,实现关系模型(relational model)数据组织的访问方式和阶层式(hierarchical data)数据组织的访问方式两者之间基于通用关系方式(relational approach)的融合。图 5-39 所示给出了 ADO. NET 的基本思想。图 5-40 所示给出了数据服务访问的基本视图。

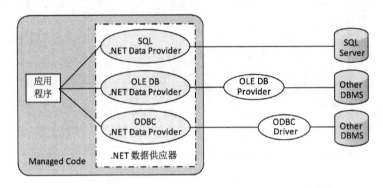

(a). NET 数据供应器与 OLE-DB Provider、ODBC Driver 的关系

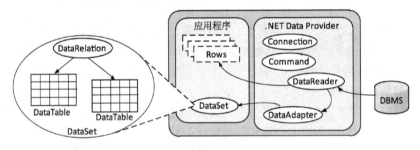

(b) 应用程序与. NET 数据供应器的关系

图 5-39 ADO. NET 的基本思想

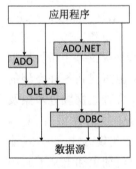

**图 5-40 数据服务
访问的基本视图**

从本质上看,OLE-DB、ADO、ADO. NET 仍然采用分层方法,在 ODBC 和应用程序之间建立各个耦合层。

3) ORM 技术及其实现

传统的数据服务访问方式尽管通过基于组件模型的 ADO 或 ADO. NET 实现了方便的编程接口,然而,ADO 或 ADO. NET 的基于表格及其关系的实现思想仍然带有数据库关系模型数据组织方法的痕迹。另一方面,应用程序的构造基本上都是基于对象模型(或组件模型)。因此,对象的持久化编程就要求应用程序开发人员不仅要掌握对象模型的概念和操作方法,还要理解关系模型的一些概念和数据访问逻辑规则。显然,这对应用程序开发人员是一种挑战。因此,ORM(Object-Relation Mapping)技术应运而生。ORM 技术在基于对象模型(或组件模型)的业务逻辑层和基于关系模型的数据层之间建立一个持久化处理耦合层,实现对象模型与关系模型之间的自动映射。从而,隔离基于对象模型(或组件模型)的业务逻辑层开发与基于关系模型的数据层开发,使得业务逻辑层的应用开发直接以对象为基础进行其持久化操作。本质上,ORM 技术是对业务逻辑层的进一步认识、抽象和细化,将业务逻辑层中有关对象数据持久化的操作单独抽象出来,建立统一的数据持久化处理层。从而,使业务逻辑层专注于应用逻辑规则的实现。并且,对独立出的持久化处理层建立统一完整的数据持久化解决方案。

目前,存在多种实现 ORM 技术的产品。Jboss 组织的 Hibernate 因其简洁实用而较为流行。Hibernate 的基本实现思想是,通过映射文件描述对象与数据库实体之间的映射以及对象关系与数据库实体关系之间的映射(例如数据库的约束,如何在对象间体现、对象间继承,对象关系如何在数据库中实现等);通过相应的工具由映射文件自动生成对应的 Java 类文件和数据库表;同时,在持久化操作时,根据映射文件进行对象状态与对应数据库表之间的绑定。在此基础上,定义持久化层处理的一致性逻辑框架,以需要保存状态的 Java 对象为参数,采用一致的编程方法和逻辑实现对象的持久化操作。图 5-41 所示是 Hibernate 的基本元素解析,图 5-42 所示是 Hibernate 的一致性编程方法和逻辑实现框架,图 5-43 所示是 Hibernate 应用的一个案例解析。

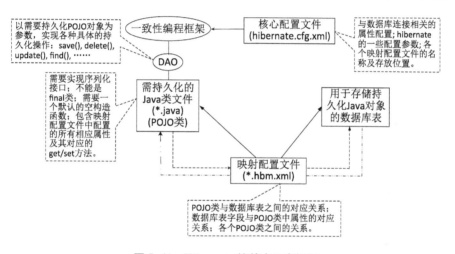

图 5-41　Hibernate 的基本元素解析

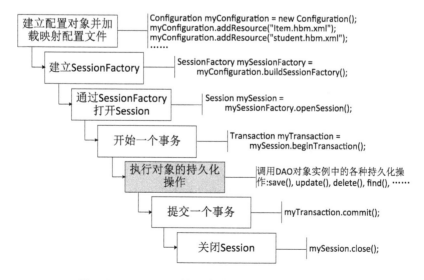

图 5-42　Hibernate 的一致性编程方法和逻辑实现框架

```
<?xml version='1.0' encoding='UTF-8'?>
<!DOCTYPE hibernate-configuration PUBLIC "-//Hibernate/Hibernate Configuration DTD 3.0//EN"
    "http://hibernate.sourceforge.net/hibernate-configuration-3.0.dtd">

<hibernate-configuration>
  <session-factory>
    <property name="connection.username">sa</property>
    <property name="connection.url">jdbc:microsoft:sqlserver://localhost:1588</property>
    <property name="myeclipse.connection.profile">sql</property>
    <property name="connection.driver_class">com.microsoft.jdbc.sqlserver.SQLServerDriver</property>

    <property name="dialect">org.hibernate.dialect.SQLServerDialect</property>
    <property name="show_sql">true</property>

    <mapping resource="examples/Student.hbm.xml" />
  </session-factory>
</hibernate-configuration>
```

（a）hibernate. cfg. xml

```
<?xml version="1.0" encoding="utf-8"?>
<!DOCTYPE hibernate-mapping PUBLIC "-//Hibernate/Hibernate Mapping DTD 3.0//EN"
    "http://hibernate.sourceforge.net/hibernate-mapping-3.0.dtd">

<hibernate-mapping>
  <class name="examples.entity.Student" table="student" >
    <id name="id" type="java.lang.Integer">
      <column name="id" />
      <generator class="native" />
    </id>
    <property name="name" type="java.lang.String">
      <column name="name" not-null="true" />
    </property>
    <many-to-one name="classes" class="examples.entity.Classes"  cascade="all" >
      <column name="classId" />
    </many-to-one>
  </class>
</hibernate-mapping>
```

（b）student. hbm. xml

```
public class Student  implements java.io.Serializable
{
    private Integer id;
    private String name;
    private Classes classes;

    public Student() { }
    public Integer getId() { return this.id; }
    public void setId(Integer id) { this.id = id; }
    public String getName() { return this.name; }
    public void setName(String name) { this.name = name; }
    public Classes getClasses() { return this.classes; }
    public void setClasses(Classes classes) { this.classes = classes; }
}
```

id	name	classId

（c）Student POJO 类和 Student 数据库表

```
public class TestHib
{
    public static void main(String[] args)
    {
        SessionFactory sf = new Configuration().configure().buildSessionFactory();
                        //将一致性编程方法和逻辑实现框架中第1步和第2步合并
        Session session = sf.openSession();
        Transaction trans = null;
        try
        {
            trans = session.beginTransaction();
            student = new Student();
            myclasses = new Classes();
            student.setName("Bob");
            student.setClasses(myclasses);
            session.save(student);
            trans.commit();
        } catch (HibernateException ex)
        { if (trans != null){ trans.rollback(); } }
        finally
        { session.close(); }
    }
}
```

注：本例比较简单，没有建立一个独立的 DAO，而是直接将7个步骤写在主程序中。

（d）基于一致性编程方法和逻辑实现框架的客户端测试程序

图 5-43　一个案例解析

5.1.4　多层之间的集成及其案例

采用 Tier 风格面向 Web 应用的新 3-Tier/n-Tier 体系中，尽管各层独立演化并诞生各种应用框架，但层与层之间的集成问题仍然是值得考虑的问题。在充分发挥各层技术特点以及考虑层与层之间有效数据传递的基础上进行多层之间的集成，是一个具体企业级应用有效实施的根本保障。

由于各层的技术和框架众多，有的框架实现时也已经考虑到与其他层的集成问题。因此，针对一个具体的企业级应用，根据选择的技术和框架的不同，多层之间的集成策略也有所不同。然而，多层之间集成的本质是一样的，即保持各层之间的松耦合特性。在此，以 Struts、Spring 和 Hibernate 之间的集成为例，解析多层之间集成的一些基本策略。

1）Struts 和 Hibernate 的集成

由于 Struts 和 Hibernate 实现时都采用了较好的结构，并且也都考虑到与其他框架的集成问题，因此，Struts 和 Hibernate 的集成是比较方便的。Struts 和 Hibernate 的基本集成策略是，首先根据应用的业务需求，定义相应的业务服务组件及其相应的接口。然后，基于 Hibernate 的 DAO 实现，具体实现各个业务服务组件及其相应接口的功能。图 5-44 所示是两者集成的基本思想。

值得注意的是，Struts 和 Hibernate 集成时，需要通过 BeanUtils 工具类实现 ActionForm 对象到 POJO 对象的传递，此时必须注意两者属性的一致性。

2）Struts 和 Spring 的集成

依据上面关于 Struts 和 Spring 的解析，Struts 和 Spring 的集成主要涉及 Struts 的 Action 如何与 Spring 的业务逻辑组件实例进行交互。传统的方法可以由 Action 直接通过 new 操作创建业务逻辑组件实例并与之交互。然而，这将导致 Struts 的控制器与 Spring 的业务逻辑组件实例之

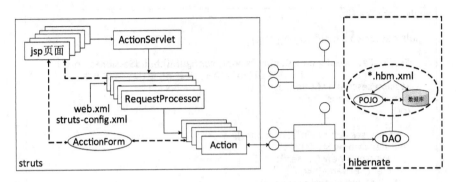

图 5-44　**Struts 和 Hibernate 两者集成的基本思想**

间依赖硬编码的**紧耦合**(tightly coupled)。并且,每次创建新的业务逻辑组件也将导致运行性能的下降。事实上,Struts 的控制器只是使用 Spring 的业务逻辑组件实例,它只要获得业务逻辑组件实例的服务接口即可,不应该关心这些业务逻辑组件的具体创建过程。并且,为了提高运行性能,应该对业务逻辑组件实例的创建和运行过程进行统一的管理。因此,工厂模式(适用于本地环境)或者基于服务定位器模式(适用于远程环境)正是理想的解决方案,它们都是通过增加隔离层(工厂或服务定位器及管理容器)实现 Struts 的控制器和 Spring 的业务逻辑组件实例之间的解耦并将业务逻辑组件实例的创建和运行管理交给隔离层负责。图 5-45 所示给出了两种方案的基本思想。

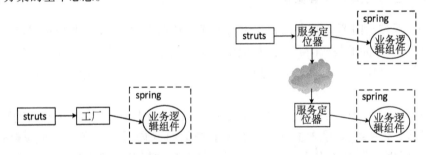

图 5-45　两种方案的基本思想

　　对于轻量级框架 Spring 而言,Struts 和 Spring 的集成可以采用工厂模式实现,由 Spring 充当工厂的角色。具体实现时,可以有两种基本集成方法:一种是将 Struts 的 Action 配置到 Spring 中,让 Action 以普通 bean 的身份接受 Spring 容器的管理并享受 Spring 容器的 IoC 特性(即业务组件实例可以由 Spring 容器动态建立并注入给 Action)以及 AOP(Aspect Oriented Programming,面向方面或切面的编程)特性。也就是说,Struts 的 Action 也由 Spring 这个工厂创建和管理。但这种方式中,Action 的配置必须在 Struts 配置文件和 Spring 配置文件中都进行配置,增加配置的工作量和复杂性。并且,业务组件通过容器动态注入给 Action,业务组件和 Action 存在隐式依赖关系,导致代码的可读性降低。另一种是由 Struts 的控制器显式定位 Spring 工厂(即 Spring 容器的 ApplicationContext 实例),通过工厂获取业务逻辑组件实例的引用。也就是说,Spring 这个工厂只负责业务逻辑组件实例的创建和管理。这种方式中,Struts 和 Spring 之间具有较好的解耦性,但 Action 的实现不能享受 Spring 容器的 IoC 特性以及 AOP 特性。图 5-46 所示给出了两种基本集成方法的思想。

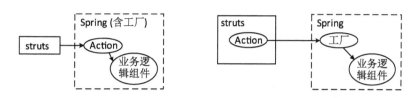

图 5-46　两种基本集成方法

为了使得 Struts 的控制器能够获得 Spring 容器的 ApplicationContext 实例（即 Spring 工厂），Spring 中专门提供了 Spring Web 模块，为基于 Web 的应用提供上下文（WebApplicationContex）。并且，针对与 Struts 的集成，Spring 中专门扩展了 Struts 的各种标准 Action 基类（在相应的 Struts Action 基类名称后添加 Support，例如将 Action 扩展为 ActionSupport、将 DispatchAction 扩展为 DispatchActionSupport 等）。图 5-47 所示给出了 Web 应用中自动启动 Spring 容器并获得 ApplicationContext 实例的通用配置方法及应用（调整 web. xml 配置文件）。图 5-48 所示给出了如何直接从 Spring 中扩展的 Action 基类继承来实现 Struts 的具体 Action（支持图 5-46 中的第二种集成方法）。图 5-49 所示给出了如何通过扩展 Struts 的 ActionServlet，直接将用户请求转发给受 Spring 维护的 Action 中（支持图 5-46 中的第一种集成方法）。

```
<listener>
  <listener-class>
     org.springframework.web.context.ContextLoaderListener
  </listener-class>
</listener>         //采用Listener方式加载Spring容器
```

```
<servlet>
  <servlet-name>context</servlet-name>
  <servlet-class>
     org.springframework.web.context.ContextLoaderServlet
  </servlet-class>
  <load-on-startup>1</load-on-startup>
</servlet>     // 采用Servlet方式配合load-on-startup方式加载Spring容器
```

```
<context-param>
  <param-name>contextConfigLocation</param-name>
  <param-value>/WEB-INF/myApplicationContext.xml</param-value>
</context-param>   // 通过contextConfigLocation指定配置文件的名字和位置
```

```
//使用WebApplicationContextUtils在代码中获得Spring容器对象
import org.springframework.web.context.support.WebApplicationContextUtils;
ApplicationContext ac1 =
    WebApplicationContextUtils.getRequiredWebApplicationContext(ServletContext sc)
ac1.getBean("beanId");

// 或者

import org.springframework.web.context.support.WebApplicationContextUtils;
ApplicationContext ac2 =
    WebApplicationContextUtils.getWebApplicationContext(ServletContext sc)
ac2.getBean("beanId");
```

图 5-47　Web 应用中自动启动 Spring 容器并获得 ApplicationContext 实例的通用配置方法及应用

```
public class SearchSubmit extends ActionSupport
{
    public ActionForward execute(ActionMapping mapping, ActionForm form,
                HttpServletRequest request, HttpServletResponse response)
                    throws IOException, ServletException
    {
        DynaActionForm searchForm = (DynaActionForm) form;
        String isbn = (String) searchForm.get("isbn");

        ApplicationContext ctx = getWebApplicationContext();
        BookService bookService = (BookService) ctx.getBean("bookService");
        Book book = bookService.read(isbn.trim());
        if (null == book)
        {
            ActionErrors errors = new ActionErrors();
            errors.add(ActionErrors.GLOBAL_ERROR,new ActionError("message.notfound"));
            saveErrors(request, errors);
            return mapping.findForward("failure") ;
        }
        request.setAttribute("book", book);
        return mapping.findForward("success");
    }
}
```

图 5-48　直接从 Spring 中扩展的 Action 基类实现 Struts 的具体 Action

```
public class LoginAction extends Action
{
    private LoginDao dao ;

    public void setDao(LoginDao dao)
    { System.out.println("执行注入");  this.dao = dao; }
    public LoginDao getDao()
    { return dao;  }
    public ActionForward execute(ActionMapping mapping, ActionForm form,
                httpServletRequest request, HttpServletResponse response)
    {
        LoginForm loginForm = (LoginForm) form;
        User u = new User();
        u.setName(loginForm.getName());
        u.setPwd(loginForm.getPwd());
        if(dao.checkLogin(u))
        { return mapping.findForward("success"); }
        else
        { return mapping.findForward("error"); }
    }
}
```

```
// sturts-config.xml的配置(增加如下内容)
<controller processorClass="org.springframework.web.struts.DelegatingRequestProcessor"/>
```

```
// 对应的Spring中的配置
<beans>
    <bean id="loginDao" class="com.cao.dao.LoginDao"/>
    <bean name="/login" class="com.cao.struts.action.LoginAction">
        <property name="dao">
            <ref local="loginDao"/>
        </property>
    </bean>
</beans>
```

图 5-49　通过扩展 Struts 的 ActionServlet 而直接将用户请求转发给受 Spring 维护的 Action

（使用 DelegatingRequestProcessor）

3）Spring 和 Hibernate 的集成

Spring 和 Hibernate 的集成主要包括如下几种策略：

① 利用 Spring 为 Hibernate 的 session 提供有效、方便和安全的管理

Spring 通过模板方法模式（参见第 3.3.3 节相关部分解析），用 HibernateTemplate 封装了 session，并提供了有效的回调机制来解决复杂的基于原来 Hibernate Session 的查询。

HibernateTemplate 不仅实现了大部分 session 的基本方法，还扩展了较多的其他方法，以支持对持久化实例的各种操作。对于 session 中的一些高级方法，HibernateTemplate 并不直接支持，而是通过回调机制允许对模板进行扩展和定制。同时，Spring 针对不同的持久化处理技术，采用回调机制（不是通过继承抽象模板类的方法）来实现模版类方法，为各种各样的技术提供了相应的模板类支持。图 5-50 所示是使用 HibernateTemplate 的 DAO 样例。图 5-51 所示是采用回调机制实现模板方法模式的原理解析。图 5-52 所示是采用回调机制进行高级操作方法扩展的解析。

```java
public class PersonDaoImpl implements PersonDao
{
  private HibernateTemplate ht = null;
  private SessionFactory sessionFactory;
  public void setSessionFactory(SessionFactory sessionFactory)  //设值注入
  { this.sessionFactory = sessionFactory;  }
  private  HibernateTemplate getHibernateTemplate()
  { if (ht == null) { ht = new HibernateTemplate(sessionFactory); }
    return ht;
  }
  public Person get(int id)
  { return (Person)getHibernateTemplate().get(Person.class, new Integer(id)); }
  public void save(Person person)
  { getHibernateTemplate().save(person); }
  public void update(Person person)
  { getHibernateTemplate().update(person); }
  public void delete(int id)
  { getHibernateTemplate().delete(getHibernateTemplate().get(Person.class, new Integer(id))); }
  public void delete(Person person)
  { getHibernateTemplate().delete(person); }
  public List findByName(String name)
  { return getHibernateTemplate().find("from Person p where p.name like ?" , name); }
  public List findAllPerson()
  { return getHibernateTemplate().find("from Person "); }
  public List getPersonNumber()
  { return getHibernateTemplate().find("select count(distinct p.name) from Person as p"); }
}
```

（a）DAO 样例

```xml
<bean id="sessionFactory" class="org.springframework.orm.hibernate3.LocalSessionFactoryBean">
  <property name="configLocation"  value="classpath:hibernate.cfg.xml"></property>
</bean>
```

（b）DAO 样例中 sessionFactory 设值注入的 Spring 配置片段（利用 hibernate. cfg. xml）

```
<bean id="dataSource" class="org.apache.commons.dbcp.BasicDataSource destroy-method="close">
  <property name="driverClassName" value="com.microsoft.sqlserver.jdbc.SQLServerDriver"/>
  <property name="url" value="jdbc:sqlserver://localhost:1433;databaseName=SSH"/>
  <property name="username" value="sa"/>
  <property name="password" value=""/>
</bean>
<bean id="sessionFactory" class="org.springframework.orm.hibernate3.LocalSessionFactoryBean">
  <property name="dataSource" ref="dataSource"></property>
  <property name="mappingResources">
    <list><value>cn/qdqn/ssh/entity/UserInfo.hbm.xml</value></list>
  </property>
  <property name="hibernateProperties">
    <props><prop key="hibernate.dialect">org.hibernate.dialect.SQLServerDialect </prop>
    <prop key="show_sql">true</prop></props>
  </property>
</bean>
```

（c）DAO 样例中 sessionFactory 设值注入的 Spring 配置片段（不利用 hibernate. cfg. xml）

```
<bean id="myDataSource" class="org.springframework.jndi.JndiObjectFactoryBean">
  <property name="jndiName">
    <value>java:comp/env/jdbc/myds</value>
  </property>
</bean>
```

（d）进一步通过 JNDI 指定数据源

图 5-50　使用 HibernateTemplate 的 DAO 样例

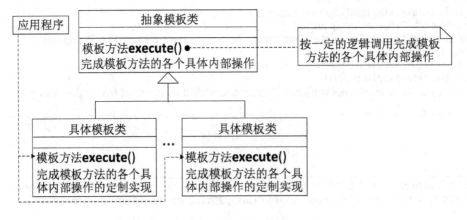

（a）模板方法模式的实现原理

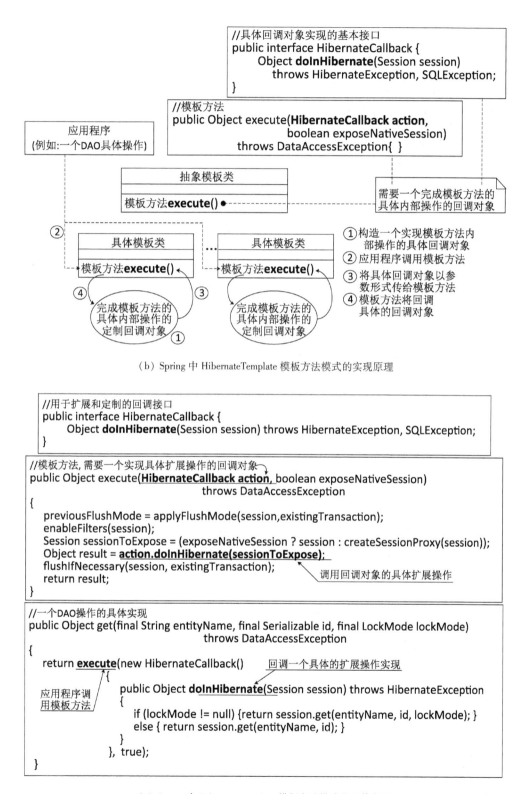

（b）Spring 中 HibernateTemplate 模板方法模式的实现原理

（c）Spring 中 HibernateTemplate 模板方法模式的具体实现

图 5-51　采用回调机制实现模板方法模式的原理解析

```
public class PersonDaoImpl implements PersonDao
{
    private SessionFactory sessionFactory;
    public void setSessionFactory(SessionFactory sessionFactory) // 设值注入
    { this.sessionFactory = sessionFactory; }

    public List findPersonsByName(final String name)
    {
        HibernateTemplate hibernateTemplate =
                new HibernateTemplate(this.sessionFactory);
        return (List) hibernateTemplate.execute(
                new HibernateCallback()
                {
                    public Object doInHibernate(Session session)
                                    throws HibernateException
                    {
                        List result =
                            session.createCriteria(Person.class).add(Restrictions.like("name", name+"%").list();
                        return result;
                    }
                });
    }
}
```

图 5-52　采用回调机制进行 QBC(Query By Criteria)查询高级操作的扩展

Spring 中的 HibernateTemplate 实现方法,本质上也是其无侵入设计思想和"依赖优于继承"设计理念的具体体现。也就是说,HibernateTemplate 将传统模板方法模式中的模板方法和其具体依赖的各个操作又进行了解耦,将各个操作委托给一个回调对象实现,模板方法和回调对象之间相对独立。回调对象对外具有统一的接口,而内部具体实现则可以定制。各个回调对象的具体实现不要求具有统一的操作集,从而避免了传统模板方法模式中通过继承机制实现具体模板时必须继承抽象类统一操作集合的弊端,实现对各个具体模板的无侵入。

② 利用 Spring 管理 Hibernate 的 DAO

通过在 Spring 配置文件中进行 Hibernate DAO 的配置,可以将原生的 Hibernate DAO 纳入到 Spring 容器的管理中。图 5-53 所示给出了配置方法。

```
<bean id="userDAO" class="examples.dao.UserDAOR">
    <property name="sessionFactory">
        <ref bean="sessionFactory" /> //需要一个sessionFactory动态注入
    </property>
</bean>
```

图 5-53　将 Hibernate DAO 纳入 Spring 容器管理的配置方法

然而,这种方法不能享用由 Spring 封装 Hibernate DAO 后的 HibernateDaoSupport 类提供的额外功能。这些额外功能即是上面提到的通过 HibernateTemplate 为 Hibernate 的 session 提供有效、方便和安全的管理。例如,Spring 会根据实际的操作,采用"每次事务打开一次 session"的策略,自动提高数据库访问的性能。

另外,Spring 的 DAO 建立在对不同的持久层访问技术的抽象基础上,向应用提供统一的编程模型。因此,应用程序可以在不同的持久层技术之间进行切换。

③ 利用 Spring 替换 Hibernate 对资源进行有效管理

对于 Hibernate 的 SessionFactory、JDBC datasource 以及其他各种资源,通过 Spring 的 IoC 技术,可以实现方便、有效的管理。

根据 Hibernate 框架的原理,对于一个数据库而言,必须建立一个对应的 SessionFactory 实例,管理数据库的连接以及相关操作的执行。这样,SessionFactory 实例的管理由 Hibernate 框架自行进行管理。使用 SessionFactory 实例的应用程序(例如 DAO)与 SessionFactory 实例之间就存在硬编码方式的紧耦合关系。如果通过 Spring 的 IoC 技术,可以实现它们之间依赖关系的解耦。也就是说,通过在 Spring 配置文件中配置一个 SessionFactory bean(如图 5-49(b)所示),然后在运行时通过设值注入或构造注入注入给相应的应用程序即可。

特别地,如果将 JDBC datasource 也纳入 Spring 的管理,则可以在应用程序、SessionFactory 和 datasource 三者之间通过配置方式建立灵活的松耦合依赖关系。图 5-54 所示给出了这种关系的解析。图 5-50(b)、图 5-50(c)和图 5-50(d)的配置是这种关系的示例。

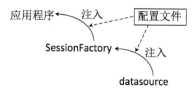

图 5-54　应用程序、SessionFactory 和 datasource 三者之间松耦合依赖关系解析

通过声明式方式管理 SessionFactory 实例,可以让应用在不同数据源之间进行灵活切换(如果应用需要更换数据库等持久层资源,则只需对配置文件进行简单修改即可)。

④ 利用 Spring 进行完整的事务管理

Spring 通过 AOP(Aspect Oriented Programming)技术提供对事务的管理,可以设置事务的不同传播级别和隔离级别,并且可以按照不同的业务将事务配置到不同的粒度上。

● AOP 基础

AOP 主要关注程序中共性处理逻辑的重复性问题,通过建立一种程序设计方法学,使得程序中这些重复的共性处理逻辑能够只构造一次就可以按需自动插入到程序的所需之处。也就是说,AOP 将整个程序的逻辑分成两个部分,一个是与其所需要处理的业务逻辑规则相关的部分,该部分具有个性特征,目前一般都是采用面向对象设计方法(Object Oriented Programming)解决;另一个部分是与系统资源管理、程序本身运行控制、数据一致性保障等相关的部分,该部分称为基础服务逻辑实现,具有共性特征。对于这一部分的处理,传统的方法是将其分散在整个程序的各个需要的地方,由程序设计者自己按一定规则实现。AOP 就是要针对这一部分的处理,提供一种通用、灵活的方法。AOP 实现框架并不与特定的代码耦合,具有源代码无关性。也就是说,AOP 只是一种方法和思想,AOP 实现框架具体实现了这种思想和方法,AOP 实现框架与其所要作用的具体程序是相对独立的。另外,AOP 框架处理程序执行中的特定点,而不是某个具体的程序。因此,AOP 框架具有各个步骤之间的良好隔离性。也就是说,无论你是什么程序,AOP 可以在程序执行流程的某些点按需加入指定的处理逻辑,使得程序执行流隔离为多个步骤。

作为一种方法学,AOP 带来一些概念,并通过这些概念描述其方法的涵义。AOP 相关概念包括**关注点**(Concern)、**切面**(Aspect)、**连接点**(Join point)、**切入点**(Pointcuts)、**通知**(Advice)、**引入**(Introduction)、**目标对象**(Target object)、**AOP 代理**(AOP Proxy)、**织入**(weaving)和**拦截器**(interceptor)等。

关注点是指人们在解决一个问题时需要关注的某个方面。从处理问题角度来看,一个程序也就是由不同的关注点组成的。企业应用程序中,关注点一般涉及**核心关注点**(Core Concerns)和**横切关注点**(Crosscutting Concerns)两类。核心关注点是处理业务逻辑规则的方面,例如,在一个电子商务系统中,订单处理、客户管理、库存及物流管理等等都是属于系统的核心关注点。除了核心关注点外，系统中还有一种横切关注点，它们的处理逻辑分散（横跨）在系统的多个模块中，并且同一个关注点的处理逻辑基本一样。例如，在一个电子商务系统中，用户验证、日志管理、事务处理、数据缓存以及安全等都是属于横切关注点。利用 AOP 方法解决问题时，核心就在于对问题域关注点的提取和抽象。

切面是指一个企业应用程序中某一个关注点所涉及的洒落在各个模块中的处理逻辑的总称。它一般由切入点、通知以及它们的耦合来定义。也就是说，如果将企业应用程序看成是一个圆柱体，那么切面就是该圆柱体的一个剖面。

连接点是指一个程序执行过程中需要插入切面处理逻辑的某一个具体对象。例如，一个方法、一个属性、构造函数、类的静态初始化模块或一条语句等等。在这些"点"的前后都可以按需插入切面处理逻辑。当然，从动态执行过程来看，也可以通俗地将调用一个方法前的位置和调用一个方法后的位置看成是连接点。

切入点是指一个或多个需要插入同样的切面处理逻辑的连接点。事实上，切入点用于指明究竟应该在程序的什么位置插入一个切面处理逻辑。切入点也可以看成是通知作用的条件。

通知是指一个切面处理逻辑的具体定义（即实现）。也就是说，通知是指在定义好的切入点处所要执行的程序代码。例如，当程序执行到一个方法（即切入点的一个连接点）时，检查该方法的参数是否正确等。通知一般有**环绕通知**（Around Advise）（包围某个连接点的通知，在连接点执行的前、后执行。这是功能最强大的一种通知，允许在方法调用的前后执行自定义行为、可以决定是让连接点继续执行，还是用自己的返回值或异常来将连接点"短路"）、**前置通知**（Before Advise）（在某个连接点执行之前执行。除非它抛出异常，否则不能阻止连接点的继续执行）、**异常通知**（Throws Advise）（当连接点抛出异常时执行。异常通知的处理方法仅需遵循一定的命名规则，可以用具体的异常类型声明其参数。因此，可以在代码中直接捕捉某个类型的异常及其子类异常，不必从 Exception 转型）和**后置通知**（After returning Advise）（在某个连接点执行之后执行）等等。

引入可以看成是一种特殊的通知，它主要用来为一个类的静态结构添加方法或属性字段。也就是说，通知一般面向程序功能和执行流程的改变（宏观特性），而引入一般面向类的功能和定义的改变（微观特性）。

目标对象是指需要织入（添加）一个切面处理逻辑的实际业务对象，即包含连接点的对象（也称为被应用了通知的对象或被代理的对象）。在基于拦截器技术实现的 AOP 框架中，位于拦截器链最末端的对象实例就是目标对象。事实上，也可以不使用目标对象，直接把多个切面模块组织到一起，形成一个完整的应用程序，整个系统完全基于 AOP 方法实现。

AOP 代理是指 AOP 框架动态创建的对象，用来代理目标对象并提供比目标对象更加强大的功能。这种强大的功能就是为目标对象增加的切面处理逻辑。因此，代理透明地完成切面处理逻辑和目标对象的耦合。也就是说，代理是运行时动态织入的一种具体实现方法。在基于拦截器技术实现的 AOP 框架中，代理模式是一种方便实用的模式，代理内部需要回调目标对象。

织入是指按一定策略或规则将切面处理逻辑连接到切入点，将多个切面进行组装，以创建一个目标对象，从而实现核心关注点和横切关注点组合的过程。在 Java 领域中，主要包括三种织入方式：**运行时织入**、**类加载器织入**和**编译器织入**。前两者属于动态织入，后一种属于静态织入。

拦截器是面向消息流多重处理的一种具体实现技术。对于一个发往某个目标的消息，可以在其达到目标之前（即消息流中）通过拦截器进行拦截并对消息做额外的处理。对于同一个消息流,可以多次拦截。作用于同一个目标的消息流的多个拦截器,可以组成一个拦截器链,链上的每个拦截器都会调用下一个拦截器,以保持消息流的畅通。可见,通过这种技术,可以为目标添加各种功能。在大多数基于 Java 的 AOP 框架实现中,都是采用拦截器技术实现方法调用和类属性访问的拦截。

这些概念之间的关系如图 5-55 所示,它也是 AOP 方法学建立的基本模型。静态 AOP 设计方法的一个案例及解析参见配套的在线资源第 5 章,它不能实现代理和目标对象的解耦。动态 AOP 设计方法的一个案例及解析参见配套的在线资源第 5 章,它能够实现代理和目标对象的解耦。另一个动态 AOP 设计方法的案例及解析参见配套的在线资源第 5 章,它不仅实现代理和目标对象的解耦,还实现通知和目标对象的解耦。.NET 环境下动态 AOP 设计方法的一个实现,参见配套的在线资源第 5 章。

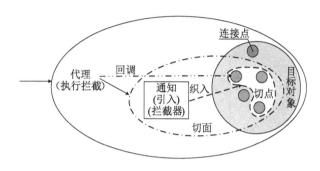

图 5-55　AOP 概念之间的关系

● Spring AOP 框架实现概述

Spring AOP 框架按照 AOP 联盟约定的标准接口实现,但只实现了方法级连接点的织入功能和类的引入功能(引入新的接口到任何被处理的对象等),从而,保持其轻量级框架的本质。根据图 5-34(a),Spring AOP 框架是一个相对独立的部分,Spring IoC 容器并不依赖于 AOP。Spring AOP 框架分为两个部分:**AOP 核心**和**框架服务**。AOP 核心实现标准的 AOP 功能,支持程序方式的 AOP 方法;框架服务则支持透明的声明式 AOP 方法,使得 AOP 的使用相对简单。Spring AOP 框架完善了 Spring IoC,Spring 容器面向企业级应用提供的高级服务(例如事务管理服务、安全服务等)就是通过 AOP 框架而实现。

Spring AOP 强调**切入点**(Pointcut)的定义和**通知者**(Advistor)的定义。切入点定义可以有选择地决定哪些目标类或目标对象中哪些方法需要织入通知逻辑;通知者定义可以将通知和切入点进行绑定而定义一个方面。从而,对需要实现横切的方法或类进行灵活的定制。Spring AOP 支持多种切入点定义,包括**可组合切入点**(对切入点集合进行**交**和**合并**操作)、**流程切入点**、**动态方法匹配器切入点**(匹配当前线程的调用堆栈中特定类和特定方法)、**JDK 正则表达式方法切入点**、名字匹配器方法切入点、**Perl 5 正则表达式方法切入点**和**静态方法匹配器切入点**等。通知者包括 IntrodutionAdvistor 和 PointcutAdvisor 两种接口,前者面向目标类的功能的引入,后者面向目标对象方法连接点的横切功能织入。PointcutAdvisor 接口把通知和切入点组合成一个对象,Spring AOP 中许多内建的切入点都有对应的 PointcutAdvisor,可以很方便地管理切入点和通知。Spring AOP 支持 5 种通知,即**前置通知**(org. springframework. aop. MethodBeforeAdvice)、**后置通知**(org. springframework. aop. AfterReturnAdvice)、**包围通知**(org. aopalliance. Intercept. MethodInterceptor)、**抛出通知**(org. springframework. aop. ThrowAdvice) 和 **引入通知**(org. springframework. aop. IntrodutionInterceptor)。

Spring AOP 属于动态 AOP 的一种实现,它通过动态代理机制实现方法调用的拦截并实现切面的织入功能。也就是说,Spring AOP 动态建立目标对象的代理或目标类的代理,代理再在方法调用时进行拦截,并插入执行相应的拦截器(通知)的功能。Spring AOP 使用了两种动态代理机制，一种是只支持接口的基于 JDK 的动态代理，另一种是既支持接口又支持类（该类没有通过接口定义业务方法）的基于 CGLib 的动态代理。基于 JDK 的动态代理，主要涉及 java.lang.reflect 包中的两个类：Proxy 和 InvocationHandler。其中，InvocationHandler 是一个接口，可以通过实现该接口定义横切逻辑，并通过反射机制回调目标对象的方法，动态地将横切逻辑和业务逻辑编织在一起。Proxy 为 InvocationHandler 的具体实现类动态地创建一个处理某个切面的代理实例。基于 CGLib 的动态代理采用非常底层的字节代码技术，可以为一个类创建子类，并在子类中采用方法调用拦截的技术拦截所有父类方法的调用，并织入横切逻辑。Proxy 对象由 ProxyFactoy 对象动态建立，ProxyFactoy 对象将创建工作委托给 DefaultAopProxyFactoy 对象，DefaultAopProxyFactoy 对象再根据具体配置信息分别委托给 jdkDynamicProxy 或 cglib2AopProxy。

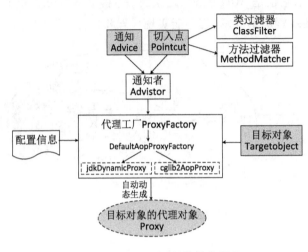

图 5-56　Spring AOP 的基本原理

图 5-56 所示给出了 Spring AOP 的基本原理。

　　程序式 Spring AOP 使用的基本步骤是，对于默认的所有方法都要织入横切功能的应用而言，首先创建某个（或多个）通知的实例和创建代理工厂的实例，然后将所有通知实例和目标对象实例加入代理工厂实例（即让代理工厂实例基于这些通知实例链和目标对象实例，动态建立一个含有横切功能织入的目标对象的代理实例），最后通过代理工厂实例动态建立并获取一个目标对象的代理实例并通过该代理实例调用目标对象实例的方法，触发横切逻辑的动态织入。对于需要加入横切功能的方法进行具体定制的应用而言，首先创建某个（或多个）通知的实例和某个切入点实例，并由切入点实例和通知实例创建通知者实例；然后创建代理工厂的实例，并将通知者实例和目标对象实例加入代理工厂实例（即让代理工厂实例基于该通知者实例和目标对象实例，动态建立一个含有横切功能织入的目标对象的代理实例），最后通过代理工厂实例动态建立并获取一个目标对象的代理实例并通过该代理实例调用目标对象实例的方法，触发横切逻辑的动态织入。两种代理的基本使用方法、两种程序方式使用方法及其解析，参见配套在线资源第 5 章。

　　程序式 Spring AOP 使用方法展示了 Spring AOP 框架的核心部分基本功能，Spring AOP 框架的框架服务部分功能则体现在声明式（配置式）使用方法方面。这也是 Spring AOP 框架和 Spring IoC 容器进行联合的威力和方便所在。事实上，从 AOP 的基本思想可知，通知、切入点、目标对象和代理之间是完全解耦的，因此，它们的依赖关系完全可以通过配置文件进行配置，以便借助于 Spring IoC 容器的依赖注入功能动态地实现它们的耦合并实现 AOP 思想，从而实现 AOP 与 IoC 容器的无缝结合。声明式 AOP 使用方法的案例解析如图 5-57 所示，特殊通知——引入（Introduction）的声明式使用方法的案例解析，参见配套在线资源第 5 章。

```
package examples.spring.aop
public class MyDependency
{ //目标对象1定义
    public void first()
    { System.out.println("first()"); }
    public void second()
    { System.out.println("second()"); }
}

package examples.spring.aop
public class MyBean
{ //目标对象2定义
    private MyDependency dep;    //依赖目标对象1
    public void execute()
    { dep.first();  dep.second(); }
    public void setDep(MyDependency dep)
    { this.dep = dep; }
}

package examples.spring.aop
import java.lang.reflect.Method;
import org.springframework.aop.MethodBeforeAdvice;
public class MyAdvice implements MethodBeforeAdvice
{ //通知定义
    public void before(Method method, Object[] args, Object target) throws Throwable
    { System.out.println("Executing: " + method); }
}
```

（a）目标对象和通知定义

```
<!DOCTYPE beans PUBLIC "-//SPRING//DTD BEAN//EN"
                    "http://www.springframework.org/dtd/spring-beans.dtd">
<beans>
    <bean id="myBean1" class="examples.spring.aop.MyBean" >    // 目标对象A配置
        <property name="dep">
            <ref local="myDependency1" />    // 目标对象A的依赖配置
        </property>
    </bean>
    <bean id="myBean2" class="examples.spring.aop.MyBean" >    // 目标对象B配置
        <property name="dep">
            <ref local="myDependency2" />    // 目标对象B的依赖配置
        </property>
    </bean>
    <bean id="myDependencyTarget" class="examples.spring.aop.MyDependency" />
    <bean id="myDependency1" class="org.springframework.aop.framework.ProxyFactoryBean" >
        <property name="target">
            <ref local="myDependencyTarget" />
        </property>
        <property name="interceptorNames">    // 目标对象A的横切功能配置
            <list><value>advice</value></list>
        </property>
    </bean>
    <bean id="myDependency2" class="org.springframework.aop.framework.ProxyFactoryBean" >
        <property name="target">
            <ref local="myDependencyTarget" />
        </property>
        <property name="interceptorNames">    // 目标对象B的横切功能配置
            <list><value>advisor</value></list>
        </property>
    </bean>
    <bean id="advice" class="examples.spring.aop.MyAdvice" />    // 目标对象A的通知配置
    <bean id="advisor" class="org.springframework.aop.support.DefaultPointcutAdvisor" > // 目标对象B的通知者配置
        <property name="advice">    // 目标对象B的通知者的通知配置
            <ref local="advice" />
        </property>
        <property name="pointcut">    // 目标对象B的通知者的切点配置
            <bean class="org.springframework.aop.support.JdkRegexpMethodPointcut" >
                <property name="pattern" >
                    <value>.*first.*</value>  // 切点的具体匹配模式配置
                </property>
            </bean>
        </property>
    </bean>
</beans>
```

（b）配置文档 my. xml

```
package examples.spring.aop
import org.springframework.context.ApplicationContext;
import org.springframework.context.support.FileSystemXmlApplicationContext;

public class ProxyFactoryBeanExample
{
    public static void main(String [] args)
    {
        ApplicationContext ctx = new FileSystemXmlApplicationContext("examples/spring/aop/my.xml");
                                          // 起用配置文档
        MyBean bean1 = (MyBean)ctx.getBean("myBean1");    // 根据配置文档，容器创建bean并管理其依赖关系
        MyBean bean2 = (MyBean)ctx.getBean("myBean2");

        System.out.println("Bean1");
        bean1.execute();
        System.out.println("\nBean1");
        bean2.execute();
    }
}

运行结果：
Bean1
Executing: public void examples.spring.aop.MyDependency.first()
first()
Executing: public void examples.spring.aop.MyDependency.second()
second()

Bean2
Executing: public void examples.spring.aop.MyDependency.first()
first()
second()
```

（c）起用配置文档并执行 AOP 功能

图 5-57　声明式 AOP 使用方法案例解析

声明式 Spring AOP 使用方法中，AOP 代理实例由 Spring 的 IoC 容器负责生成和管理，其依赖关系也由 IoC 容器负责管理。因此，AOP 代理实例能够通过依赖注入引用容器中的其他 Bean 实例。Spring 的 AOP 代理实例大都由 ProxyFactoryBean 工厂类产生，因此，配置文件中需要配置 ProxyFactoryBean。根据 AOP 的思想，建立一个代理实例至少需要两个属性：**目标对象和横切逻辑**（通知或通知者）。因此，配置 ProxyFactoryBean 时，必须配置这两个属性。并且，可以充分利用依赖注入来管理目标对象 Bean 和通知（拦截器）Bean。图 5-57 中各个 Bean 的依赖关系解析如图 5-58 所示。

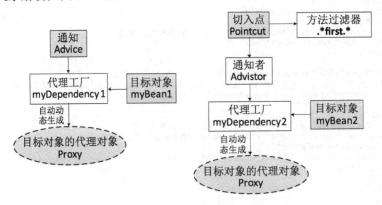

图 5-58　图 5-57 中各个 Bean 的依赖关系解析

如果目标类没有实现接口,则无法创建 JDK 动态代理,只能创建 CGLIB 代理。如果需要由没有实现接口的 Bean 实例生成代理,则配置文件中需要将 ProxyFactoryBean 的属性配置<property name="proxyInterfaces"/>及其值(<value>)或者<property name="target">及其内容(<ref local="…"/>)替换为<property name="target">及其内容(<bean class="…"/>)。如图 5-59 所示。

```
<bean id="myDependency2" class="org.springframework.aop.framework.ProxyFactoryBean">
    <property name="target">
        <ref local="myDependencyTarget" />
    </property>
</bean>
```

或

```
<bean id="myDependency2" class="org.springframework.aop.framework.ProxyFactoryBean">
    <property name="proxyInterfaces">
        <value>examples.spring.aop.myDependency.first</value>
    </property>
</bean>
```

```
<bean id="myDependency2" class="org.springframework.aop.framework.ProxyFactoryBean">
    <property name="target">
        <bean class="myDependencyTarget" />
    </property>
</bean>
```

图 5-59　JDK 动态代理和 CGLIB 代理的配置区别

另外,为了简化配置,可以使用 BeanNameAutoProxyCreator 或 DefaultAdvisorAutoProxyCreator,让容器自动创建代理。BeanNameAutoProxyCreator 根据 Bean(目标对象)的名字自动创建其代理,名字匹配支持通配符。DefaultAdvisorAutoProxyCreator 不需要指定目标对象的名字,它为当前容器中的所有 advisor 自动创建其代理,从而实现配置的一致性(避免在自动代理创建器中重复配置目标 Bean 名)。图 5-60 所示分别给出了两种配置的方法。

```
<bean class="org.springframework.aop.framework.autoproxy.BeanNameAutoProxyCreator">
    <property name="beanNames">      // 指定需要自动创建代理的目标对象bean name
        <value>*DAO, *Service, *Manager</value>   // 使用通配符指定一批名字
    </property>
    <property name="interceptorNames">   // 指定BeanNameAutoProxyCreator所需的拦截器
        <list>
            <value>transactionInterceptor<value> // 如果传入事务拦截器, 则生成事务代理; 否则将生成其他代理
            <value>……<value>
        </list>
    </property>
</bean>
```

（a）使用 BeanNameAutoProxyCreator 让容器自动创建代理

```
<bean class="org.springframework.aop.framework.autoproxy.DefaultAdvisorAutoProxyCreator"/>
<bean id="customAdvisor" class="examples.MyAdvisor"> //指定需要自动创建代理的事务Advisor或其他Advisor
    <property name="interceptorNames" ref="Myinterceptor" />    // 指定Advisor所需的拦截器
</bean>
    ……
```

（b）使用 DefaultAdvisorAutoProxyCreator 让容器自动创建代理

图 5-60　自动代理的两种配置方法

● Spring 的事务管理概述

事务管理是保证数据一致性的基本手段。事务管理一般涉及**事物属性**和**事务执行控制**两个方面。事务属性用于定义具体操作的事务控制需求，事务执行控制则是确保所定义的事务控制需求能够正确地实施。图 5-61 所示是通过程序方式提供事务服务的案例及解析。显然，

```java
package examples.transaction.business;
import java.math.BigDecimal;
import org.springframework.transaction.PlatformTransactionManager;
import org.springframework.transaction.TransactionDefinition;
import org.springframework.transaction.TransactionStatus;
import org.springframework.transaction.support.DefaultTransactionDefinition;
import examples.transaction.Account
public class ProgrammaticManagerAccountManager extends AbstractAccountManager
{
    private PlatformTransactionManager transactionManager;
    Private TransactionDefinition getDefinition(int isolationLevel)
    {
        DefaultTransactionDefinition def = new
                        DefaultTransactionDefinition(TransactionDefinition.PROPAGATION_REQUIRED);
        def.setIsolationLevel(isolationLevel);
        return def;
    }

    public void insert(final Account account)
    {
        TransactionStatus status =
            transactionManager.getTransaction(getDefinition(Transaction,ISOLATION_READ_COMMITTED));
        try {
            doInsert(account);
            transactionManager.commit(status);
        } catch (Throwable t) { transactionManager.rollback(status); }
    }

    public void deposit(int accountId, BigDecimal amount)
    {
        TransactionStatus status =
            transactionManager.getTransaction(getDefinition(Transaction,ISOLATION_READ_COMMITTED));
        try {
            doDeposit(accountId, amount);
            transactionManager.commit(status);
        } catch (Throwable t) { transactionManager.rollback(status); }
    }

    public void transfer(int sourceAccount, int targetAccount, BigDecimal amount)
    {
        TransactionStatus status =
            transactionManager.getTransaction(getDefinition(Transaction,ISOLATION_READ_COMMITTED));
        try {
            doTransfer(sourceAccount, targetAccount, amount);
            transactionManager.commit(status);
        } catch (Throwable t) { transactionManager.rollback(status); }
    }
}
```

```xml
<!DOCTYPE beans PUBLIC "-//SPRING//DTD BEAN//EN"
                    "http://www.springframework.org/dtd/spring-beans.dtd">
<beans>
    ……
    <bean id="accountManager"
        class="examples.transaction.business.ProgrammaticManagerAccountManager" >
        <property name="accountDao"><ref local = "accountDao" /></property>
        <property name="historyDao"><ref local = "historyDao" /></property>
        <property name="transactionManager"><ref bean = "transactionManager" /></property>
    </bean>
</beans>
```

图 5-61　通过程序方式提供事务服务的案例及解析

如果一个应用中存在多处操作需要事务服务的话,整个应用程序中就存在大量基本相似的事务执行控制代码。这样就不利于事务控制逻辑与应用本身逻辑规则的解耦,并且,对不同操作需要的事务属性也不能灵活地定义与调整。因此,Spring 中,除了支持普通的程序式事务服务外,还提供基于 AOP 的声明式事务服务。也就是说,Spring 将事务服务作为一种横切逻辑,利用 AOP 机制将事务服务动态织入到目标对象的相关操作中。从而,实现事务服务控制逻辑与应用本身逻辑规则的解耦。Spring 中,事务属性定义通过专门的接口 TransactionDefinition 给出,事务执行控制由各种事务管理器实现,例如 DataSourceTransactionManager 负责对 DataSource 中的事务处理进行控制。另外,事务的执行状态由接口 TransactionStatus 定义,以便事务管理器控制事务的执行过程。目标对象、目标对象需要的事务属性和事物执行控制三者之间的依赖关系可以通过配置文件进行配置并由 Spring IoC 容器进行管理。图 5-62 给出了 Spring 声明式事务服务应用的案例及解析。随着 Spring 的发展,在 Spring 的新版本中,还提供了基于属性编程方式的事务服务机制,简化了事务型应用程序开发的复杂性。

事实上,由 Spring 的声明式事务服务提供方式可以看出,同样作为新 3-Tier/n-Tier 的中间层的基础结构,与 EJB 和 COM+通过容器提供基础服务的方式相比,Spring 基于 AOP 思想提供基础服务的方式具有更大的灵活性和方便性,并且结合其 IoC 容器机制,使得中间层的运行性能也得到提高。

⑤ 利用 Spring 进行统一的异常处理

Spring 提供了一致的异常抽象,将原有的 Checked 异常转换包装成 Runtime 异常。因此,应用程序中无须捕获各种特定的异常。Spring DAO 体系中的异常,都继承自 DataAccessException,而 DataAccessException 异常是 Runtime 异常,无须显式捕捉。通过 DataAccessException 的子类包装原始异常信息,从而保证应用程序依然可以捕捉到原始异常信息。

4) Struts、Spring 和 Hibernate 的集成

Struts、Spring 和 Hibernate 三者的集成,本质上就是利用 Spring 作为粘合剂,将 Struts 和 Hibernate 两个框架粘合起来,从而实现新 3-Tier/n-Tier 体系结构的全面支持。Spring 的粘合作用主要体现在其利用独有的 IoC 容器机制,通过配置方式管理 Structs 的 Action、Hibernate 的 DAO 和 Spring 的业务组件的创建过程及其三者之间的依赖关系,并提供声明式事务管理和轻量的资源管理。具体的集成方案可以参见上述的两两之间的集成策略。图 5-63 给出了一种基本的集成方案。

5.2 SOA 初步及其案例

服务模型的诞生,促进了 Web 应用模式的发展,建立新型的服务计算范型(service computing),并在此基础上诞生面向服务的体系结构(Service Oriented Architecture,SOA)。

服务模型将 3-Tier/n-Tier 体系结构中面向 Intranet 的业务逻辑层拓展到面向 Internet 环境(参见图 2-37)。也就是说,传统 Web 应用模式的核心是在互联网环境下实现计算机使用的交互式使用模型。而服务计算范型的核心则是在互联网环境下实现计算机使用的程序式

```
package examples.transaction.business;
import java.math.BigDecimal;
import java.util.Date;
import examples.transaction.AccountDao;
import examples.transaction.HistoryDao;
import examples.transaction.Account;
Import examples.transaction.History;
public class DefaultAccountManager extends AbstractAccountManager
{
    public void insert(Account account)
    { doInsert(account); }

    public void deposit(int accountId, BigDecimal amount)
    { doDeposit(accountId, amount); }

    public void transfer(int sourceAccount, int targetAccount, BigDecimal amount)
    { doTransfer(sourceAccount, targetAccount, amount); }
}
```

```xml
<?xml version = "1.0" encoding = "UTF-8" ?>
<!DOCTYPE beans PUBLIC "-//SPRING//DTD BEAN//EN"
                "http://www.springframework.org/dtd/spring-beans.dtd">
<beans>
    <bean id="dataSource"
        class="examples.transaction.business.BasicDataSource" destroy-method="close">
    <property name="driverClassName"><value>org.postgresql.Driver</value></property>
    <property name="url"><value>jdbc:postgresql://localhost/prospring</value></property>
    <property name="username"><value>junshen</value></property>
    <property name="password"><value>****</value></property>
    </bean>
    <bean id="transactionManager"
        class="org.springframework.jdbc.datasource.DataSourceTransactionManager" >
    <property name="dataSource"><ref local = "dataSource" /></property>
    </bean>
    <bean id="sqlMapClient"
        class="org.springframework.orm.ibatis.SqlMapClientFactoryBean" >
    <property name="configLocation"><value>sqlMapConfig.xml</value></property>
    </bean>
    <bean id="accountDao"
        class="examples.transaction.business.SqlMapClientAccountDao" >
    <property name="dataSource"><ref local = "dataSource" /></property>
    <property name="sqlMapClient"><ref local = "sqlMapClient" /></property>
    </bean>
    <bean id="historyDao"
        class="examples.transaction.business.UnreliableSqlMapClientHistoryDao" >
    <property name="dataSource"><ref local = "dataSource" /></property>
    <property name="sqlMapClient"><ref local = "sqlMapClient" /></property>
    </bean>
    <bean id="accountManagerTarget"
        class="examples.transaction.business.DefaultAccountManager" >
    <property name="accountDao"><ref local = "accountDao" /></property>
    <property name="historyDao"><ref local = "historyDao" /></property>
    </bean>
    <bean id="accountManager"
        class="org.springframework.transaction.interceptorTransactionProxyFactoryBean" >
    <property name="transactionManager"><ref bean = "transactionManager" /></property>
    <property name="target"><ref local = "accountManagerTarget" /></property>
    <property name="transactionAttributes">
        <props>
        <prop key="insert*">PROPAGATION_REQUIRED, ISOLATION_READ_COMMITTED</prop>
        <prop key="transfer*">PROPAGATION_REQUIRED, ISOLATION_READ_COMMITTED</prop>
        <prop key="deposit*">PROPAGATION_REQUIRED, ISOLATION_READ_COMMITTED</prop>
        </props>
    </property>
    </bean>
</beans>
```

> 注：事务管理器TransactionManager Bean的实现位于DataSourceTransactionManager中，它需要通过DataSource Bean对JDBC事务进行控制，accountManager Bean事实上是accountManagerTarget的代理，负责对TransactionManager Bean的事务进行调度。当TransactionAttributers中定义的方法被调用时，相应的代理即通过TransactionManager创建事务（按需），然后调用对应的目标方法，如果方法抛出异常，代理会驱动Transaction对相应的事务进行回滚。如果目标方法成功，则提交事务。

图 5-62 声明式事务服务应用的案例及解析

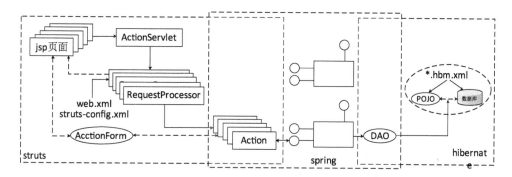

图 5-63　Struts、Spring 和 Hibernate 集成的一种基本方法

使用模型。因此，从计算机使用角度看，服务模型完善了面向互联网环境的人类使用互联网（虚拟计算机）的两种使用方式（有关计算机使用的两种基本方式及其解析，读者可参见《大学计算机基础——面向应用思维的解析方法》[高等教育出版社，2011 年 8 月]）。同时，也为在互联网环境中进行（面向服务的）应用程序的设计与开发建立了完善的计算机应用开发的逻辑视图。也就是说，互联网中的所有服务及其访问接口是基本的系统功能调用接口，通过这些接口可以开发面向互联网环境的应用程序，这种程序本质上可以是一种服务（即复合服务或动态框架。参见第 2.4.5 小节的相关解析）或一种直接面向用户的 Web 应用界面。图 5-64 所示给出了 Web 应用模式的变迁，图 5-65 所示给出了面向互联网环境的计算机使用逻辑视图。

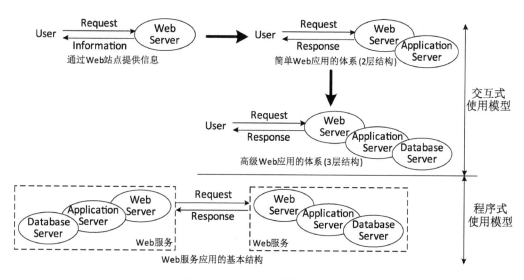

图 5-64　Web 应用模式的变迁

SOA 以服务模型为基础，定义了部署服务和管理服务的方式。由于服务模型的本质是面向业务并独立于具体环境、平台和技术，因此，SOA 可以十分容易地直接映射到业务运营流程。SOA 有效地分离了业务分析师（定义如何将服务组合起来实现业务流程）和服务开发者（实现满足业务需求的服务）的关注点并建立了填补两者缝隙的"胶水"。另外，SOA 提供一种统一的描述模型将现有系统和新系统集成起来。这些特点使得 SOA 成为具有高度伸缩性、可扩展性和灵活演化能力及永久敏捷性的企业 IT 基础结构。图 5-66 所示是 SOA 的基本体系。

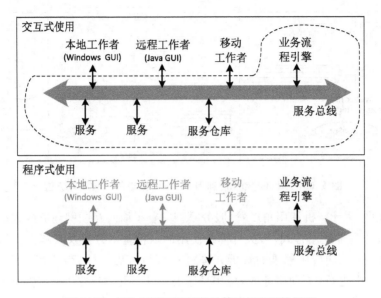

图 5-65 面向互联网环境的计算机使用逻辑视图

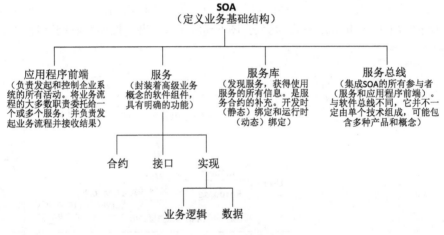

图 5-66 SOA 的基本体系

SOA 是一种体系结构设计原则和理念，它不涉及具体的技术和标准。因此，SOA 的具体实现案例，可以基于各种分布计算环境和平台，比如：分布对象计算环境、面向消息的中间件、事务处理监控器、自行开发的中间件或 B2B(Business to Business)平台等等。也就是说，伴随着程序基本模型及体系结构的发展，我们一直在进行 SOA 的实践。然而，服务模型的诞生，才使得 SOA 真正得以实现。因此，SOA 主要是建立在 Web Services 系列规范基础上(参见第 2.4.5 小节)。目前，各种开发环境都提供对服务模型的应用开发支持，比如：Microsoft .NET 平台通过在开发工具 Visual Studio .NET 中提供 **ASP. NET Web 服务应用程序**模板类型和 **ASP. NET Web 应用程序**模板类型分别支持业务服务的构造和使用业务服务的应用的构造。并且，提供支持服务模型的新型编程语言 C#以及各种基本的公共服务。图 5-67(a)和图 5-67(b)分别给出了利用 C#进行业务服务构造和 Web 应用构造的具体样例解析。

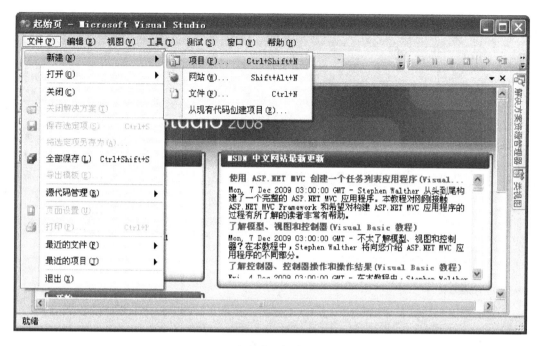

1）新建一个项目

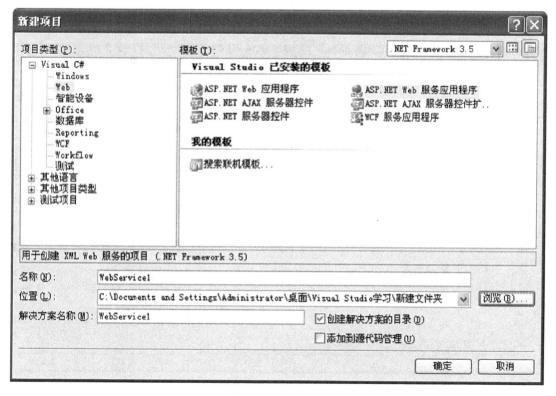

2）选择并启动 Web Service 构造模板

3）由 Web Service 构造模板自动生成一个默认 Web Service 框架

4）修改默认 Web Service 框架建立自己的 Web Service——Service1

（a）Web 服务构造

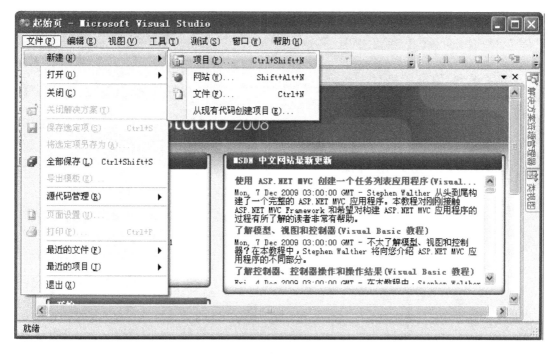

1）新建一个项目

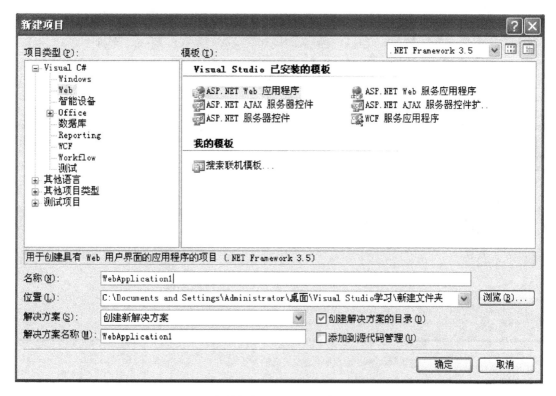

2）选择并启动 Web Application 构造模板

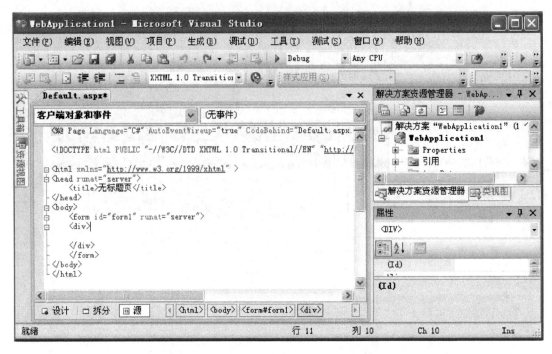

3）由 Web Application 构造模板自动生成一个默认 Web 应用框架

4）修改默认 Web 应用框架建立自己的 Web 应用——WebApplicaton1

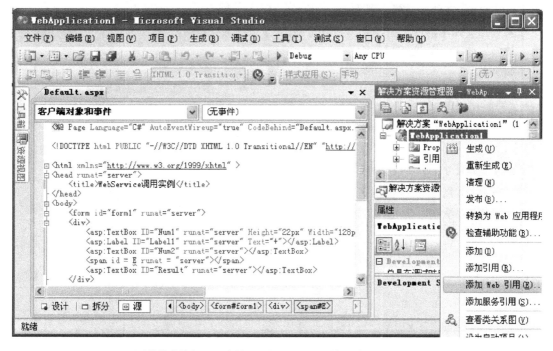

5）通过快捷菜单为 Web 应用（WebApplicaton1）添加一个 Web Service 引用

6）通过主菜单条为 Web 应用（WebApplicaton1）添加一个 Web Service 引用

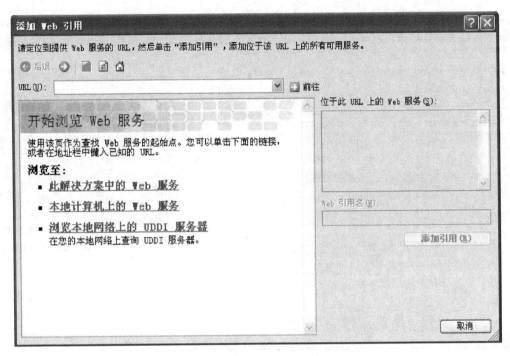

7) 启动添加 Web Service 引用向导

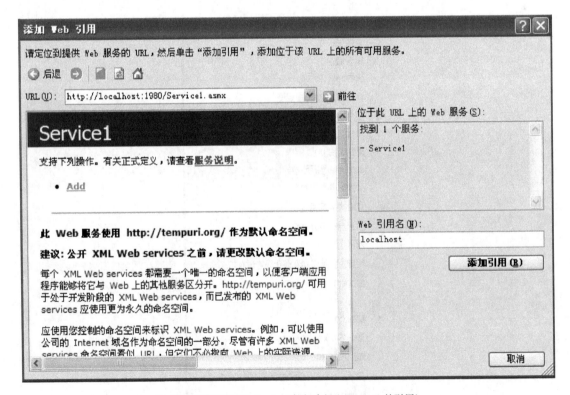

8) 选择要添加的 Web Service 引用(本机上 Service1 的引用)

```
WebApplication1 - Microsoft Visual Studio
文件(F)  编辑(E)  视图(V)  重构(R)  项目(P)  生成(B)  调试(D)  工具(T)  测试(S)  窗口(W)  帮助(H)
                                          Debug          Any CPU

Default.aspx.cs  Default.aspx  起始页                           解决方案资源管理器 - 解决...
WebApplication1._Default              Page_Load(object sender, EventAr            Service References
                                                                    Web References
16  ublic partial class _Default : System.Web.UI.Page                localhost
17                                                                      Reference.map
18      protected void Page_Load(object sender, EventArgs e)
19      {
20          Button btn = new Button();
21          btn.Width = 50;                                解决方案资源管理器  类视图
22          btn.Text = " = ";
23          btn.Click += new EventHandler(btn_Click);       属性
24          E.Controls.Add(btn);
25      }
26
27      void btn_Click(object sender, EventArgs e)
28      {
29          if (Num1.Text != "" && Num2.Text != "")
30          {
31              //实例化引用的webservice对象
32              localhost.Service1 WebserviceInstance = new localhost.S
33              Result.Text = WebserviceInstance.Add(double.Parse(Num1.
34
就绪                                行 17      列 6          Ch 6              Ins
```

9）Web 应用（WebApplicaton1）的事件代码（单击等号按钮触发事件并调用 Service1 的 Add，参见图 b10）

```
WebService调用实例 - 一米阳光的浏览器
账户(U)  文件(F)  查看(V)  收藏(O)  工具(T)  帮助(H)        考研▼  编程▼  毕设相关▼
后退  前进    停止  刷新  主页  恢复      http://localhost:2286/default.aspx    输入文字搜索    兼容

谷歌

WebService调用实例    ×

234          +  123              =    357

完成                                                        缩放：100%
```

10）Web 应用（WebApplicaton1）的执行结果

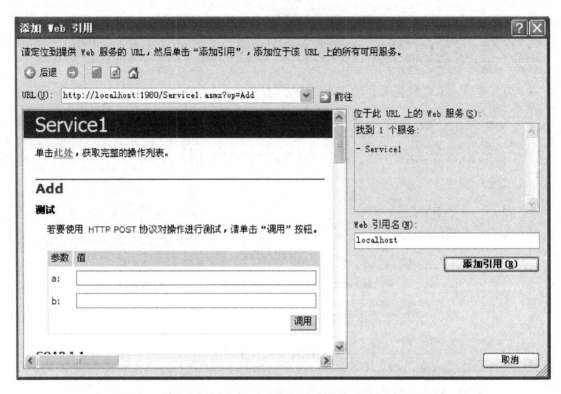

11）在图 b8 中单击 Service1 的接口 Add 超链接可以测试 Service1

12）单击图 b11 中的**调用**按钮，通过 SOAP 1.1 对 Service1 的 Add 调用测试（请求包格式）

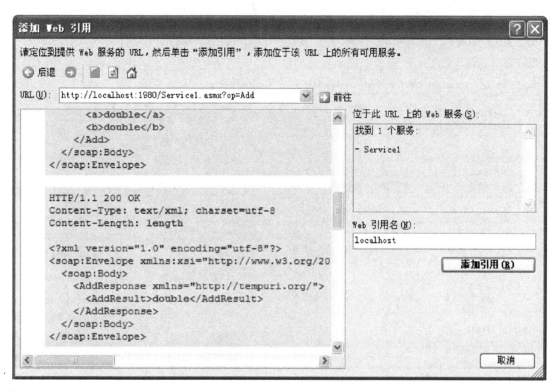

13）单击图 b11 中的**调用**按钮，通过 SOAP 1.1 对 Service1 的 Add 调用测试（响应包格式）

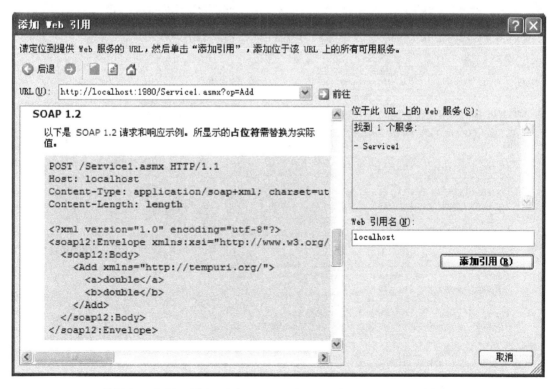

14）单击图 b11 中的**调用**按钮，通过 SOAP 1.2 对 Service1 的 Add 调用测试（请求包格式）

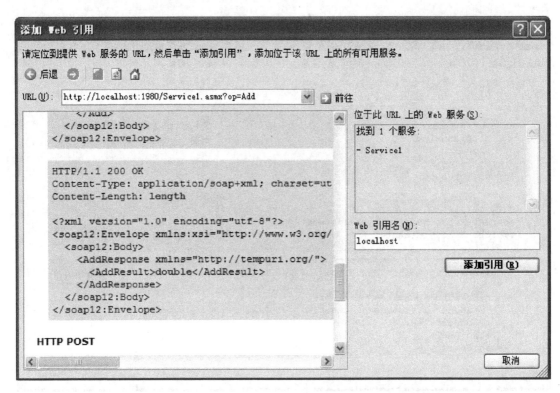

15) 单击图 b11 中的**调用按钮**，通过 SOAP 1.2 对 Service1 的 Add 调用测试（响应包格式）

16) 单击图 b11 中的**调用按钮**，通过 HTTP POST 对 Service1 的 Add 调用测试（请求包和响应包）

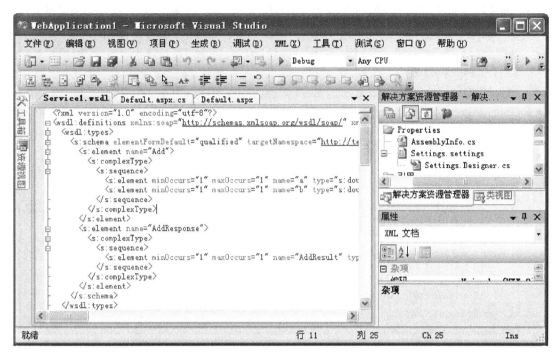

17）在图 b8 中单击**服务说明**超链接可以获取 Service1 的 WSDL 描述（1）

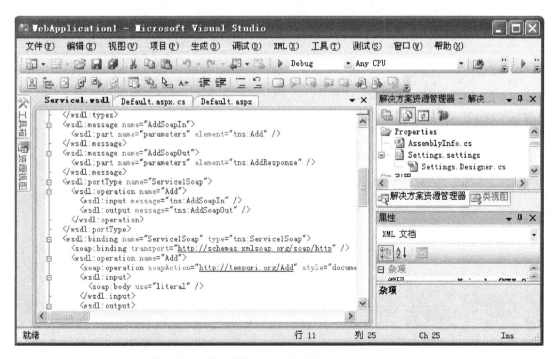

18）在图 b8 中单击**服务说明**超链接可以获取 Service1 的 WSDL 描述（2）

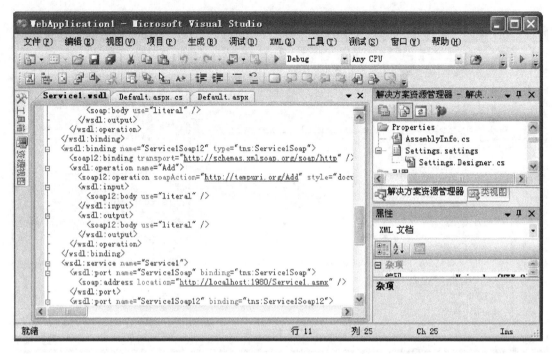

19）在图 b8 中单击**服务说明**超链接可以获取 Service1 的 WSDL 描述（3）

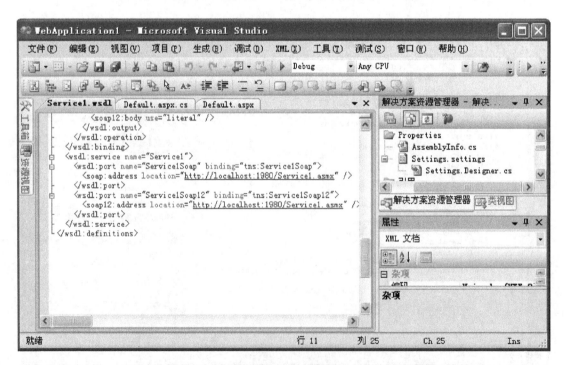

20）在图 b8 中单击**服务说明**超链接可以获取 Service1 的 WSDL 描述（4）

（b）Web 应用构造

图 5-67 通过 Visual Studio . NET 构造 Web Service 和应用 Web Service 的样例解析

为了进一步实现对各种业务服务的集成，IBM 和 Microsoft 联合推出了业务流程可执行语言规范 BPEL4WS（Business Process Execution Language for Web Services，简称 BPEL）。BPEL 主要用于构建松散耦合并且独立于具体平台的交互型应用程序模型，可以支持复杂的交互关系。BPEL 中，以**活动**（activities）作为业务流程的基本结点，整个业务流程是一组预先编排好的活动及其关系集合。活动可以调用 Web 服务、操纵数据、抛出故障或终止一个流程等；活动之间的关系按顺序、循环、分支和并发等进行结构化组合。通过各种关系的组合构成的业务流程可以进一步包装成更高一级的 Web 服务发布出去（参见第 2.4.5 小节相关解析），从而模拟现实应用的各种复杂业务流程。用 BPEL 编排或描述的业务流程可以由业务流程执行引擎解释运行，实现业务流程的自动化运行和控制。

BPEL 基于 XML 而定义，支持如下基本元素：

● 伙伴（partner）

伙伴是指与流程交互的其他 Web 服务，或者是被流程调用的服务，或者是调用流程的服务，或者是既调用流程又被流程调用的服务。

● 伙伴链接类型（partnerLinkType）

伙伴链接类型也称为**服务链接类型**。服务链接类型用以说明两个（也可能是多个）服务之间的关系。它通过定义**角色**（role）（每个角色由一组端口类型指定），来指明服务的地位。也就是说，BPEL 用服务链接类型来定义伙伴，将伙伴类型化。伙伴定义时包括：伙伴的名称，伙伴所属的服务链接类型的名称，流程在这个服务链接类型中将充当什么角色，伙伴将充当什么角色等。

● 活动（activities）

活动是指业务流程中被执行的操作。活动可以被分为两种：**基本活动**（primitive activities）和**结构化活动**（structure activities）。构化活动通过基本活动的嵌套组合实现，以便描述更复杂的流程。表 5-1 给出了所有活动及其执行语义。业务流程的启动活动必须是 <receive> 或 <pick> 活动。

表 5-1　BPEL 活动及其执行语义

基本活动	<invoke>	调用某个 Web 服务上的操作
	<receive>	等待一条消息以响应外部对服务接口操作的调用
	<reply>	指定对相应的 <receive> 活动的请求的同步响应
	<wait>	等待指定的时间周期或等到指定的时刻已过去
	<assign>	把数据从一个变量复制给另一个变量
	<throw>	抛出某个错误
	<terminate>	终止整个服务实例
	<empty>	不做任何操作
结构化活动	<sequence>	定义一组有序序列，所包括的活动按它们被列出的顺序被执行
	<flow>	定义一组应该并行地执行的活动集，其中可以通过使用链接（link）来指明执行顺序方面的约束
	<switch>	从多条路径中根据选择条件选择一条路径
	<while>	只要与 while 活动有关的条件被判断为真，其包括的活动就被循环执行
	<pick>	执行几条可选路径中的一条

● 相关集（correlation sets）

相关集通过一组相关的属性来定义流程所感兴趣的信息片段，以便 <receive>、<reply>、<invoke>或<pick> 活动引用。流程的每个实例都会实例化为流程定义的每一个相关集。

● 作用域（scope）

执行一个 BPEL 流程时，无论是在被调用的服务中还是流程本身都可能发生错误。BPEL 提供了一种机制可以显式地捕获这些错误并通过执行在 fault handler 元素中指定的子程序来处理这些错误。此外，已完成的活动在晚些时候可能需要被撤销，补偿处理程序允许流程的创建者定义用于撤销一个工作单元并把数据恢复到执行该撤销之前的状态的特定操作。

错误处理和补偿处理通常会影响到相互关联的一组活动。BPEL 通过为这些活动封装作用域结构化活动来实现这个处理。作用域为嵌套在其中的活动提供上下文，并且也是定义故障处理程序和补偿处理程序的场所。因此，作用域可被看作是一个可补偿的、可恢复的工作单元的封装。

用 BPEL 创建的应用程序被称为基于流程的应用程序，这种程序有如下几个优点：

● 在修改下层的业务流程或被调用的 Web 服务时，不会影响应用程序中的其他 Web 服务或业务流程所代表的复合 Web 服务；

● 应用程序的开发和测试可分为两个阶段：业务流程的开发和测试与个别 Web 服务的开发和测试。两者是相对独立的，具有较大的灵活性；

● 允许以不触及应用程序本身的方式调整已就绪的应用程序，以适应某个环境的需要。

对于 BPEL 规范的具体实现，IBM 提供了 BPWS4J（Business Process in Web Services for Java）。它是一个创建和执行 BPEL 流程的平台，包含了一个业务流程引擎和一个业务流程编辑器。

BPM	自动化流程，流程的监控
SOA	定义服务型应用的基本结构
Web Services	描述、发现服务，传递消息
XML	独立结构和类型

图 5-68　BPEL 与 SOA 的关系

图 5-68 所示解析了 BPEL 与 SOA 的关系。事实上，BPEL 拓展了 SOA 的内涵，将 SOA 的基本思想由数据层面延伸到算法层面，实现了递归思想对服务模型的具体应用。图 5-69 所示给出了一个业务流程的案例解析（运行于 BPWS4J 平台），图 5-70 所示给出了案例的执行结果界面截图（部分）*。

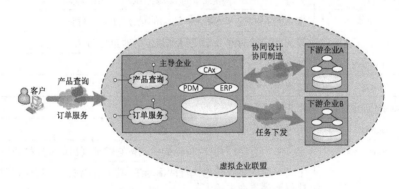

（a）互联网环境下执行协同工作的虚拟企业联盟

---

* 该案例来源于作者所承担的国家 863 项目的研究成果。

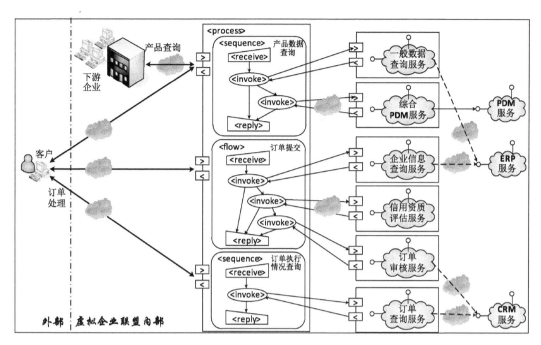

（b）虚拟企业联盟的协同工作服务流程

图 5-69　业务流程案例解析

（a）系统主界面

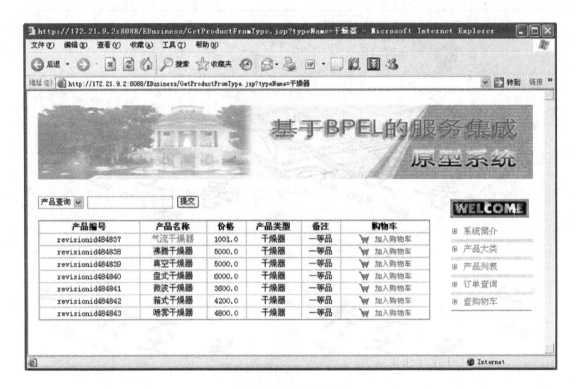

(b) 产品查询及订单生成

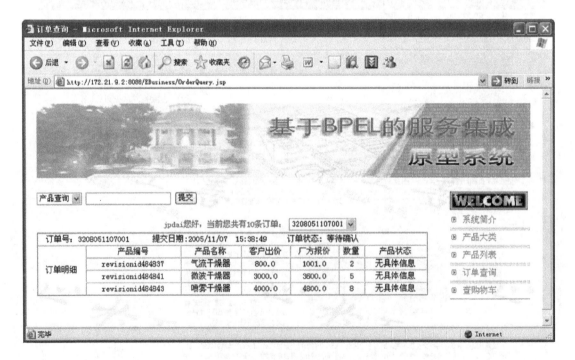

(c) 订单查询

图 5-70　案例执行结果界面截图(部分)

领域体系结构及其案例

所谓**领域体系结构**（Domain-Oriented Software Architecture or Domain-Specific Software Architecture），显然是面向某个特定领域的体系结构。与通用体系结构不同，领域体系结构与领域密切相关，建立在对领域业务逻辑规则的抽象和归纳的基础上。鉴于领域应用固有的复杂性，领域体系结构的研究和发展具有比较大的难度。事实上，软件技术发展的历程也是寻求领域体系结构的历程。尽管程序基本模型、设计模式和框架技术的发展，为领域体系结构的发展奠定了技术基础，然而，这只是领域体系结构建立的外因。作为领域体系结构建立的内因——领域本身的业务逻辑的抽象及领域应用模型的建立，则是永恒变化和发展的。因此，领域体系结构是一个动态的体系结构，必须伴随着通用体系结构（技术维度）的发展和领域应用（应用维度）的发展而发展。同时，也需要提供扩展和二次开发的方法，以便适应应用发展的需要。

由于领域体系结构的特殊性，目前几乎没有具体的规范、标准或成熟产品。相对成熟或可以称得上是领域体系结构的只有 IBM 的 San Francisco（简称 SF。事实上，其本质是 Share Foundation Objects，SFO）。SF 建立在对大量企业管理应用系统开发和应用实践的经验总结基础上，归纳和抽象了构成所有企业管理系统核心处理功能的公共特性的结构和应该支持的基本服务，建立了面向企业管理系统构造的一致性框架及一些通用服务功能组件接口。例如，SF 的总账组件（General Ledger）提供了一个 BankAccount 类，用以表达企业应用的银行账户业务实体，并封装了将银行账户的交易事务转换为各类记账凭证的业务处理逻辑。

SF 采用层次化结构，并建立在设计模式基础之上。图 5-71 所示是 SF 的基本体系结构。其中，**基础层**（Foundation Layer）直接建立在 Java 虚拟机基础上，主要提供对分布环境下组件对象创建和运行管理的各种基础服务支持，以便为上层的公共业务对象层、核心业务对象层以及领域专用的业务组件的构建建立基础。基础层主要包括：**内核服务集**（The Kernel Services，基于 OMG 的对象服务规范和 Java 的一些机制，主要提供分布对象创建和运行管理的一些基础技术支持，包括对象请求代理 Object Request Broker、事务服务 Transaction services、持久性服务 Persistence services、生命周期服务 Life Cycle services、并发服务 Concurrency services、命名服务 Naming services、安全服务 Security services 和查询 Query services 等）、**业务对象框架**（The

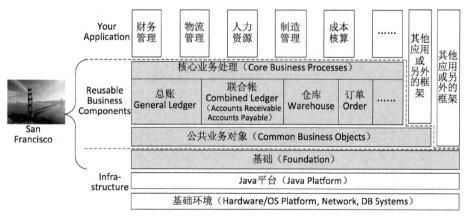

图 5-71 SF 的基本体系结构

Business Object Framework,基于内核服务,定义 SF 业务组件的基本模型,以及由其延伸的 SF 应用或 SF 框架的基本应用模型。包括业务对象类型 Basic business object types、集合 Collections、事务支持 Transaction support、并发和锁支持 Concurrency and locking support、持久性支持 Persistency support 和对象生命周期和访问模式 Object life-cycle and access modes 等)、**图形用户界面框架**(The Graphical User Interface Framework,基于 MVC 模式,提供开发 SF 应用的 GUI 需要的所有组件并维护界面和业务逻辑之间的交互关系)和**实用工具集**(The Utilities,用于帮助应用部署和运行时管理,包括持久性存储配置、安全配置、模式映射、报告编辑与打印和冲突控制配置等)4 个部分。图 5-72(a)给出了基础层的基本逻辑组件及其关系,图 5-72(b)给出了业务对象框架的基本结构,图 5-72(c)给出了图形用户界面框架的基本结构,图 5-72(d)给出

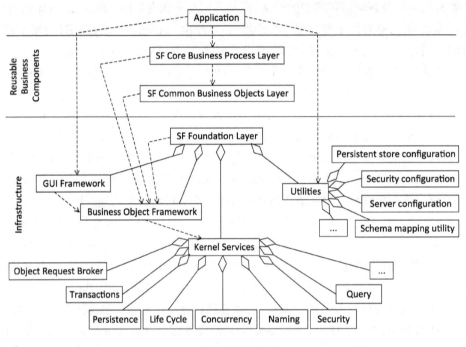

(a) SF 基础层基本结构

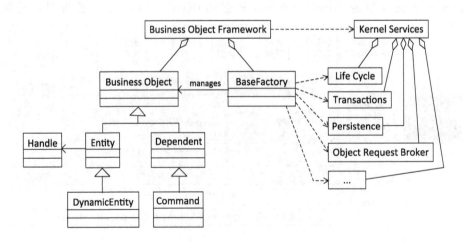

(b) SF 基础层业务对象框架基本结构

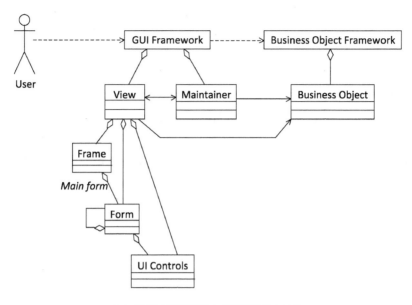

（c）SF 基础层图形用户界面框架基本结构

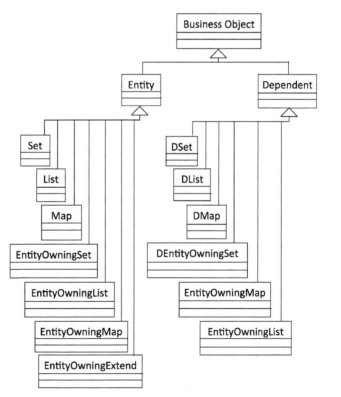

（d）SF 基础层业务对象集合基本结构

图 5-72 SF 基础层业务框架

了集合的基本结构。**公共业务对象层**（Common Business Objects Layer）主要提供大部分业务环境中和业务过程中都会涉及的一些通用的业务对象和业务规则，以及与核心业务对象层业务对象交互的接口，以及一些通用的业务模式（Business Patterns）。公共业务对象层建立在 SF 的**业务对象框架**（Business Object Framework）基础上。目前，CBO 层主要包括公司（Company）、地址（Address）、业务伙伴（Business Partner）、日历（Natural Calendar）、货币及交换率（Currency，Exchange Rate）、计量单位（Units of Measure）和号码序列（Number Series）等几个公共业务对象包，每个包封装了相关数据集及其业务处理规则。抽象的通用业务模式有 Classification Type（用于定义新的应用数据类型及其取值范围）、Keyables（用于为搜索或平衡计算需要而建立新的业务对象属性联合，即通过键机制实现属性与属性使用者的分离）和 Extensible Item（用于按需动态地为一个对象添加或删除行为）等。图 5-73 给出了公共业务对象层的基本逻辑组件及其关系。**核心业务对象层**（Core Business Processes Layer）主要提供企业业务对象及封装默认的业务逻辑规则。核心业务对象层建立在业务对象框架（Business Object Framework）基础上，并使用公共业务对象层的一些公共业务对象。核心业务对象层已经预先抽象和建立了企业运转必须有的几个关键业务对象并封装其业务逻辑，包括财务管理（Financials Management）、应收/应付账户管理、仓库管理（Warehouse Management）和订单管理（Order Management）。应用开发者如果有特殊需求，也可以通过 SF 的扩展机制进行调整和扩展（参见下面关于扩展性的解析）。图 5-74 给出了核心业务对象层的基本逻辑组件及其关系。

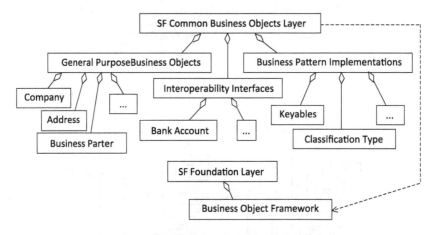

图 5-73　SF 公共业务对象层基本结构

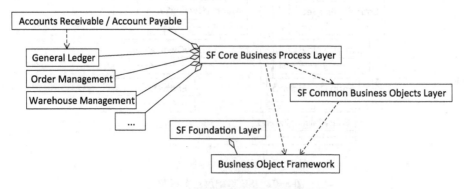

图 5-74　SF 核心业务对象层基本结构

SF 充分考虑了领域体系结构的动态性本质,采用大量设计模式以及通过定义各个局部框架及其规定的一致性编程模型来实现其可扩展性,以适应应用发展的需求和个性需求。SF 除了使用一些公共的设计模式(Command 设计模式、Property 容器设计模式、Policy 设计模式、LifeCycle 设计模式、Controller 设计模式等。参见本书第 3 章)外,还归纳和挖掘了一些新的设计模式(Factory 设计模式、Keys 设计模式、Cached Balances 设计模式、Extensible Item 设计模式等)。局部性框架包括 GUI 框架、业务对象框架等,它们定义了各自的基本结构和行为(比如 GUI 的基本业务逻辑、商务领域的业务逻辑)。一致性编程模型包括面向最终应用开发的编程模型 BOCPM(Business Object Client Programming Model)和面向各层基础共享业务组件开发的编程模型 BODPM(Business Object Developer Programming Model)。这些模型定义了清晰、简单和一致的编程接口、可扩展点(extension points)及扩展规则(extension rules)和支持机制。例如:通过属性扩展框架类、动态属性、策略改变(策略设计模式)、通过子类化增加新对象(如图 5-75 所示)、通过子类化替换已有对象。同时,SF 也考虑了对遗留系统的集成,例如:本地方法交互(实现不同语言系统的集成)、通用中间件互联协议(IIOP,Internet Inter-Orb Protocol)等。对于数据部分,SF 通过 Schema Mapper 实现数据访问与处理和数据库存储之间的映射。

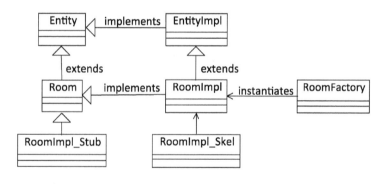

图 5-75 通过继承相应接口和类建立新的业务对象 Room

SF 基于 Java 语言(支持对象模型和组件模型)和 Java 平台提供的技术,以及分布对象计算技术,为特殊的工业领域——企业(商务)管理,提供了一个稳定、面向互联网应用环境、支持异构平台、具有伸缩性的基础平台。SF 采用面向对象的思想,以 UML 为设计表达语言(SF 的系统设计前端,集成了 Rational 公司的 Rose,同时提供了其所有 2000 多个组件的全部 Rose 设计模型,即 *.mdl 文件),抽象并封装了企业(商务)管理应用的默认业务规则逻辑,建立了基于框架、稳定一致的系统设计和开发基本方法。

随着可配置组件模型的诞生,SF 修改了其框架组件,使其能够应用在 IBM WebSphere 应用服务器上,成为一个 EJB 框架,即 IBM 推出的 Business Components for WebSphere Application Server。而 SF 框架三个层中的**公共业务对象**(Common Business Objects)层和**核心业务处理**(Core Business Processes)层分别衍生为 WebSphere 的业务组件基础层和 WebSphere 业务组件高级层。

事实上,从本质上来说,网络教学、电子政务以及所有的 e-X 等应用,其研究和发展都是面向各自领域的领域体系结构的研究与发展。

5.4 对新 3-Tier/n-Tier 体系结构和 SOA 的综合认识

从体系结构发展的脉络来看,新 3-Tier/n-Tier 体系结构主要实现了老 3-Tier/n-Tier 体系结构从传统局域网视野到现代互联网视野的扩展和延伸。在此基础上,SOA 建立了互联网环境下应用系统构建的基本程序设计模型。

作者认为,从计算机编程模型角度来看,面向互联网环境,新 3-Tier/n-Tier 体系结构实现了交互式使用"计算机"的基本方法,而 SOA 则是实现了程序式使用"计算机"的基本方法。由此,完善了人类使用计算机工具的基本形式。在此,"计算机"的内涵实现了由单个计算机或局部虚拟计算机向整个互联网超级虚拟计算机的延伸和升华。也就是说,整个互联网及其资源就是一台超级虚拟计算机,新 3-Tier/n-Tier 体系结构支持客户交互式使用超级虚拟计算机的方法,包括 Web 方式或传统的胖客户端方式;SOA 支持客户通过程序方式使用超级虚拟计算机的方法。所有 Web Service 的集合构成超级虚拟计算机的系统调用功能集合,Web Services 则是超级虚拟计算机系统调用接口的基本模型,互联网本身则成为超级虚拟计算机的总线系统,SOA 成为一种开放的通用编程框架。

特别是,基于 Web Services 的系统调用接口模型将传统操作系统中面向系统级资源的系统调用内涵拓展到面向系统级资源和应用级资源的综合系统调用。并且,为支持技术发展动态性和应用发展动态性建立一致的策略,实现对恒变特性的永久适应性。

 5.5 本章小结

面向 Web 应用的新 3-Tier/n-Tier 体系结构及其具现的各种框架、平台和工具等,都是对各种程序基本范型的具体运用、对各种设计模式和体系结构基本风格内涵的具体演绎以及在此基础上的各种新个性创新实现思想的具体表现,尽管各种框架、平台和工具等会随着时间而改变,甚至退出市场,然而,其对各种程序基本范型的具体运用、对各种设计模式和体系结构基本风格内涵的具体演绎方法及带来的各种新个性创新实现思想,必将纳入到我们关于软件体系结构的认知框架之中,为新的框架、平台及工具的诞生给出重要的参考价值。

习 题

1. HTML 信息传送的方式有 POST 和 GET 两种,它们有什么区别?请举例说明。

2. 什么是 CGI? CGI 程序如何实现与 HTML 的交互?请举例说明。

3. 什么是环境变量?它在 CGI 程序中起什么作用?针对 POST 和 GET 两种方式,究竟是用什么环境变量?

4. CGI 程序的输出中,可以又是一个 CGI 程序调用。如何理解 CGI 程序的递归特性?请举例说明。

5. 请给出图 5-9(b)的客户端 HTML 文件(即 PHP 引擎执行后动态生成的内容)。另外,

该 HTML 文件缺少显示聊天内容的输出框,请补充程序。

6. 分析下列 PHP 程序的功能。

```
<html>
 <meta http-equiv="Refresh" content="5; url=<? echo $PHP_SELF; ?>">
 <meta content="text/html; charset=gb2312" http-equiv=Content-Type>
 <body bgcolor=ffffff leftmargin=0 topmargin=0 marginheight=0 marginwidth=0>
  <?
   // 档名: list.php
   require("env.inc");

   if (!file_exists($chatfile))
   {
     echo "尚未开张</body></html>";
     exit;
   }

   $uniqfile=$tempdir.uniqid(rand());
   $shellcmd="/usr/bin/tail -50 ".$chatfile. " > ".$uniqfile;
   passthru($shellcmd);
   $chatfilearray=file($uniqfile);
   $j=count($chatfilearray);
   for ($i=1; $i<=$j; $i++)
   {
     echo $chatfilearray[$j-$i]."<br>\n";
       }
   unlink($uniqfile);
  ?>
 </body>
</html>
```

习题 6

7. 请对 Struts 与 JFS(Java Server Faces)进行比较。

8. 请解析 Struts 的配置文件结构。

9. 请整理 Struts 支持的各种 Action,并指出其使用的应用场合。

10. 扩展 ActionServlet、高级 ActionForm 的具体作用是什么?

11. 配置环境,开发一个简单具体的 Struts 应用。

12. 使用 EJB3.0 重新实现本章 EJB 的应用案例。

13. 在 Spring 例子中更换一个新的 Person 的实现及配置。

14. 实现 Spring IoC 容器的访问,可以通过两个接口完成:BeanFactory(开发者借助于配置文件实现对 JavaBean 的配置和管理)和 ApplicationContext(构建在 BeanFactory 基础上,并添加其他的功能)。它们的区别是什么?(提示:BeanFactory 延迟载入所有的 Bean,直到 getBean() 被调用时才被创建。ApplicationContext 在上下文启动后预载入所有的单实例 Bean)。

15. RecordSet 和 DataSet 的区别是什么?

16. 请将图 5-43 用 DAO 重写。

17. 什么是 VO? 什么是 PO? 它们有什么区别?

18. 请给出图 5-43 中,Hibernate 一致性框架的 7 个步骤是如何体现的?

19. Spring 中,xxxTemplate 对通用操作进行封装,而 xxxCallBack 解决了封装后灵活性不足的缺陷。请举例解析这两种机制的具体应用特点。

20. 什么是横切? 切入点(Pointcut)概念和普通的拦截技术有何区别?

21. 为什么 CGLib 代理不能对目标类中的 final 方法进行代理?

22. 装饰模式（Decorator）和 AOP 引入有什么关系？

23. CGLIB 代理与装饰器（Decorator）设计模式有什么关系？

24. 代理、通知和目标对象的关系是什么？能否一个代理多个通知？能否多个代理一个通知？能否多个代理多个通知？能否一个代理一个目标对象？能否一个代理多个目标对象？能否多个代理一个目标对象？能否一个通知一个目标对象？能否一个通知多个目标对象？能否多个通知一个目标对象？

25. 通知（Advice）和通知者（Advisor）的区别是什么？

26. Spring AOP 的两种使用方法的代理都是动态建立的，它们是否都是由 IoC 容器动态建立的？

27. 图 5-57（b）的配置中，AOP 代理工厂使用什么类型的代理？依据是什么？（参见图 5-59）

28. Spring 中，"引入"通知（Introduction）使用何种代理？为什么？

29. Spring 中通知（Advice）、通知者（Advisor）和拦截器（Interceptor）是否是一个概念？

30. Spring 配置文件中，代理工厂 ProxyFactory 的属性 interceptorNames 的作用是什么？

31. 请解释 SOA、Web Services 和 BPEL 三者之间的关系。

拓展与思考：

32. 由于越来越多的 WWW Server 采取 Windows 体系，而 Windows 体系又不能有效地传递环境变量，因此，Win CGI 是通过 .ini 文件（也称为 profile 文件）来实现 CGI 程序与 HTML 的交互。当 WWW Client 通过 WWW Server 触发 CGI 程序时，WWW Server 首先动态生成几个文件（分为 .ini、.inp、.out 等）于临时目录下。然后，在 WWW Server 生成 CGI 程序的实例时，通过命令行参数将 .ini 文件的绝对路径传给 CGI 程序实例。.ini 文件中包括了 .inp、.out 等文件路径信息。CGI 程序实例将要传给客户端的信息以 HTML 文本的形式写入 .out 文件，WWW Server 获取 .out 文件的 HTML 文本信息传送给 WWW Client 端，并删除临时目录下的工作文件。与 Windows 其他 .ini 文件一样，CGI profile 文件包括了许多 session，每个 session 又包括一些 key。下列程序是一个 CGI profile 的部分内容，请还原分析其中的交互过程。

```c
#include <stdio.h>
#include <string.h>

main()
{
    printf( "Contenttype:text/html\n\n" );
    printf( "<html>\n" );
    printf( "<head><title>An HTML Page From a CGI</title></head>\n" );
    printf( "<body><br>\n" );
    printf( "<h2> This is an HTML page generated from with in a CGI program...</h2>\n" );
    printf( "<hr><p>\n" );
    printf( "<a href=\"../output.html#two\"><b> Go back to out put.html page </b></a>\n" );
    printf( "</body>\n" );
    printf( "</html>\n" );
    fflush(stdout);
}
```

习题 32

33. 下列程序是用 C 语言编写的 CGI 程序。请分析其与 HTML 的交互实现,并指出其完成的功能。另外,其中的 fflush(stdout);语句的作用是什么?

```c
#include <stdio.h>
#include <stdlib.h>
#include <string,h>

int htoi( char * );

main()
{
  int i,n;
  char c;
  printf ( "Contenttype: text/plain\n\n" );
  n = 0;
  if (getenv( "CONTENT-LENGTH" ))
    n = atoi(getenv( "CONTENT-LENGTH" ));
  for (i = 0; i < n; i++)
  {
    int is-eq = 0;
    c = getchar();
    switch (c)
    {
      case '&':
          c = '\n';  break;
        case '+':
          c= ' ';  break;
        case '%': {
                char s[3];
                s[0] = getchar();  s[1] = getchar();  s[2] = 0;
                c = htoi(s);  I += 2; }
            break;
      case '=':
        c = ':';  is-eq = 1;  break;
    };
    putchar(c);
    if ( is-eq ) putchar( ' ' );
  }
  putchar ( '\n' );
  fflush(stdout);
}

int htoi( char *s )   /* convert hex string to int */
{
  char *digits = "0123456789ABCDEF";
  if ( islower (s[0])) s[0] = toupper(s[0]);
  if ( islower (s[1])) s[1] = toupper(s[1]);
  return 16 * (strchr(digits, s[0]) -strchr (digits, '0')) + (strchr(digits,s[1]) - strchr(digits, '0' ));
}
```

习题 33

34. EJB 中,所有 EJB 对象都是通过 Home 对象创建的。那么 Home 对象的引用又是如何获得的呢?具体的平台和产品都有各自的实现方法,下列程序给出了通过 JNDI 实现的一种方法,请解析其获得 Home 对象引用的过程。

35. 与 BPEL 相似的规范还有 WSO(Web Services Orchestration,Web 服务编制) 和 WSC (Web Services Choreography,Web 服务编排),请解析它们之间的区别。(提示:WSO 是指为业务流程而进行 Web 服务合成,而 WSC 是指为业务协作而进行 Web 服务合成。WSC 是一种对等模型,业务流程中会有很多协作方,它不可执行;而 WSO 是一种层次化的请求者/提供者模型,仅定义了应调用什么服务以及应该何时调用,没有定义多方如何进行协作,它可执行)

```
package com.interfaces;

public class AddCountUtil
{
  private static com.interfaces.AddCountHome cachedRemoteHome = null;

  private static Object lookupHome(java.util.Hashtable environment, String jndiName, Class narrowTo)
                      throws javax.naming.NamingException
  {
    javax.naming.InitialContext initialContext = new javax.naming.InitialContext(environment);
    try {
        Object objRef = initialContext.lookup(jndiName);
        if (java.rmi.Remote.class.isAssignableFrom(narrowTo))
          return javax.rmi.PortableRemoteObject.narrow(objRef, narrowTo);
        else
          return objRef;
    } finally {
            initialContext.close(); }
  }

  public static com.interfaces.AddCountHome getHome() throws javax.naming.NamingException
  {
    if (cachedRemoteHome == null)
    {
      cachedRemoteHome=(com.interfaces.AddCountHome)lookupHome(null,
          com.interfaces.AddCountHome.COMP_NAME, com.interfaces.AddCountHome.class);
    }
    return cachedRemoteHome;
  }

  public static com.interfaces.AddCountHome getHome( java.util.Hashtable environment )
              throws javax.naming.NamingException
  {
    return (com.interfaces.AddCountHome) lookupHome(environment,
          com.interfaces.AddCountHome.COMP_NAME, com.interfaces.AddCountHome.class);
  }

  private static String hexServerIP = null;

  private static final java.security.SecureRandom seeder = new java.security.SecureRandom();

  public static final String generateGUID(Object o)
  {
    StringBuffer tmpBuffer = new StringBuffer(16);
    if (hexServerIP == null)
    { java.net.InetAddress localInetAddress = null;
      try {  localInetAddress = java.net.InetAddress.getLocalHost(); }
      catch (java.net.UnknownHostException uhe) {
        System.err.println("AddCountUtil: Could not get the local IP address using InetAddress.getLocalHost()!");
        uhe.printStackTrace();   return null;
      }
      byte serverIP[] = localInetAddress.getAddress();
      hexServerIP = hexFormat(getInt(serverIP), 8);
    }

    String hashcode = hexFormat(System.identityHashCode(o), 8);
    tmpBuffer.append(hexServerIP);
    tmpBuffer.append(hashcode);

    long timeNow    = System.currentTimeMillis();
    int timeLow     = (int)timeNow & 0xFFFFFFFF;
    int node        = seeder.nextInt();

    StringBuffer guid = new StringBuffer(32);
    guid.append(hexFormat(timeLow, 8));
    guid.append(tmpBuffer.toString());
    guid.append(hexFormat(node, 8));
    return guid.toString();
  }

  private static int getInt(byte bytes[])
  { int i = 0;   int j = 24;
    for (int k = 0; j >= 0; k++) { int l = bytes[k] & 0xff;  i += l << j;  j -= 8;  }
    return i;
  }

  private static String hexFormat(int i, int j)
  { String s = Integer.toHexString(i);    return padHex(s, j) + s;  }

  private static String padHex(String s, int i)
  { StringBuffer tmpBuffer = new StringBuffer();
    if (s.length() < i)
    { for (int j = 0; j < i - s.length(); j++) { tmpBuffer.append('0'); }}
    return tmpBuffer.toString();
  }
}
```

习题 35

178

36. 传统 JSP+Servlet+JavaBean 模式本质上是单层的,不够灵活。Struts 则是两层结构,实现了变与不变的抽象与分离,具有通用性和灵活性。如何理解分层思想的应用本质及其在 Struts 中的具体运用?

37. 如何理解"BPEL 拓展了 SOA 的内涵,将 SOA 的基本思想由数据层面延伸到算法层面,实现了递归思想对服务模型的具体应用"这句话?。(提示:WS 相当于一个数据类型或组件;BPEL 相当于程序设计语言或框架;WS 数据类型的递归性、BPEL 流程的递归性。BPEL 的应用相当于更大粒度的程序设计)

38. 什么是 SFO(Share Foundation Object)? SF 框架是如何体现的(即各个层次之间是如何建立联系的)? 类库和框架的主要区别是什么? SF 的基础层与可配置组件模型(参见本书第 2.4.4 小节)有什么关系? SF 框架的可扩展性与设计模式的运用有什么关系? SF 的 Schema Mapper 与 ORM 技术是什么关系?

39. 请设计一个面向网络教学应用的领域体系结构或给出你所熟悉的某个领域体系结构。

40. 通过相应开发工具,分别开发一个简单的 COM 应用、COM+应、EJB 应用和 Web Services 应用。

第 **6** 章　表达：建模与描述

本章主要解析软件体系结构建模的一些基本方法及相应的描述方法,包括非形式化建模与描述方法和形式化建模与描述方法。并且,解析对每种方法的深入认识和思考。

6.1 概述

软件体系结构建模与描述,是指基于抽象定义一种表达软件体系结构的基本方法并通过某种语言进行描述。建模与描述的目的是精确表达待开发软件系统的需求,以便设计者对其体系结构的认识、理解和交流。更进一步,基于描述,可以对软件系统的行为和特性进行各种理论分析和仿真模拟,以及实现软件系统代码的自动生成。因此,软件体系结构建模与描述对于软件系统设计方法的科学建立、大规模高质量软件系统的设计与构造有着重要意义。

建模方法一般是抽象的,它诠释软件体系结构的内涵。具体而言,它一般侧重于体系结构的技术层次涵义,而将体系结构概念层次的涵义隐式地蕴含在技术层次涵义之中。也就是,概念层次的涵义往往通过技术层次涵义的实际应用来呈现,由技术层次涵义的具体运用来诠释。因此,体系结构建模的质量直接取决于对概念层次涵义的理解程度。与建模对应,也需要具体的描述方法,描述显然涉及语言。一般而言,为了表达一种思想,描述语言可以是非形式化语言,例如自然语言或图形语言;也可以是形式化语言。为了便于计算机工具的自动处理及各种分析,形式化语言是描述的最终目标,而非形式化语言可以作为形式化语言发展的阶段性产物或辅助性产物。

6.2 非形式化建模方法与描述

软件体系结构非形式化建模及其描述方法,主要有基于纯图形语言的"4+1 视图"方法和基于 UML(图形语言及自然语言综合)的统一建模方法。

6.2.1 "4+1 视图"建模方法及描述

考虑到软件系统的复杂性,对软件系统的建模与描述一般都采用多角度的建模与描述方法,每个角度关注待构建软件系统的某一个侧面。"4+1 视图"建模与描述方法是由 Philippe Kruchten 于 1995 年提出,Philippe Kruchten 加入 Rational 后,其"4+1 视图"建模与描述方法演变为著名的"RUP 4+1 视图"建模与描述方法。"4+1 视图"建模与描述方法基于多个并发视图来定义并描述软件密集型系统体系结构的基本模型。在此,视图用于定义一个所使用的元素集合(组件、容器、连接符)、捕获工作形式和模式、并且捕获关系及约束,将体系结构与某些需求连接起来。图 6-1 所示是 Philippe Kruchten 提出的最初模型,图 6-2 所示是经过演化的模型,图 6-3 所示则是工业界采用的一种普通模型。"4+1 视图"建模与描述方法采用称为蓝图(blueprint)的图形描述语言(参见图 6-4 到图 6-7)。

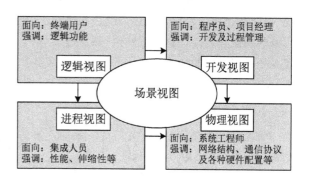

图 6-1　Philippe Kruchten 提出的"4+1 视图"模型

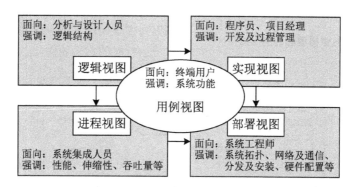

图 6-2　经过演化的"RUP 4+1 视图"模型

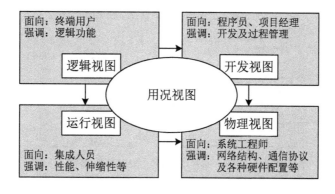

图 6-3　工业界采用的普通的"4+1 视图"模型

其中，**逻辑视图**（Logical View，也可称为**设计视图**，Design View）用来描述系统的功能需求，包括用户可见的功能和为实现用户功能而必须提供的"辅助功能"。显然，逻辑视图面向系统的最终用户（End-user）。逻辑视图根据对问题领域的分析，将系统分解成一系列的功能抽象，建立系统的基本逻辑功能模块。可以用对象模型来代表逻辑视图描述软件系统，例如使用面向对象设计方法时，通过抽象、封装和继承等，建立系统的对象模型。逻辑视图可以采用如图 6-4 所示的图形语言表达。**实现视图**（Implementation View，也可称为**开发视图**，Development View）用来描述软件模块的组织与管理，即描述软件系统具体静态组织结构（例如程序包、子系统、框架和类库等），以及描述系统在构建时各个部分的开发过程组织管理（例如哪些组成部分由哪些团队开发，以及购入，外包，开发进度等）。显然，实现视图面向程序员和项目经理。实现视图可以采用如图 6-5 所示的图形语言表达。**进程视图**（Process View，也可称为**运行视图**，Runtime View）用来描述软件系统的运行特性，即描述系统的动态结构（例如某个类的具体操作是在哪一个线程中被执行、线程（进程）的通讯模式等）和行为，关注非功能性的需求（例如性能、可用性，强调并发性、分布性、集成性、鲁棒性/容错性、可扩充性、吞吐量等），方便后续的性能测试。显然，运行视图面向系统集成人员。进程视图可以采用如图 6-6 所示的图形语言表达。**部署视图**（Deployment View，也可以称为**物理视图**，Physical View）用来描述软件系统运行时的物理硬件（包含网络）的配置，例

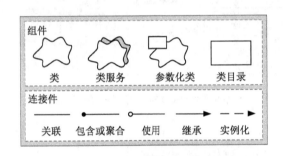

图 6-4　表达逻辑视图的图形语言

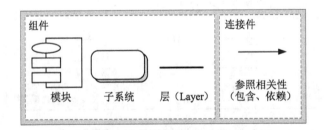

图 6-5　表达实现视图的图形语言

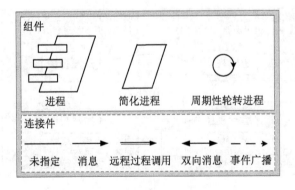

图 6-6　表达进程视图的图形语言

如说明每个节点的计算机、CPU、操作系统以及它们互联的情况等，解决系统的拓扑结构、系统安装、通信等问题。同时，还要考虑进程到节点之间的映射关系、系统性能、规模、可靠性等。显然，部署视图面向系统工程设计人员。部署视图可以采用如图 6-7 所示的图形语言表达。

用例视图（Use-Case View，也可称为**场景视图**，Scenarios View）用来描述软件系统对外部呈现的功能和行为特性，揭示系统"是什么"。也就是，用例视图用于刻画构件之间的相互关系（可以描述一个特定视图内的构件关系，也可以描述不同视图间的构件关系），将 4 个视图有机地联系起来。实际上，用例视图与软件系统本身的定义并没有关系，它只是展现其他 4 个视图的统一性，可以看成是其他 4 个视图的综合或冗余，因此称为"+1"视图。用例视图可以采用与表达逻辑视图非常相似的图形语言来表达，但它使用进程视图的连接符号来表示对象之间的交互（对象实例使用实线来表达）。

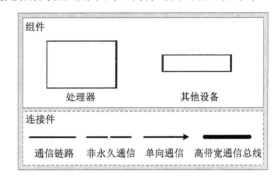

图 6-7　表达部署视图的图形语言

【例 6-1】　利用 PABX 建立终端间通信连接的"4+1"视图建模与描述

PABX（Private Automatic Branch eXchange）是一种电话系统中的用户级程控交换机，可以用来在各种用户终端之间建立通信连接。终端可以是电话设备、中继线（例如，连接到中央办公室的线）、连接线（PABX 到 PABX 的专线）、电话专线、数据线、ISDN 等等。不同的线路由不同的接口卡提供支持。线路 controller 对象的职责是在接口卡上对所有的信号进行解码和注入，在特定于接口卡的信号与一致性的小型事件集合之间进行相互转换，例如开始、停止、数字化等。controller 对象同时承载所有的实时约束。该类派生出许多子类以满足不同的接口类型。terminal 对象的职责是维持终端的状态，代表线路协调各项服务。例如，它使用 numbering plan 服务来解释拨号。conversation 代表了会话中的一系列终端，conversation 使用了 Translation Service（目录、逻辑物理映射、路由），以及建立终端之间语音路径的 Connection Service。

图 6-8 至图 6-12 分别给出了该应用系统的逻辑视图描述、实现视图描述、进程视图描述、部署视图描述以及用例视图描述。

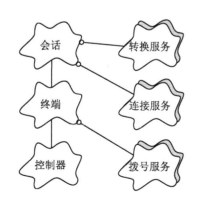

图 6-8　PABX 应用系统的逻辑视图描述

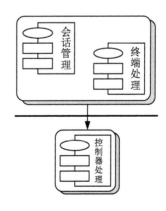

图 6-9　PABX 应用系统的实现视图描述

183

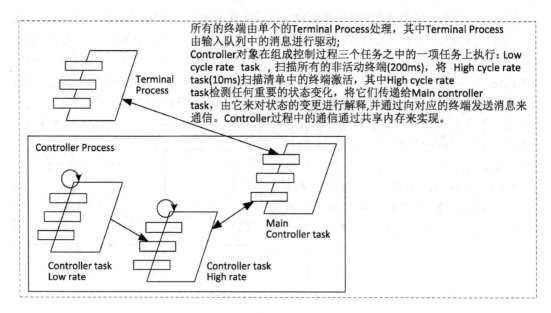

所有的终端由单个的Terminal Process处理，其中Terminal Process 由输入队列中的消息进行驱动;

Controller对象在组成控制过程三个任务之中的一项任务上执行：Low cycle rate task，扫描所有的非活动终端(200ms)，将 High cycle rate task(10ms)扫描清单中的终端激活，其中High cycle rate task检测任何重要的状态变化，将它们传递给Main controller task，由它来对状态的变更进行解释,并通过向对应的终端发送消息来通信。Controller过程中的通信通过共享内存来实现。

图 6-10　PABX 应用系统的进程视图描述(部分)

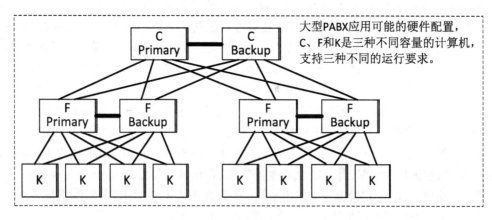

大型PABX应用可能的硬件配置，C、F和K是三种不同容量的计算机，支持三种不同的运行要求。

(a) 配置结构

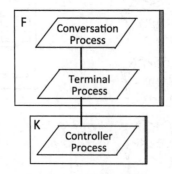

(b) 配置结构的一种映射:带有过程分配的小型 PABX 物理配置

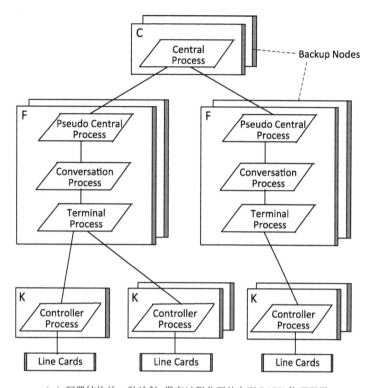

（c）配置结构的一种映射:带有过程分配的大型 PABX 物理配置

图 6-11 PABX 应用系统的部署视图描述

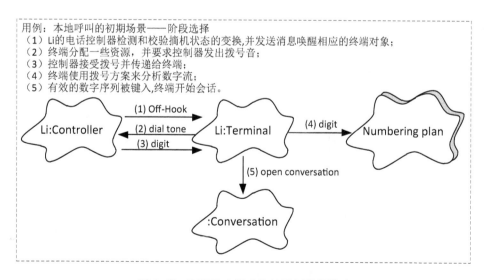

图 6-12 PABX 应用系统的用例视图描述

"4+1视图"建模与描述方法中,尽管各个视图关注的焦点不同,但各个视图并不是完全正交或独立的,每个视图中的元素根据某种设计规则与其他视图中的元素相关联。例如,逻辑视图中的类通常作为实现视图中的一个模块来实现,逻辑视图中密切相关的类可以组合到实现视图中的一个子系统中。另一方面,实现视图中的子系统定义必须考虑额外约束,例如团队组织、期望的代码规模、可重用性和通用性的程度以及严格的分层依据(可视性问题),发布策略和配置管理等等。因此,正是逻辑视图和实现视图两者具有不同的关注点,通常最后得到的实现视图也不会与逻辑视图一一对应。应用系统的规模越大,视图间的差距也越大。同样,对于逻辑视图和进程视图关系而言,逻辑视图中元素的几项重要特性必须在进程视图中得到详细描述。例如自主性(对象是主动的、被动的还是被保护的?)、持久化(对象是暂时的还是持久化的? 它们是否会导致进程或处理器的终止?)、依赖性(对象的存在或持久化是否依赖于另一个对象?)、分布性(对象的状态或操作是否能被物理视图中的许多节点所访问? 或是被进程视图中的几个进程所访问?)。在逻辑视图中,每个对象均是主动的,具有潜在的"并发性",即与其他对象具有"平行的"行为,且并不考虑所要达到的确切并发程度。因此,逻辑视图所考虑的仅仅是需求的功能性方面。然而,在进程视图中,由于巨大的运行开销,在目前技术状况下,为每个对象实施各自的控制线程是不现实的。此外,如果对象是并发的,那么必须以某种抽象形式来调用它们的操作。另一方面,考虑到运行管理和性能问题(例如为了快速响应某类外部触发,包括与时间相关的事件;为了在一个节点中利用多个CPU,或者在一个分布式系统中利用多个节点;为了提高CPU的利用率,在某些控制线程被挂起、等待其他活动结束的时候,为其他的活动分配CPU;为了划分活动的优先级,以提高潜在的响应能力;为了支持系统的可伸缩性;为了在软件的不同领域分离关注点;为了通过Backup过程提高系统的可用性等等),可能还需要多个控制线程。因此,逻辑视图和进程视图也不会是一一对应的。此外,进程视图中的进程和进程组将以不同的测试和部署配置映射到部署视图中可用物理硬件上。用例视图主要是以所使用类的形式与逻辑视图相关联;而与进程视图的关联则是考虑了一个或多个控制线程的、对象间的交互形式。

"4+1"视图为软件开发团队的不同角色划分了各自的职责,定义了其针对软件体系结构所关心的问题域。例如系统工程师首先接触物理视图,然后转向进程视图;最终用户、顾客、数据分析专家从逻辑视图入手;项目经理、软件配置和编码人员则从实现视图入手。

事实上,尽管"4+1"视图采用并列方式,以多个视图有效地分离了复杂软件体系结构的不同关注焦点,降低了软件系统建模的复杂性。但是,几个视图之间仍然存在一定的层次关系。从抽象的级别看,逻辑视图是最高的,实现视图和进程视图其次,部署视图最低。逻辑视图和实现视图定义了系统的软件部分静态结构和属性,部署视图定义了系统的硬件部分静态结构和属性,而进程视图则定义了系统的动态结构和属性。这4个视图构成软件系统的完整描述,给出软件系统的垂直切面。用例视图则可以看成是软件系统的水平切面,不同的用例代表不同的(部分)水平切面。图6-13给出了各个视图之间基本关系。

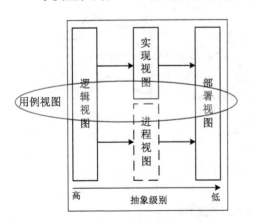

图6-13 "4+1视图"方法各视图之间的关系

6.2.2　UML 建模方法及描述

UML(Unified Modeling Language,统一建模语言)是一种通用的可视化建模语言,它建立在对象模型概念基础上,提供了标准的系统建模方法,可以对任何具有静态结构和动态行为的系统进行建模。UML 的统一性在于:其所提供的概念可以统一已有的各种建模方法(即它是基于各种建模方法和技术的经验总结而建立,是集体智慧的结晶);其所提供的概念在系统开发的各个阶段具有一致性;其所提供的概念可以面向各种应用领域系统的建模。也就是说,UML 统一了建模的基本元素及其语义、语法和可视化表示方法。

UML 的概念模型主要包括三个要素:**UML 基本构造块**、**支配这些构造块如何放在一起的规则**和**一些运用于整个 UML 的通用或公共机制**。

UML 中有三种基本构造块,分别是**事物**、**关系**和**图**。事物是对模型中最具代表性成分的抽象,是最基本的建模元素;关系将事物结合一起,也是最基本的建模元素;图是相关事物的聚集,是复合的建模元素。事物分为**结构事物**(用于定义系统中某个物理元素,包括类或对象、接口、协作、用况、主动类、构件、节点以及它们的变体)、**行为事物**(定义系统中物理元素之间的行为,包括交互和状态机)以及**分组事物**(定义对物理元素进行组织和管理的方法,主要是包)和**注释事物**(定义对物理元素进行解释和说明的方法,主要是注解)。UML 中有五种基本关系,分别是**依赖**、**关联**、**泛化**、**实现**和**扩展**关系。UML 中的图包括**类图**(描述一组类、接口和协作及它们间的关系,它是建模中最常见的图。类图需要在高层给出其主要职责,在低层给出其属性和操作。系统可以有多个类图)、**对象图**(描述一组对象及它们间的关系。用对象图说明类图中所反映的事物实例的数据结构和静态快照)、**包图**(包是组织其他模型元素的一种通用模型元素,包图用于描述包之间的依赖关系)、**用况图**(描述一组用况、参与者以及它们间的关系)、**交互图**(描述按一定目的进行的一种交互,它由在一个上下文中的一组对象及它们间交互的信息组成。包括顺序图[描述一组对象和由这组对象收发的消息,用于按时间顺序对控制流建模,即强调消息在时间轴上的先后顺序]、**协作图**[描述一组对象、这组对象间的连接以及这组对象收发的消息。它强调收发消息的对象的结构组织,按组织结构对控制流建模,即强调连接]、**时间图**[描述与交互元素的状态转换或条件变化有关的详细时间信息,强调时间])、**活动图**(是一种特殊的状态图,描述需要做的活动、执行这些活动的顺序【多为并行的】以及工作流【完成工作所需要的步骤】。高层活动图用于表示需要完成的一些任务,即用于分析用况,理解涉及多个用况的工作流、多线程及并行,显示相互联系的行为整体。也可用于对企业过程建模,对系统的功能建模。低层活动图用于表示类的方法)、**交互概述图**(是活动图和顺序图的组合,描述交互的细节。可以以活动图为主线,以便描述活动图中某些重要活动节点的细节,即通过顺序图描述活动节点内部对象之间的交互;也可以以顺序图为主线,以便描述顺序图中某些对象的细节,即通过活动图描述对象的活动细节)、**状态图**(描述一个特定对象的所有可能状态以及由于各种事件的发生而引起的状态之间的转移)、**构件图**(描述一组构件之间的组织和依赖,用于对源代码、可执行代码的发布、物理数据库和可调整的系统建模)、**组合结构图**(描述某个模型元素的内部结构)、**部署图**(描述对运行时处理节点以及其中构件的配署。它描述系统硬件的物理拓扑结构【包括网络结构和构件在网络上的位置】,以及在此结构上执行的软件【即运行时软件模块在节点中的分布情况】)。其中,类图、包图、对象图、构件图、组合结构图和部署图用于描述系统的静态特征部分,用况图、顺序图、协作图、状态图、活动图、时间图和交互概述图用于描述系统的动态特征部分。图 6-14 所示给出了从使用角度对 UML 图的分类。

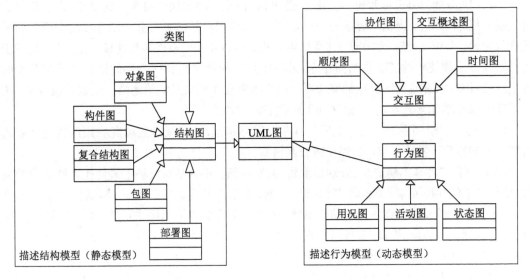

图 6-14　从使用角度对 UML 图的分类

UML 中运用基本构造块的规则分别是：**命名**（为事物、关系和图命名）、**范围**（给一个名字以特定含义的语境）、**可见性**（怎样使用或看见名字）、**完整性**（事物如何正确、一致地相互联系）和**执行**（运行或模拟动态模型的含义是什么）等等。另外，UML 还允许在一定的阶段隐藏模型的某些元素、遗漏某些元素以及不保证模型的完整性，但模型逐步地要达到完整和一致。

运用于整个 UML 的通用或公共机制有四种：**详细规格说明**、**修饰**、**通用划分**和**扩展机制**。详细规格说明机制为 UML 的每一种图形表示法的每个部分，定义其详细说明，提供对基本构造块的语法和语义的文字叙述。修饰机制主要将一些细节添加到基本符号上。例如，UML 表示法中的每一个元素都有一个基本符号，这些图形符号对元素的最重要的方面提供了可视化表示。然后，对元素的描述还可能包含其他细节（例如，一个类是否是抽象类，或者它的属性和操作是否可见等），通过修饰机制就可以实现这些细节的描述。通用划分机制主要用于对概念的划分。例如，在对面向对象的系统建模中，至少有两种通用的划分系统的方法：**对类和对象的划分**与**对接口和实现的划分**。UML 中的构造块几乎都存在着这样的两分法。扩展机制用于实现 UML 的开放性，即可以用一种受限的方法扩展它。UML 的扩展机制包括**构造型**、**标记值**和**约束**。

事实上，从语言学的角度来看，基本构造块是 UML 中的词汇（事物和关系是基本词汇，图是复合词汇），每种构造块有其明确的含义。规则相当于词法和语法规定，用于规定这些基本构造块如何放在一起，以便构成短语、句子、段落或整个文章。通用或公共机制是指一些辅助规定，用来说明语言表达形式的一些共性问题。例如，词汇、短语、句子、段落或整个文章的字体、颜色或标点、注释等等。

UML 中，各种基本构造块定义了概念的语义、（图形）表示法和详细说明，多个概念的联合（多个基本构造块联合）提供了静态（定义了系统中的重要对象的属性和操作以及这些对象之间的相互关系)、动态(定义了对象的时间特性和对象为完成目标而相互进行通信的机制)、系统环境(定义系统实现和组织运行的组件)及组织结构(将模型分解成包的结构组件,以便于软件小组将大的系统分解成易于处理的块结构,并理解和控制各个包之间的依赖关系,在复杂的开发环境中管理模型单元)的模型。这些模型可被基于交互工作方式的可视化建模工具所支持(例如:Sparx Systems 的 Enterprise Architect、IBM 的 Rational Rose、Microsoft 的 Visio 等),这些工具提供了代码生成器和报表生成器,实现模型到代码和文档的自动转换。UML 中的各种概念及其可视化表示如图 6-15 所示。

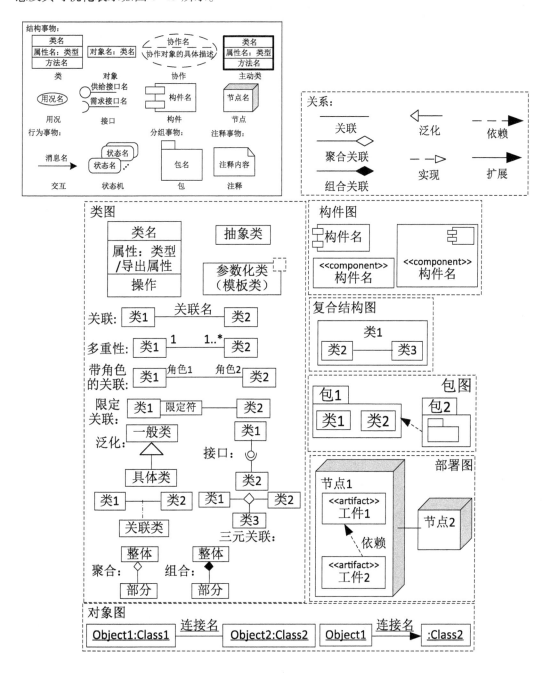

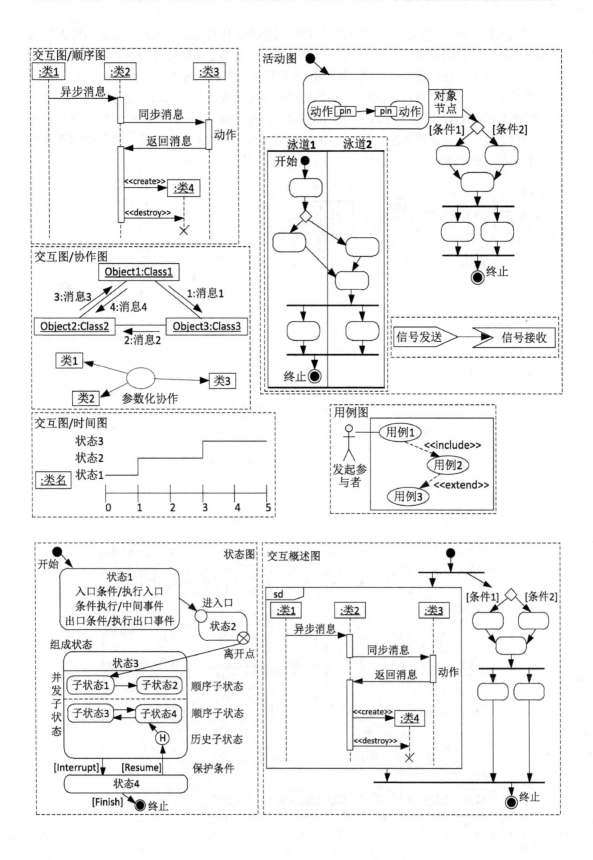

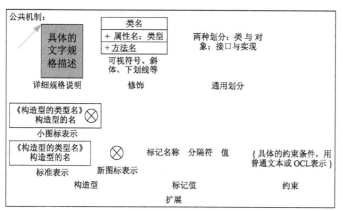

图 6-15　UML 中的各种概念及其可视化表示

　　为了全面完整的描述一个系统（即从不同的角度、不同的层次理解系统），UML 也采用多视图策略，每个视图体现系统模型在某个方面的投影，关注于系统的某个方面。UML 以图描述系统的某个侧面和特征，将多个图结合起来描述系统的某些侧面和多个特征。UML 将用来描述系统某些侧面和特征的多个图的集合称为视图。例如，结构领域的视图和图描述了系统中的结构成员及其相互关系，动态领域的视图和图描述了系统随时间变化的行为，物理领域的视图和图描述了系统的计算资源和部署在这些资源上的系统工件，模型管理领域的视图和图说明了模型自身的分层组织结构。表 6-1 给出了视图与图的关系。实际应用中，可以选择一个视图或组合使用多个视图。

表 6-1　UML 的图与视图

领域	视图	图
结构	静态视图	类图、对象图
	设计视图	复合结构图、协作图、构件图
	用况视图	用况图
动态	状态视图	状态图
	活动视图	活动图
	交互视图	顺序图、协作图、时间图、交互图
物理	部署视图	部署图
模型管理	模型管理视图	包图
	特性描述视图	包图

　　与"4+1 视图"建模与描述方法相比，UML 更加通用。也就是说，UML 不仅仅面向一个体系结构的描述，它还可以描述一个系统的各个细节方面和各个层次、各个侧面。表 6-2 给出了 UML 对"4+1 视图"方法的支持。

表 6-2　UML 的建模元素（图）与"4+1 视图"的对应关系

视图	设计视图	过程视图	实现视图	部署视图	用况视图
静态方面	类图、对象图	类图、对象图	构件图	部署图	用况图
动态方面	交互图、状态图、活动图	交互图、状态图、活动图（注重进程、线程）	交互图、状态图、活动图	交互图、状态图、活动图	交互图、状态图、活动图

表 6-2 中，用况视图由用况图组成，描述可被最终用户、分析人员和测试者看到的系统行为；设计视图包含类图、对象图、交互图、状态图和活动图，主要反映系统的功能需求；过程视图包含类图、对象图、交互图、状态图和活动图，主要描述形成系统并发与同步机制的线程和进程；实现视图包含构件图、交互图、状态图和活动图，反映用于装配与发布物理系统的构件和文件，主要针对系统发布的配置管理，可以用各种方法装配它们。部署视图包含部署图、交互图、状态图和活动图，主要描述对组成物理系统的部件的分布、交付和安装。

通过视图可以定义模型，模型在语义上是闭合的，它从特定的角度（系统的规约或者设计）在一定抽象层次上描述目标系统。所有视图的综合，在静态和动态方面表示了整个系统的模型。用以描述系统的模型可以是结构性的，强调系统的组织；也可以是行为性的，强调系统的动态方面。例如，RUP（Rational Unified Process，统一软件开发过程）有 9 种模型，分别是业务模型、领域模型、用况模型（也称需求模型）、分析模型、设计模型、过程模型、部署模型、实现模型和测试模型，用于从不同的角度表示系统。系统是一组反映不同侧面的子系统的集合，为了完成特定的目的要对这些子系统进行组织（在逻辑、功能和物理位置上是高内聚、低耦合的）。子系统是一组元素的聚集，其中的元素还可以是子系统。它由一组模型从不同的角度进行描述。子系统本身几乎应是独立的，有自己应用的环境，相互间不重叠，它们之间用接口联系。

【例 6-2】　某型号设备调试系统的 UML 建模与描述

设备调试系统帮助调式员察看设备状态及发送调试命令。设备的状态信息由专用的数据采集器实时采集。该系统的需求如表 6-3 所示。

表 6-3　设备调式系统的基本需求

功能需求	非功能需求		
	约束	运行期质量属性	开发期质量属性
查看设备状态发送调式命令	程序的嵌入式部分必须用 C 语言开发一部分开发人员没有嵌入式开发经验	高性能	易测试性

首先通过图 6-16 所示给出该系统的用例图。为了满足该系统的功能需求，首先根据功能需求进行初步设计，进行大粒度的职责划分，建立其设计视图（如图 6-17 所示）。其中：

① 应用层负责设备状态的显示，并提供模拟控制台供用户发送调试命令；

② 应用层使用通信层和嵌入层进行交互，但应用层不知道通信的细节；

③ 通信层负责在 RS232 协议之上实现一套专用的"应用协议"；

④ 当应用层发送包含调试指令的协议包时，由通信层负责按 RS232 协议将之传递给嵌

入层;

⑤ 当嵌入层发送原始采集数据时,由通信层将之解释成应用协议包并发送给应用层;

⑥ 嵌入层负责对调试设备的具体控制,以及高频度地从数据采集器读取设备状态数据;

⑦ 设备控制指令的物理规格被封装在嵌入层内部,读取数据采集器的具体细节也被封装在嵌入层内部。

为了满足系统的开发期质量属性需求,该系统的实现视图必须考虑影响全局的设计决策(例如,采用哪些已有框架、采用哪些第三方 SDK,以及采用哪些中间件平台等),

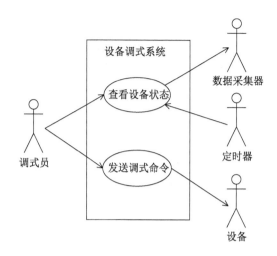

图 6-16　设备调试系统的用况视图

为开发人员提供切实的指导,以免由于将这些决策移到最终大规模并行开发阶段所可能造成的"程序员临时协商决定"的情况大量出现,并由此造成软件质量下降甚至导致整个项目失败的危险。

图 6-18 给出了设备调试系统的(部分)实现视图,即应用层基于 MFC(Microsoft Foundation Classes)设计实现,而通信层采用某串口通信的第三方 SDK(Software Development Kit)。为了满足"一部分开发人员没有嵌入式开发经验"的约束性需求,有必要明确说明系统的目标程序是如何编译而来的。图 6-19 给出了整个系统的桌面部分的目标程序 pc-moduel. exe,以及嵌入式模块 rom-module. hex 是如何编译而来的。这个全局性的描述无疑对没有经验的开发人员提供了实感,从而,有利于更加全面、细致地理解系统的结构。

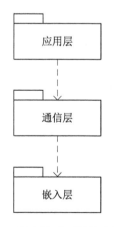

图 6-17　设备调试系统的设计视图

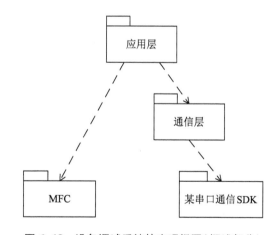

图 6-18　设备调试系统的实现视图(概述部分)

性能是指软件系统运行期间所表现出的一种质量水平,一般用系统响应时间和系统吞吐量来衡量。为满足该系统的运行期质量属性的需求——高性能,图 6-20 给出了设备调试系统的过程视图。其中:

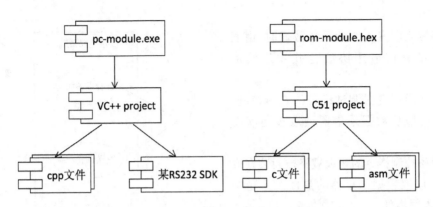

图 6-19　设备调试系统的实现视图（细化部分）

① 采用多线程的设计；

② 应用层中的线程代表主程序的运行，它直接利用了 MFC 的主窗口线程。无论是用户交互，还是串口的数据到达，均采取异步事件的方式处理，杜绝了任何"忙等待"无谓的耗时，也缩短了系统响应时间；

③ 通信层有独立的线程控制着"上上下下"的数据，并设置了数据缓冲区，使数据的接收和数据的处理相对独立，从而数据接收不会因暂时的处理忙碌而停滞，增加了系统吞吐量；

④ 嵌入层的设计中，分别通过时钟中断和 RS232 通信端口的中断来激发相应的处理逻辑，达到轮询和收发数据的目的。

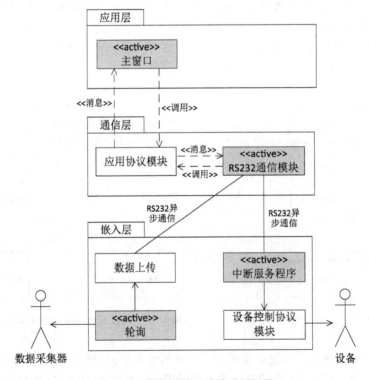

图 6-20　设备调试系统的过程视图

软件最终要驻留、安装或部署到硬件才能运行,通过部署视图可以描述"目标程序及其依赖的运行库和系统软件"最终是如何安装或部署到物理机器的,以及如何部署机器和网络来配合软件系统的可靠性、可伸缩性等要求。图 6-21 所示给出了设备调试系统的软件和硬件的映射关系。其中,嵌入式部分驻留在调试机中(调试机是一种专用单板机),而 PC 机上部署常见的桌面可执行程序。另外,我们还可能根据具体情况的需要,通过部署视图更明确地表达具体目标模块及其通讯结构,如图 6-22 所示。

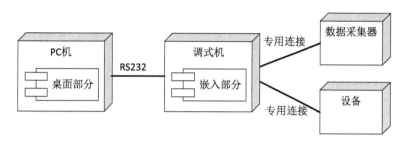

图 6-21　设备调试系统的部署视图(概述部分)

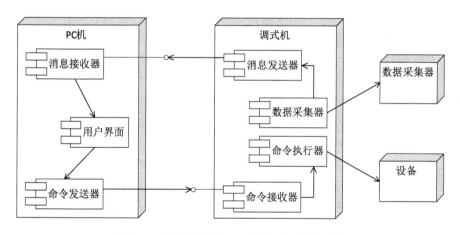

图 6-22　设备调试系统的部署视图(细化部分)

UML 相当于一个工具包,包括用于描述一个系统各个方面的表示方法和技术。但 UML 标准并没有定义一种标准的系统开发过程。也就是说,针对一个具体的问题域,到底用哪些表示工具,何时使用表示工具、如何在各个开发阶段进行建模等,则完全是使用者的事。不过,UML 适用于迭代式的开发过程,例如 RUP 等。

UML 描述方法的思想在于,全面看待问题,从各个不同方面、不同的层次描述问题域。因此,UML 符号集比较丰富,语义比较丰富,可以细粒度地描述一个问题域,从而使得问题域的建模比较全面和深刻。但是,众多的符号,丰富的语义,对于使用者来讲,学习起来比较困难,难以全面掌握,因此显然也就会影响对其有效地使用。不过,目前有许多工具可以直接支持 UML,并能将 UML 直接映射到具体程序设计语言,形成基于 UML 的程序设计范型。可见,借助于工具,UML 的使用将会越来越方便。

UML 工具包非常丰富,允许为系统的每一个可了解的方面建立模型。但通常而言,UML 的使用只是涉及其中一个子集——类图、用例图和交互图。类图用于描述概念结构,用例图用于描述功能需求,而交互图用于描述操作特征,即动态行为。

UML 的使用技巧在于,深刻理解 UML 的建立背景,从宏观上理解 UML 的概念模型。然后,从实际出发,按照需要建立不同的视图模型。尽可能借助于各种工具,使其直接映射到具体的程序语言。

尽管 UML 提供了一种通用的系统建模方法,然而,本质上,UML 是一种离散的建模语言,适合对诸如由计算机软件、固件或数字逻辑构成的离散系统建模,不适合对诸如工程和物理学领域中的连续系统建模。对于一些专门领域,例如用户图形界面(Graphic User Interface,GUI)设计、超大规模集成电路(Very Large Scale Integration,VLSI)设计、基于规则的人工智能领域等,使用专门的语言和工具可能会更加方便。

6.2.3　对非形式化建模与描述方法的进一步认识

多视图、多层次描述方法是描述复杂系统的基本手段。但是,不同视图之间不是完全独立,因为它们分别反映同一个软件系统的不同设计方面,它们的综合才是完整的系统体系结构描述。因此,不同视图之间必然有相互支撑和相互影响的关系。实际应用中,必须注意两个方面的问题:**多个视图之间的同步**和**视图的数量**。视图之间的同步是指要保证不同视图之间是相互解释的、而不是相互矛盾的。例如,逻辑架构中的一个逻辑层,到了开发视图中可能变成了几个具体的程序包,而程序包编译(可能还包括打包)后的目标程序的部署(对嵌入式系统可能是烧写)是物理架构所要考虑的。再比如物理架构中可能会涉及数据的分布和传递备份,这就需要数据架构中有相应数据的定义和结构信息等。视图的数量是指应该合理使用视图,对模型进行剪裁。因为视图之间的同步必然增加多视图方法的“开销”,因此,我们应该尽量限制视图的数量。实际应用中,并不是所有的软件体系结构描述都需要“4+1”视图,而且同一种视图的实际数量(根据同一种视图的不同详略分层抽象需求)也是一个灵活因素,因此无用的视图完全可以从体系结构的描述中省略。例如,对于只有一个处理器的部署,则可以省略物理视图;对于仅有一个进程或程序的应用系统,则可以省略进程(或过程)视图;对于某些并不涉及持久化数据的软件系统,则不需要进行单独的数据视图(一种场景视图/某种视图的一个层视图)的设计;对于运行于个人电脑之上的孤立的桌面应用,由于不涉及程序的分布问题,所以往往不需要进行单独的物理视图设计;对于业务逻辑较简单的软件(它们的计算逻辑未必简单),在实际应用中常常可以将逻辑视图和开发视图合二为一,此时“逻辑层”的概念可以和“程序包”的概念等同。当然,如果需要,也可以通过引入新的场景视图,以便更加突出和明确地制定和表达特定方面的体系结构决策。例如,如果安全性对软件系统极为关键,则可以引入单独的安全视图。事实上,安全视图是其他视图中与安全性相关的内容的汇集。例如:会话管理和授权管理等逻辑单元的引入来自逻辑视图;采用何种第三方加密算法包来自开发视图;消息的验证和转发涉及运行视图;SSL(Secure Sockets Layer)等安全通信协议的使用策略来自物理视图;对数据库采用的专有安全限制策略来自数据视图等等。

场景视图是一种比较特殊的视图,它既可以作为体系结构设计结束后的功能验证和说明,又可以作为体系结构原型实现的测试出发点。实际上,场景作为一项驱动因素,可以发现体系结构设计过程中的各种体系结构元素,软件体系结构的各个部分就是从这些场景演进而来的。因此,场景驱动(Scenario-driven)的方法可以看成是以体系结构为中心的软件设计与开发方法的基础之一。

非形式化描述方法只是给出了一种描述手段,例如,"4+1 视图"描述方法给出了最基础的一种建模和描述手段。UML 描述方法通过提供标准的、丰富的建模元素,提供了对"4+1 视图"描述方法的支持和扩展,以及工具的支持。然而,对于一个软件系统的体系结构的具体描述,仅仅掌握这些描述手段和学会使用工具是远远不够的。只有深入理解软件系统需求分类的复杂性,明确区分功能需求、约束、运行期质量属性、开发期质量属性等不同种类的需求,才是运用这些方法和工具进行体系结构描述的本质所在,即实现方法和问题的完美结合。

更为深入地可以看到,多重视图的软件体系结构描述方法不仅仅是一种体系结构文档化的方法,更是一种体系结构描述与设计的思维方法。也就是说,针对大型复杂的软件系统的构造,人们关注的焦点不再是具体实现层面的一些细节,而是整个系统的全局组织形式,在更高层次上把握系统各组件之间的内在关系,从全局、整体的视野去理解和分析整个系统的行为和特性,从而使得在这些大型复杂的软件系统被构造之前人们就对其已经有较深入的认识,不会在其后续构造过程中出现重大失误。事实上,这就是软件体系结构的本质所在(参见第 1 章第 1.2 小节的相关解析),也是软件体系结构描述的根本之"道"。

6.3　形式化建模方法与描述

由于软件体系结构描述的本质在于预先给出待建系统的模型并分析其各种行为和特性,因此,如何精确地描述模型显然是必要的。尽管 UML 可以用于描述软件体系结构,对各种软件系统或离散型系统进行建模,并且通过相应支持工具的配合进行体系结构的文档化和部分目标语言代码的生成。然而,UML 不是一种形式化的语言,不能精确描述系统的行为语义。因此,非形式化描述方法不能支持在软件体系结构的抽象模型层面进行相关分析和测试,需要进一步采用形式化的描述方法及其支持语言和工具。

形式化描述方法一般有两种,一种是将通用的形式化方法运用到体系结构的描述中,另一种是设计直接面向体系结构建模的形式化描述语言(Architecture Description Language,ADL)。前者提供了强有力的分析能力、抽象能力和与实现细节的无关性,但其抽象性和通用性本质决定了其对体系结构描述的不完全适应性,不能直接对体系结构描述。一般可以用来对体系结构中的特定的状态或某个局部的行为进行精确描述,特别是为体系结构的一些关键部分或属性提供严格、正确的分析基础。后者通过吸收传统程序设计语言中语义严格、精确的特点,并针对软件体系结构的整体性和抽象性,定义和确定适合体系结构表达与描述的相关抽象元素,从而能够精确地描述体系结构。但其整体性的本质决定了其过分强调结构及其实现的抽象表达,而其分析能力较弱。事实上,从抽象角度看,通用形式化方法抽象级别较高,而 ADL 的抽象级别相对较低。因此,将两者结合起来才能达到较为理想的效果,为软件体系结构的描述提供较为完善的方法。

形式化的描述及形式语言都离不开最基础的形式语义学(formal semantics)理论,它主要研究形式化方法或语言建立中如何刻画语义,或者如何以数学为工具,利用符号和公式,精确地定义和解释形式化方法或形式化语言的语义,使语义形式化。根据所用的数学工具和研究的则重点不同,形式语义学可分为四大类:**操作语义学**(以完全偏序、连续函数和最小不动点等抽象的数学概念,通过语言的实现方式定义语言的语义,也就是将语言成分所对应的计算机的操作作为语言成分的语义）、**指称语义学**（以论域理论作为数学基础，通过执行语言成分所要得到的最终效果来定义该语言成分的语义）、**代数语义学**（以代数公里系统为基础，用代数公理刻画语言成分的语义）和**公理语义学**（以数学中的公理化方法为基础，用公理系统定义语言的语义）。通俗地讲，形式语义学理论是为形式化描述方法或语言的建立提供最基本的一些手段和方法，例如，如何定义符号及符号系统、如何定义符号系统上的算子等等。利用形式语义学中的数学理论、方法和概念，可以去创造规则、刻画规则和证明规则，从而可以建立各种描述方法和语言并分析其性质。因此，它也可以看作是形式化描述方法或语言的元语言。有关形式语义学理论的知识，在此不再展开。

基于形式语义学理论，人们又建立各种用来进行形式化描述的抽象（或基础）语言，这些语言大部分面向不同的需求方面。例如，CSP（Communicating Sequential Process）用来抽象地描述并发、交互系统的行为。它以基于代数理论而建立的进程代数为基础。Z 标记（Z Notation）语言用来描述系统的功能，它通过数学语言（描述类型及其之间的关系）、文字说明和模式（Schema）语言（用来构造、组织形式化说明的描述、整理、封装信息块并对其命名以便可以重用这些信息块，是一种构造新类型的手段）来描述一个系统的各种特征。它以一阶谓词演算和集合论为基础。Petri Net（既有严格的数学表述方式，也有直观的图形表达方式；既有丰富的系统描述手段和系统行为分析技术）用来描述离散、异步、并发的计算机系统的行为特征。它以自动机理论为基础；等等。事实上，这些语言就是上面所提及的通用形式化描述方法的基本工具。

显然，这些形式化语言仍然具有数学表示的特点，还是太抽象，不适合直接用来描述整个软件体系结构。因此，在这些形式化语言以及形式化元语言的基础上，人们又设计了各种针对特定领域的体系结构描述语言，例如，Wright、C2、ACME、MetaH、SADL、UniCon、Rapide、Darwin等等。随着软件技术的发展，诞生了一些通用型的描述语言，例如，XML 与 xUML（executable UML）。这些通用的描述语言都考虑了扩展因素，以便支持其对领域发展的普遍适用性。

本节首先解析一些通用的抽象形式化语言，然后，再解析基于这些通用形式化语言的若干软件体系结构描述语言。

6.3.1　抽象形式化描述语言

① CSP

CSP 语言以进程和进程之间的关系的描述为基础，用来描述一个复杂并发系统的动态交互行为特性。CSP 进程通过事件的有序序列定义，在事件中，一个进程与它的环境相交互。一个进程的所有事件集合构成该进程的字母表。例如 αP 表示进程 P 的事件集合（即字母表）。事件一般用小写字母表示，进程用大写字母表示。对字母表中不同事件，进程将作出不同的动作。例如 x:A→P(x)表示当进程 P 字母表 A 中的 x 事件发生后，进程 P 以 x 事件为初始事件继续进行。进程到某一时刻为止所处理的事件序列定义为进程的**迹**（Trace）。针对复杂进程的描述，CSP 允许进程嵌套，一个大的进程可以由许多小进程组成。CSP 进程之间通过发送消息交互，进程之间的关系（即进程的组合方式）通过一些运算定义，例如顺序、并发、选择和分支，以及其他非确定性的交织等等。另外，CSP 定义了两个基本的原语进程 **Skip**（正常终止）和**Stop**（死锁），用来终止一个进程。表 6-4 给出了 CSP 的基本运算。

表 6-4 CSP 语言的基本运算

分类	符号	含义	样例及解释
进程定义	α	事件集合	αP = {open,close} 表示进程 P 的事件集合为{open, close}
	:=	赋值	x := e 表示将事件 e 赋给变量 x
	→	前缀描述	x→P 表示进程 P 以 x 事件为初始事件开始运行
	μ	递归	μx:A.P(x) 表示对于进程 P 的事件集合 A 中的事件 x,进程 P 不断地执行
进程关系	|	选择	x→P | y→Q 表示执行 x→P 或执行 y→Q
	||	并发	P || Q 表示 P 和 Q 是两个并发的进程,任何一个发送的事件必须由两个进程协调同步完成
	;	顺序	P;Q 表示先执行进程 P,完成后再执行进程 Q
	□	外部选择	P = M□N 表示由外部环境决定进程 P 是运行进程 M 还是运行进程 N
进程关系	∏	内部选择	P=M∏N 表示由内部决定进程 P 是运行进程 M 还是进程 N
	⋖⋗	分支	P⋖b⋗Q 表示如果 b 为真,则运行进程 P,否则运行进程 Q
输入输出	!	输出	c!m 表示从通道 c 输出消息 m
	?	输入	c?x 表示从通道 c 输入消息 x
原语进程	Skip	中止	表示进程成功中止
	Stop	死锁	表示进程死锁
进程迹运算	^	连接	tr1 ^ tr2 ^ tr3 表示 tr1、tr2 和 tr3 三个进程迹的连接
	↑	限制	tr1 ↑ A 表示进程迹 tr1 受限于集合 A 中的事件
	0	迹头	tr_0 表示非空进程迹 tr 的第一个事件
	′	迹尾	tr′ 表示非空进程迹 tr 的最后一个事件
	#	迹长度	#tr 表示进程迹的长度,即事件的个数
	*	迹的有限集	{a,b}* = {<>,<a>,<b>,<a, a>,<a, b>,……} 表示由事件集合{a,b}构成的所有的事件有限迹的集合
	Trace	进程的迹集	Trace(P) 表示进程 P 的所有可能迹的集合

CSP 以事件为核心,通过事件集合实现进程及其关系的描述。并且,通过失效/偏差模型对进程行为进行判别。失效是由迹和拒绝集组成的对来定义,拒绝集也是一个事件集合,它给出进程在指定迹上可以拒绝的事件组合。偏差用于描述无法预测的环境(例如程序中的死循环等),它是指使进程与 CHAOS 相等的迹,其中 CHAOS 的定义为:$CHAOS_A$ = Stop∏(μx:A. x →$CHAOS_A$)。

CSP 的主要优点体现在 CSP 规范的可执行特性。因此,可以检查内在的一致性。此外,CSP 还可以支持从规范验证到设计和实现的一致性,即如果规范是正确的,并且转换也是正确的,则设计和实现也将是正确的。

【例6-3】 用 CSP 语言描述 TCP 协议的基本行为

TCP 协议提供面向连接的端到端传输控制服务,协议的行为主要有建立连接、数据传输、终止连接。为了描述 TCP 协议的行为,可以将上述的行为抽象为 3 个 CSP 子进程,所有子进程行为的综合构成 TCP 协议的整体行为。图 6-23 所示给出了 TCP 协议基本行为的 CSP 描述规范。

```
{
  client = connect->Transmission->FIN
  server = connect2->Transmission2->FIN2
  connect = make(syn,seq)->send()->portc!msg->msg?portc->if(checkcon(msg))->make(ack)
          else drop()
  connect2 = ports?msg->response(msg)->send()->portc!msg ->msg?ports->if(checkcon(msg))
          ->connect() else drop()
  transmission = make(msg,seq)->if(Windowisfull = false)->send()->portc!msg->settime()
          ->(if(Timeout = true)->transmission | portc?msg->if(checkackdata(msg, Sendqueue))
          ->change(Sendqueue) else drop() )->if(EOF = true)->skip else transmission
  transmission2 = ports!msg->(if(checkdata(msg, Receivequeue))->make(ack, seq)->send()
          ->ports!msg->change(reveivequeue) else drop())->transmission2
  FIN = make(fin, seq) ->send()->portc!msg->msg?portc->if(checkfin(msg))->disconnect()->skip
  FIN2 = ports?msg->response(msg)->send()->ports!msg->make(fin,seq,ack)->send()->Ports?msg
          ->if(checkfin(msg))->disconnect()->skip
}

// 其中原子操作定义如下:
// Windowisfull : 标志滑动窗口是否已满;
// Timeout : 超时;
// Sendqueue : 发送数据包队列;
// EOF : 文件结束;
// Receivequeue : 接收数据包队列;
// send() : 发送数据包;
// drop() : 丢弃数据;
// make() : 根据传入参数构造数据包;
// checkcon() : 检查建立连接时的数据包;
// checkfin() : 检查结束连接时的数据包;
// checkackdata() : 检查数据传输时确认数据包的序列号;
// response() : 服务器收到连接请求时进行响应并生成相应的数据包;
// connect() : 建立连接;
// disconnect() : 断开连接;
// wait() : 进程等待一段时间;
// settime() : 设置超时定时器;
// change() : 改变滑动窗口中的数据;
// checkdata() : 检查数据传输时收到数据包的序列号.
```

图 6-23　TCP 协议基本行为的 CSP 描述规范

② Z Notation

Z Notation 语言以类型及其相互关系的描述为基础,通过类型定义系统的状态以及各种操作,从而描述系统的特性。类型包括**初始类型**(Primitive types)、**给定类型**(Given Types)和**构造类型**。初始类型一般是指数学中的一些已知类型(或预定义类型),例如自然数类型 **N**、整数类型 **Z** 等。给定类型也称基本类型,用中括号表示,类型名用大写。例如,[CLIENT, ROOM]表示引入CLIENT(表示顾客)和 ROOM(表示房间)两个集合类型。对于给定类型的具体构造可以忽略,因为在抽象规范层次,该细节问题是没有必要具体描述的。构造类型也称为**模式**(Schema),它通过给出标识符(变量)及其以某种类型取值的约束关系(谓词)的集合来定义。例如,**P** X 表示所有以 X 类型的元素为子集合的集合类型,也称为 X 的幂集;$X \times Y$ 表示所有序偶对(x, y)构成的类型,也称为 X 和 Y 的叉乘积。其中 x 是 X 类型的元素,y 是 Y 类型的元素;**seq** X 表示由 X 类型的元素构成、包括空和无穷序列在内的所有序列或列表的集合。构造类型可以表示为"类型名=[状态变量 | 变量及其关系的约束]"形式,例如:$A = [x, y : \mathbf{Z} | x > y]$。考虑到可视化表示的需要,一个构造类型定义也可用一个右端开放的两格的盒式结构表示,上格给出表示构造类型状态的变量,下格给出变量及其关系的约束规则。如图 6-24 所示。另外,Z Notation 语言的构造类型机制支持递归应用(自由类型定义),因此,可以构造任意复合的类型。图 6-25 所示给出一个二叉树

类型的定义(有关运算的解析参见表 6-5,有关自由类型概念参见图 6-26)。

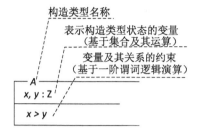

图 6-24　构造类型的可视化表示

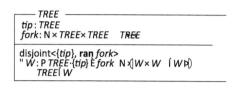

图 6-25　构造类型的可视化表示

Z Notation 中,构造类型用于定义系统的状态和操作。对于状态,构造类型名称即是状态名,盒式结构的上格给出状态的变量,下格(谓词部分)给出这些变量取值的约束;对于操作,构造类型名称即是操作名,盒式结构的上格给出操作需要涉及的变量(例如,s? 表示输入变量、s! 表示输出变量等),下格(谓词部分)给出操作调用前成立的前置条件,以及操作完全结束后成立的后置条件(两种条件都是通过各种变量的取值变化约束给出)。也就是说,假定满足前置条件,则执行完成后可得到后置条件,如果在前置条件不满足的情况下调用操作,可能产生未规定(因此不可预测)的结果。

Z Notation 中,类型之间的相互关系,事实上是指作用在类型上的一些运算定义。Z Notation 语言以一阶谓词演算和集合论为基础,因此,从集合的角度来看,运算实际上是叉乘积类型的特别子集。Z Notation 语言的主要运算如表 6-5 所示。

表 6-5　Z Notation 语言的主要运算

分类	符号	含义	样例及解释
前缀关系	disjoint	集合的不相交集	disjoint<A, B>　表示集合 A 与 B 的不相交集
中缀关系	≠	不相等	A≠B　表示集合 A 不等于集合 B
	≥	大于等于	A≥B　表示集合 A 大于等于集合 B
	≤	小于等于	A≤B　表示集合 A 小于等于集合 B
	>	大于	A>B　表示集合 A 大于集合 B
	<	小于	A<B　表示集合 A 小于集合 B
	∈	属于	a∈A　表示元素 a 属于集合 A
	∉	不属于	a∉A　表示元素 a 不属于集合 A
	⊆	包含	A⊆B　表示集合 A 包含于集合 B, A 可能等于 B
	⊂	真包含	A⊂B　表示集合 A 真包含于集合 B,A≠B
中缀函数	↦	映射	X↦Y　表示(x,y),即 X 映射到 Y
	∗ ∗	数域	a∗∗b 表示 a 到 b 之间所有整数集合
	#	集合中元素个数	#{a,b,c}=3
	$\frac{\circ}{9}$	集合的复合关系	R1={(0,1),(1,2),(2,3),(0,0),(2,1)} R2={(2,0),(3,1)} 则 R1⨾R2={(1,0),(2,1)},R2⨾R1={(2,1),(2,0),(3,2)}

（续表）

分类	符号	含义	样例及解释
中缀函数	○	逆向复合关系	$(f○g)(x)=f(g(x))$
	◁	定义域限定	$R=\{(1,1),(1,2),(2,1),(2,2)\},S=\{1\}$ 则 $S◁R=\{(1,1),(1,2)\}$
	▷	值域限定	$R=\{(1,1),(1,2),(2,1),(2,2)\},S=\{1\}$ 则 $R▷S=\{(1,1),(2,1)\}$
	◄	定义域限定减	$R=\{(1,1),(1,2),(2,1),(2,2)\},S=\{1\}$ 则 $S◄R=\{(2,1),(2,2)\}$
	▶	值域限定减	$R=\{(1,1),(1,2),(2,1),(2,2)\},S=\{1\}$ 则 $R▶S=\{(1,2),(2,2)\}$
	⊕	函数迭加	$f=\{(a,1),(b,1),(c,2),(e,5)\},g=\{(b,2),(c,3),(d,4)\}$ 则 $f⊕g=\{(a,1),(b,2),(c,3),(d,4),(e,5)\}$
	↿	序列抽取	$U=<a,b,c,d,e>,s=\{1,3,5\}$, 则 $s↿U=<a,c,e>$
	↾	序列过滤	$U=<a.1,a.2,a.3,b,c,d,e>,S=\{a.n\mid n\in N\}$ 则 $U↾S=<a.1,a.2,a.3>$
	⊗	包扩大	将包中每个元素出现次数乘上一个倍数
	⊎	包的并	与集合的并操作一样
	⊌	包的差	与集合的差操作一样
	∧	序列连接	$U=<a,b,c,d,e>,V=<f,g>$ 则 $U∧V=<a,b,c,d,e,f,g>$
	+	元素相加	$a+b$ 表示元素 a 和元素 b 相加
	–	元素相减	$a-b$ 表示元素 a 和元素 b 相减
	*	元素相乘	$a*b$ 表示元素 a 和元素 b 相乘
	∪	集合并	$A∪B$ 表示集合 A 和集合 B 相并
	∩	集合交	$A∩B$ 表示集合 A 和集合 B 相交
	×	集合叉乘	$A×B$ 表示集合 A 和集合 B 相并
	div	元素相除	a **div** b 表示元素 a 和元素 b 相叉乘
	Mod	取模	a **mod** b 表示元素 a 除以元素 b 的余数
	\	元素加入集合	
	F	给定集合的所有有穷子集	**F** X 表示给定集合 X 的所有有穷子集的集合, **F** $X⊆$ **P** X
	F1	给定集合的所有有穷子集的非空集	**F1** X 表示给定集合 X 的所有有穷子集的非空集合
	dom	偶对的定义域	$a:(X,Y)$, **dom** $a=X$
	ran	偶对的值域	$a:(X,Y)$, **ran** $a=Y$

（续表）

分类	符号	含义	样例及解释
后缀函数	$_-^*$	关系的自反传递闭包	$R^* = R^0 \cup R^1 \cup R^2 \cup R^3 \cup R^4 \cdots$ 其中 $R^0 = \mathbf{id}\ R, R^1 = R, R^2 = R\ _9^\circ R, R^3 = R\ _9^\circ R\ _9^\circ R, \cdots$
	$_-^+$	关系的闭包	$R^+ = R^1 \cup R^2 \cup R^3 \cup R^4 \cdots$
	$_-^\sim$	关系的逆	$R = \{(1,2),(2,3)\}$，则 $R^\sim = \{(2,1),(3,2)\}$
前缀通用	**id**	两个元素之间的同类关系	$W = \{a,b,c\}$，则 **id** $W = \{a \mapsto a, b \mapsto b, c \mapsto c\}$
	seq	序列类型	**seq** X 表示由 X 中的元素构成、包括空和无穷序列的所有序列或列表的集合
	seql	非空序列类型	**seql** X 表示由 X 中的元素构成、非空的所有序列或列表的集合
	iseq	不包含重复元素的序列类型	**iseq** X 表示由 X 中的元素构成、不包括重复元素的所有序列或列表的集合
	bag	包类型	包 $X = [a,b,a,b,a,c]$， 则 **bag** $X = \{a \mapsto 3, b \mapsto 2, c \mapsto 1\}$
	P	幂集构造	**P** X 表示以类型 X 的元素为子集合的集合类型
中缀通用	?	关联关系	X ? Y　表示 X 和 Y 之间存在关联
	$\leftrightarrow$	所有关系	$S \leftrightarrow T$　表示集合 S 和集合 T 中的元素的所有对应关系
	$\nrightarrow$	部分函数	$S \nrightarrow T$　表示集合 S 中的部分元素与集合 T 存在映射关系
	$\rightarrow$	全函数	$S \rightarrow T$　表示集合 S 中的每个元素都与集合 T 存在映射关系
	$\rightarrowtail$	部分入射函数	$S \rightarrowtail T$　表示集合 S 和集合 T 中的元素只能一一对应，不存在同一个元素对应两个值；但可能存在没有对应值的情况
	$\rightarrowtail$	全入射函数	$S \rightarrowtail T$　表示集合 S 中的每一个元素在对应集合 T 中必须有唯一的一个对应值
	$\twoheadrightarrow$	部分满射函数	$S \twoheadrightarrow T$　表示集合 T 中的每一个元素都能在集合 S 中找到对应，但 S 中的每个元素并不一定都能对应 T 中的元素
	$\twoheadrightarrow$	全满射函数	$S \twoheadrightarrow T$　表示集合 T 和集合 S 中的每一个元素都能在对应集合中找到对应的值
	$\rightarrowtail\kern-0.5em\twoheadrightarrow$	双射函数	$S \rightarrowtail\kern-0.5em\twoheadrightarrow T$　表示 $S \rightarrowtail T$ 和 $T \twoheadrightarrow S$
	$\nrightarrow\kern-0.6em\vert\,$	有穷部分函数	$S \nrightarrow\kern-0.6em\vert\, T$　表示 $S \nrightarrow T$ 中定义域有限
	$\rightarrowtail\kern-0.6em\vert\,$	有穷部分入射函数	$S \rightarrowtail\kern-0.6em\vert\, T$　表示 $S \rightarrowtail\kern-0.6em\vert\, T$ 中定义域有限

按照最简单的形式，Z Notation 规范一般由四个部分组成：

- 给定的集合、数据类型和常数（由给定类型指定）；
- 状态定义（由构造类型指定）；
- 初始状态（由构造类型指定）；
- 操作（由构造类型指定）。

图 6-26 给出了一个简单 Z Notation 规范的样例，该样例描述"电梯问题"的一部分特性。其中，对于操作 *Push_Button*，前置条件表明 button？必须是 buttons（所有按钮的集合）的一个成员。如果满足了第二个前置条件 button？ $\notin$ pushed（即如果该按钮没有开启），则更新 pushed 按钮集，使之包含在 button？中。因此，后置条件是：执行完操作 *Push_Button* 后，button？按钮必须加到 pushed 集合中，而不需要直接开启按钮。另一个可能性是一个已经按下的按钮再次被按下。因为 button？ $\notin$ pushed，根据第三个前置条件，将没有任何事情发生，用 pushed' = pushed 表示，即 pushed 的新状态与旧状态相同。但是，如果没有第三个前置条件（button？ $\notin$ pushed），规范描述不能说明如果一个已按下的按钮再次被按下将会发生什么，所以结果是未规定的。对于操作 *Floor_Arrival*，电梯到达某层，如果相应的楼层按钮亮着，则必须关闭它，对于相应的电梯按钮也同样。即如果 button？是 pushed 的一个元素，则必须将它从这个集合中移出。如果按钮没有开启，则集合 pushed 不变。

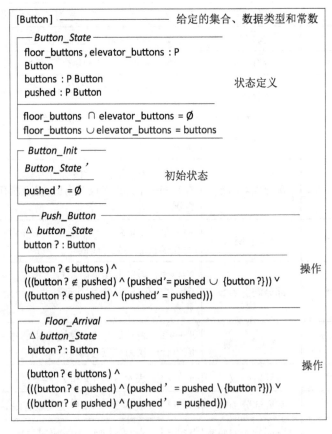

图 6-26 "电梯问题"的 Z Notation 描述规范（部分）

实际应用中，Z Notation 的一个规范(即 Z Notation 语言文档)由形式化的数学描述和非形式化的文字解释或说明组成，形式化的数学描述由段落构成，这些段落按顺序给出各种构造类型描述、全局变量定义以及基本类型描述。具体描述时，一个段落可以给出一个或多个构造类型描述、全局变量定义以及基本类型描述；一个段落可以引用在其前面段落中定义的名称，也可以引用后面段落中定义的名称。每个全局名称的作用范围自其定义开始直到整个规范文档结束。

根据段落的含义不同，段落的种类有：基本类型、公理、约束条件、构造类型、缩写、通用构造类型、通用常量和自由类型。它们的基本格式及其可视化表示如图 6-27 所示。事实上，这些表示方式都是通用的、右端开放的两格盒式结构表示方式的一种简化。因此，Z Notation 语言的一个规范实际上就是由各种类型及其实例定义、以及它们的关系的定义所组成的集合。

段落类型	形式化表示	可视化表示	样例
基本类型	$[\text{Ident}, \cdots, \text{Ident}]$		$[\text{NAME}, \text{DATE}]$
公理	$\text{Declaration} \mid [\text{Predicate}; \cdots; \text{Predicate}]$	Declaration Predicate; ⋯; Predicate 或 Declaration	$Square : \text{N} \rightarrow \text{N}$ $\forall n : \text{N} \cdot Square(n) = n * n$ $Square : \text{N} \rightarrow \text{N} \mid \forall n : \text{N} \cdot Square(n) = n * n$
约束条件	Predicate	Predicate	$n <= 18$ $n <= 18$
缩写	$\text{Ident} == \text{Expression}$		$DATABASE == ADDR \rightarrow PAGE$
构造类型	$\text{Schema-Name} =$ $[\text{Declaration} \mid [\text{Predicate}; \cdots;$ $\text{Predicate}]]$	Schema-Name Declaration Predicate; ⋯; Predicate 或 Schema-Name Declaration	$BirthdayBook$ $known : \text{P NAME}$ $birthday : \text{NAME} \nrightarrow \text{DATE}$ $known = \text{dom } birthday$ $BirthdayBook =$ $[known : \text{P NAME}; birthday : \text{NAME} \nrightarrow \text{DATE}$ $\mid known = \text{dom } birthday]$
通用构造类型	$\text{Schema-Name}[\text{Ident}, \cdots, \text{Ident}] =$ $[\text{Declaration} \mid [\text{Predicate}; \cdots;$ $\text{Predicate}]]$	Schema-Name[Ident, ⋯, Ident] Declaration Predicate; ⋯; Predicate 或 Schema-Name[Ident, ⋯, Ident] Declaration	$BirthdayBook [T_1, T_2]$ $known : \text{P } T_1$ $birthday : T_1 \nrightarrow T_2$ $known = \text{dom } birthday$ $BirthdayBook [T_1, T_2] =$ $[known : \text{P } T_1; birthday : T_1 \nrightarrow T_2$ $\mid known = \text{dom } birthday]$
通用常量	$[[\text{Ident}, \cdots, \text{Ident}]] =$ $[\text{Declaration} \mid [\text{Predicate}; \cdots;$ $\text{Predicate}]]$	[[Ident, ⋯, Ident]] Declaration Predicate; ⋯; Predicate 或 [[Ident, ⋯, Ident]] Declaration	$[X, Y]$ $first : X \times Y \rightarrow X$ $\forall x : X; y : Y \cdot first(x, y) = x$ $[X, Y] = [first : X \times Y \rightarrow X$ $\mid \forall x : X; y : Y \cdot first(x, y) = x]$
自由类型	$[\text{Ident} [《\text{Exp}》]$ $/ \text{Ident} [《\text{Expo}》]$ $/ \mid \cdots$ $\mid \text{Ident} [《\text{Exp}》] \mid$ $[\text{Predicate}; \cdots; \text{Predicate}]]$	Ident [《Exp》] : Exp Ident [《Exp》] : Exp ⋯ Ident [《Exp》] : Exp Predicate; ⋯; Predicate	$[T]$ $c_1, \cdots, c_m : T$ $d_1 : E_1[T] \rightarrowtail T$ $\cdots$ $d_n : E_n[T] \rightarrowtail T$ $\forall W : \text{P } T \cdot$ $\{c_1, \cdots, c_m\} \cup d_1(\!(E_1[W])\!) \cup \cdots \cup d_n(\!(E_n[W])\!) \subseteq W$ $\Rightarrow T \subseteq W$ $T = [c_1 \mid \cdots \mid c_m \mid d_1 《 E_1[T]》 \mid \cdots \mid d_n 《 E_n[T]》]$

图 6-27　Z Notation 语言规范的段落基本格式

从本质上看，Z Notation 语言的基本思想与面向对象的基本思想有着思维通约性，例如，Z Notation 语言的类型及其关系与面向对象方法中的对象及其关系相对应，构造类型概念与类概念相对应（确切地说，与不带操作的"结构"概念相对应），通用构造类型概念与类模板概念相对应，等等。

【例 6-4】 用 Z Notation 语言描述一个图书馆问题

首先定义一些基本类型：[Patron，Item，Date，Duration]，分别表示读者集合、图书资料集合、日期集合、期限集合。然后，定义状态 *Library*，其中，Catalogue，OnReserve 分别是属于图书资料的目录集合和在服务集合；Borrower，DueDate 分别是属于被借出的图书资料构成的子集的借者集合和归还日期集合；Fine 是属于还未支付罚金的那些读者构成的子集；约束 **dom** Borrower = **dom** DueDate 表示被借出的图书资料的子集应该正好是图书资料中含有归还日期的子集。图 6-28 所示给出了图书馆问题的部分 Z Notation 描述规范。

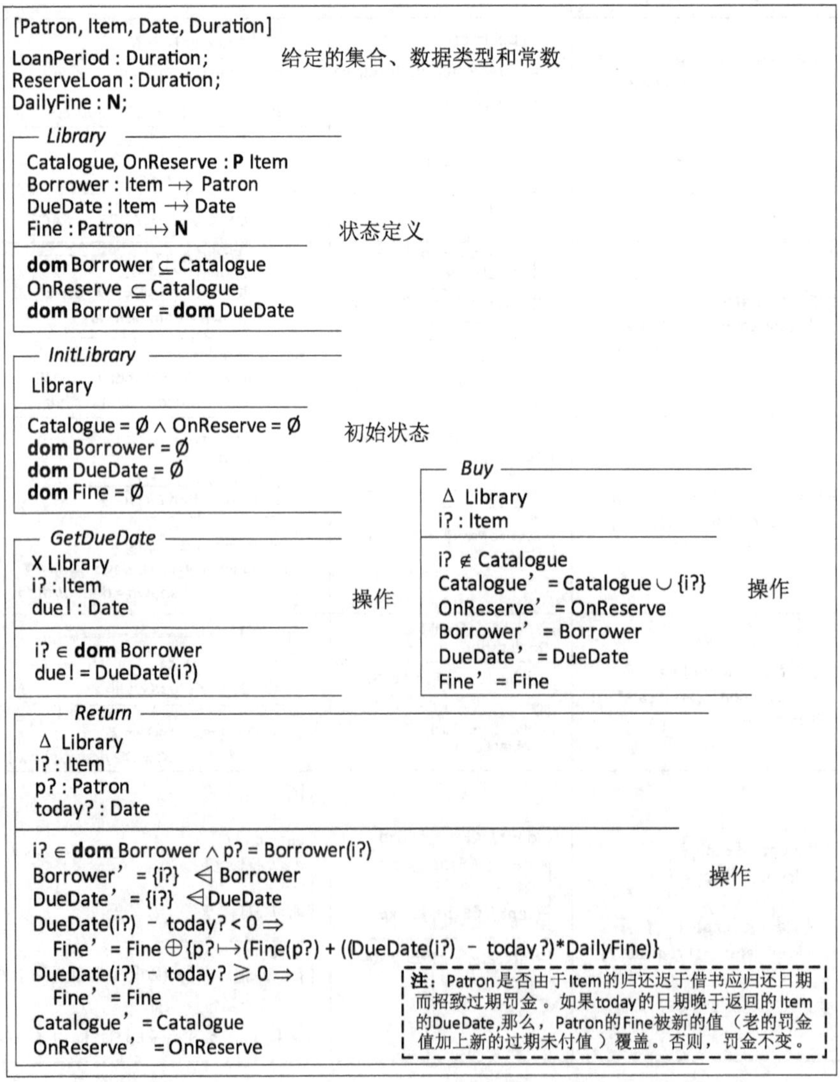

```
[Patron, Item, Date, Duration]
LoanPeriod : Duration;          给定的集合、数据类型和常数
ReserveLoan : Duration;
DailyFine : N;
 ┌─ Library ──────────────────
 │ Catalogue, OnReserve : P Item
 │ Borrower : Item ⇸ Patron              状态定义
 │ DueDate : Item ⇸ Date
 │ Fine : Patron ⇸ N
 ├────────────────────────────
 │ dom Borrower ⊆ Catalogue
 │ OnReserve ⊆ Catalogue
 │ dom Borrower = dom DueDate
 └────────────────────────────

 ┌─ InitLibrary ──────────────
 │ Library
 ├────────────────────────────
 │ Catalogue = ∅ ∧ OnReserve = ∅        初始状态
 │ dom Borrower = ∅
 │ dom DueDate = ∅
 │ dom Fine = ∅
 └────────────────────────────

 ┌─ GetDueDate ───────────              ┌─ Buy ────────────────────────
 │ X Library                            │ Δ Library
 │ i? : Item                            │ i? : Item
 │ due! : Date                  操作     ├──────────────────────────────
 ├───────────────────────               │ i? ∉ Catalogue
 │ i? ∈ dom Borrower                    │ Catalogue' = Catalogue ∪ {i?}
 │ due! = DueDate(i?)                   │ OnReserve' = OnReserve        操作
 └───────────────────────               │ Borrower' = Borrower
                                        │ DueDate' = DueDate
 ┌─ Return ──────────────────           │ Fine' = Fine
 │ Δ Library                            └──────────────────────────────
 │ i? : Item
 │ p? : Patron
 │ today? : Date
 ├──────────────────────────────────────────────────
 │ i? ∈ dom Borrower ∧ p? = Borrower(i?)
 │ Borrower' = {i?} ⩤ Borrower                        操作
 │ DueDate' = {i?} ⩤ DueDate
 │ DueDate(i?) - today? < 0 ⇒
 │    Fine' = Fine ⊕ {p?↦(Fine(p?) + ((DueDate(i?) - today?)*DailyFine)}
 │ DueDate(i?) - today? ⩾ 0 ⇒
 │    Fine' = Fine              ┌─────────────────────────────────────────┐
 │ Catalogue' = Catalogue      ┆ 注：Patron是否由于Item的归还迟于借书应归还日期 ┆
 │ OnReserve' = OnReserve      ┆ 而招致过期罚金。如果today的日期晚于返回的Item ┆
 └──────────────────────       ┆ 的DueDate，那么，Patron的Fine被新的值（老的罚金 ┆
                               ┆ 值加上新的过期未付值）覆盖。否则，罚金不变。    ┆
                               └─────────────────────────────────────────┘
```

图 6-28 "图书馆问题"的 Z Notation 描述规范（部分）

6.3.2　软件体系结构描述语言

目前，软件体系结构描述语言没有一个完整的定义和规范，各种软件体系结构描述语言都有其针对性。然而，从软件体系结构的技术层面涵义来看（参见第 1.1 小节的解析），显然每种描述语言都必须提供三个最基本的语言元素：**构件**（Components）、**连接器**（Connectors）和**配置**（Configurations）。一般来说，较为完整的体系结构描述语言应该可以由"4C"组成，即三个基本元素再加上一个**约束**（Constraints）元素。

① Wright

Wright 基于 CSP 而定义，可以描述体系结构风格、系统族、体系结构实例和单个系统。Wright 将构件形式化为计算，将连接器形式化为交互模式。构件的描述一般涉及**接口**（Interface）和**计算**（Computation）两个方面。一个接口可以由多个**端口**（Port）组成，每个端口表示构件参与的一种交互。计算部分的描述说明了构件的行为，它执行由端口描述的交互行为。图 6-29（a）所示给出了一个构件的基本描述结构。事实上，端口相当于构件的静态行为描述，不同的端口描述说明了构件的不同属性。而计算相当于构件的动态行为，它执行由端口表示的构件与系统交互的期望。连接器主要描述构件之间的交互模式，一般涉及**角色**（Role）和**粘合**（Glue）两个部分。角色抽象了在交互中单个参与者的行为，角色的集合描述了一个连接器模式完成其交互逻辑所应具有的所有参与者。粘合描述了参与者之间如何协作以实现连接器规定的交互模式。图 6-29（b）所示给出了一个连接器的基本描述结构。事实上，与构件相似，角色相当于连接器的静态行为描述，不同的角色描述说明了连接器的不同属性。而粘合相当于连接器的动态行为，它执行由角色表示的连接器连接构件的期望。Wright 将对构件的描述和对连接器的描述结合在一起，形成一个配置，以便描述一个完整的系统体系结构。一个配置是指通过连接器实例将各

```
Component 构件名
Port 端口名 = 类型 [注释]
Port 端口名 = 类型 [注释]
...
Computation = CSP-spec [注释]
```

```
Connector 连接器名
Role 角色名 = 类型[注释]
Role 角色名 = 类型[注释]
...
Glue = CSP-spec [注释]
```

（a）构件的基本描述结构　　　　（b）连接件的基本描述结构

```
Configuration 配置名
    Component 构件名
    ...

    Connector 连接器名
    ...

    Instances
        构件实例名：构件名；
        连接器实例名：连接器名；
        ...

    Attachments
        构件实例名.端口名 as 连接器实例名.角色名；
        ...
End 配置名
```

（c）配置的基本描述结构

图 6-29　Wright 基本描述元素的结构

个构件实例连接起来的集合,所有连接器实例行为和构件实例行为的并发组合即构成一个配置的行为描述。图6-29(c)所示给出了一个配置的基本描述结构。其中,**附属**(Attachment)部分定义了配置的拓扑结构。图6-30所示给出了一个具体的描述案例。

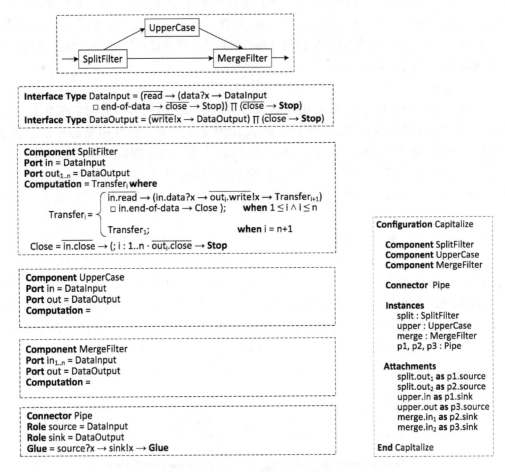

图6-30 Wright描述的一个案例

Wright支持层次描述,允许配置嵌套(即构件描述可以再包含一个配置描述)。因此,Wright具有递归描述特性。另外,Wright通过**参数化**和**约束**描述机制,可以将对简单系统体系结构的描述拓展到对系统族的描述。

事实上,Wright构件中的一个端口描述构件的一种(与外部环境的)交互行为,而计算则描述一个构件的完整体内部行为;一个连接件中的一个角色描述一个(与构件的)交互行为,而粘合则描述由连接件所连接的多个构件之间的完整交互行为。

② xUML or xtUML(**e**xecutable and **t**ranslatable UML)

xUML or xtUML是UML的一个可执行版本,它剔除了传统UML中语义较弱的建模元素,增加了动作语义的精确描述。xUML or xtUML标准本身并没有定义自己的动作语义描述语言或元素,而是集成了其他面向执行语义描述的语言,ASL(Action Specification Language,动作说明语言)就是其中一种。相对于Java、C++等程序设计语言而言,ASL的抽象层次更高,它独立于具体的平台,是平台独立的语言。也就是说,ASL 主要在抽象层面描述操作语义,其描述方法不受具体平台的影响。例如,对一个对象的访问,在 C++中需要通过指针或成员运算操作,在 Java 中需要通过对象引用操作。这些操作的语法和语义在不同语言中的定义都是不同的。而在 ASL 中,只是说明访问哪个对象,究竟如何访问是不涉及的,或者说是可以映射到各种具体平台的访问操作。ASL 主要用来在 xUML 模型的上下文中详细、精确地描述处理行为,采用 ASL 可以创建计算上完整的 UML 模型(即可执行模型)。ASL 可以描述顺序逻辑、操纵静态模型以及描述简单算法,也可以用于描述模型执行的初始入口条件和动作以及专门用于测试的外部触发条件和动作,另外,ASL 也支持对已经存在的传统代码或其他域模型的访问描述(比如通过 $ INLINE 机制插入传统代码等)。

xUML 将一个系统的描述分为四个层次,如图 6-31 所示。其中,**域**(domain)表示系统的某个主题或侧面,**类**(class)表示相似事务的集合,**状态**(state)表示类的一种情形,**操纵**(operator)表示状态无关的行为。每当调用一个操作或到达每个状态入口的时候,会有一个动作被执行,该动作通过 ASL 描述。

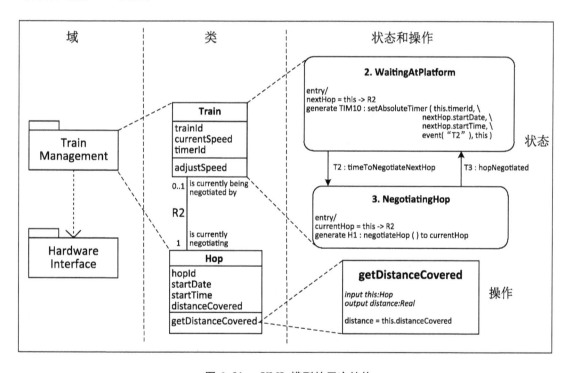

图 6-31 xUML 模型的层次结构

ASL 的关键特征主要包括**实例句柄**、**对象操纵**、**关联操纵**、**调用操作**和**发送信号**。图 6-32 所示给出了每个特征的使用案例及其解析。一个系统的全部行为都可以使用带有动作语言语句的 xUML 来表示,例 6-5 给出了 ASL 在一个可执行模型中的所有用法,包括可执行模型内部的描述(类和域提供的操作、状态模型的动作和域之间的接口——桥)和模型的执行环境的描述(仿真和测试的初始条件、用于仿真和测试的外部触发)。有关 ASL 的详细介绍,读者可以参阅站点 www.kc.com 上的 ASL 参考手册。

对象句柄：用于对一个对象的引用

关键字　　对象属性名

例： selectedAccount = **find-only** Account **where** accountNumber = 33

对象实例名　　　关键字　　对象类型　　　对象实例建立的条件

关键字　对象属性名

{ overdrawnAccounts } = **find** Account **where** balance < 0.0

对象实例集合　　　　关键字 对象类型　对象实例建立的条件

对象操纵：用于对一个对象或类进行操作，例如对象的创建与撤销、属性的读写等

例： newAccount = **create** Account **with** accountNumber = 123456 \

对象实例名　　　关键字 对象类型　　 & balance = openingBalance \

& dateOpened = currentDate

对象实例建立的条件

newAccount = **create unique** Account **with** balance = openingBalance \

& dateOpened = currentDate

theBalance = newAccount.balance

对象实例名　对象属性名

newAccount.balance = updatedBalance

delete selectedAccount

delete { overdrawnAccounts }

关联操纵：用于对多个对象进行关联或取消关联，以及实现关联漫游

例： **link** theCustomer R1 theAccount

关键字　对象实例名　　　对象实例名

关联名

owningCustomer = selectedAccount **->** R1

关联漫游

（由selectedAccount经
过R1漫游到Customer）

{ customersAccounts } = theCustomer **->** R1

unlink theCustomer R1 theAccount

调用操作：用于对域操作、类操作或对象操作的调用

域操作符

例： [position] = TM1 **::** reportTrainPosition [theTrainId]

返回参数　　域主　域内　　　操作名　　　　输入参数
　　　　　　键码　操作
　　　　　　　　　编号

类操作符

[newAccCurve] = AC1 **:** createAccelCurve [startDistance, endDistance, ...]

返回参数　　　类主　类内　　操作名　　　　　输入参数
　　　　　　　键码　操作
　　　　　　　　　编号

类操作符　　　　　　对象操作符

[range, bearing, elevation] = TGT1 **:** reportLocation [ ] **on** theTarget

返回参数　　　　　类主　类内　操作名　　输入　对象实例名
　　　　　　　　　键码　操作　　　　　参数
　　　　　　　　　　　编号

发送信号：用于对对象实例发送异步信号（操作调用提供的是同步消息发送方式）

关键字

例： **generate** D2 **:** doorFullyClosed ( ) **to** theDoor

关键字　类主 类内　信号名　　参数　对象实例名
　　　　键码 信号
　　　　　　编号

图 6-32　ASL 关键特征及其解析

【例6-5】 列车管理系统的 xUML 模型

列车管理系统的 xUML 模型分为四个域:**列车管理域**(职责是根据在所选定旅程上的各个站之间预先定好的速度规则,控制列车沿着该旅程运动)、**位置追踪域**(职责是维护一张即时的运行视图,定位每一列列车在铁路网络中的位置)、**资源分配域**(职责是评估可用资源并按一定策略来满足客户对资源的要求)、**用户接口域**(职责是通过 GUI 反映系统的状态,同时从用户处得到命令反馈)和**硬件接口域**(职责是为系统和不同的硬件设备之间的交互提供服务)。图 6-33(a)所示是列车在两个车站之间的旅程的剖面示意图。图 6-33(b)所示是列车管理系统模型的域图。图 6-33(c)所示是列车管理系统模型中列车管理域的类图。图 6-33(d)所示是 AccelerationCurve 类的状态图。图 6-33(e)所示是 calculateDesiredSpeed() 操作的逻辑描述。图 6-33(f)所示是列车管理域的类协作模型。图 6-33(g)所示是桥操作逻辑描述。图 6-33(h)和图 6-33(i)所示是用于仿真和验证的逻辑描述示例。

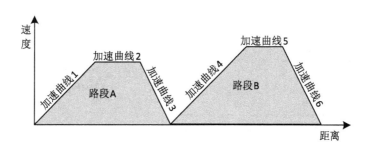

(a) 列车在两个车站之间的旅程的剖面示意图

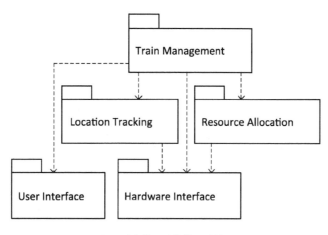

(b) 列车管理系统模型的域图

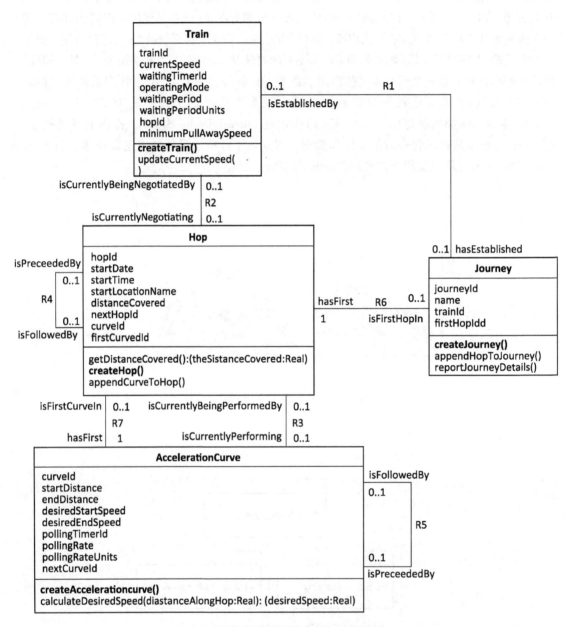

（c）列车管理系统模型中列车管理域的类图

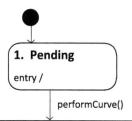

1. Pending

entry /

performCurve()

2. MaintainingAccelerationCurve

entry /
#Have we reached the end of the acceleration curve yet?
theCurrentHop = this -> R3
[actualDistanceCovered] = H1:getDistanceCovered() on theCurrentHop
if actualDistanceCovered < this.endDistance then

   # There is still more of this acceleration curve to go, so adjust the speed to achieve the
   # desired speed for the respective part of this acceleration curve

   theTrain = this -> R3 -> r2
   [desiredCurrentSpeed] = AC1:caculateDesiredSpeed(actualDistanceCovered) on this
   [] = M1:adjustSpeed(theTrain.currentSpeed, desiredCurrentSpeed) on the Train

   # ... and then set the "pollingTimer" to fire when it's again time to re-adjust the speed.

   generate TIM1:Set_Timer(this.pollingTimedId, this.pollingRate, this.pollingRateUnits, event("AC2"), this)
else
   #Report that the end of the acceleration curve has been reached.
   generate AC3:endDistanceReached() on this
endif

endDistanceReached()　　　　　　　　　　timeToAdjustSpeed()

3. AccelerationCurveComplete

entry /
theCurrentHop = this->R3
unlink this R3 theCurrentHop

theHopContainingFirstCurve = this->R7
if theHopContainingFirstCurve = UNDEFINED then
   # This curve is NOT the first curve in the current hop – do nothing.
else
   # This curve is the first in the current hop.
   unlink this R7 theHopContainingFirstCurve
Endif

nextCurve = this -> R5."isFollowedBy"
if nextCurve = UNDEFINED then
   generate H3:finalCurvePerformed() to theCurrentHop
else
   unlink this R5."isFollowedBy" nextCurve

   link nextCurve R3 theCurrentHop
   generate H2:curvePerformed() to theCurrentHop
endif

delete this

（d）AccelerationCurve 类的状态图

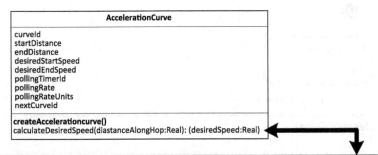

```
AccelerationCurve

curveId
startDistance
endDistance
desiredStartSpeed
desiredEndSpeed
pollingTimerId
pollingRate
pollingRateUnits
nextCurveId

createAccelerationcurve()
calculateDesiredSpeed(diastanceAlongHop:Real): (desiredSpeed:Real)
```

```
# The desired speed is determined by looking up the speed for the specified 'distanceAlongHop'
# (as defined by the linear acceleration profile defined by this Acceleration Curve )
# - except for the case when the train is at the start of a curve and is about to pull – away from rest.
# In such cases, the desired speed will be the respective train's 'minimumPullAwaySpeed'.

if ( distanceAlongHop = this.startDistance ) & ( this.startSpeed = 0.0 ) then

    # Must be about to pull – away from rest – so adjust the speed to that of the train's minimum pull – away
speed.
    theTrain = this -> R3 -> R2
    desiredSpeed = theTrain.minimumPullAwaySpeed

else

    # Not about to pull away, so control speed according to this Acceleration Curve's profile.
    lengthOfCurve = this.endDistance – this.startDistance
    requiredSpeedDifference = this.endSpeed – this.startSpeed
    speedGradient = requiredSpeedDifference / lengthOfCurve

    distanceAlongCurve = distanceAlongHop – this.startDistance
    deltaSpeed = distanceAlongCurve * speedGradient

    desiredSpeed = deltaSpeed + this.startSpeed

endif
```

（e）calculateDesiredSpeed( )操作的逻辑描述

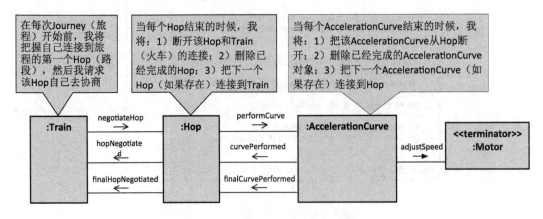

（f）列车管理域的类协作模型

2. MaintainingAccelerationCurve

entry /
#Have we reached the end of the acceleration curve yet?
theCurrentHop = this -> R3
[actualDistanceCovered] = H1:getDistanceCovered() on theCurrentHop
if actualDistanceCovered < this.endDistance then

   # There is still more of this acceleration curve to go, so adjust the speed to achieve the
   # desired speed for the respective part of this acceleration curve

   theTrain = this -> R3 -> r2
   [desiredCurrentSpeed] = AC1:caculateDesiredSpeed(actualDistanceCovered) on this
   [] = M1:adjustSpeed(theTrain.currentSpeed, desiredCurrentSpeed) on the Train

   # ... and then set the "pollingTimer" to fire when it's again time to re-adjust the speed.

   generate TIM1:Set_Timer(this.pollingTimedId, this.pollingRate, this.pollingRateUnits, event("AC2"), this)
else
   #Report that the end of the acceleration curve has been reached.
   generate AC3:endDistanceReached() on this
endif

对 M1:adjustSpeed
桥操作的调用导致
这个桥例程的运行

```
vo;tageMonitoringADC = 3
voltageSettingDAC = 4

if ( currentSpeed > desiredSpeed ) then
    # Train needs to be slowed down – so decrement the voltage.
    $USE HI
    [motorVoltage] = ADC1:getADCValue(vo;tageMonitoringADC)
    newVoltage = motorVoltage – 1
    [] = DAC1:setDACValue(voltageSettingDAC, newVpltage)
    $ENDUSE
else
    if ( currentSpeed < desiredSpeed  ) then
      # Train needs to be sped up – so increment the voltage.
      $USE HI
      [motorVoltage] = ADC1:getADCValue(vo;tageMonitoringADC)
      newVoltage = motorVoltage + 1
      [] = DAC1:setDACValue(voltageSettingDAC, newVpltage)
      $ENDUSE
    else
      # Train is travelling at desired speed – so do nothing.
    endif
endif
```

（g）桥操作逻辑描述

```
# 创建 "Jubilee Xmas Special" 旅程
journeyNumber = 12345
journeyName = 'The Jubilee Xmas Special'
[theJubileeXmasSpecialJourney] = J1:createJourney( journeyNumber, journeyName )

# 创建一列列车进行 "Jubilee Xmas Special" 旅程
idOfTrain = 65
waitingPeriod = 2
waitingPeriodUnits of TimeUnit = 'MINUTE'
[theJubileeSpecialTrain] = T1:createTrain( idOfTrain, waitingPeriod, waitingPeriodUnits )

# 为 "Jubilee Xmas Special" 旅程创建从金丝雀码头到北格林威治的单个路段
  the 'Jubilee Xmas Special' journey
hopStartDate = 2010.12.24
hopStartTime = 23:45:00
[theCanaryToNorthGreenwichHop] = J2:appendHopToJourney( hopStartDate, hopStartTime ) on theJubileeXmasSpecialJourney

# 为这个路段创建三个加速曲线
# 在0到1000 m之间，从0加速到40 km/h，轮询率为500 ms
  polling rate of 500 milliseconds
[acceleration] = H3:appendCurveToHop( 0.0, 1000.0, 0.0, 40.0, 500, 'MILLISECOND' ) on theCanaryToNorthGreenwichHop

# 在1000到2500 m之间，保持40 km/h的速度，轮询率为500 ms
  40 km/h, with a polling rate of 500 milliseconds
[cruise] = H3:appendCurveToHop( 1000.0, 2500.0, 40.0, 40.0, 500, 'MILLISECOND' ) on theCanaryToNorthGreenwichHop

# 在2500到4000 m之间，从40 km/h减速到0，轮询率为500 ms
  a polling rate of 500 milliseconds
[deceleration] = H3:appendCurveToHop( 2500.0, 4000.0, 40.0, 0.0, 500, 'MILLISECOND' ) on theCanaryToNorthGreenwichHop
```

> 说明：列车在23:45离开金丝雀码头开始一个由三个加速曲线组成的路段，然后到达北格林威治

（h）详述"2010年伦敦地铁Jubilee线"的圣诞旅程用例的 ASL 初始化片段示例

```
theJubileeXmasSpecialJourney = find-only Journey where name = 'The Jubilee Xmas Special'

theJubileeXmasSpecialTrain = theJubileeXmasSpecialJourney -> R1

if theJubileeXmasSpecialTrain != UNDEFINED then
    generate T8:doEmergencyStop() to theJubileeXmasSpecialTrain
else
    # Do nothing – there is no train established for this journey.
endif
```

> 说明：发送主动式信号 doEmergencyStop 给正在进行名为 "Jubilee Xmas Special" 旅程的TRAIN。

（i）"2010年伦敦地铁Jubilee线"的圣诞旅程用例的 ASL 测试例程示例

图 6-33　列车管理系统的 xUML 模型（部分）

xUML 的开发流程主要包括**模型构建**、**模型仿真调试测试**和**代码生成**三个基本阶段。

③ SIDL（Service and Interaction Description Language）*

SIDL 是面向网络体系结构描述的一种专用语言，它针对网络系统的并发和强交互特性，抽象了**服务**（Service）和**服务交互**（Service Interaction）两个基本概念，并定义服务和服务交互的描述方法，包括语言结构和可视化表示元素。静态结构部分基于 XML，动态行为部分基于 CSP（Communicating Sequential Processes）。SIDL 将服务交互分解为**协议**和**环境**两个部分，以

---

* SIDL 是作者所承担国家 973 项目的相关研究成果。

便对服务交互进行细粒度描述。服务件、协议件、环境件及其配置构成一个网络体系结构的基本描述元素。图 6-34 所示是 SIDL 基本描述元素的可视化表示及形式化规范结构说明（形式化规范详细定义参见配套的电子资源）。图 6-35(a) 所示是一个路由服务系统的描述，图 6-35(b) 所示是 SMTP/TCP/IP 三层结构系统的描述，图 6-35(c) 所示是 P2P 结构系统的描述。

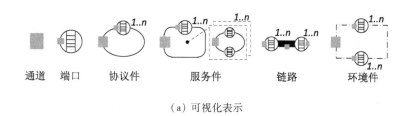

通道　端口　协议件　　服务件　　链路　　　环境件

(a) 可视化表示

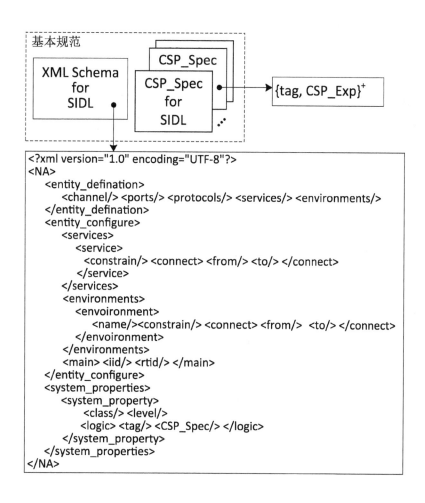

```
<channel>
    <tid/>
    <logic>
        <tag/> <CSP_Spec/>
    </logic>
</channel>
```

```
<port>
    <tid/><buffer/>
    <channel><iid/><rtid/></channel>
    <logics>
        <basic_logic>
            <tag/> <CSP_Spec/>
        </basic_logic>
        <expend_logic>
            <tag/> <CSP_Spec/>
        </expend_logic>
    </logics>
</port>
```

```
<protocol>
    <tid/><description/>
    <channel><iid/><rtid/></channel>
    <ports> <port><iid/><rtid/></port></ports>
    <constrain><tag/><CSP_Spec/></constrain>
    <logics>
        <basic_logic>
            <tag/> <CSP_Spec/>
        </basic_logic>
        <expend_logic>
            <tag/> <CSP_Spec/>
        </expend_logic>
    </logics>
</protocol>
```

```
<service>
    <tid/><channel><iid/><rtid/> </channel>
    <ports><port><iid/><rtid/></port></ports>
    <protocols><protocol><iid/><rtid/></protocol></protocols>
    <constrain><tag/> <CSP_Spec/></constrain>
    <logics>
        <basic_logic>
            <tag/> <CSP_Spec/>
        </basic_logic>
        <expend_logic>
            <tag/> <CSP_Spec/>
        </expend_logic>
    </logics>
</service>
```

```
<link>
    <tid/><class/><channel/>
    <ports><port><iid/><rtid/></port></ports>
    <properties><property/></properties>
    <logics>
        <basic_logic>
            <tag/> <CSP_Spec/>
        </basic_logic>
        <expend_logic>
            <tag/> <CSP_Spec/>
        </expend_logic>
    </logics>
</link>
```

```
<environment>
    <tid/><class/><channel/>
    <ports><port><iid/><rtid/></port></ports>
    <properties><property/></properties>
    <services><service><iid/><rtid/></service></services>

<subenvironments><subenvironment><iid/><rtid/></subenvironment></subenvoronments>
    <constrain><tag/><CSP_Spec/></constrain>
    <logics>
        <basic_logic><tag/><CSP_Spec/></basic_logic>
        <expend_logic><tag/><CSP_Spec/></expend_logic>
    </logics>
</environment>
```

（b）形式化规范结构说明

图 6-34　SIDL 的基本描述元素

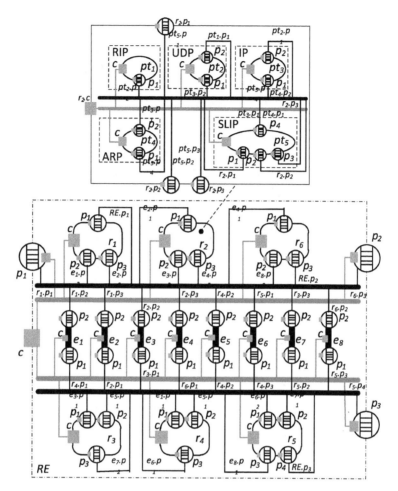

（a）一个路由服务系统的可视化描述（形式化描述参见配套电子资源第 6 章）

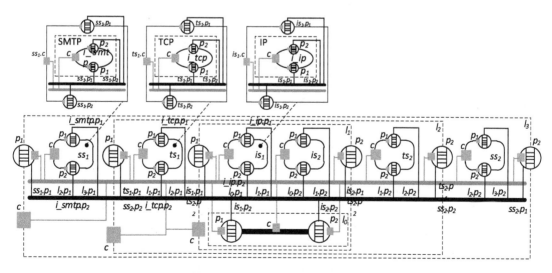

（b）SMTP/TCP/IP 三层体系结构的可视化描述（形式化描述参见配套电子资源第 6 章）

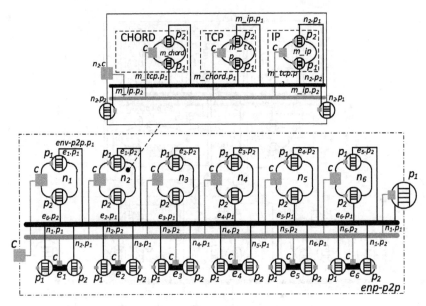

（c）P2P 体系结构的可视化描述（形式化描述参见配套电子资源第 6 章）

图 6-35　基于 SIDL 的网络体系结构描述案例

6.3.3　对形式化描述方法的进一步认识

　　形式化描述的本质在于抽象，抽象的级别不同将导致方法的适用范围不同。基于数学语言的通用抽象形式化描述方法及语言具有较高的抽象级别，其适用范围较为宽广，可以作为其他描述语言的基础。而直接面向体系结构建模的形式化描述方法及语言，其抽象级别相对较低，因此，其适用范围相对专用。事实上，直接面向体系结构建模的形式化描述方法主要关注系统的结构部分，是面向系统宏观部分的描述；而通用抽象形式化描述方法主要关注系统的行为部分，是面向系统微观部分的描述。

　　建立形式化描述方法的目的，是为了对系统体系结构进行分析和验证，以便在设计阶段对待建系统进行定量分析和仿真模拟，从理论上确保待建系统的正确性及其有效性能。从而，有利于待建系统的实现。尽管不同的系统有不同的特点，其需要分析和验证的方面也各有不同，但是，从系统论的角度，所有系统都存在一个相同的需要分析和验证的最小子集。一般来说，这个子集主要涉及**一致性**和**完备性**两个方面。一致性是指描述必须有意义，描述的不同部分不会存在相互矛盾的现象。例如，Wright 构件中的端口和计算之间的一致性、配置附属中的端口和连接器角色之间的兼容性、参数化描述实例中的参数范围检测和参数替换、连接器无死锁、角色无死锁、连接器的单一激发、风格约束、风格一致性等等。完备性是指描述所包含的属性足够用于分析。例如，Wright 配置中的附属完备性等等。相对于一致性而言，完备性显然是与特定的属性或分析相关的。也就是说，一个描述可能对于某种分析是完备的，但对于其他方面的分析可能是不完备的。Wright 根据所考虑的属性不同，可以采用多种完备性处理方法。例如，对于构件之间的通信依赖，Wright 在语言的语义中构建完备性；对于事件的时间属性，由于 CSP 本身不支持，因此，Wright 通过注释补充来提供完备性；对于无连接的端口或角色，通过其与角色或端口的 **Stop** 进程的兼容性来构建完备性，等等。

图 6-36 所示给出了端口和计算之间的一致性测试、连接器无死锁测试和兼容性测试的案例。

$$P \subseteq (C \,||\, (\,||\, i : 1..n \cdot det(P_i \uparrow \alpha_0 P_i\,))) \uparrow \alpha P$$

其中：C表示计算进程，P、P_i表示端口进程；α_0表示被观测到的αP的子集；det(P)表示与P有相同的迹，但具有更少的优先取舍权（即：使P确定化）

（注：一个端口的描述必须是计算的一个映射，并且，假设此时环境服从其他所有端口接口）

（a）计算 C 与端口 P 一致性

$$G \,||\, (\,||\, i : 1..n \cdot R_i : P_i\,)$$

其中：G是连接器的粘合；R_i是连接器的角色；P_i是角色进程

（注：一次交互的参与者与粘合之间的协调一致性）

（b）无死锁连接器

$$R_{+(\alpha P - \alpha R)} \subseteq P_{+(\alpha R - \alpha P)} \,||\, det(R)$$

其中：P表示端口；R表示角色；对于任意进程P和事件集A，$P_{+A} = P \,||\, Stop_A$

（注：端口必须处理角色所描述的所有观测到的事件，但可能处理得更多；并且，当端口在激发的事件之间进行选择时，必须从角色所指定的集合中进行选择，但可以不接受角色所允许的选项）

（c）端口 P 与角色 R 兼容

图 6-36　Wright 描述中的一致性测试案例

更为深入地可以认识到，形式化的本质在于其以刚性逻辑文化为基础。因此，对于在柔性人情文化环境中成长的人而言，其思维习惯制约了形式化技术的运用、创新与发展。

6.4 本章小结

软件体系结构建模是软件系统构造的第一步，它是将程序基本范型、设计模式及基本风格等在具体软件系统构造中进行灵活运用，其本质是要精确确定待建软件系统的功能需求和非功能需求。随着软件体系结构研究的深入和发展，软件体系结构建模方法也不断发展，特别是形式化方法的发展，为从理论上确保软件系统质量、可靠性和性能等提供理论基础，从而建立并完善以体系结构为中心的软件系统设计与开发方法学。描述作为建模方法的具体表现手段，也伴随着建模方法而发展，从直观可视的图形语言到形式化语言，为建模方法的具体应用提供支持。

习　题

1. 什么是建模？为什么要建模？
2. 建模与描述是什么关系？
3. 什么是结构？结构一般包括哪两个基本元素？
4. 什么是视图？体系结构采用视图描述方法有何优点？
5. 请解析视图、模型和体系结构三者之间的关系？（提示：多个视图组成一个架构）

6. "4+1视图"描述方法中,几个视图之间有什么关系?

7. "4+1视图"描述方法中,哪个视图对于所有的情况都适用? 为什么?

8. 对于"4+1视图"方法中的"+1视图"从最初的"场景视图"变成了 RUP 的"用例视图",你是如何看待的? 它们的内涵究竟哪个更丰富? (提示:Use Case 是 RUP 重要的商业标签)

9. UML 描述方法与"4+1视图"描述方法是什么关系?

10. UML 描述方法的概念模型包括哪三个要素? 它们的作用分别是什么?

11. 如果想描述一个类的语义,应该用公共机制中的那个机制?

12. 事物或关系也可称为建模元素,哪种元素可以包含其他元素? 这些元素有什么作用?

13. 详细规格描述与基本建模元素有何区别? 有什么作用?

14. 构造型的作用是什么? 为什么要引入构造型?

15. 标记值的语义是什么? 有什么作用? 它的表示法与约束的表示法有什么不同?

16. 交互图本质上是哪两种图的综合?

17. 解释 UML 中模型、视图、图和元素之间的区别和联系。

18. UML 中事物和关系是不是结构的两个基本元素? 为什么?

19. 什么是静态结构? UML 中如何为静态结构建模?

20. 什么是接口? 它与类的操作(或方法)是不是同一个东西? 举例说明。

21. 什么是主动类? 它与一般类有什么不同?

22. 对象、协作与用况三者之间是什么关系? 举例说明。

23. 什么是关联关系? 什么是依赖关系? 什么是实现关系? 什么是泛化关系? 请举例说明。

24. 依赖关系可以细分为使用依赖、抽象依赖、授权依赖和绑定依赖,请各举例说明。

25. 请指出图 6-37 类图中各个部分与各个 UML 关联属性的对应关系。

(关联名称,关联角色,关联多重性,关联导航性,源对象,目标对象,关联限定符)

图 6-37 类图示例

26. 什么是类元? 它与类有何区别与联系?

27. 根据一个对象与外界发生关系的生命历史来对行为建模,一般采用什么建模元素?

28. 节点、构件和对象之间是什么关系?

29. 包的作用是什么? 它采用什么方法进行组织?

30. 包的构造型有几种? 分别表示什么?

31. 如何扩展一种新的模型元素? 请举例说明。

32. UML 部署图(也可称为配置图)用来描述系统中软件和硬件的物理配置情况,其用到的基本元素有哪些?

33. UML 节点有哪两种类型? 它们有什么区别? 分别用什么构造型表示?

34. 在软件设计阶段主要用 UML 描述什么? 在实现阶段主要用 UML 描述什么? 后者能

否看成是前者的细化？

35. UML 中,构件与类的区别有哪些？给出构件的六种表示方法？构件之间最常见的关系是什么？

36. 状态机和状态图的关系是什么？对象的状态和对象的属性有什么区别？请给出状态图的五个基本组成部分。

37. Wright 的参数化描述与 OO 的模板机制有何相似之处？

38. Wright 的风个描述与 OO 的设计模式有何相似之处？

拓展与思考:

39. UML 中,事物、关系、图和视图之间是什么关系？图是否可以看成是 UML 的复合词汇或短语？视图是否可以看成是 UML 的句子或段落？

40. 请设计一个能够尽量包含 UML 概念模型三个要素的案例并用 UML 描述,解析其中用到的各种要素。

41. 模型一般包含哪两个主要方面？哪个是核心,哪个是外延？(提示:语义和表示法)。

42. 对于"做什么"(What)和"如何做"(How),建模时首先应该关注哪个？为什么？

43. 什么是离散系统？什么是非离散系统？两者的建模有什么本质区别？

44. 什么是迭代式设计方法？这种建模方法有何实际意义(提示:减少与架构相关的风险;团队合作与培训,以便加深对架构的理解;深入程序和工具等等)

45. 采用"4+1 视图"描述方法,用 UML 建模一个实际的应用系统。

46. 实际描述一个软件系统的体系结构时,可以采用两种互为相反的方法:由内至外(由逻辑架构开始)和由外至内(从物理结构开始)。请详细给出这两种方法的路线图。(提示:定义代理任务,该任务将控制一个类的多个活动对象的单个线程进行多元化处理;同一代理任务还执行持久化处理那些依赖于一个主动对象的对象;需要相互进行操作的几个类或仅需要少量处理的类共享单个代理。这种聚合会一直进行,直到我们将过程减少到合理的较少数量,而仍允许分布性和对物理资源的使用。反之,识别系统的外部触发;定义处理触发的客户过程和仅提供服务(而非初始化它们)的服务器进程;使用数据完整性和问题的串行化(serialization)约束来定义正确的服务器设置,并且为客户机与服务器代理分配对象;识别出必须分布哪些对象。其结果是将类(和它们的对象)映射至一个任务集合和进程架构中的进程。通常,活动类具有代理任务,也存在一些变形:对于给定的类,使用多个代理以提高吞吐量,或者多个类映射至单个代理,因为它们的操作并不是频繁地被调用,或者是为了保证执行序列)

47. 请解析形式化元语言、形式化语言和形式化体系结构描述语言、体系结构实现语言(程序设计语言)四者之间的关系,并举例说明。

48. 假设有进程 Q = a→Q∏ b→Q,它可以拒绝事件 a 或者事件 b,但不能同时拒绝事件 a 和事件 b。那么它的失效可以有哪些？若同样的情况下,对于进程 R = a→R∏ b→R∏Stop,它的失效可以有哪些？为什么？

49. Z Notation 语言以一阶谓词演算和集合论为基础,请问集合论及其运算主要用在 Z Notation 语言构造类型基本结构的那个部分,一阶谓词演算主要用在 Z Notation 语言构造类型基本结构的那个部分？请举例说明。

50. Z Notation 语言中，通用构造类型与面向对象方法中的类属（或模板类）有什么思维通约性？能否举一个例子，分别用两种方式给予描述？

51. Z Notation 语言中，自由类型基于递归思想提供了一种什么样的类型构造或扩展机制？在面向对象思想中有没有对应的方法？（提示：对象的聚合构成复合对象）

第 7 章　应用:设计与实现

本章首先解析什么是软件体系结构设计,然后解析水平型设计和垂直型设计两种基本设计方法,并通过具体设计工具和实际应用案例给出相应建模与描述方法的具体应用。

7.1　概述

软件体系结构设计的基本任务是识别出构成系统的子系统并建立子系统控制和通信的基本框架,以便满足系统的功能性和非功能性需求。因此,软件体系结构设计是指使用某种体系结构描述方法或语言、通过某种设计工具和环境,针对一个特定的软件系统构建,为其逻辑构成做出决策的一种创造性活动。相对于第 6 章的建模和描述方法,本章可以看做是其具体的应用。

为了解析软件体系结构的设计方法,在此以目前流行的基于 Web 的新三层体系结构为代表,给出一个典型应用案例,并以该案例分别解析水平型设计和垂直型设计两种不同的设计路线及其思维特征。

7.2　水平型设计

所谓**水平型设计**,是指运用通用建模设计工具和表达语言所进行的软件体系结构的设计。由于所使用的建模设计工具和表达语言不是专门针对软件体系结构的,因此,水平型设计具有较大的自由度及其带来的不一致性。也就是说,针对同一个软件系统,不同的人可能采用不同的工具子集和语言子集,描述的粒度也不相同。由于工具和语言本身没有提供针对软件体系结构描述的统一模型,因此,水平型设计的应用能力取决于设计人员的业务素质和能力。

目前,水平型设计的基本语言和工具是 UML 及其相关的建模工具。针对软件体系结构的设计,需要按需采用多种 UML 图形语言单元。并且,设计的粒度和完整性也完全取决于设计人员的认知能力及应用能力。

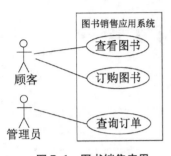

图 7-1　图书销售应用系统的用例图

【例 7-1】　一个简单图书销售应用系统的体系结构设计

图书销售应用系统包括图书信息查询、购书订单生成和购书订单查询 A(面向普通客户,只能查询自己的订单)和购书订单查询 B(面向高级客户,可以查询所有订单)四个基本功能。图书信息及订单信息通过数据库 BookSale 存放,Book 数据表存放图书信息,OrderList 数据表存放订单信息。四个基本功能模块都分别通过 Web Service 实现。支持 Web 客户端(面向普通用户)和 Windows 桌面客户端(面向高级用户)。

采用水平型设计,图 7-1 至图 7-6 分别给出了基于 UML 的体系结构设计。

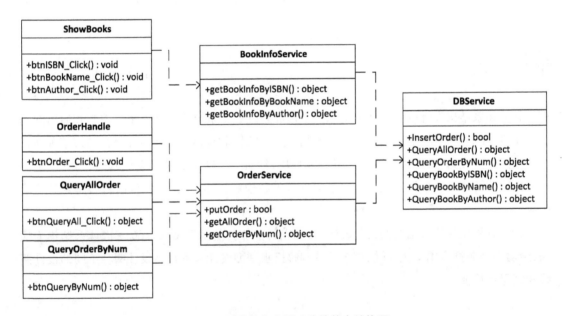

图 7-2　图书销售应用系统的静态结构图

按照基于 UML 的软件体系结构描述方法(参见表 6-2),图 7-1 描述了可被最终用户、分析人员和测试者看到的"图书销售应用系统"的行为;图 7-2 到图 7-5 描述了"图书销售应用系统"的基本功能需求;图 7-6 描述了"图书销售应用系统"的物理部件的分布和安装,采用的基于 Web 的三层结构,其中一种方案中将中间应用服务器层合并到 Web 服务器中。由于"图书销售应用系统"本身业务逻辑的简单性,在此并没有涉及更加细微的关于系统并发与同步机制的线程和进程的相关描述。另外,对于物理系统的构件和文件,只是简单给出了描述,由部署图描述了两种装配方法。

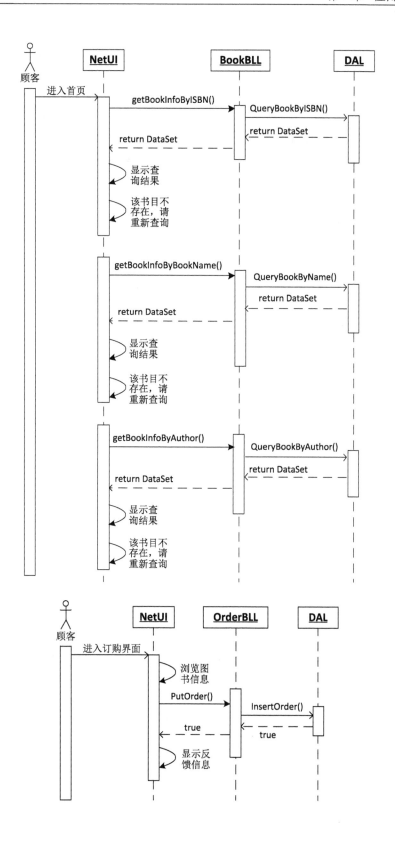

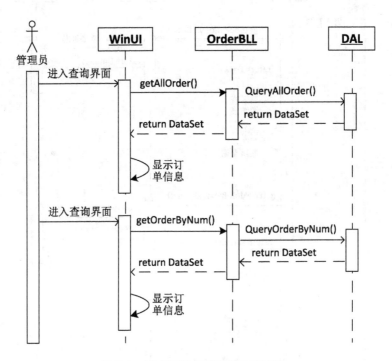

图 7-3　图书销售应用系统的序列图

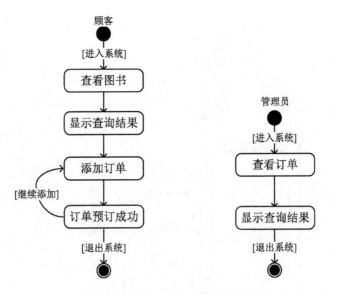

图 7-4　图书销售应用系统的状态图

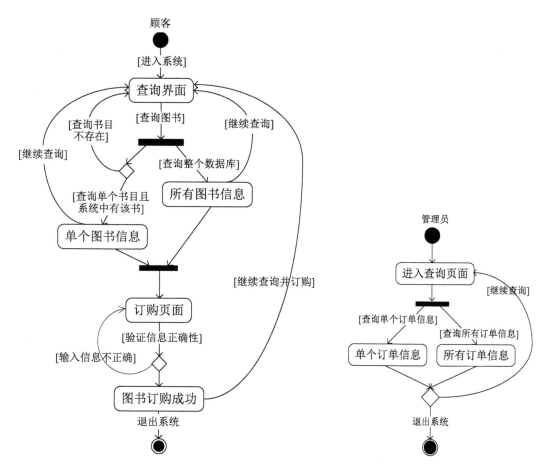

图 7-5 图书销售应用系统的活动图

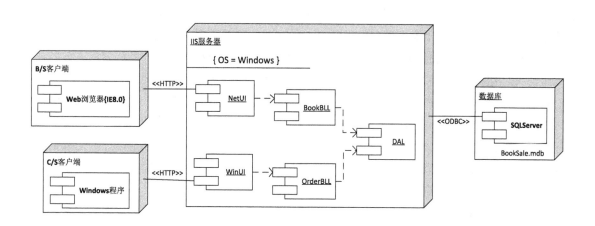

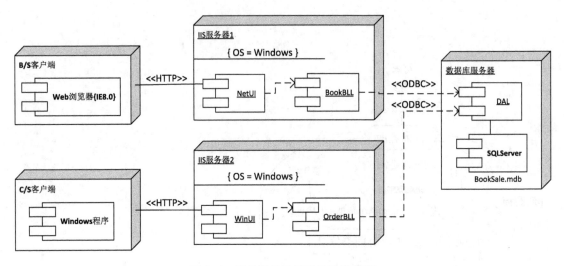

图 7-6　图书销售应用系统的部署图

7.3 垂直型设计

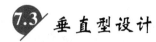

所谓垂直型设计,是指运用面向体系结构的专用建模设计工具及其表达模型所进行的软件体系结构的设计。一般来说,这种专用工具针对软件体系结构的描述,首先定义一种表达模型,然后围绕着该模型,通过提供相应设计工具来支持软件体系结构的设计。目前,这种专用工具的典型代表是 Microsoft 的 VSTS(Visual Studio Team System) Architecture Edition。

随着互联网及其应用的深入发展,当今的企业都是基于 IT 的企业,IT 在整个企业运转中成为核心因素。然而,企业应用发展的动态性(为了满足市场的需要而不断调整服务或部署新服务)和 IT 技术本身发展的动态性(设备增加与淘汰、技术不断革新和发明、不同时期的软件系统之间需要继承等等)导致了企业应用系统构建的固有复杂性! 如何提高企业的敏捷性和对市场变化的快速反应能力并降低企业应用系统开发的成本,显然是一个十分重要的问题。面对这种挑战,Microsoft 公司依据其自身多年的软件设计经验,给出了其解决方案。它将分布式企业应用系统定义为**动态系统**(**Dynamic Systems**),通过 IT 与企业的紧密合作,以满足快速变化的环境的需求。同时,提出 **Dynamic Systems Initiative** (DSI)作为其产品和解决方案的技术策略,以协助企业使用“技术”来增强其“人员”“流程”和 IT 基础结构的动态能力。DSI 的核心思想是,对系统和服务进行可视化抽象,并且支持对每个系统和服务进行**元数据**(Meta Data)跟踪,以便向其他系统和服务提供其自身描述。也就是说,DSI 打破体系结构设计人员、应用程序设计人员、系统开发人员、系统测试人员和基础结构设计人员之间的思维隔阂,以元数据实现各种角色的认知统一以及设计的逻辑验证,支持设计和代码的同步,实现分布式应用系统的设计、测试、部署和操作自动化。

VSTS 分布式系统设计器是 DSI 的具体实现者,它以面向服务的体系为基础,通过 **SDM** (System Definition Model)支持设计(及开发)阶段和部署(及运行)阶段(也称为操作阶段)的集成。SDM 是一种描述分布式系统的**基础元模型**,它采用统一的通用描述方法描述系统的各个层次,比如:对于**应用程序层**,SDM 描述的是应用程序系统的定义、配置和连接;对于**应用程序宿主层**,SDM 描述的是应用程序运行时环境的定义、配置和连接。并且,SDM 的通用描述方法使这些层次能够协同工作,便于在每一层中工作时对涉及所有层的要求和策略进行定义、配置、记录和验证。比如,指定应用程序可以要求某种身份验证模式,或指定在承载应用程序的服务器上必须存在某些资源;服务器也可以要求它承载的应用程序必须支持某种身份验证模式,并禁用带来安全风险的特定功能。因此,SDM 不仅允许分布式系统设计器描述每层的设计,而且还允许它同时表达各层的约束和策略,以便跨越分布式系统的所有层。也就是说,基于 SDM,可以描述分布式应用系统的基本逻辑结构和基本部署结构两个相对独立部分的各自连接状况、各自配置情况以及两者的相互关系。

SDM 具备以下优点:提供一种描述设计和配置分布式系统各方面内容的通用语言;提供熟悉的抽象概念,使应用程序设计人员、开发人员和基础结构设计人员具有共同的交流平台;使开发人员可在运行时环境中传送应用程序要求;使基础结构设计人员可以传送由于部署环境中定义的策略而导致的应用程序运行时、安全和连接等要求。此外,SDM 本质上可以扩展,可以在每层添加新的抽象定义。比如,可以添加其他类型的应用程序、逻辑服务器或由 Microsoft、第三方或其他用户创建的资源等。

VSTS 分布式系统设计器将 SDM 信息存储在 XML 格式的文档中。除此数据之外,SDM 文档还可以包含关系图项和扩展数据定义的图形信息。VSTS 分布式系统设计器包括**应用程序连接设计器**(Application Connection Designer)、**系统设计器**(System Designer)、**逻辑数据中心设计器**(LogicalDatacenter Designer)和**部署设计器**(Deploy Designer)。相应地,分布式系统的 SDM 支持文档是:**应用程序关系图文件**(**.ad**)、**应用程序定义文件**(**.sdm**)、**应用程序或终结点原型文件**(**.adprototype**);**系统关系图文件**(**.sd**);**逻辑数据中心关系图文件**(**.lld**)、**逻辑服务器、区域或终结点原型文件**(**.lddprototype**);**部署关系图文件**(**.dd**)。图 7-7 给出了几个设计器之间的关系。图 7-8 所示是 SDM 支持文档及其关系。

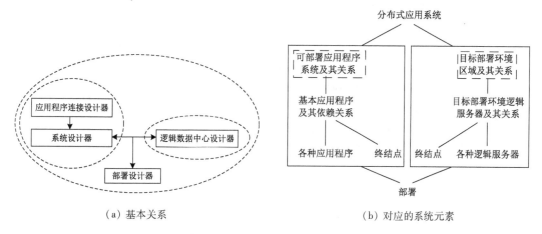

(a) 基本关系   (b) 对应的系统元素

图 7-7　VSTS 设计器之间的关系

```
SystemDefinitionModelSchema Elements
SystemDefinitionModelSchema Simple Types
SystemDefinitionModelSchema Complex Types
SystemDefinitionModelSchema Attribute Groups
```

```
<xs:element name="SystemDefinitionModel">
 <xs:complexType>
  <xs:sequence>
   <xs:element name="Information" type="Information" minOccurs="0" />
     General information about the .sdm file.
   <xs:element name="Import" type="Import" minOccurs="0" maxOccurs="unbounded" />
     The namespace that the SDM topic imports and references.
   <xs:element name="DesignData" type="DesignData" minOccurs="0" />
     Global designData for the .sdm file.
   <xs:element name="SettingDefinitions" type="SettingDefinitions" minOccurs="0" />
     An XML schema document that contains setting definitions.
   <xs:choice minOccurs="0" maxOccurs="unbounded" >
    <xs:element name="CommunicationDefinition" type="CommunicationDefinition" />
      Communication definitions that are contained in the .sdm file.
    <xs:element name="ContainmentDefinition" type="ContainmentDefinition" />
      Containment definitions that are contained in the .sdm file.
    <xs:element name="DelegationDefinition" type="DelegationDefinition" />
      Delegation definitions that are contained in the .sdm file.
    <xs:element name="ReferenceDefinition" type="ReferenceDefinition" />
      Reference definitions that are contained in the .sdm file.
    <xs:element name="HostingDefinition" type="HostingDefinition" />
      Hosting definitions that are contained in the .sdm file.
    <xs:element name="EndpointDefinition" type="EndpointDefinition" />
      Endpoint definitions that are contained in the .sdm file.
    <xs:element name="ResourceDefinition" type="ResourceDefinition" />
      Resource definitions that are contained in the .sdm file.
    <xs:element name="SystemDefinition" type="SystemDefinition" />
      System definitions that are contained in the .sdm file.
    <xs:element name="ConstraintDefinition" type="ConstraintDefinition" />
      Constraint definitions that are contained in the .sdm file.
    <xs:element name="FlowDefinition" type="FlowDefinition" />
      Flow definitions that are contained in the .sdm file.
    <xs:element name="Manager" type="ManagerDeclaration" />
      The manager used to provide customized behavior to the runtime and to support
      interaction between the runtime and the modeled system.
   </xs:choice>
   <xs:any processContents="skip" minOccurs="0" namespace="http://www.w3.org/2000/09/xmldsig#" />
  </xs:sequence>
  <xs:attributeGroup ref="NamespaceIdentity" />
  <xs:attribute name="DocumentLanguage" type="Culture" />
    The language of the description elements within the .sdm file.
  <xs:attribute name="CompilationHash" type="CompilationHashType" />
    Used to verify the .sdm file is a valid compiled document when the .sdm file is used as a
    referenced file during the compilation of a different .sdm file. The CompilationHash
    attribute is created by the compiler and is saved to the output .sdmdocument file.
 </xs:complexType>
</xs:element>
```

（a）SDM Schema

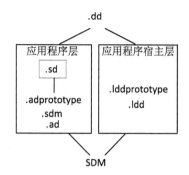

（b）VSTS 相关 SDM 文档及其关系

图 7-8　SDM 支持文档及其关系

通过 VSTS 进行体系结构设计一般包括三个相对独立的阶段:**可部署的应用程序逻辑结构及其关系的设计、目标部署环境的设计和具体部署设计**。应用程序集合及其依赖关系的设计用于设计待建立的分布式应用系统的基本逻辑结构(在 VSTS 中抽象为**分布式系统**),由应用程序连接设计器和系统设计器实现。目标部署环境的设计用于设计待建立的分布式应用系统的基本部署结构(在 VSTS 中抽象为**逻辑数据中心**),由逻辑数据中心设计器实现。具体部署设计通过部署设计器实现,主要实现分布式系统和逻辑数据中心两者的耦合,最终完成待建立的分布式应用系统的完整设计(参见图 7-7)。图 7-9 和图 7-10 所示分别是通过 VSTS 工作界面建立一个分布式系统和建立一个逻辑数据中心的初始操作。

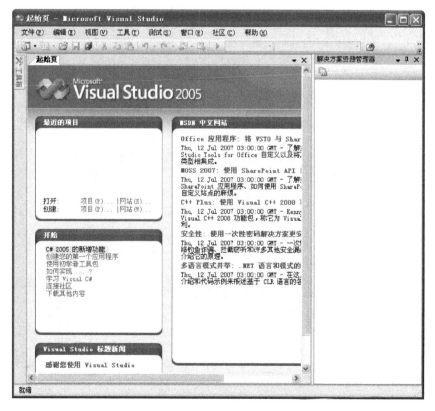

（a）初始工作界面

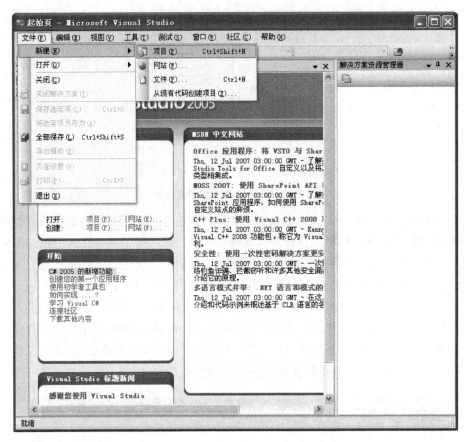

(b) 新建一个项目

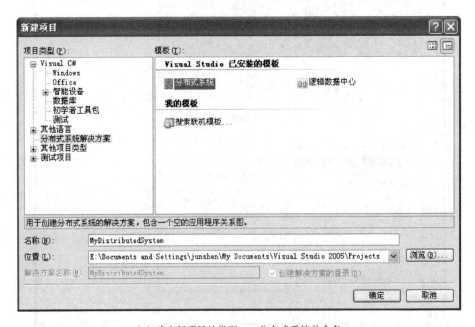

(c) 确定新项目的类型——分布式系统并命名

（d）按照模板建立新分布式系统的基本框架

图 7-9 通过 VSTS 建立一个分布式系统的初始操作

（a）初始工作界面

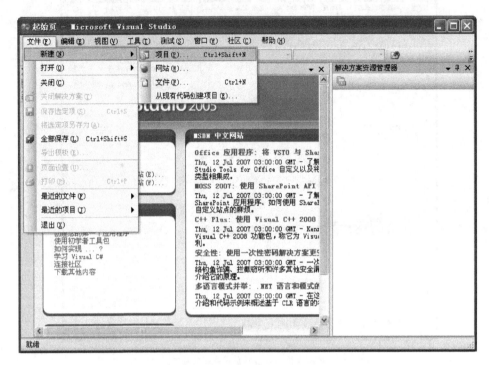

（b）新建一个项目

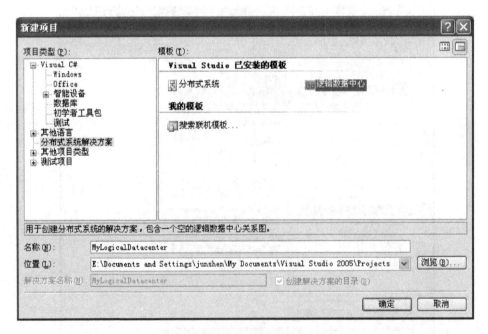

（c）确定新项目类型——逻辑数据中心并命名

(d) 按照模板建立新逻辑数据中心的基本框架

图 7-10　通过 VSTS 建立一个逻辑数据中心的初始操作

在此,结合例 7-1 图书销售应用系统,具体解析体系结构的设计过程。

1) 可部署的应用程序逻辑结构及其关系的设计

● 通过应用程序连接设计器设计应用系统的基本逻辑结构(即定义各个应用程序模块组件及其依赖关系)

VSTS 以**应用程序**概念抽象构成分布式应用系统的各种基本应用模块,并预先定义了各种常用的应用程序类型,包括 **Windows Application**、**ASP. NET Web Service**、**ASP. NET Web Application**、**Office Application**、**External Web Service**、**External Database** 和 **BizTalk Web Service**。此外,还包括一种通用应用程序类型(**Generic Application**),以便扩展。如图 7-11 所示。应用程序相当于待建立的分布式应用系统的各个逻辑单元,对应到具体的实现,相当于一个命名空间(即逻辑相对独立的软件功能包)。每个应用程序可以带有**终结点**(Endpoint),对应到具体的实现,一个终结点相当于一个接口,可以定义其具体的操作。终结点一般有两种:**提供者终结点**和**消费者终结点**。前者表示一个应用程序提供服务的接口,后者表示需要调用其他应用程序服务的接口。VSTS 预先定义了两种服务提供者终结点:**Web Service Endpoint** 和 **Web Content Endpoint**。前者表示一个 Web Service 型应用程序所提供的服务接口(也就是功能型接口),后者表示提供 Web 内

图 7-11　VSTS 提供的预定义应用程序类型和终结点类型

容的服务接口(也就是数据型接口)。此外,还提供一个通用终结点 **Generic Endpoint**,以便扩展(参见图 7-11)。通过终结点之间的连接,可以建立应用程序之间的依赖关系。

在 VSTS 应用程序连接设计器中,用户可以通过从工具箱中拖动各种应用程序类型和终结点类型来创建相应的应用程序实例及其终结点实例,并对应用程序实例和终结点实例进行配置以及通过终结点实例连接创建应用程序之间的依赖关系,从而建立待建立分布式应用系统的所有基本应用程序模块及其依赖关系,实现待建立分布式应用系统的基本逻辑结构的设计。每个应用程序实例都用一个带有标识的矩形框表示,矩形框的边缘含有服务**终结点**(Endpoint)。默认情况下,**Web 服务终结点**(Web Service Endpoint)将出现在 **ASP. NET Web Service** 应用程序中,**Web 内容终结点**(Web Content Endpoint)将出现在 **ASP. NET Web Application** 应用程序中,如图 7-12 所示。通过按下 **Alt** 功能键的同时拖动一个 Web 服务终结点到另一个应用程序实例,可以自动创建一个对应的 Web 服务消费者终结点以实现两个应用程序实例的连接,图 7-13 给出了相应解析。与之相似,Web 内容消费者终结点也是如此自动创建。应用程序实例的连接定义表示了解决方案中应用系统程序模块的配置。使用消费者终结点实例实现应用程序实例后,修改一个连接将修改应用程序实例配置文件中的配置项;删除一个非消费者终结点实例的连接将清除这个配置项;重新连接一个终结点实例将为其设置合适的值。通过终结点机制,可以实现应用系统程序部署的可配置性,比如,在应用程序或数据库之间不建立硬编码的关系,而是将其关系外置在配置文件中。从而,使得组成应用系统程序的各个基本应用程序模块都相对独立并建立可灵活配置的松散耦合关系,以及实现应用程序模块的重用。

另外,除了从头开始设计应用程序及其依赖关系外,VSTS 也可以通过从现有解决方案或现有项目进行反向工程来创建应用程序及其关系图。具体设计过程的解析在此不再展开,读者可以通过实验来体验。

考虑到实际设计的方便性和灵活性,VSTS 支持跨系统的应用程序引用,即允许设计人员对部署过程中所要涉及的其他系统进行可视化引用。VSTS 以解决方案管理一个设计,解决方案可以包括各种资源和项目(Project,或称为工程)。在当前解决方案中定义的各个应用程序

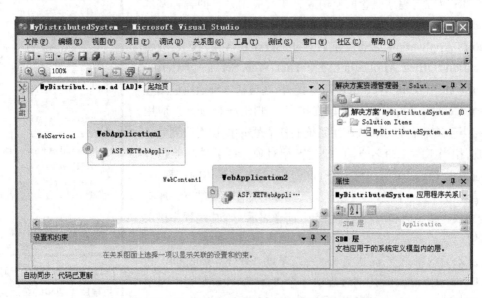

图 7-12　默认情况下 Web 服务终结点和 Web 内容终结点的依附

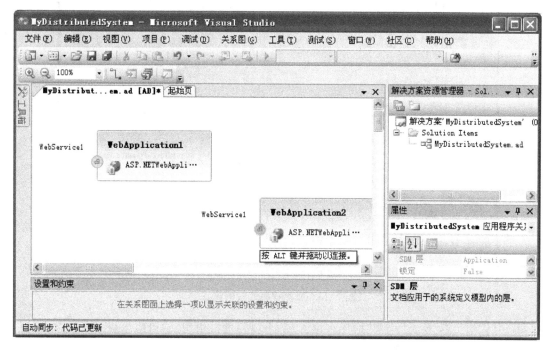

（a）用鼠标指向应用程序实例 WebApplication2 的终结点实例 WebService1

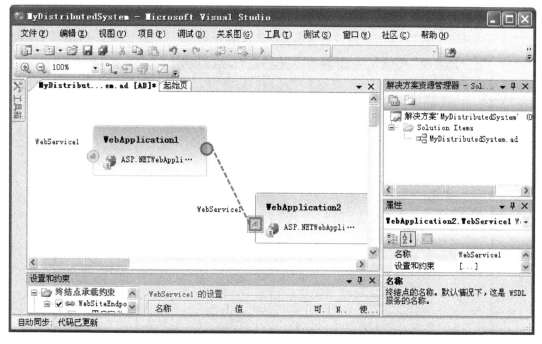

（b）按下 ALT 键的同时拖动鼠标从应用程序实例 WebApplication2 的终结点实例 WebService1 到应用程序实例
WebApplication1 以建立连接

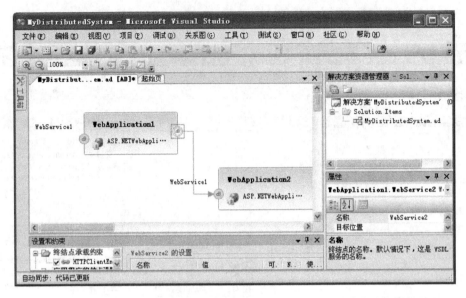

（c）应用程序实例 WebApplication1 自动添加 Web Service Endpoint 实例完成连接建立

图 7-13　应用程序连接的建立

实例及其依赖关系，称为"内部"应用程序，以一个项目进行组织，它可以生成一个或多个可部署的系统（参见系统设计器部分的相关解析）。与之对应，将其他被引用项目或共享项目（包括类库项目）称为"外部"应用程序。应用程序连接设计器可以同时显示"内部"和"外部"应用程序，以便建立引用关系。

　　每个应用程序实例和终结点实例都可以通过**设置和约束**编辑窗口进行配置，通过**属性**窗口进行属性设置。图 7-14 所示是应用程序实例的设置和约束配置项目，图 7-15 所示是终结

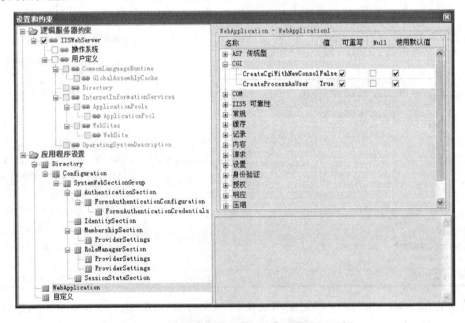

图 7-14　应用程序的设置和约束配置项目示例

点实例的设置和约束配置项目。图 7-16 所示是应用程序实例属性单,图 7-17 所示是终结点实例属性单。有关各种属性设置和约束的配置的具体应用可参见图 7-28 所示。

图 7-15 终结点的设置和约束配置项目示例

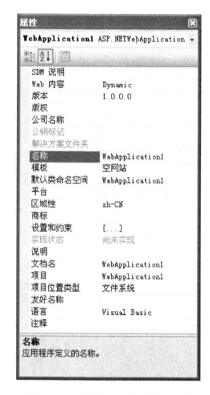

图 7-16 应用程序的属性单示例

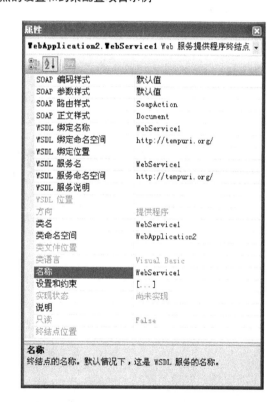

图 7-17 终结点的属性单示例

尽管 SDM 模型主要关注终结点的类型、配置和连接,但各个应用程序实例可以扩展该模型来表示其所提供服务的具体行为定义。比如,可以使用以下两种方法之一来具体定义 Web 服务提供者终结点:单击某个 Web 服务提供者终结点,在 **Web 服务详细信息**编辑窗口中允许定义该 Web 服务的具体操作(如图 7-18 所示);或者,导入现有的 Web 服务描述文档(**.wsdl**)中的具体行为定义(如图 7-19 所示)。可见,通过这种方法扩展模型,应用程序连接设计器可以支持完整的设计体验,比如,允许完全指定 Web 服务应用程序的行为和配置。

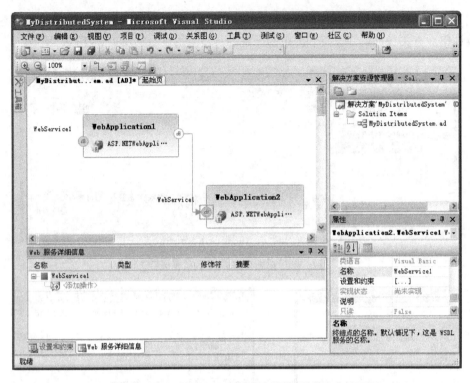

（a）单击应用程序实例 WebApplication2 的服务提供者终结点实例 WebService1

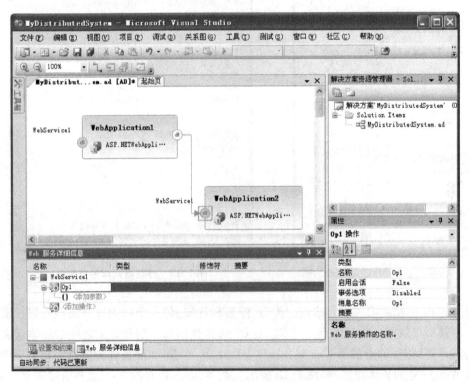

（b）在 **Web 服务详细信息**编辑窗口中定义终结点实例 WebService1 的具体操作 Op1

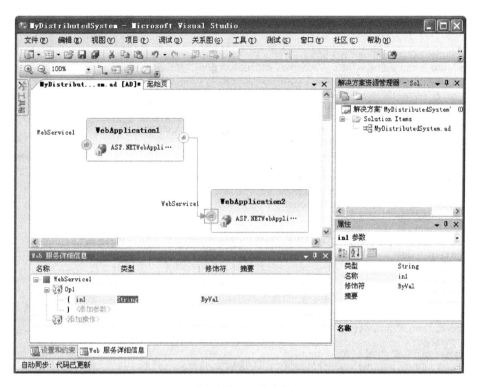

（c）定义操作 Op1 的参数 in1

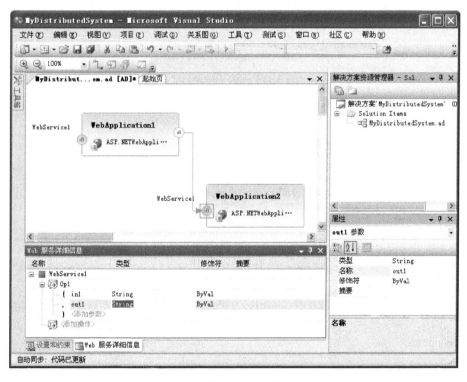

（d）定义操作 Op1 的参数 out1

图 7-18　应用程序服务行为的具体扩展定义

```
<?xml version="1.0" encoding="utf-8" ?>
<wsdl:definitions xmlns:soap="http://schemas.xmlsoap.org/wsdl/soap/"
            xmlns:tm="http://microsoft.com/wsdl/mime/textMatching/"
            xmlns:soapenc="http://schemas.xmlsoap.org/soap/encoding/"
            xmlns:mime="http://schemas.xmlsoap.org/wsdl/mime/"
            xmlns:tns="http://tempuri.org/"   xmlns:s="http://www.w3.org/2001/XMLSchema"
            xmlns:soap12="http://schemas.xmlsoap.org/wsdl/soap12/"
            xmlns:http="http://schemas.xmlsoap.org/wsdl/http/"
            targetNamespace="http://tempuri.org/"   xmlns:wsdl="http://schemas.xmlsoap.org/wsdl/">
  <wsdl:types>
    <s:schema elementFormDefault="qualified" targetNamespace="http://tempuri.org/">
      <s:element name="HelloWorld"> <s:complexType /> </s:element>
      <s:element name="HelloWorldResponse">
        <s:complexType>
          <s:sequence>
            <s:element minOccurs="0" maxOccurs="1" name="HelloWorldResult" type="s:string" />
          </s:sequence>
        </s:complexType>
      </s:element>
    </s:schema>
  </wsdl:types>
  <wsdl:message name="HelloWorldSoapIn">
    <wsdl:part name="parameters" element="tns:HelloWorld" />
  </wsdl:message>
  <wsdl:message name="HelloWorldSoapOut">
    <wsdl:part name="parameters" element="tns:HelloWorldResponse" />
  </wsdl:message>
  <wsdl:portType name="WebService1Soap">
    <wsdl:operation name="HelloWorld">
      <wsdl:input message="tns:HelloWorldSoapIn" /> <wsdl:output message="tns:HelloWorldSoapOut" />
    </wsdl:operation>
  </wsdl:portType>
  <wsdl:binding name="WebService1Soap" type="tns:WebService1Soap">
    <soap:binding transport="http://schemas.xmlsoap.org/soap/http" />
    <wsdl:operation name="HelloWorld">
      <soap:operation soapAction="http://tempuri.org/HelloWorld" style="document" />
      <wsdl:input> <soap:body use="literal" /> </wsdl:input>
      <wsdl:output> <soap:body use="literal" /> </wsdl:output>
    </wsdl:operation>
  </wsdl:binding>
  <wsdl:binding name="WebService1Soap12" type="tns:WebService1Soap">
    <soap12:binding transport="http://schemas.xmlsoap.org/soap/http" />
    <wsdl:operation name="HelloWorld">
      <soap12:operation soapAction="http://tempuri.org/HelloWorld" style="document" />
      <wsdl:input> <soap12:body use="literal" /> </wsdl:input>
      <wsdl:output> <soap12:body use="literal" /> </wsdl:output>
    </wsdl:operation>
  </wsdl:binding>
  <wsdl:service name="WebService1">
    <wsdl:port name="WebService1Soap" binding="tns:WebService1Soap">
      <soap:address location="http://localhost:1037/%E9%A1%B9%E7%9B%AE/WebService1.asmx" />
    </wsdl:port>
    <wsdl:port name="WebService1Soap12" binding="tns:WebService1Soap12">
      <soap12:address location="http://localhost:1037/%E9%A1%B9%E7%9B%AE/WebService1.asmx" />
    </wsdl:port>
  </wsdl:service>
</wsdl:definitions>
```

（a）Web 服务 WebService1 的 WSDL 描述

（b）从已有的 WSDL 创建 Web 服务终结点

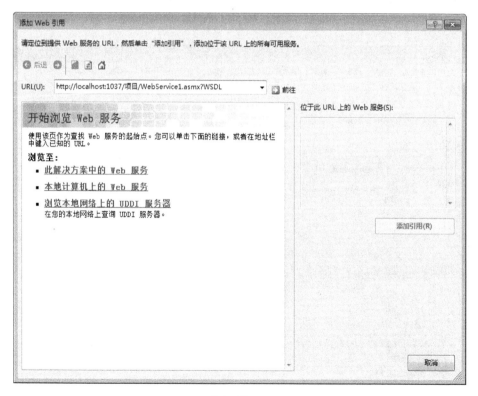

（c）指定具体的 WSDL

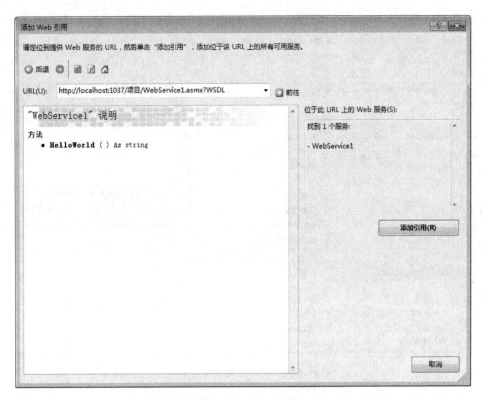

(d) 从 WSDL 中找到 Web 服务 WebService1(含有一个操作 HelloWorld)

(e) 添加一个新的 Web 服务终结点 WebService2(含有一个操作 HelloWorld)

图 7-19 从已有的 Web 服务描述文档中导入服务的具体行为定义

一旦将所有应用程序实例及其连接设计和配置完成，就可以对其进行验证和调试。此时，应用程序连接设计器将根据应用程序实例的当前配置描述，沿着相应的连接路径运行。

用鼠标右击某个应用程序实例调出其快捷菜单，通过其中的**实现应用程序（I）**…和**实现所有应用程序（M）**…命令项可以实现该应用程序实例或所有应用程序实例的代码。应用程序实例可以增量实现，也可以一次性实现。在关系图中，已实现的应用程序实例用阴影来区分。图7-20 给出了应用程序实例代码实现的设计解析。一旦实现了一个应用程序实例，则只要保持关系图和代码文件打开，关系图中显示的所生成的代码文件、配置文件和应用程序设计就会始终保持同步。如果关系图由于某种原因关闭，重新打开它将使其与代码同步，同时可用关闭关系图时对代码所做的更改来更新它。这样，应用程序连接设计器中的设计模型便可轻松地与对代码所做的任何更改保持同步。如果应用程序是通过对现有项目或解决方案进行反向工程而创建的，则认为它已经实现，并且自此会自动同步。并且，应用程序连接设计器还支持"延迟"代码实现策略（即当用户从工具箱中将应用程序类型定义添加到应用程序连接设计器时，相应的项目、代码和配置文件不会立即创建），允许用户在将设计实现为代码之前创建和验证设计。通过对实现加以延迟，体系结构设计人员和应用程序设计人员可以集中精力完成系统的功能设计和验证，同时推迟一些最好稍后由开发团队作出决策的实现，比如：选择编程语言和模板，或者用于 Web 项目的服务器位置等。

由于关系图保存为文件（**.ad**、**.sd**、**.ldd**、**.dd**），因此可以将其包括在源代码管理中，并合并到团队的正常工作流。有关实现的应用程序的信息保存在每个项目的 **.sdm** 文件中。这使得可以在多个解决方案中重用项目，并且可以将工作在团队的开发人员之间进行划分。

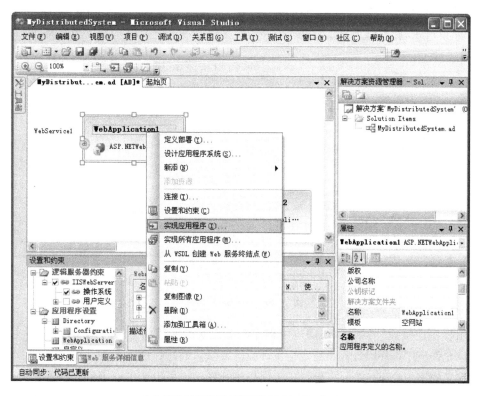

（a）准备实现应用程序实例 WebApplication1

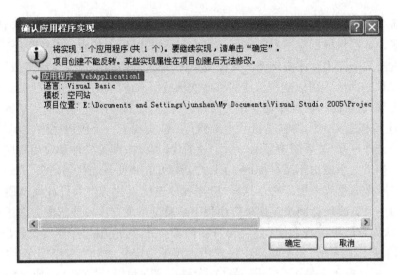

（b）确认实现应用程序实例 WebApplication1

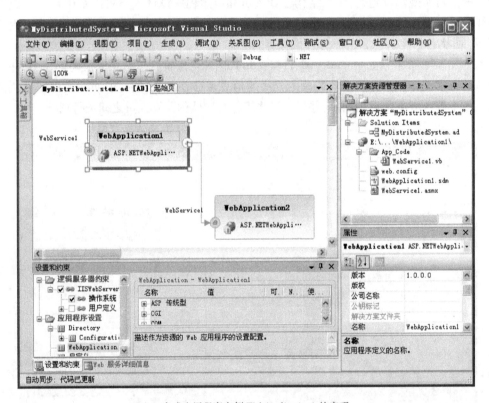

（c）完成应用程序实例 WebApplication1 的实现

图 7-20　实现应用程序

应用程序连接设计器可以访问应用程序配置设置的完整模型，并且能够定义宿主约束。宿主约束允许应用程序设计人员指定宿主环境的要求。通过在设置和约束编辑窗口中定义应用程序定义的宿主约束（参见图 7-21），应用程序开发人员可以请求一组目标部署环境中可用的必需功能，这样就可以向操作人员传达重要的应用程序要求。之后，操作人员可以决定是否要对逻辑数据中心进行更改以满足这些请求。作为部署验证的一部分,系统要根据逻辑数据中心的设置和约束来验证应用程序的设置和宿主约束(请参见部署设计器解析部分)。

总之,应用程序连接设计器的主要工作是设计和定义待实现的分布式应用系统中的各种基本的应用程序组件模块及其相互依赖关系,建立一个完整的应用系统的基本逻辑结构。例7-1图书销售应用系统的相关应用程序及其连接关系的设计过程解析,参见配套在线资源第7章。

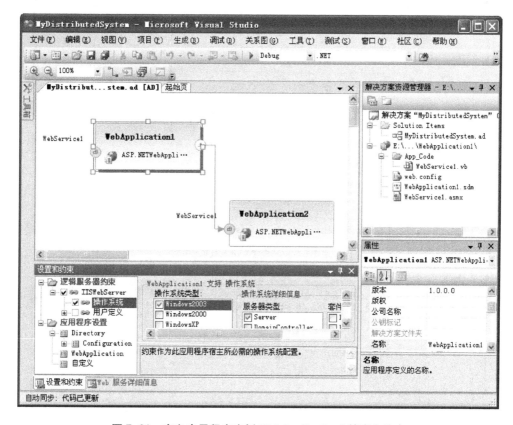

图 7-21 定义应用程序实例 WebApplication1 的宿主约束

● 通过系统设计器定义可部署的逻辑系统及其相互关系

应用程序连接设计器定义了待实现的分布式应用系统中的各种基本应用程序模块组件及其相互依赖关系,从逻辑上建立了待实现的分布式应用系统的基本逻辑结构。然而,一个分布式应用系统最终都是要进行实际部署的。部署一般以相对独立的子系统(即可以独立部署的应用程序包)为基本单位,因此,系统设计器用于将由应用程序连接设计器定义的分布式应用系统基本逻辑结构再按部署要求定义为各个(应用)子系统及其关系并进行配置,建立可部署单元,以便进行最终的部署定义。

系统设计器默认时将每个应用程序实例单独作为一个子系统,但是,根据部署需要可以调整和重新定义及配置子系统及其关系。子系统关系支持递归特性,即一个子系统中除包含应用程序实例外,还可以包括其他子系统,可以由其他子系统组成。用鼠标右击某个应用程序实例调出其快捷菜单,通过其中的**设计应用程序系统(S)**…或菜单**关系图(G)→设计应用程序系统(S)**…,可以定义和配置一个系统。图 7-22 和图 7-23 给出了三个应用程序实例所对应的两

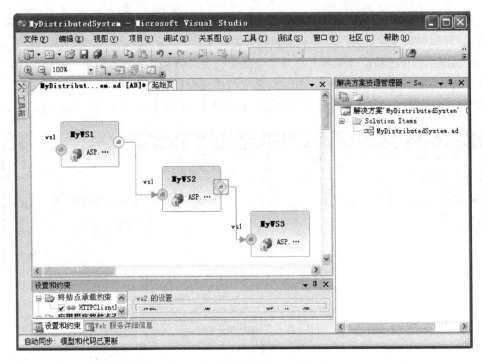

（a）定义三个应用程序实例及其依赖关系

（b）以应用程序实例 MyWS2 为基础定义一个系统

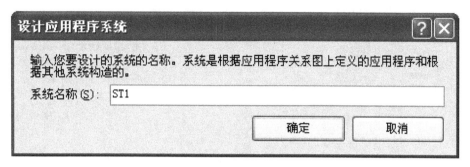

（c）为系统取名为 ST1

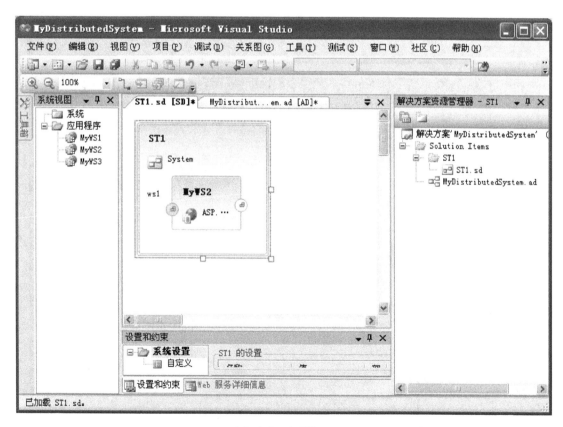

（d）定义一个系统 ST1

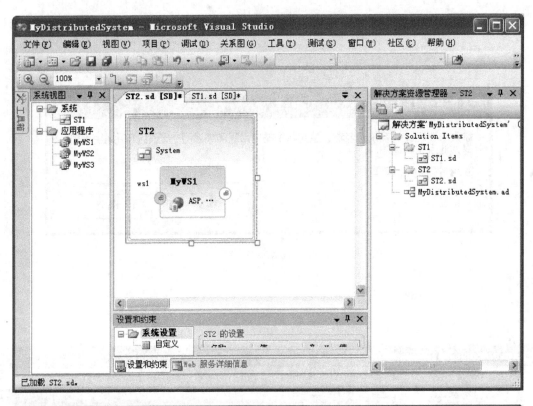

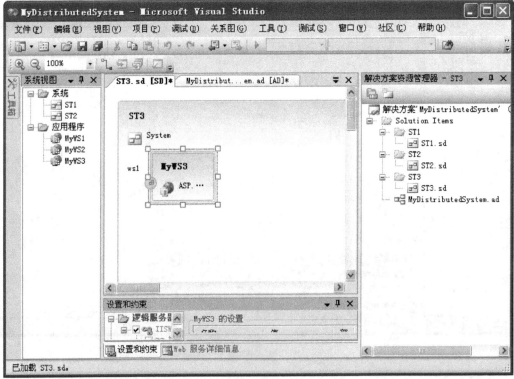

（e）分别以应用程序实例 MyWS1 和 MyWS3 为基础定义两个系统 ST2 和 ST3

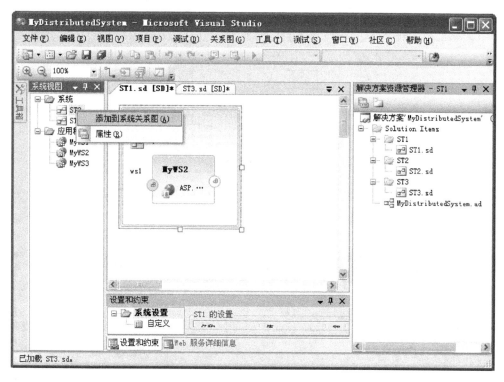

(f) 建立系统 ST2 与当前系统 ST1 的关系

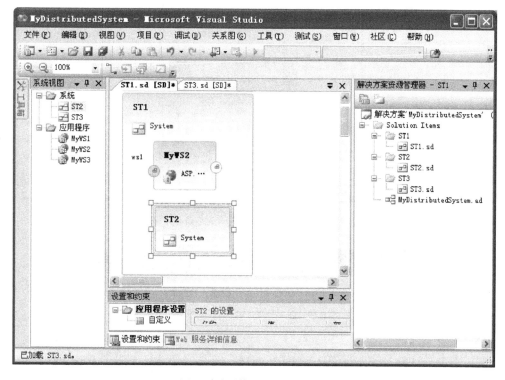

(g) 已定义系统 ST1 和 ST2 的关系

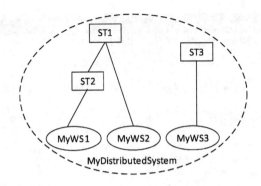

（h）分布式应用系统 MyDistributedSystem 的系统及其关系定义

图 7-22　系统及其关系的定义和配置(1)

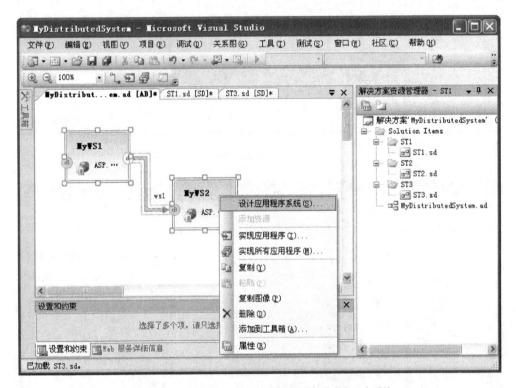

（a）以应用程序实例 MyWS1 和 MyWS2 为基础定义一个系统

设计应用程序系统

输入您要设计的系统的名称。系统是根据应用程序关系图上定义的应用程序和根据其他系统构造的。

系统名称(S)：　ST4

确定　　取消

（b）为系统取名 ST4

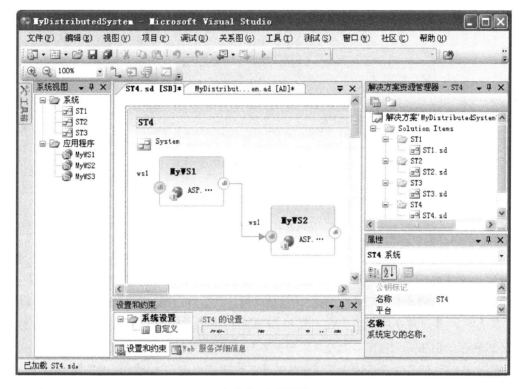

（c）定义一个系统 ST4

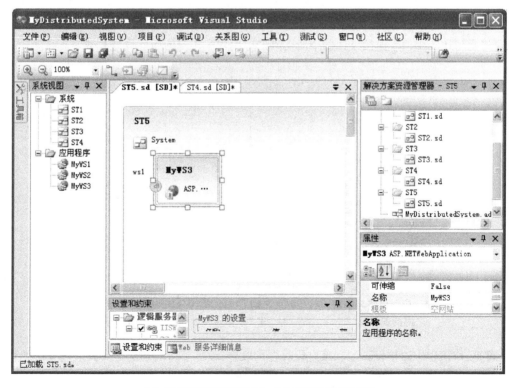

（d）以应用程序实例 WebApp3 为基础定义系统 ST5

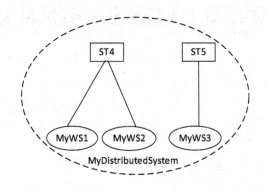

（e）分布式应用系统 MyDistributedSystem 的系统及其关系定义

图 7-23　系统及其关系的定义和配置（2）

种系统及其关系的定义和配置。针对同一组应用程序实例集合,系统设计器可以按需配置多个系统,以便针对不同的规划部署(比如:针对不同的逻辑数据中心配置、不同的地理部署或不同的客户)定义不同的系统配置。因此,体系结构设计人员可以通过系统设计器定义大规模分布式系统方案,设计复杂的多层系统。图 7-24 所示给出了应用程序实例与系统之间的关系,图 7-25 所示给出了应用程序实例及其依赖关系与系统及其关系之间的映射关系。

　　系统定义后,需要建立系统与其所包含的子系统或应用程序实例之间的连接。也就是说,需要以系统为基础定义其与其他系统的接口。图 7-26 所示给出了相应的设计解析。另外,系统本身也可以定义其配置和约束,系统的配置和约束属性独立于应用程序实例及其连接关系的配置,即系统可以独立地定义其部署配置要求。并且,在系统关系图中使用应用程序实例时,可以重写在应用程序连接设计器中所定义的应用程序实例的属性设置参数。

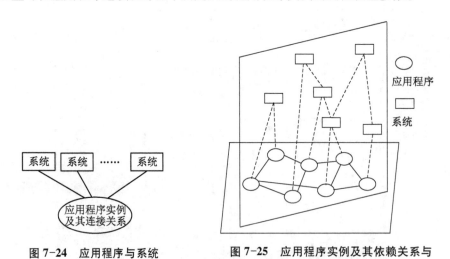

图 7-24　应用程序与系统
之间的关系

图 7-25　应用程序实例及其依赖关系与
系统及其关系之间的映射关系

　　可见,应用程序连接设计器和系统设计器的联合,设计了待实现的分布式应用系统的可部署逻辑结构,并且这个结构中带有大量的元数据(即各种配置和约束参数说明)。例 7-1 图书销售应用系统的相关系统及其关系的设计过程解析,参见配套的在线资源第 7 章。

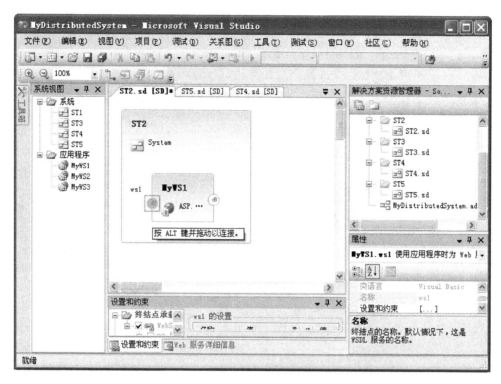

（a）用鼠标指向 MyWS1 的 ws1 服务提供者终结点实例

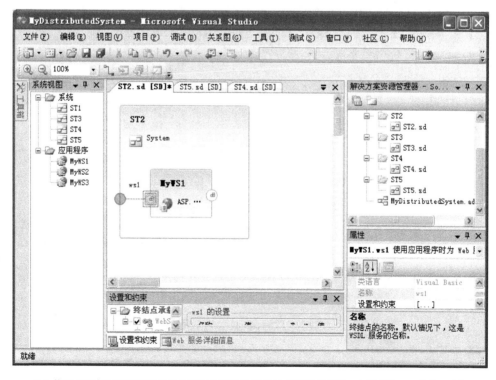

（b）按下 ALT 键的同时拖动鼠标从应用程序实例 MyWS1 的终结点实例 ws1 到系统 ST2 以建立连接

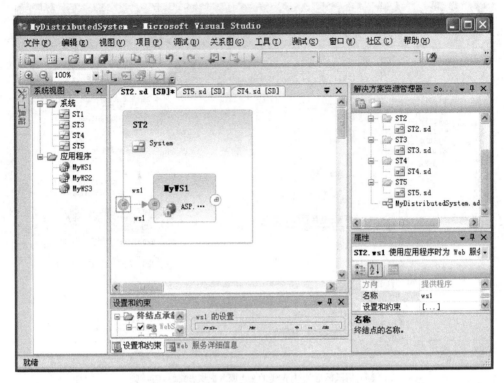

（c）定义系统 ST2 的服务提供者终结点实例

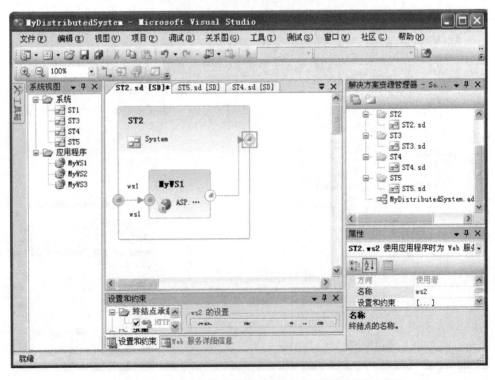

（d）定义系统 ST2 的服务提供者终结点实例和服务消费者终结点实例

图 7-26　系统接口的定义

2）目标部署环境的设计

VSTS 中,以**逻辑数据中心**概念抽象应用系统的目标部署环境。逻辑数据中心以逻辑服务器及其关系为基本的建模方法,体系结构设计人员可以指定和配置逻辑数据中心的服务器类型、许可的通信类型、特定的通信路径,以及支持的服务类型等。通过逻辑数据中心,可以将有关目标部署环境的重要信息传达给开发人员,实现体系结构设计人员、开发人员和操作设计人员之间的认知一致性。并且,通过元数据信息,操作分析人员可以在整个应用程序开发生命周期中锁定并管理关系图版本,以使其与数据中心的设计更改保持同步。

逻辑数据中心设计器就是用于创建逻辑服务器及其关系图的设计工具。由于逻辑数据中心设计主要关注部署环境的逻辑结构设计,与应用系统的逻辑结构设计相对独立,因此,VSTS 将其与分布式系统设计并列(参见图 7-9(c)和图 7-10(c))。在逻辑数据中心设计器中,逻辑服务器表示数据中心中的应用程序宿主主机,工具箱包含预先定义的逻辑服务器类型,包括 **Windows Client**、**IIS Web Server** 和 **Database Server**(参见图 7-27 所示),每种类型都定义一组用于配置服务器的设置和适用约束(参见图 7-28(h))。此外,还定义了一个 **Generic Server**(通用服务器),以便扩展的需要。默认时,每个逻辑服务器实例都有两个指定特定通信协议的终结点(参见图 7-28(b))。设计人员也可以按需添加终结点到逻辑服务器中,以便通过该终结点与其他逻辑服务器通信。图 7-28 所示给出了逻辑数据中心设计过程的解析。

图 7-27 VSTS 提供的预定义逻辑服务器类型及终结点类型

（a）在逻辑数据中心中定义一个逻辑服务器

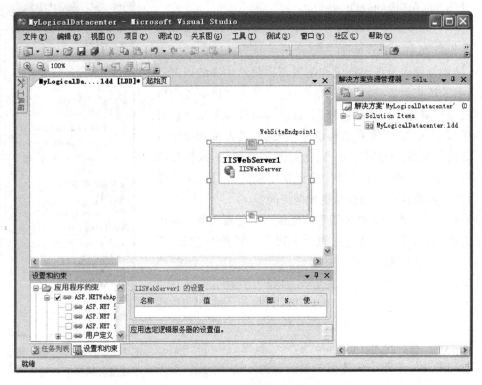

（b）定义完成一个 Web 服务器实例 IISWebServer1

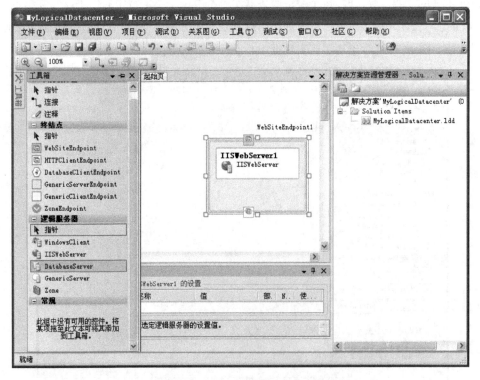

（c）在逻辑数据中心中再定义一个逻辑服务器

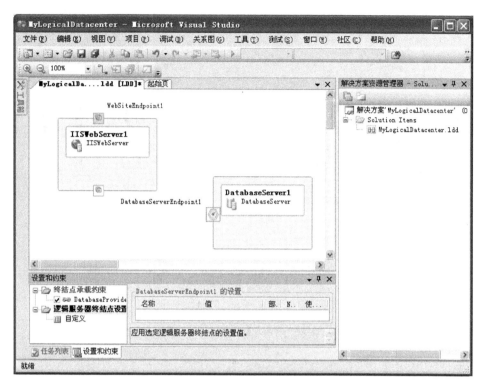

（d）定义完成一个数据库服务器实例 DatabaseServer1

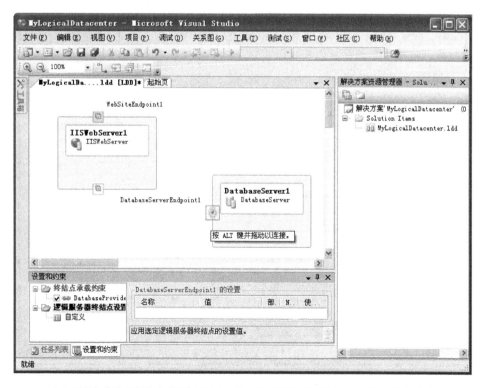

（e）用鼠标指向逻辑服务器实例 DatabaseServer1 的终结点实例 DatabaseServerEndpoint1

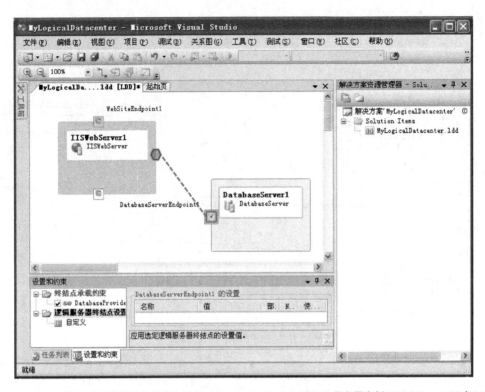

（f）按下 ALT 键的同时拖动鼠标从终结点实例 DatabaseServerEndpoint1 到 Web 服务器实例 IISWebServer1 以建立连接

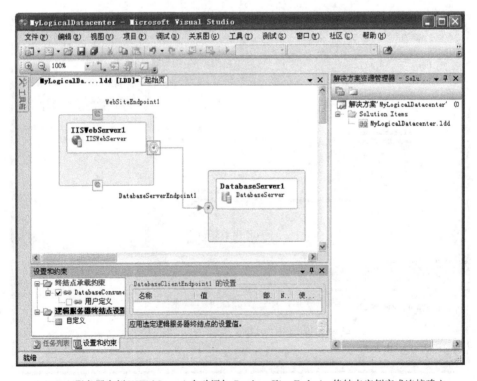

（g）Web 服务器实例 IISWebServer1 自动添加 DatabaseClientEndpoint 终结点实例完成连接建立

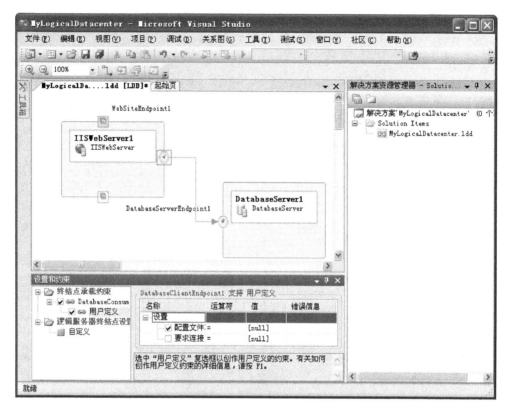

（h）对相关终结点实例进行设置和约束定义

图 7-28　逻辑数据中心的设计过程

通过**设置和约束**编辑窗口,可以直接对逻辑服务器的配置进行建模(参见图 7-30 和图 7-28(b))。除了直接编辑所提供的各项设置参数进行建模外,也可以从实际的服务器中导入设置(如图 7-29 所示)。并且,可以指定与应用程序的类型和配置有关的策略约束。这些约束是根据应用程序连接关系设计器中的设置创建的,因为它们可以用于约束服务器可宿主的应用程序的类型,并且可以用于指定应用程序所需的配置(参见图 7-14 和图 7-21)。比如,对于 Web 服务器上宿主的应用程序,可以约束 ASP. NET 安全设置;对于 Windows 客户端服务器上宿主的应用程序,则必须具备所需的 NET Framework 版本等。并且,通过将某些设置标记为"固定",可以指定这些设置不能在开发期间重写。图 7-30 所示给出了设置和约束的一个示例。

工具箱还包含**区域**(Zone)和**区域终结点**类型(Zone Endpoint)。区域表示逻辑数据中心的通信边界,区域终结点表示区域和内部逻辑服务器之间的连接点,区域和逻辑服务器之间的通信路径由区域终结点控制。设计及人员可以配置区域终结点来确定允许进出该区域的通信协议的类型。逻辑服务器的终结点用于指定跨区域发送或接收通信的逻辑服务器之间所允许的通信路径和协议。与应用程序实例(及其连接关系)和系统(及其关系)之间的关系类似,区域也是将逻辑数据中心中的逻辑服务器再次按部署需要进行逻辑分组,以便按组统一设置部署参数。图 7-31 给出了区域设置的设计过程解析。

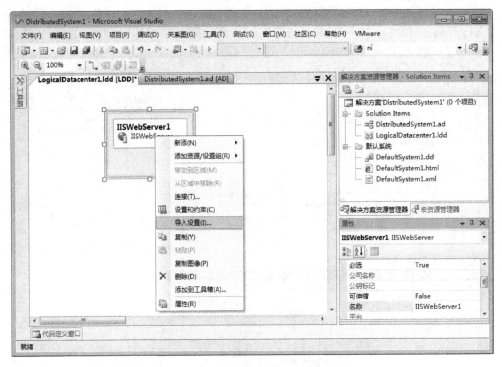

（a）从实际的服务器中导入设置

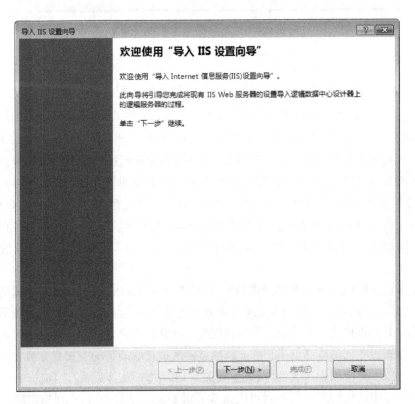

（b）启动导入 IIS 设置向导

（c）确定需要导入其具体设置的实际服务器

（d）确定服务器中的具体网站

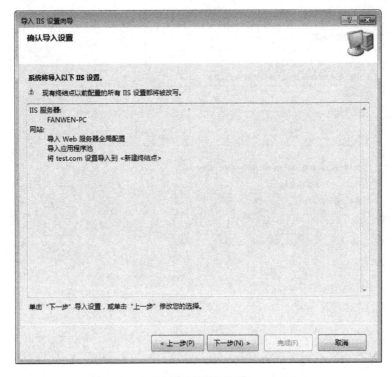

(e) 确认并开始导入

(f) 给出导入的具体信息(本样例含有错误信息)

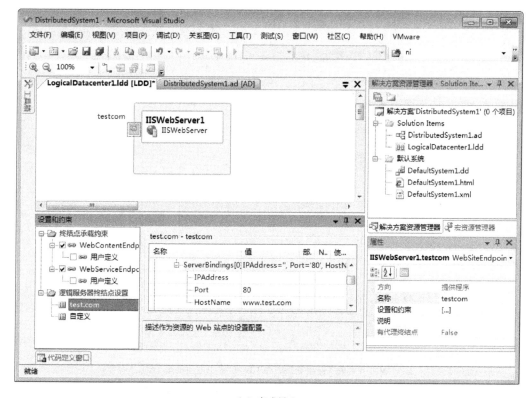

（g）完成导入

（h）从其导入的实际服务器

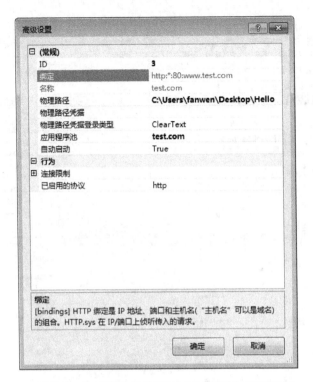

(i) 从其导入的实际服务器的相关设置（参见对应的图7-31g）

图7-29 从实际服务器中导入逻辑服务器的配置

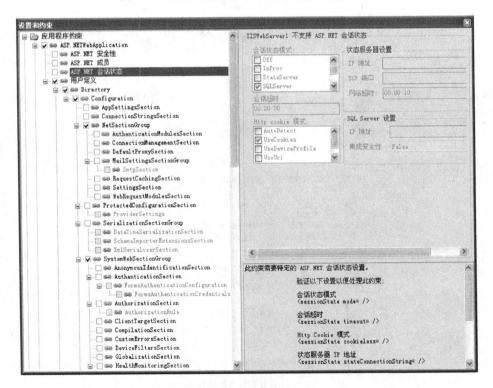

(a) 前半部分

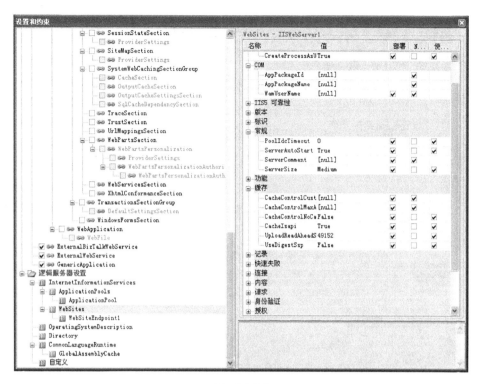

(b) 后半部分

图 7-30 设置和约束的应用示例

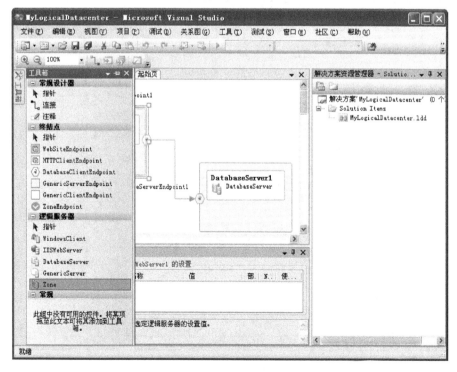

(a) 选择区域类型

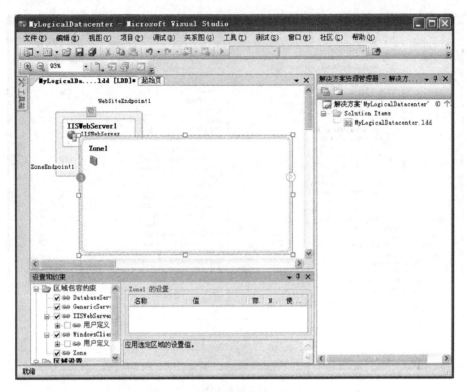

(b) 定义一个区域实例 Zone1

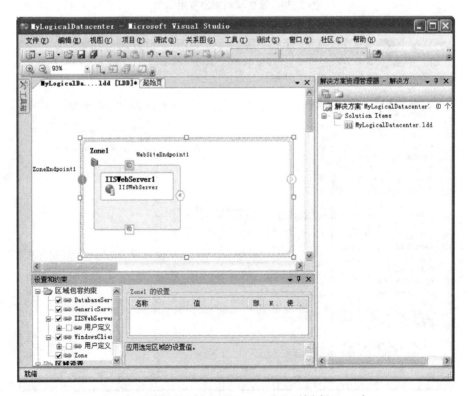

(c) 将逻辑服务器实例 IISWebServer1 放入区域实例 Zone1 中

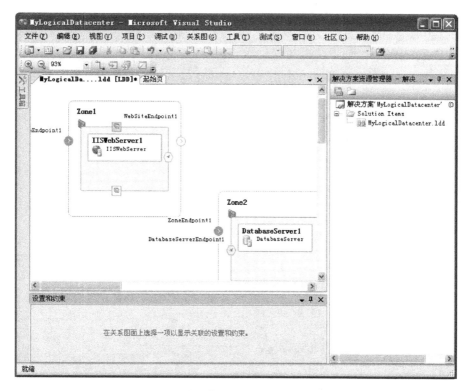

（d）定义第二个区域实例 Zone2

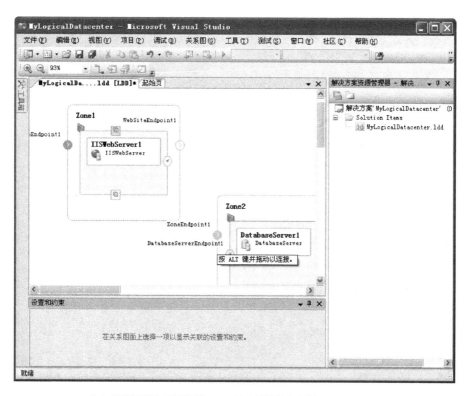

（e）用鼠标指向区域实例 Zone2 的区域终结点实例 ZoneEndpoint1

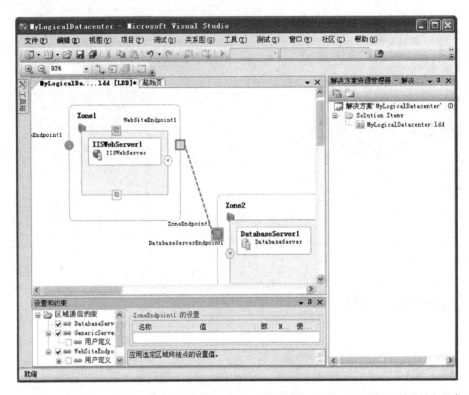

（f）按下 ALT 键的同时拖动鼠标从区域终结点实例 ZoneEndpoint1 到区域实例 Zone1 的对应区域终结点以建立连接

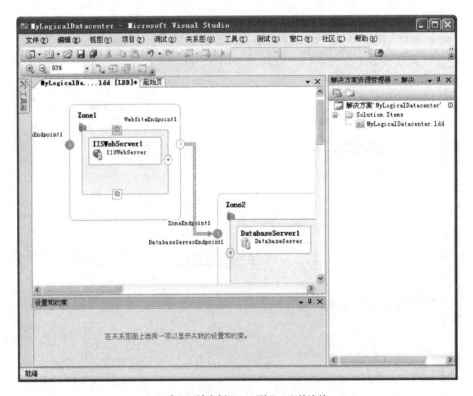

（g）建立区域实例 Zone1 到 Zone2 的连接

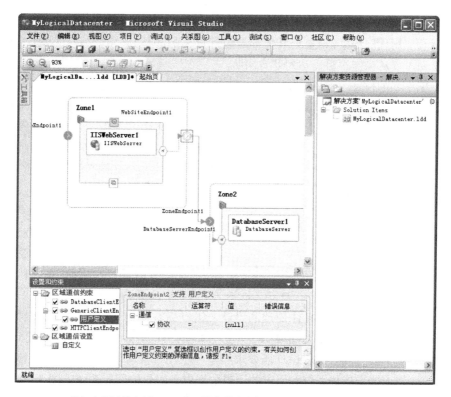

（h）定义区域实例 Zone1 的区域终结点实例 ZoneEndpoint2 的通信约束

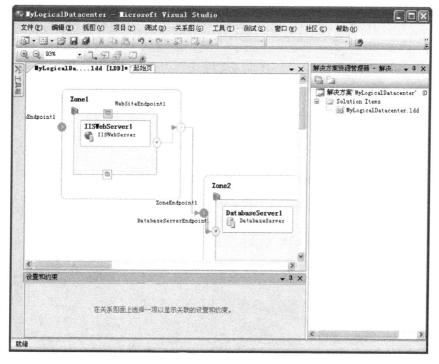

（i）建立区域终结点与逻辑服务器终结点的连接

图 7-31　区域设置的设计过程

作为部署验证的一部分,可以根据应用程序中定义的设置和约束,来验证逻辑数据中心中定义的配置和应用程序约束(请参见具体部署设计部分的解析)。由此,逻辑数据中心的策略和部署要求便可以从操作小组传达到开发团队。

逻辑数据中心的设计与应用系统程序的开发过程无关,同一个逻辑数据中心可以由部署在同一目标环境中的其他分布式系统重用。图7-32所示给出了逻辑数据中心与应用系统及

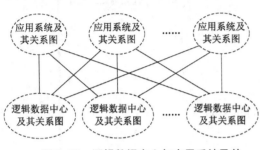

图7-32 逻辑数据中心与应用系统及其关系的相互关系

其关系的相互关系解析。例7-1图书销售应用系统的逻辑数据中心的设计过程解析,参见配套的在线资源第7章。

3) 具体部署的设计

部署设计是指如何将逻辑分布式应用系统具体部署到目标逻辑数据中心,即定义并实现可部署系统逻辑结构和目标部署环境逻辑结构两者的耦合。从而,完成待建分布式应用系统的最终设计。

VSTS通过部署设计器支持具体部署的设计。用鼠标右击某个应用程序实例或系统实例调出其快捷菜单,通过其中的**定义部署(Y)**…或菜单项**关系图(G)**…→**定义部署(Y)**…,可以定义一个具体的部署。此时,部署设计器要求指定一个用于部署当前应用系统的逻辑数据中心,并创建一个耦合当前应用系统和给定的逻辑数据中心的具体部署系统。图7-33所示给出了部署定义的设计过程解析。例7-1图书销售应用系统部署定义的设计过程解析,参见配套的在线资源第7章。

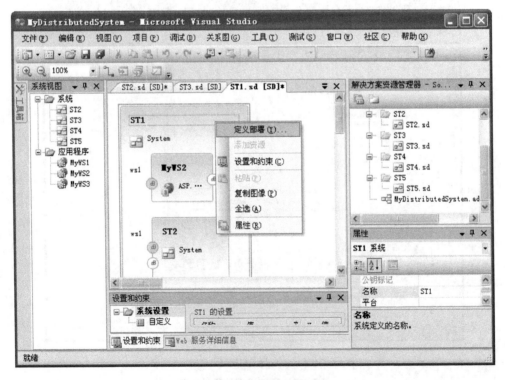

(a) 以系统 ST1 为基础定义部署

(b) 选择要部署系统的逻辑数据中心(1)

（c）选择要部署系统的逻辑数据中心(2)(参见图 7-28、图 7-31)

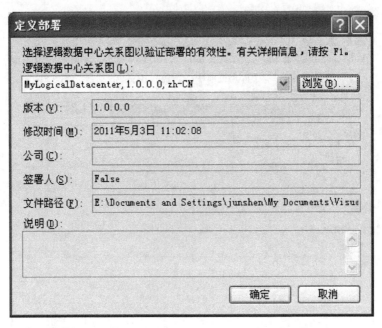

(d) 选择要部署系统的逻辑数据中心(3)(参见图 7-28、图 7-33)

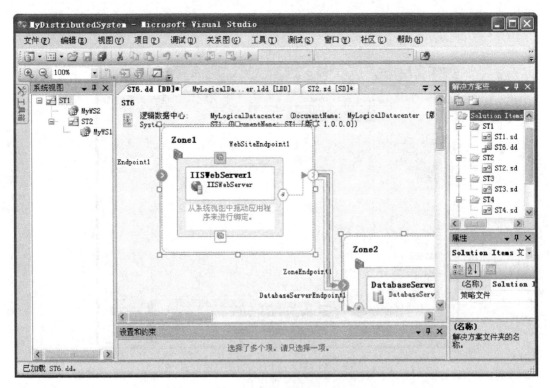

(e) 定义一个可部署系统 ST6 的框架(参见图 7-28、图 7-31)

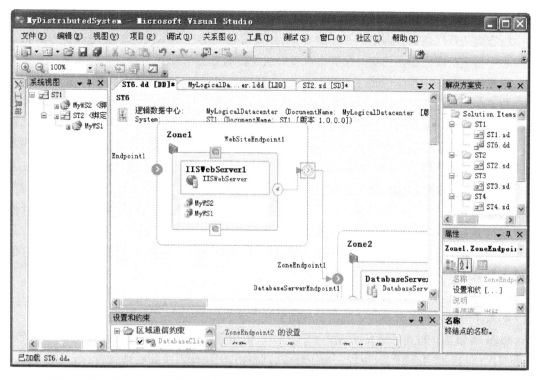

(f) 将应用程序系统 MyWS1 等部署到可部署系统 ST6,完成其定义(参见图 7-22、图 7-28、图 7-31)

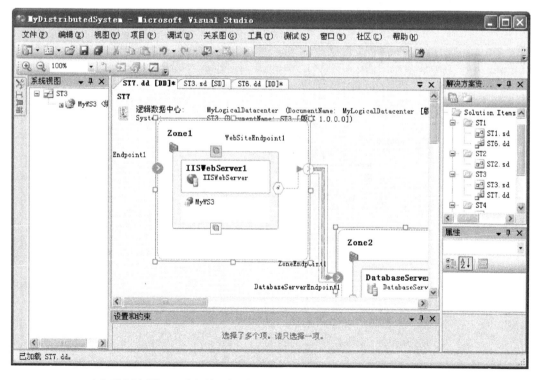

(g) 以应用系统 ST3 定义另一个可部署系统 ST7(参见图 7-22、图 7-28、图 7-31)

图 7-33 部署定义的设计过程

一旦定义了一个具体部署系统，就可以根据需要对其进行验证。验证可以确认可部署系统中所有应用程序是否都绑定到逻辑服务器，然后检查应用程序实例的配置是否符合逻辑数据中心中指定的应用程序约束。验证也可以确认逻辑服务器的配置是否符合应用程序连接关系图和系统关系图中指定的宿主约束。此外，验证还可以确保所需的通信路径存在，并确定是否存在正确的通信协议，以及这些协议是否在应用程序和主机服务器之间兼容。所有的验证错误都显示在 Visual Studio 错误列表中，该列表为更正和调整错误提供了一种简单的导航机制。双击错误列表中的某项错误时，部署设计器将打开相应的关系图，选择适当的应用程序实例或逻辑服务器实例，并导航到适当的设置，从而可以对其进行更正。这样就能够在部署之前（甚至在完全实现系统之前）更正配置错误（参见图 7-34 所示）。例 7-1 图书销售应用系统体系结构设计中的一个配置错误验证实例，参见配套在线资源第 7 章。并且，可以从部署设计器中生成全部所需的应用程序和逻辑数据中心配置设置的报告，并将其用于为自定义部署工具创建脚本。例 7-1 图书销售应用系统的部署报告、体系结构设计的最终验证结果，参见配套的在线资源第 7 章。

4）进一步认识 VSTS 分布式系统设计器

● 基于分层思想对分布式系统的设计抽象

SDM 模型是分布式系统设计器的基础。SDM 采用分层思想，将分布式计算机应用系统的各个层次（包括：应用程序、应用程序宿主环境、网络拓扑、操作系统和物理设备）纳入统一的模型，该模型不仅允许分布式系统设计器描述每层的设计，而且还允许它表达各层的约束和策略，以便分布式系统设计器可以帮助企业成功地构建面向服务的应用程序并有效地在数据中心成功部署。

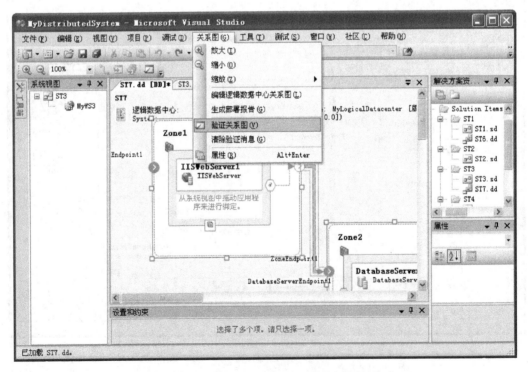

（a）验证可部署系统 ST7 的外部连接关系和内部连接关系

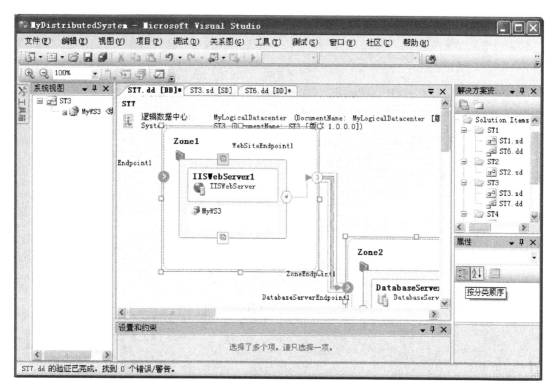

（b）验证完成(无错误)

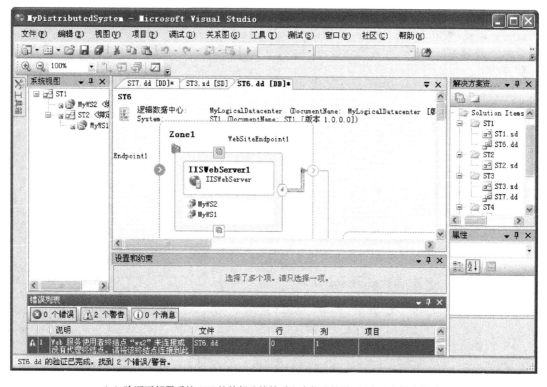

（c）验证可部署系统 ST6 的外部连接关系和内部连接关系(有两个警告错误)

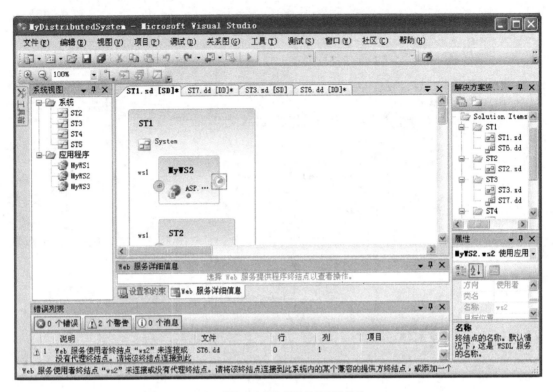

（d）双击第一个警告错误导航到错误处

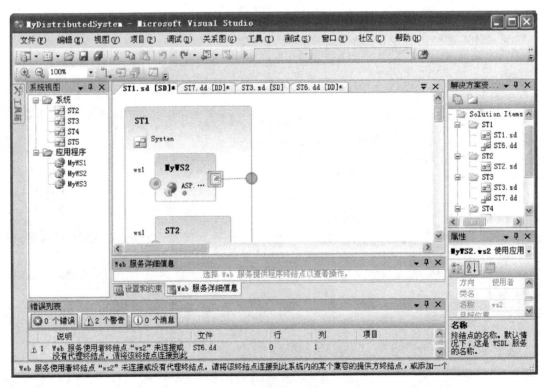

（e）修改可部署系统 ST1（1）

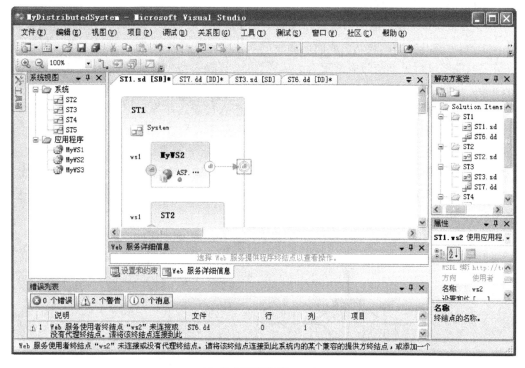

（f）修改可部署系统 ST1（2）

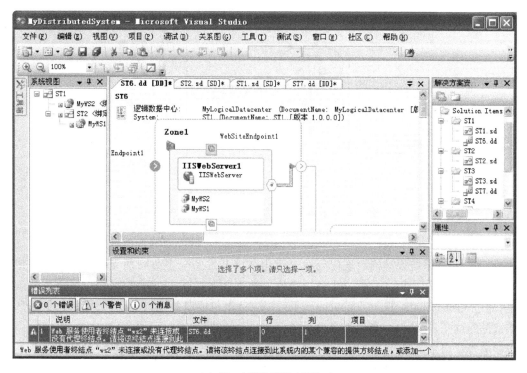

（g）第一个警告错误已经修正

图 7-34　关系图验证及错误导航

● 对现代软件工程过程模型的支持

VSTS 分布式系统设计器面向软件开发的全生命周期,支持两个域(开发和操作)的集成模型。因此,它帮助开发团队降低生成面向服务的现代化软件的复杂性,并使整个开发过程的参与成员之间能够进行更方便的信息交流。从而,可以解决大型分布式应用系统构造所面临的各种问题。比如:通过基于 SDM 的公共语言来描述分布式系统的设计和配置,允许开发和设计人员表达应用程序对运行时环境的要求,允许操作人员表达作为目标部署环境策略的应用程序运行时、安全和连接要求,使用允许开发人员和操作人员在共同的基础上进行交流的抽象,提供可视设计元素与代码之间的完全同步。也就是说,分布式系统设计器作为现代软件工程思想和方法的具体实现者,体现了现代软件工程的多种概念和思想。比如:原型法、迭代法、增量法、CASE、文档化等等。图 7-35 所示给出了 VSTS 分布式系统设计器与各种开发角色的基本关系。

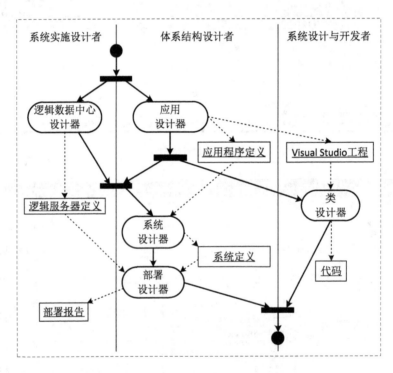

图 7-35　设计器域各种开发角色的基本关系

● 集成能力

VSTS 分布式系统设计器对现代分布式应用系统开发的全生命周期支持是通过其集成机制来实现,即通过集成面向软件全生命周期的各种工具来实现。VSTS 集成机制的基本实现方法是,通过 Visual Studio Team Foundation 平台提供一组集成服务和特定于具体工具的 API(对被集成的附加工具公开)将各种工具集成在一起,比如,提供通用引用、事件生成与处理,以及分类服务等。每个工具可以利用 Team Foundation 进行自我注册,注册时需要描述该工具管理的构件集合、工具支持的链接类型集合以及工具引发的事件集合。工具也可以注册为其内部使用的属性。其他工具可以使用注册表来确定该工具是否已经安装,以及获得对该工具的访问权限。工具能够插入到某些关键的用户界面以供使用(比如,工具可以用于创建一个新项目或管理员安全),能够将数据添加到报告仓库之中并在报告中利用这些数据等。为了与 VSTS 集成,每个工具的实现都必须满足一个基本模型,该模型规定了工具的基本结构。比如,工具必须实现一个包括 API 的 Web 服务,该服务返回有关该工具管理的构件和链接的信息。图 7-36 所示给出了 Visual Studio 2005 Team System 的基本体系。

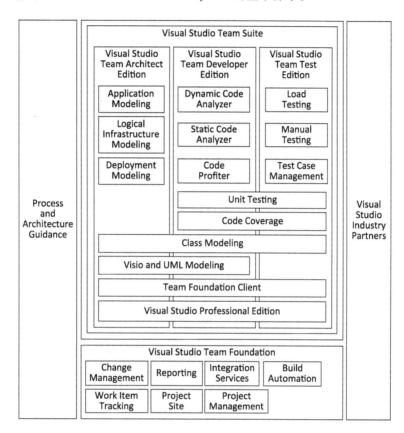

图 7-36 Visual Studio 2005 Team System 的基本体系

● 扩展性与开放性

依据 VSTS 分布式系统设计器的集成机制,VSTS 是一种开放的可扩展框架,允许合作伙伴对平台进行扩展,并添加对其他协议、其他各种新型应用程序和宿主系统以及逻辑服务器类型的支持,以实现通用的面向服务的现代分布式应用系统的设计建模。另外,VSTS 中集成的每个工具也可以通过自己的 API 或服务进行扩展。

7.4 对软件体系结构设计的进一步认识

随着计算机应用的深入发展,软件系统的规模越来越庞大,因此,人们对于软件系统的设计策略也从归纳式思维策略向演绎式思维策略转变,即首先关注软件系统的整个体系结构及其整体特性需求,然后才是各个局部的具体细节。并且,软件体系结构的设计建立在软件模型的发展基础上。也就是说,只有面向松散耦合、独立于具体技术平台的服务模型的诞生,才建立了软件体系结构设计的基础,使得各种具体的技术细节可以作为基本体系结构模型的参数。

对于软件体系结构的描述,尽管形式化描述可以作为理论分析的基础,然而,受限于形式化方法本身固有的缺陷以及其发展的水平,难于将其运用于整个软件体系结构的主导描述,而是将其作为关键部分的描述。考虑到描述方法本身的扩展性需求,基于 XML 的描述手段有着独特的优点。

对于软件体系结构的设计,水平型设计和垂直型设计位于两个不同的应用抽象层面,与面向对象方法的基本使用和设计模式的使用两者关系有着极为相似的思维特征。也就是说,垂直型设计蕴涵了面向体系结构的某些特有思维抽象和经验的归纳与抽象。并且,垂直型设计支持在体系结构层次的可执行验证,建立以体系结构为核心的软件开发方法。

更为深入地可以看到,软件体系结构设计方法的成熟标志着软件业发展的真正成熟,促使软件业从以工程为主到以设计为主的质的飞跃,较为完整地建立了软件业从设计、分析到实施的全过程。另外,正是软件体系结构设计思想和方法的发展,特别是其带来的思维策略转变,对人类的思维能力提出更高的要求,要求创新思维。由于思维受制于环境,环境由文化孕育,因此,东方的柔性文化对于有着明显的逻辑文化痕迹的软件体系结构的设计有着固有的制约。

7.5 本章小结

软件体系结构设计的核心在于对软件范型、设计模式及基本风格等的创新应用,属于知识的应用层次,它取决于设计者自身的认知能力,包括对这些理论、方法和概念的理解及认识程度,也包括创新思维基础和经验。一般而言,水平型设计采用归纳思维策略,设计者需要依据对给定应用需求的理解,采用相应的知识和表达手段,其设计工具也是原始表达语言的基本集成,本身不提供面向应用的系统模型。垂直型设计采用演绎思维策略,相应工具内化了相应的知识和表达手段,并针对应用提供统一的系统模型。另外,各种体系结构设计支持工具也随着软件体系结构的发展而发展,具现最新理论、方法和概念,为设计者的创新应用提供具体手段。体系结构设计支持工具也是以体系结构为中心的软件系统设计与开发方法学的理论体系之器。

习　题

1. 应用程序与应用系统程序的区别是什么?
2. 什么是设计? 水平型设计与垂直型设计的思维本质有什么不同?
3. 请解释设计和建模与描述方法的关系和区别。
4. 什么是 SDM? SDM 的基本通用描述方法是怎样的? (提示:构件、连接及其约束)
5. SDM 是如何集成开发和部署两个阶段的? 如何理解 SDM 中的 System 概念? SDM 是通过什么机制实现其 System 描述思想的? 请解析 SDM 与 SDM 描述文档之间的关系。
6. VSTS 包括哪 4 个设计器,它们的关系是什么?
7. 子系统及其关系图是一种什么结构? 与文件夹和文件的组织管理相比较,子系统类似于文件夹还是文件? 如果是文件夹,那么谁与文件类似?

8. 应用程序及其关系图与系统及其关系图的关系是什么？

9. 一个系统能否对应多个应用程序及其关系图？一个应用程序及其关系图能否对应多个系统？

10. 系统及其关系图与逻辑数据中心及其关系图的关系是什么？

11. 一个系统能否对应多个逻辑数据中心及其关系图？一个逻辑数据中心能否对应多个系统？

12. 请解析系统约束与应用程序约束的关系。

13. 请解析区域约束与服务器约束的关系。

14. 请解析逻辑数据中心约束与系统及应用程序约束的关系。

15. 可部署系统与具体部署系统有什么不同，它们是什么关系？

拓展与思考：

16. 什么是 Dynamic Systems？为什么企业应用是 Dynamic Systems？什么是 DSI？如何理解 Dynamic Systems Initiative 中的 Initiative？为什么说 SDM 是一种元模型？

17. 请解析分层思想的本质作用并举例说明。

18. VSTS 可扩展框架规定的可集成工具的模型或基本结构是什么？请给出图示解析。

19. VSTS 是一种开放的可扩展框架，或者说它是一种元工具。请解析它是如何实现其扩展能力的（即如何理解元工具中的"元"的含义）？（提示：与 Eclipse 元工具的实现思想相比较）

20. 组成 Visual Studio 2005 Team System 的每个工具都提供用于扩展工具功能的方法，每个工具都提供用来集成到 Team System 并提供与其他工具进行特殊集成的 API。请利用某个测试工具的 API 扩展该工具的某种功能，以及添加一个自己的测试工具。

21. 实现一个元工具原型系统。

22. VSTS 是如何实现应用程序设计师、开发人员和基础结构设计师三者认知的统一的？

23. VSTS 是如何体现现代软件工程思想的？

24. 从头开始设计应用程序及其依赖关系与从现有解决方案或现有项目进行反向工程来创建应用程序及其关系图。在思维上有何区别？（提示：以 WORD 制作文档为例，做类比说明）

第 8 章　趋势:新发展

本章主要解析软件体系结构的发展,包括程序(或软件)构造范型和体系结构两个层面。首先,基于归纳思维策略,从事物发展的基本过程和基本规律出发,重点解析云计算、Enterprise SOA,以及可恢复语句组件范型。然后,基于演绎思维策略,从事物发展高级阶段应有的特征角度重点解析元模型及 MDA。

 8.1　云计算

8.1.1　概述

云计算(Cloud Computing)是一种新型的计算范型(Computing Paradigm),其核心思想是将大量用网络连接的计算资源进行统一管理和调度,构成一个计算资源池。并且,它将计算任务分布在由大量计算机构成的资源池上,使用户和各种应用系统能够按需动态获取计算能力、存储空间和各种软件服务。因此,如果将计算能力和存储空间的提供也通过服务概念抽象,则云计算是指基于 Internet 的一种信息技术的服务提供模式。其中,资源池(包括硬件资源和软件资源)称为"云"(之所以称为"云",是因为资源池在某些方面具有自然界云的特征:云一般都较大;云的规模可以动态伸缩,它的边界是模糊的;云在空中飘浮不定,你无法也无需确定它的具体位置,但它确实存在于某处)。一般而言,狭义云计算主要指 IT 基础设施服务的交付和使用模式,该模式可以使用户通过网络以按需、易扩展的方式获得所需资源,包括硬件资源、平台资源和软件资源;广义云计算主要指信息服务的交付和使用模式,该模式可以使用户通过网络以按需、易扩展的方式获得所需服务,包括 IT 和软件及互联网相关的服务,也可以是任意其他的服务。也就是说,对服务消费者(包括用户或应用系统)而言,云计算屏蔽了底层硬件及其管理的所有细节,包括容错、负载平衡、并行计算等等,以及服务调度和使用的细节。另一方面,对服务部署者而言,云计算建立了一种体系结构,便于随时扩展其各种软硬件信息服务资源。因此,云计算是一种方便、低成本的 IT 服务能力的实现方法。

一般而言,云计算的体系可以分为四个层次:**云设备**、**云平台**、**云软件**和**云客户**。云设备层解决基础设施服务的提供和使用方式,实现**基础设施即服务**(Infrastructure as a Service,IaaS)的

理念。云平台层解决平台服务的提供和使用方式,实现**平台即服务**(Platform as a Service, PaaS)的理念。云软件层解决软件服务的提供和使用方式,实现**软件即服务**(Software as a Service,SaaS)的理念。云客户层解决云客户端使用服务的方式,即建立云计算的编程模型。图 8-1 所示给出了云计算的基本体系结构。

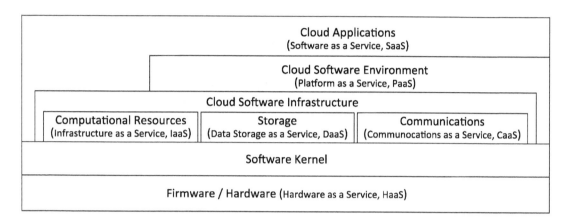

图 8-1 云计算的基本体系结构

云计算是**分布式计算**(Distributed Computing)、**并行计算**(Parallel Computing)、**网格计算**(Grid Computing)、**效用计算**(Utility Computing)、**网络存储**(Network Storage Technologies)、**虚拟化**(Virtualization)、**负载均衡**(Load Balance)等传统计算技术和网络技术发展融合的产物,具有如下一些特点:

1. 虚拟化

云计算技术的实质是计算、存储、服务器、应用软件等 IT 软硬件资源的虚拟化,并在此基础上建立相应的程序构造范型。虚拟化实现对硬件的抽象,资源的分配、调度和管理,虚拟机与宿主操作系统及多个虚拟机间的隔离等功能,它是云计算基础设施实现的重要基石。

2. 超大规模

"云"具有相当的规模,例如:Google 云计算已经拥有 100 多万台服务器,Amazon、IBM、微软、Yahoo 等的"云"均拥有几十万台服务器。企业私有云一般拥有数百上千台服务器。"云"能赋予用户前所未有的计算能力。

3. 高可靠性

云计算采用多项措施确保其可靠性。例如:使用数据多副本容错,依赖再次执行机制实现容错,通过计算节点同构可互换实现可靠性保障,使用备份冗余实现宕机等引起数据丢失时找回数据,使用目标位置感知(locality-aware)的排程以降低网络连接拥挤时的数据发送量等等。

4. 高性能

云计算的程序构造范型可以将问题隔离到一个较大数目且更细粒度的任务上,这些任务可以动态排程以提高处理的性能。并且,计算被推送到接近本地磁盘的处理单元,以减少数据在网络或 I/O 子系统上的传输时间。

5. 高可扩展性

"云"的规模可以动态伸缩，满足应用和用户规模增长的需要。

6. 通用性

云计算不针对特定的应用，在"云"的支撑下可以构造出千变万化的应用，同一个"云"可以同时支撑不同的应用运行。

7. 廉价性

"云"的特殊容错措施可以使得人们采用极其廉价的节点来构成"云"，"云"的自动化集中式管理使大量企业无需负担日益高昂的数据中心管理成本，"云"的通用性使资源的利用率较之传统系统大幅提升，因此用户可以充分享受"云"的低成本优势。更为诱人的是，企业可以以极低的成本投入获得极高的计算能力，不用再投资购买昂贵的硬件设备，负担频繁的保养与升级费用。

8. 易用性

云计算的程序构造范型隐藏了并行、容错、本地优化以及负载平衡的细节，对于没有并行和分布式系统应用经验的程序员而言，也容易使用该模型。云计算支持用户在任意位置、使用各种终端获取应用服务，所请求的资源来自"云"，而不是固定的有形实体。应用在"云"中某处运行，但实际上用户无需了解、也不用担心应用运行的具体位置。只需要一台笔记本电脑或者一部手机，就可以通过网络服务来实现我们需要的一切，甚至包括超级计算这样的任务。为了方便用户业务由传统 IT 系统向云计算环境的迁移，云计算面向用户提供统一的业务接口。业务接口的统一不仅方便用户业务向云端的迁移，也会使用户业务在云与云之间的迁移更加容易。

9. 按需服务

"云"是一个庞大的资源池，你按需购买。也就是说，"云"可以像自来水、电或煤气等自然资源一样即插即用。

目前，云计算还处于发展阶段，还没有建立统一的标准，各个厂家都给出自己的实施方案。对于虚拟化技术，比较典型的实现有 Citrix Xen、VMware ESX Server 和 Microsoft Hype-V 等；对于数据存储技术，主要有 Google 的 GFS（Google File System，非开源）以及 HDFS（Hadoop Distributed File System，开源）；对于数据管理技术，最著名的是谷歌的 BigTable 数据管理技术。在云计算时代，一切以服务为核心，因此，独立于技术、面向业务的服务模式及 SOA 体系显然是云计算的基础。

8.1.2 程序构造模型

为了使用户能更轻松的享受云计算带来的服务，云计算必须保证后台复杂的并行执行和任务调度向用户和编程人员透明，向用户及编程人员提供简洁明了的编程模型。目前，尽管各个厂家都具有自身独特的技术，但是，从目前各 IT 厂商提出的支持"云"计划的编程工具来看，基本上都是基于 Google 公司的 Map-Reduce 编程模型。

1. Map-Reduce 编程模型

Map-Reduce 模型是一种面向大规模数据处理的分布式编程模型，用于处理和生成大规模数据集（processing and generating large data sets）。Map-Reduce 的基本思想是通过合并公共子问题并实现并行处理以提高处理性能。

Map-Reduce 的基本原理是基于**键值对**（<*key*, *value*>）的**映射**（Map）及**归纳**（Reduce）。也就是说，数据的输入是一批<*key*, *value*>对，生成的结果也是一批<*key*, *value*>对，并且依据它们的键值类型进行同类合并以减少处理项。同时，再通过并行处理方式提高原始处理项生成以及合并后处理项归纳等操作的处理效率。从而，从数据规模和处理过程两个方面提高整体处理性能。为了方便处理的调度，*key* 和 *value* 的类型需要支持序列化（serialize）操作，*key* 的类型必须支持可写操作，以便对数据集执行排序操作。图 8-2 所示是 Map-Reduce 编程模型的基本原理。图 8-3 所示是 Map-Reduce 编程模型的案例解析。

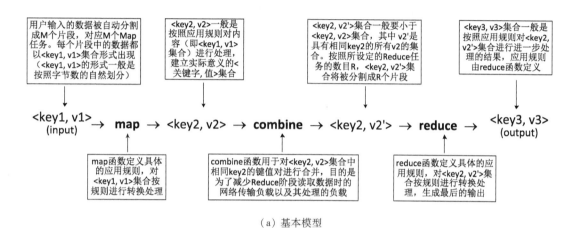

（a）基本模型

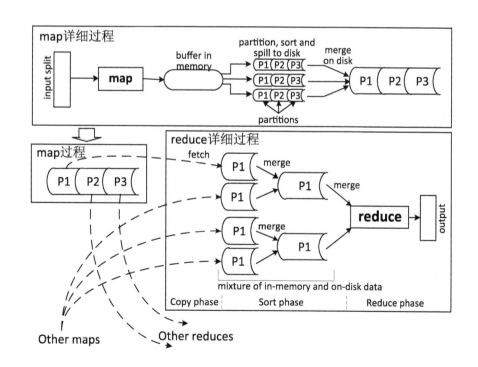

（b）详细模型

图 8-2　Map-Reduce 编程模型的基本原理

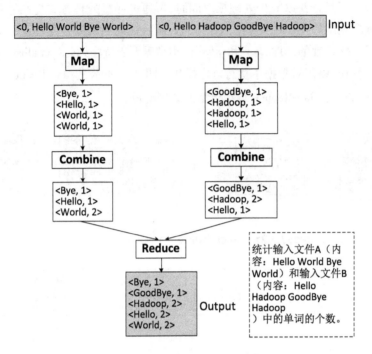

（a）案例 1 基本 Map-Reduce 过程

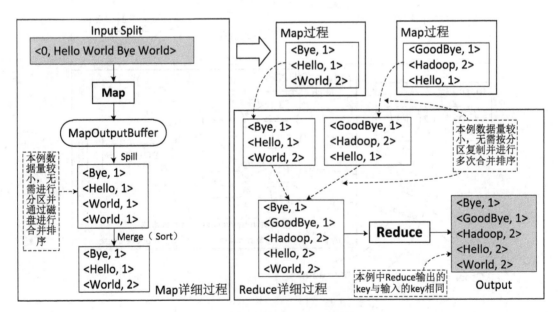

（b）案例 1 详细 Map-Reduce 过程

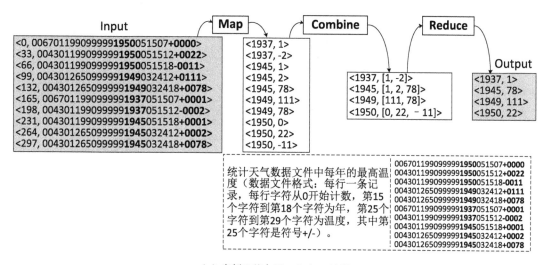

（c）案例 2 基本 Map-Reduce 过程

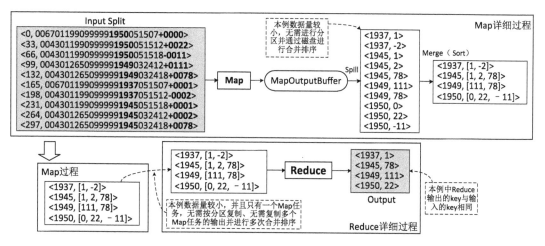

（d）案例 2 详细 Map-Reduce 过程

图 8-3　Map-Reduce 编程模型的案例解析

为了方便用户编程使用,Apache 公司基于 Map-Reduce 模型建立了一个框架 Hadoop,它主要由 HDFS(Hadoop Distributed File System)和 Map-Reduce 执行引擎两个部分组成。HDFS 用于存储 Hadoop 集群中所有存储节点上的文件,它是 Map-Reduce 执行引擎工作的基础。如图 8-4 所示。其中,NameNode 是唯一的,它在 HDFS 内部提供元数据服务(例如:通过 FsImage 文件记录命名空间信息等),控制和管理所有的文件操作。DataNode 一般为多个(以机架的形式组织,机架通过一个交换机将所有系统连接起来),为 HDFS 提供数据存储块服务(HDFS 中的存储文件都被分割成块,这些块可以按需复制到多个 DataNode 中供处理),块的大小(默认为 64MB)和复制的块数量在创建文件时由用户定制。NameNode 和 DataNode 通过心跳消息实现块映射验证和其他文件系统元数据的更新以及失效 DataNode 的恢复。HDFS 内部的所有通信都基于标准的 TCP/IP 协议,以便集群的扩展。

Map-Reduce 执行引擎的基本体系如图 8-5 所示。其中,JobTracker 是一个 master 服务,负责调度 job 的每一个子任务 task 运行于 TaskTracker 上,并监控它们的运行过程。如果发现有

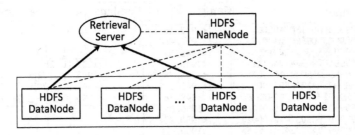

（a）基本逻辑结构

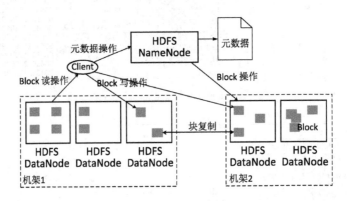

（b）基本工作原理

图 8-4　Hadoop HDFS 的基本体系

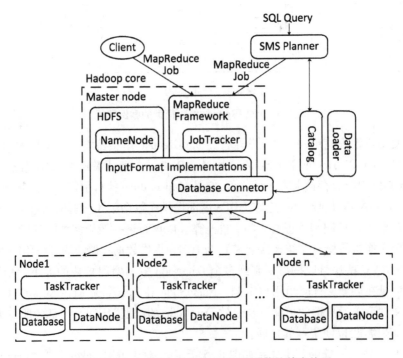

图 8-5　Hadoop Map-Reduce 执行引擎的基本体系

失败的 task 就重新运行它。考虑到 JobTracker 的特殊作用,通常将 JobTracker 部署在单独的机器上。TaskTracker 是运行于 HDFS(Hadoop Distributed File System) DataNode 上的 slaver 服务,负责直接执行每一个 task。JobClient 面向用户,每一个 job 都会在用户端通过 JobClient 类将应用程序以及配置参数打包成 jar 文件存储在 HDFS 中,并把路径信息提交到 JobTracker,然后由 JobTracker 创建每一个 Task(即 MapTask 和 ReduceTask)并将它们分发到各个 TaskTracker 服务中去执行。

Map-Reduce 执行引擎的服务器之间也是通过 RPC(Remote Procedure Call)协议接口实现通信,并且,考虑到集群中各机器之间通信的复杂性以及由其带来的状态信息维护的困难性,客户端与 TaskTracker、各个 TaskTracker 之间都不直接通信,而是由 JobTracker 统一收集、整理并转发。

Hadoop 框架的基本工作原理如下:

1) 客户程序通过 JobClient. runJob(job)向 master 节点的 JobTracker 提交作业

用户提交一个 Job 时,首先需要对该 Job 进行配置。配置通过 JobConf 对象完成,其中可以定制的参数包括:InputFormat、OutputFormat、OutputKeyClass、OutputValueClass、MapperClass、CombinerClass、ReducerClass、InputPath、OutputPath、MapOutputKeyClass、MapOutputValueClass、OutputKeyComparator、PartitionerClass 等等。一个 Map-Reduce 的 Job 通过 JobClient 类根据用户在 JobConf 类中定义的 InputFormat 实现类来将输入的数据集分解成一批小的数据集(具体而言,JobClient 调用缺省的 FileInputFormat 类的 FileInputFormat. getSplits()方法生成小数据集 Input Split),每一个小数据集(其中只记录文件在 HDFS 里的路径及偏移量和 Split 大小,这些信息统一打包在 jobFile 的. jar 参数文档中)会对应地创建一个 MapTask 来处理。

然后,JobClient 使用 submitJob(job)方法向 master 提交作业,submitJob(job)内部通过 submitJobInternal(job)方法完成实质性的作业提交。submitJobInternal(job)方法首先会向 Hadoop 分布系统文件系统 HDFS 依次上传三个文件:job.jar, job.split 和 job.xml。其中:

● job. xml:包含作业的配置信息,例如 Mapper、Combiner、Reducer 的类型,输入输出格式的类型等。

● job. jar:包含执行该任务所需要的各种类,例如:Mapper,Reducer 等的具体实现。

● job. split:包含文件分块的相关信息,例如:数据分多少个块,块的大小(默认 64MB)等。

这三个文件在 HDFS 上的路径由 hadoop-default. xml 文件中的 mapreduce 系统路径 mapred. system. dir 属性 + jobid 决定,mapred. system. dir 属性默认是/tmp/hadoop-user_name/mapred/system。上传完这三个文件之后,submitJobInternal(job)方法通过 RPC 调用 master 节点上的 JobTracker. submitJob(job)方法,完成作业的提交。

最后,JobTracker 在创建 job 成功后会给 JobClient 传回一个 JobStatus 对象,用于记录 job 的状态信息。例如:执行时间、Map 和 Reduce 任务完成的比例等。JobClient 将根据这个 JobStatus 对象创建一个 NetworkedJob 的 RunningJob 对象,用于定时从 JobTracker 获得执行过程的统计数据来监控并打印到用户的控制台。

2) JobTracker 初始化 Job

当 JobTracker 接收到新的 job 请求(即 submitJob()函数被调用)后,将创建一个

JobInProgress 对象并通过它来管理和调度任务。首先，JobInProgress 对象在创建的时候会初始化一系列与任务有关的参数，并调用文件系统，将 JobClient 端上传的所有任务文件（即 job. jar，job. split 和 job. xml）下载到本地文件系统中的临时工作目录中。

然后，由 JobTracker 中的监听器类 EagerTaskInitializationListener 负责 Task（任务）的初始化。当 JobTracker 接收到初始化请求后，使用 jobAdded（job）将新 job 加入到 EagerTaskInitializationListener 中一个专门管理需要初始化的 Task 队列中（即一个 list 成员变量 jobInitQueue），并通过 resortInitQueue 方法根据作业的优先级排序。接着调用 notifyAll（）方法，唤起一个用于初始化 job 的线程 JobInitThread，该线程取出优先级最高的 job，调用 TaskTrackerManager 的 initJob（内部最终调用 JobInProgress. initTasks（））来执行真正的初始化工作。

Task（任务）分为两种：MapTask 和 ReduceTask，它们的管理对象都是 TaskInProgress。首先，JobInProgress 会创建 Map 的监控对象。在 initTasks（）方法中通过调用 JobClient 的 readSplitFile（）方法获得已分解的输入数据的 RawSplit 列表，然后根据这个列表创建对应数目的 Map 执行管理对象 TaskInProgress。在这个过程中，还会记录该 RawSplit 块对应的所有在 HDFS 里的 blocks 所在的 DataNode 节点的 host（该信息在 RawSplit 创建时通过 FileSplit 的 getLocations（）方法获取，getLocations（）方法内部最终通过调用 DistributedFileSystem 的 getFileCacheHints（）获得）。当然，如果是存储在本地文件系统中（即使用 LocalFileSystem 时），host 信息只有一个 location，即"localhost"。创建完所有 TaskInProgress 对象后，initTasks（）方法将通过 createCache（）方法为这些 TaskInProgress 对象产生一个包含未执行任务的 Map 缓存 nonRunningMapCache。每当 slaver 端的 TaskTracker 向 master 发送心跳时，就可以直接从这个 cache 中取任务去执行。其次，JobInProgress 会根据 JobConf 里指定的 Reduce 数目创建对应的 Reduce 的监控对象（默认时只创建 1 个 Reduce 任务）。尽管监控和调度 Reduce 任务的也是 TaskInProgress 类，但构造方法有所不同（TaskInProgress 会根据不同参数分别创建具体的 MapTask 或者 ReduceTask）。同样地，initTasks（）也会通过 createCache（）方法产生一个包含未执行任务的 Reduce 缓存 nonRunningReduceCache 供 slaver 端的 TaskTracker 使用。JobInProgress 创建完 TaskInProgress 后，最后构造 JobStatus 对象并记录 job 正在执行中。然后，再调用 JobHistory. JobInfo. logStarted（）记录 job 的执行日志。至此，JobTracker 初始化 job 的过程全部结束。

3）JobTracker 调度 Job

Hadoop 默认的调度器是基于 FIFO（First Input First Output）策略的 JobQueueTaskScheduler，它有两个成员变量 jobQueueJobInProgressListener 与 eagerTaskInitializationListener。JobQueueJobInProgressListener 是 JobTracker 的另一个监听器类，它包含了一个映射，用来管理和调度所有的 JobInProgress。jobAdded（job）同时会将 job 加入到 JobQueueJobInProgressListener 中的映射。JobQueueTaskScheduler 最重要的方法是 assignTasks，它具体实现任务的调度。具体而言，JobTracker 接收到 TaskTracker 的 heartbeat（）调用后，首先检查上一个心跳响应是否完成，如果一切正常，则处理本次心跳。此时，首先检查 TaskTracker 端还可以做多少个 Map 任务和 Reduce 任务，看看将要派发的任务数是否超出这个数，是否超出集群的任务平均剩余可用负载数。如果都没超出，则为此 TaskTracker 分配一个 MapTask 或 ReduceTask（最终生成一个 Task 类对象，该对象被封装在一个 LanuchTaskAction 中，发回给 TaskTracker，让它去执行）。产生

Map 任务的方法是使用 JobInProgress 的 obtainNewMapTask（）方法（该方法最后调用 JobInProgress 的 findNewMapTask（）方法去访问 nonRunningMapCache）（产生 Reduce 任务的方法是使用 JobInProgress. obtainNewReduceTask（）方法，它最后调用 JobInProgress 的 findNewReduceTask（）方法去访问 nonRuningReduceCache）。由于 createCache（）方法会在网络拓扑结构上挂上需要执行的 TaskInProgress，因此，findNewMapTask（）将由近到远一层一层地寻找，首先是同一节点，然后再寻找同一机柜上的节点，接着寻找相同数据中心中的节点，直到找到 maxLevel 层结束。如此，在 JobTracker 给 TaskTracker 派发任务的时候，可以迅速找到最近的 TaskTracker，让它执行任务。

4）TaskTracker 运行和管理任务

TaskTracker 通过 run（）方法初始化一系列参数和服务，然后尝试连接 JobTracker（即必须实现 InterTrackerProtocol 接口），如果连接断开，则会循环尝试连接 JobTracker，并重新初始化所有成员和参数。如果连接 JobTracker 服务成功，TaskTracker 就会调用 offerService（）方法进入主执行循环。该循环会每隔 10 s（由 MRConstants 类中定义的 HEARTBEAT_INTERVAL 变量决定，默认是 10 s）与 JobTracker 通信一次，调用 transmitHeartBeat（），获得 HeartbeatResponse 信息。然后调用 HeartbeatResponse 的 getActions（）方法获得 JobTracker 传过来的所有指令（即一个 TaskTrackerAction 数组）。在 transmitHeartBeat（）函数处理中，TaskTracker 会创建一个新的 TaskTrackerStatus 对象记录目前任务的执行状况，检查目前执行的 Task 数目以及本地磁盘的空间使用情况等，如果可以接收新的 Task 则设置 heartbeat（）的 askForNewTask 参数为 true。然后通过 RPC 接口调用 JobTracker 的 heartbeat（）方法将请求发送给 JobTracker，heartbeat（）的返回值是 TaskTrackerAction 数组。

接下来，TaskTracker 遍历这个数组，如果是一个新任务指令（即 LaunchTaskAction），则调用 addToTaskQueue（）将任务加入到待执行队列，否则将任务加入到 tasksToCleanup 队列，交给一个 taskCleanupThread 线程来处理，比如：执行 KillJobAction 或者 KillTaskAction 等。TaskTracker. addToTaskQueue 会调用 TaskTracker 的 registerTask，创建 TaskInProgress 对象来调度和监控任务，并把它加入到 runningTasks 队列中。同时将这个 TaskInProgress 加到 tasksToLaunch 中，并通过 notifyAll（）唤醒一个线程运行，该线程从队列 tasksToLaunch 取出一个待运行任务，调用 TaskTracker 的 startNewTask（）运行任务。startNewTask（）通过 localizeJob（）初始化工作目录 workDir，再将 job. jar 包从 HDFS 复制到本地文件系统中，调用 RunJar. unJar（）将包解压到工作目录。然后创建一个 RunningJob 并调用 addTaskToJob（）方法将它添加到 runningJobs 监控队列中。addTaskToJob（）方法将一个任务加入到该任务属于的 runningJob 的 tasks 列表中。如果该任务属于的 runningJob 不存在，则先新建后再加到 runningJob 中。完成后，即调用 launchTaskForJob（）开始执行 Task。launchTaskForJob（）调用 TaskTracker $ TaskInProgress 的 launchTask（）方法来执行，launchTaskForJob（）执行任务前先调用 localizeTask（）更新一下 jobConf 文件并写入到本地目录中。然后通过调用 Task 的 createRunner（）方法创建 TaskRunner 对象并调用其 start（）方法最后启动 Task 独立的 java 执行子进程。与 MapTask 和 ReduceTask 相对应，TaskRunner 对象分为 MapTaskRunner 和 ReduceTaskRunner 对象。TaskRunner. start（）负责将一个任务放到一个进程里面来执行，它会调用 run（）方法来处理，主要的工作就是初始化启动 java 子进程的一系列环境变量，包括设定工作目录 workDir，设置 CLASSPATH 环境变量等。然后装载 job. jar 包。JvmManager 用于管理该 TaskTracker 上所

有运行的 Task 子进程。每一个进程都是由 JvmRunner 来管理的，它也是位于单独线程中的。JvmManager 的 launchJvm 方法，根据任务是 Map 还是 Reduce，生成对应的 JvmRunner 并放到对应 JvmManagerForType 的进程容器中进行管理。如果 JvmManagerForType 槽满，就寻找 idle 的进程，如果是相同 Job 的就直接放进去，否则杀死这个进程，用一个新的进程代替。如果槽没有满，那么就启动新的子进程。

5）MapTask 子进程执行

子进程是最终的执行逻辑载体，它包含一个 main 函数，通过接收相关的输入参数并拆解这些参数，通过 getTask（jvmId）向父进程索取任务，并且构造出相关的 Task 实例，然后使用 Task 的 run（）启动任务。run 方法相当简单，配置完系统的 TaskReporter 后，就根据情况执行 runJobCleanupTask、runJobSetupTask、runTaskCleanupTask 或执行 Mapper。由于 MapReduce 现在有两套 API（Application Programming Interface），MapTask 需要支持这两套 API，因此 MapTask 执行 Mapper 分为 runNewMapper 和 runOldMapper。runOldMapper 开始部分是构造 Mapper 处理的 InputSplit，然后就开始创建 Mapper 的 RecordReader，最终得到 Map 的输入。之后通过 MapOutputCollector 构造 Mapper 的输出，如果没有 Reducer，那么，用 DirectMapOutputCollector，否则，用 MapOutputBuffer（使用了一个内存缓冲区对 Map 的处理结果进行缓存，同时又使用几个数组对这个缓冲区进行管理，以便后续的 Reduce 任务使用）。构造完 Mapper 的输入输出，通过构造配置文件中配置的 MapRunnable，就可以执行 Mapper 了。目前系统有两个 MapRunnable：MapRunner 和 MultithreadedMapRunner。MapRunner 是单线程执行器，比较简单，它会使用反射机制生成用户定义的 Mapper 接口实现类并将其作为它的一个成员。MapRunner 的 run 方法会先创建对应的 key，value 对象，然后，对 InputSplit 的每一对 <key, value>，调用用户实现的 Mapper 接口实现类的 map 方法，每处理一个数据对，此时使用 OutputCollector 收集每次调用 map 处理 <key, value> 键值对后得到的新的 <key, value> 键值对，把他们 spill 到文件或者放到内存，以做进一步的处理，比如排序，combine 等。

在适当的时机（例如：当内存缓冲区不能容下一个太大的 <key, value> 键值对时，通过 spillSingleRecord 方法；当内存缓冲区已满时，通过 SpillThread 线程；当 Mapper 的结果都已经 collect，需要对缓冲区做最后的清理时，通过 Flush 方法），缓冲区中的数据将被 spill 到硬盘中。

6）ReduceTask 子进程执行

ReduceTask. run 方法开始和 MapTask 类似，包括 initialize（）初始化，runJobCleanupTask（），runJobSetupTask（），runTaskCleanupTask（）。之后进入正式的工作，主要有如下三个步骤：Copy、Sort、Reduce。

Copy 就是从执行各个 Map 任务的服务器那里收集 Map 的输出文件。拷贝的任务，是由 ReduceTask. ReduceCopier 类来负责。具体而言，整个执行流程从使用 ReduceCopier. fetchOutputs 开始，首先使用 GetMapEventsThread 线程索取任务。该线程的 run 方法不停地调用 getMapCompletionEvents 方法，该方法又使用 RPC 调用 TaskUmbilicalProtocol 协议的 getMapCompletionEvents 方法，使用所属的 jobID 向其父 TaskTracker 询问此作业各 Map 任务的完成状况（TaskTracker 要向 JobTracker 询问后再转告给它），返回一个数组 TaskCompletionEvent events[]。TaskCompletionEvent 包含 taskid 和 ip 地址之类的信息。然后，当获取到相关 Map 任务执行服务器的信息后，有一个线程 MapOutputCopier 开启，做具体的拷贝工作。它会在一个单独的线程内，负责某个 Map 任务服务器上文件的拷贝工作。MapOutputCopier 的 run 循环调用

copyOutput，copyOutput 又调用 getMapOutput，使用 HTTP 远程拷贝。getMapOutput 远程拷贝过来的内容（当然也可以是本地的内容），作为 MapOutput 对象存在，它可以在内存中也可以序列化在磁盘上，具体是根据内存使用状况来自动调节。同时，还有一个内存 Merger 线程 InMemFSMergeThread 和一个文件 Merger 线程 LocalFSMerger 在同步工作，它们将下载过来的文件（可能在内存中，在此简单地统称为文件），做着归并排序，以此，节约时间，降低输入文件的数量，为后续的排序工作减负。InMemFSMergeThread 的 run 循环调用 doInMemMerge，该方法使用工具类 Merger 实现归并，如果需要 combine，则 combinerRunner.combine。

Sort 就相当于上述排序工作的一个延续。它会在所有的文件都拷贝完毕后进行。使用工具类 Merger 归并所有的文件。经过这一个流程，一个合并了所有所需 Map 任务输出文件的新文件产生了。而那些从其他各个服务器收集过来的 Map 任务输出文件则全部删除。

Reduce 是任务的最后一个阶段。它会准备好 keyClass（mapred.output.key.class 或 mapred.mapoutput.key.class），valueClass（mapred.mapoutput.value.class 或 mapred.output.value.class）和 Comparator（mapred.output.value.groupfn.class 或 mapred.output.key.comparator.class），最后调用 runOldReducer 方法（也是两套 API，在此仅分析 runOldReducer）。该方法会准备一个 OutputCollector 收集输出，与 MapTask 不同，这个 OutputCollector 更为简单，仅仅是打开一个 RecordWriter，collect 一次，write 一次。最大的不同在于，这次传入 RecordWriter 的文件系统，基本都是分布式文件系统，或者说是 HDFS。输入方面，ReduceTask 会用准备好的 KeyClass、ValueClass、KeyComparator 等等之类的自定义类，构造出 Reducer 所需的键类型，和值的迭代类型 Iterator（一个键到了这里一般是对应一组值）。有了输入，有了输出，不断循环调用自定义的 Reducer，最终完成 Reduce 阶段的工作。

图 8-6 所示给出了 Hadoop 框架基本工作原理的解析。

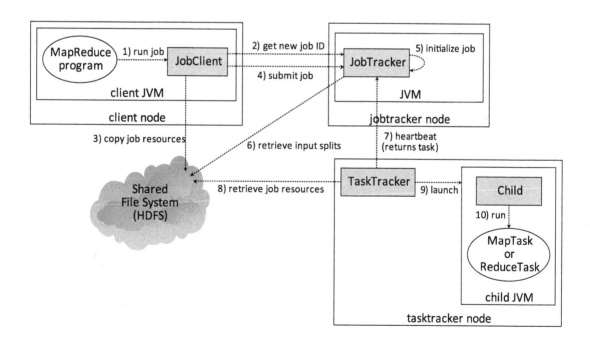

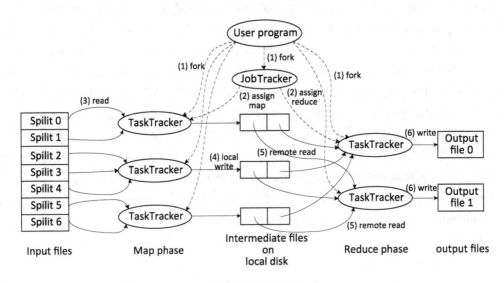

（a）基本工作流程

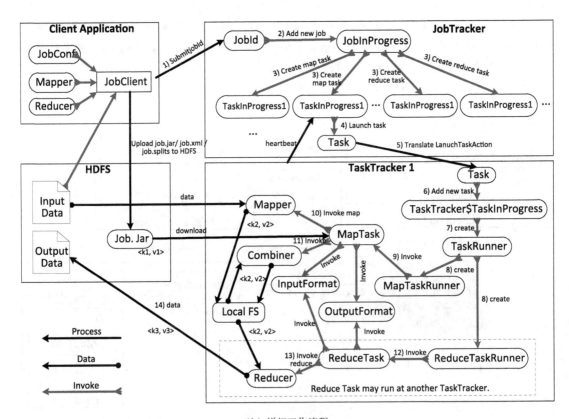

（b）详细工作流程

图 8-6　Hadoop 框架的工作原理解析

2. Map-Reduce 模型的使用

基于 Hadoop 框架，构造一个 Map-Reduce 应用程序一般需要实现最基本的三个部分：一个 Mapper 类、一个 Reducer 类和一个用于 Job 配置、提交和运行状态监视的主程序。另外，在某些应用中还可能包括一个 Combiner 类，它本质上也是 Reducer 的一种实现。Hadoop 框架预先定义了大量的接口和抽象类，封装 Map-Reduce 模型的分布式执行细节，实现其对用户的透明。用户只要通过具体定义某些接口和抽象类的行为，就可以十分方便地使用"计算云"带来的魔力。同时，Hadoop 也为用户提供各种工具用于调式和性能度量。

1）Mapper 类

Mapper 类主要用于将一组输入数据转换为一个键—值对列表，输入域中的每个元素对应一个键—值对。参见图 8-8 案例解析。

Mapper 类可以由多个执行实例，实现对多个输入域的转换操作的并行工作。

2）Reducer 类

Reducer 类主要用于归并 Mapper 所生成的键—值对，缩小键—值对的数量。它依据键的类型实现归并。参见图 8-9 案例解析。

Reducer 类也可以由多个执行实例，实现对 Mapper 所生成的键—值对的归并操作的并行工作。

3）用于 Job 配置、提交和状态监视的主程序

主程序一般基于标准的执行逻辑，用于作业的配置和提交，并可以对提交的作业的运行状态进行监视。基本的执行逻辑如图 8-7 所示。

```
JobConf conf = new JobConf(作业的类型);  // 实例化一个作业
conf.setJobName("作业名称");

conf.setOutputKeyClass(输出Key的类型);
conf.setOutputValueClass(输出Value的类型);

conf.setMapperClass(Mapper的类型);
conf.setCombinerClass(Combiner的类型);
conf.setReducerClass(Reducer的类型);

conf.setIutputFormat(输入格式);
conf.setOutputFormat(输出格式);

FileInputFormat.setInputPath(conf, new Path(输入hdfs路径));
FileOutputFormat.setOutputPath(conf, new Path(输出hdfs路径));
// 其它初始化配置
JobClient.runJob(conf);   // 提交作业并运行

// 对作业运行状态监视
```

图 8-7　基于 Map-Reduce 模型的程序基本逻辑

【例 8-1】　统计两个输入文本文件中单词个数的 Map-Reduce 程序

根据 Hadoop 的编程规范，首先定义一个 map 函数，用于将输入的文本文件中的单词一个一个的分离并输出形如"<单词,1>"的键值对。如图 8-8 所示。

然后，再定义一个 Reduce 函数，用于将 map 的输出键值对规约为最后的键值对并输出。如图 8-9 所示。

最后，基于标准的执行逻辑给出主程序，用于作业的配置和提交。如图 8-10 所示。完整的程序如图 8-11 所示。图 8-12 所示是程序的运行结果解析。

```
public static class Map extends MapReduceBase implements
                    Mapper< LongWritable, Text, Text, IntWritable >
{
    private final static IntWritable one = new IntWritable( 1 );
    private Text word = new Text();

    public void map( LongWritable key, Text value,
                    OutputCollector<Text, IntWritable> output, Reporter reporter )
        throws IOException {
                        String line = value.toString();
                        StringTokenizer tokenizer = new StringTokenizer( line );
                        while ( tokenizer.hasMoreTokens() )
                        {
                            word.set( tokenizer.nextToken() );
                            output.collect( word, one );
                        }
                    }
}
```

图 8-8　map 函数定义

```
public static class Reduce extends MapReduceBase implements
                    Reducer< Text, IntWritable, Text, IntWritable >
{
    public void reduce( Text key, Iterator< IntWritable > values,
                    OutputCollector< Text, IntWritable > output, Reporter reporter )
        throws IOException
        {
            int sum = 0;
            while ( values.hasNext() )
            {
                sum += values.next().get();
            }
            output.collect(key, new IntWritable(sum));
        }
}
```

图 8-9　reduce 函数定义

```
public static void main( String[] args ) throws Exception
{
    JobConf conf = new JobConf(WordCount.class);
    conf.setJobName("wordcount");   //设置job名称，用以跟踪查看任务执行

    conf.setOutputKeyClass(Text.class);   //设置输出的类型
    conf.setOutputValueClass(IntWritable.class);

    conf.setMapperClass(Map.class);
    conf.setCombinerClass(Reduce.class);
    conf.setReducerClass(Reduce.class);

    conf.setInputFormat(TextInputFormat.class);
    conf.setOutputFormat(TextOutputFormat.class);

    FileInputFormat.setInputPaths(conf, new Path(args[0]));    //设置输入和输出路径
    FileOutputFormat.setOutputPath(conf, new Path(args[1]));

    JobClient.runJob(conf);
}
```

图 8-10　主程序

```
package org.myorg;
import java.io.IOException;
import java.util.*;
import org.apache.hadoop.fs.Path;
import org.apache.hadoop.io.*;
import org.apache.hadoop.mapred.*;
public class WordCount
{ //Map类，用以处理输入的键值，输出中间结果
    public static class Map extends MapReduceBase implements
                Mapper<LongWritable, Text, Text, IntWritable>
    {
        private final static IntWritable one = new IntWritable(1);
        private Text word = new Text();
        public void map(LongWritable key, Text value,
                OutputCollector<Text, IntWritable> output, Reporter reporter)
            throws IOException {
                    String line = value.toString();
                    StringTokenizer tokenizer = new StringTokenizer(line);
                    while (tokenizer.hasMoreTokens())
                { word.set(tokenizer.nextToken());  output.collect(word, one); }
            }
    }
    //Reduce类，用以对中间结果进行运算，并输入最终结果
    public static class Reduce extends MapReduceBase implements
                Reducer<Text, IntWritable, Text, IntWritable>
    {
        public void reduce(Text key, Iterator<IntWritable> values,
                OutputCollector<Text, IntWritable> output, Reporter reporter)
            throws IOException {
                    int sum = 0;
                    while (values.hasNext()) { sum += values.next().get(); }
                    output.collect(key, new IntWritable(sum));
            }
    }
    public static void main(String[] args) throws Exception
    {
        JobConf conf = new JobConf(WordCount.class);
        conf.setJobName("wordcount");  //设置job名称，用以跟踪查看任务执行
        conf.setOutputKeyClass(Text.class);  //设置输出的类型
        conf.setOutputValueClass(IntWritable.class);
        conf.setMapperClass(Map.class);
        conf.setCombinerClass(Reduce.class);
        conf.setReducerClass(Reduce.class);
        conf.setInputFormat(TextInputFormat.class);
        conf.setOutputFormat(TextOutputFormat.class);
        FileInputFormat.setInputPaths(conf, new Path(args[0]));  //设置输入和输出路径
        FileOutputFormat.setOutputPath(conf, new Path(args[1]));
        JobClient.runJob(conf);
    }
}
```

图 8-11　完整的程序

```
C: ~/hadoop-0.19.1
Administrator@pengyl ~
$ cd hadoop-0.19.1

Administrator@pengyl ~/hadoop-0.19.1
$ mkdir input

Administrator@pengyl ~/hadoop-0.19.1
$ echo "this is first hadoop text" > input1.txt

Administrator@pengyl ~/hadoop-0.19.1
$ echo "this is second hadoop text" > input2.txt

Administrator@pengyl ~/hadoop-0.19.1
$
```

```
C: ~/hadoop-0.19.1
Administrator@pengyl ~/hadoop-0.19.1
$ cat output/*
first    1
hadoop   2
is       2
second   1
text     2
this     2

Administrator@pengyl ~/hadoop-0.19.1
$
```

（a）以 **input** 作为输入文件路径并通过 　　　　（b）以 **output** 作为输出文件路径并
控制台建立两个文本文件　　　　　　　　　　　　　　输出运行结果

```
Administrator@pengyl ~/hadoop-0.19.1
$ bin/hadoop jar wordcount.jar wordcount input output
cygpath: cannot create short name of D:\cygwin\home\Administrator\hadoop-0.19.1\
logs
bin/hadoop: line 243: C:\Program: command not found
11/10/24 09:56:32 INFO jvm.JvmMetrics: Initializing JVM Metrics with processName
=JobTracker, sessionId=
11/10/24 09:56:33 INFO mapred.FileInputFormat: Total input paths to process : 0
11/10/24 09:56:34 INFO mapred.JobClient: Running job: job_local_0001
11/10/24 09:56:34 INFO mapred.FileInputFormat: Total input paths to process : 0
11/10/24 09:56:34 INFO mapred.LocalJobRunner:
11/10/24 09:56:34 INFO mapred.Merger: Merging 0 sorted segments
11/10/24 09:56:34 INFO mapred.Merger: Down to the last merge-pass, with 0 segmen
ts left of total size: 0 bytes
11/10/24 09:56:34 INFO mapred.LocalJobRunner:
11/10/24 09:56:34 INFO mapred.TaskRunner: Task:attempt_local_0001_r_000000_0 is
done. And is in the process of commiting
11/10/24 09:56:34 INFO mapred.LocalJobRunner:
11/10/24 09:56:34 INFO mapred.TaskRunner: Task attempt_local_0001_r_000000_0 is
allowed to commit now
11/10/24 09:56:34 INFO mapred.FileOutputCommitter: Saved output of task 'attempt
_local_0001_r_000000_0' to file:/D:/cygwin/home/Administrator/hadoop-0.19.1/outp
ut
11/10/24 09:56:34 INFO mapred.LocalJobRunner: reduce > reduce
11/10/24 09:56:34 INFO mapred.TaskRunner: Task 'attempt_local_0001_r_000000_0' d
one.
11/10/24 09:56:35 INFO mapred.JobClient: Job complete: job_local_0001
11/10/24 09:56:35 INFO mapred.JobClient: Counters: 7
11/10/24 09:56:35 INFO mapred.JobClient:     Map-Reduce Framework
11/10/24 09:56:35 INFO mapred.JobClient:       Reduce input records=0
11/10/24 09:56:35 INFO mapred.JobClient:       Combine output records=0
11/10/24 09:56:35 INFO mapred.JobClient:       Reduce input groups=0
11/10/24 09:56:35 INFO mapred.JobClient:       Combine input records=0
11/10/24 09:56:35 INFO mapred.JobClient:       Reduce output records=0
11/10/24 09:56:35 INFO mapred.JobClient:     File Systems
11/10/24 09:56:35 INFO mapred.JobClient:       Local bytes written=167330
11/10/24 09:56:35 INFO mapred.JobClient:       Local bytes read=150184

Administrator@pengyl ~/hadoop-0.19.1
$
```

（c）运行过程监视

图 8-12　运行结果解析

3. RDD & Spark

Map-Reduce 编程模型建立了面向数据流应用的大型数据集分布批处理基本模型，然而，它需要频繁的 I/O 操作，处理性能受到较大影响。为此，美国加州大学伯克利分校的研究者提出了一种基于内存计算的处理方法，该方法的核心是**弹性分布式数据集**（Resilient Distributed Datasets，RDD）。RDD 的基本思想是基于内存并在并行操作之间共享（或重用）内存数据集，由此大幅度减少 I/O 操作以提高处理性能。

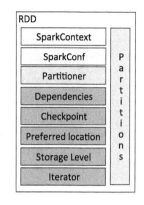

图 8-13　RDD 基本结构

RDD 是一种数据结构，从抽象层面描述了物理数据块分布存储及操作的相关属性，相当于针对物理分布的存储数据块，在内存建立了一种用于操作控制及管理的逻辑结构。RDD 基本结构如图 8-13 所示。

其中，各项属性的具体解析如下：

1）Partitions

描述 RDD 分区的列表。一个 RDD 可以包含多个分区，每个分区（Partition）会映射到某个物理节点的内存或硬盘的一个数据块。也就是，RDD 相当于一个数组，表示分布物理数据块的一种统一逻辑结构。

2）SparkContext

描述所有 Spark 功能的入口，代表了与 Spark 节点的连接，用来创建 RDD 对象以及在节点中的广播变量等等。一个线程只有一个 SparkContext。

3）SparkConf

描述一些配置信息。

4）Partitioner

描述一个 RDD 的分区方式，目前主要有两种主流的分区方式：Hash partitioner 和 Range partitioner。Hash partitioner 就是对数据的 Key 进行散列分布，Rang partitioner 是按照 Key 的排序进行分区。用户也可以自定义分区方式。

5）Dependencies

描述 RDD 之间的依赖关系，记录了该 RDD 的计算过程，即这个 RDD 是通过哪个或哪些 RDD 经过怎样的转化操作而得到。

根据每个 RDD 分区计算后生成的新 RDD 分区的对应关系，依赖关系可以分成**窄依赖**和**宽依赖**。窄依赖是指父 RDD 的分区可以一一对应到子 RDD 的分区（如图 8-14（a）所示），宽依赖是指父 RDD 的每个分区可以被多个子 RDD 分区使用（如图 8-14（b）所示）。也就是说，窄依赖是一种 1∶1 关系（类似独生子女形式），宽依赖是 1∶n 关系（类似多生子女形式）。

鉴于窄依赖的特性，窄依赖允许子 RDD 的每个分区可以被并行处理产生，而且支持在同一个节点上链式执行多条指令，无需等待其他父 RDD 的分区操作。例如在执行了 map 后，紧接着执行 filter 操作。相反，宽依赖需要所有父分区都是可用的。另外，从失败恢复的角度考虑，窄依赖失败恢复更有效，因为只要重新计算丢失的父分区即可，而宽依赖涉及 RDD 的各级多个父分区。

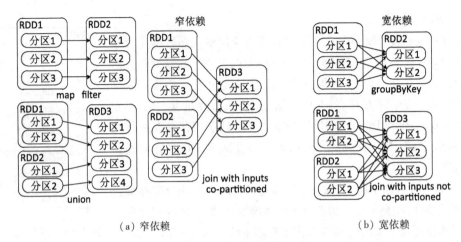

（a）窄依赖 （b）宽依赖

图 8-14　RDD 分区依赖关系

6）Checkpoint

在计算过程中有一些比较耗时的 RDD，可以将它缓存到硬盘或者 HDFS 中。Checkpoint 标记这个 RDD 被检查点处理过，并且清空它的所有依赖关系。同时，给它新建一个依赖于 Checkpoint RDD 的依赖关系，Checkpoint RDD 可以用来从硬盘中读取 RDD 并生成新的分区信息。

基于 Checkpoint 机制，当某个 RDD 需要错误恢复时，如果回溯到该 RDD，发现它被检查点记录过，则就可以直接从硬盘读取该 RDD，无需再重新计算。

7）Preferred Location

针对每一个分区，都会选择一个最优位置来计算，实现数据不动，代码动。由此，提高处理性能。Preferred Location 用于记录最优位置。

8）Storage Level

Storage Level 用来记录 RDD 持久化时的存储级别，一般有如下几种：

MEMORY_ONLY：只存在缓存中，如果内存不够，则不缓存剩余部分。这是 RDD 默认的存储级别。

MEMORY_AND_DISK：缓存在内存中，内存不够时则缓存至外存。

DISK_ONLY：只存在硬盘中。

MEMORY_ONLY_2 和 MEMORY_AND_DISK_2 等：与 MEMORY_ONLY 相同，只不过每个分区在集群的两个节点上建立副本。

9）Iterator

迭代函数和计算函数是用来表示 RDD 怎样通过父 RDD 计算得到的。迭代函数首先会判断缓存中是否有想要计算的 RDD，如果有就直接读取，如果没有就查找想要计算的 RDD 是否被检查点处理过。如果处理过，就直接读取；如果没有处理过，就调用计算函数向上递归，查找父 RDD 进行计算。

RDD 具有四个基本特性：分布，不可变、并行操作和失败重建。

1）分布

每个 RDD 包含的数据被分布存储在集群系统的不同节点上。也就是，一个 RDD 所包含的每一个分区都指向一个存储在内存或硬盘中的数据块（Block），该数据块就是每个 task 计算出的数据块,它们可以分布在不同节点上。

因此,RDD 只是抽象意义的数据集合,其分区内存储的不是具体数据,而是存储数据在该 RDD 中的 index,通过该 RDD 的 ID 和分区的 index 可以唯一确定对应数据块的编号,然后通过底层存储层接口提取到数据进行处理。

2)不可变

不可变性是指每个 RDD 都是只读的,它所包含的分区信息是不可变的。由于已有 RDD 是不可变的,所以只有通过对现有 RDD 进行转化操作(Transformation),才能得到新的 RDD,如此一步一步地计算出最终想要的结果。

3)并行操作

因为 RDD 的分布特性,所以其天生具备支持并行处理的特性。也就是,分布于不同节点上的数据可以并行地分别被处理,然后生成一个新的 RDD。

4)失败重建

RDD 的计算过程中,不需要立刻去存储计算出的数据本身,只要记录每个 RDD 是经过哪些转化操作得来的(即记录依赖关系),这样一方面可以提高计算效率,一方面使错误恢复更加容易。如果在计算过程第 N 步输出的 RDD 所在节点发生故障导致数据丢失,那么可以根据依赖关系从第 N−1 步可以重新计算出该 RDD。

RDD 的弹性是指其逻辑结构能够支持多个方面的伸缩性,主要包括存储弹性(按需在内存与外存之间自动切换存储,依据 Storage Level 等)、自动切换容错弹性(数据丢失可以自动恢复,依据 Dependencies 等)、自动恢复计算弹性(计算出错重试,依据 SparkConf 等)和分片弹性(按需重新分片,依据 Partitioner、Partitions 等)。

RDD 也可以看作是一种用于并行计算的基本单元,其支持两种基本操作:**转换**(transformation)和**动作**(action)。转换操作从现有 RDD 创建一个新的 RDD,动作操作在 RDD 上执行计算后返回一个值给驱动程序。常用的操作如表 8-1 所示。

表 8-1　RDD 常用操作表

转换	map(f:T=>U)	:RDD[T]=>RDD[U]
	filter(f:T=>Bool)	:RDD[T]=>RDD[T]
	flatMap(f:T=>Seq[U])	:RDD[T]=>RDD[U]
	sample(fraction:Float)	:RDD[T]=>RDD[T](Deterministic sampling)
	groupByKey()	:RDD[(K,V)]=>RDD[(K,Seq[V])]
	reduceByKey(f:(V,V)=>V)	:RDD[(K,V)]=>RDD[(K,V)]
	union()	:(RDD[T],RDD[T])=>RDD[T]
	join()	:(RDD[K,V],RDD[K,W])=>RDD[(K,(V,W))]
	cogroup()	:(RDD[K,V],RDD[K,W])=>RDD[(K,(Seq[V],Seq[W]))]
	crossProduct()	:(RDD[T],RDD[U])=>RDD[(T,U)]
	mapValues(f:V) W)	:RDD[(K,W)](Preserves partitioning)
	sort(c:Comparator[K])	:RDD[(K,V)]=>RDD[(K,V)]
	partitionBy(p:Partitioner[K])	:RDD[(K,V)]=>RDD[(K,V)]
动作	count()	:RDD[T]=>Long
	collect()	:RDD[T]=>Seq[T]
	reduce(f:(T,T)=>T)	:RDD[T]=>T
	lookup(k:K)	:RDD[(K,V)]=>Seq[V](On hash/range partitioned RDDs)
	save(path:String)	:outputs RDD to a storage system, e.g., HDFS

基于两种操作衍生出各种算子，主要包括输入算子、转换算子、缓存算子和行动算子四种。图 8-15 所示给出了各种算子使用的场景解析。

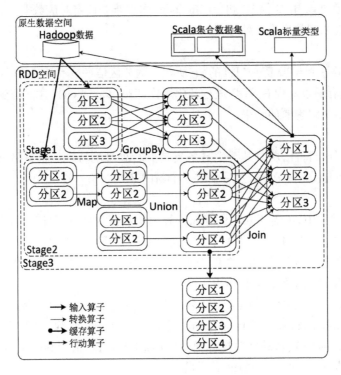

图 8-15　RDD 各种算子的应用场景

基于 RDD，研究者又开发了集群计算框架 Spark，提供了基于 RDD 的一体化解决方案，将 MapReduce、Streaming、SQL、Machine Learning、Graph Processing 等计算模型统一到一个平台，以一致的 API 对外公开，并提供统一的部署方案，使得 Spark 的工程应用领域变得更加广泛。图 8-16 给出了 Spark 的基本体系结构。Spark 相当于一个集群计算虚拟机，向下支持各种集群计算基础平台，包括各种数据存储方式；向上支持各种类型的计算范式，包括批处理、交互式和流式处理等；支持各种不同性质的数据源和数据集，比如文本数据、图表数据等数据集和批量数据或实时流数据等数据源，并且支持可扩展。

由图 8-16 可知，Spark 体系分为存储、集群计算基础框架（或 Spark 部署方式）、Spark Core 和计算范式支持库四个层次。其中，Spark Core 包含 Spark 的基本功能，包括操纵 RDD 的 API 定义、操作及相关动作算子及 Spark Runtime。部署方式一般有 Local 模式（也称本地单机模式）和 cluster 集群模式。Local 模式是最简单的运行模式，所有进程都运行在一台机器的 JVM 中，用单机的多个线程来模拟 Spark 分布式计算。cluster 模式又分为 standalone（集群单机模式。Spark 本身自带了完整的资源调度管理服务，可以独立部署到一个集群中，无需依赖任何其他的资源管理系统。在该模式下，Spark 集群架构为主从模式，即一台 Master 节点与多台 Slave 节点，Slave 节点启动的进程名称为 Worker，此时集群会存在单点故障问题）、Yarn 模式（把 Spark 作为一个客户端，将作业提交给 Yarn 服务。由于实际应用环境中，很多时候都要与 Hadoop 使用同一个集群，因此采用 Yarn 来管理资源调度，可以有效提高资源利用率。Yarn 模式又分为

Yarn Cluster 模式和 Yarn Client 模式。Yarn Cluster 模式中,所有资源调度和计算都在集群上运行;Yarn Client 模式一般用于交互、调试环境)和 Mesos 模式(Mesos 与 Yarn 同样是一种资源调度管理系统,鉴于 Spark 与 Mesos 存在密切关系,因此充分考虑对 Mesos 的集成。然而,如果需要同时运行 Hadoop 和 Spark,从兼容性角度看,采用 Yarn 模式会更好)。

Spark 的基本运行模型如图 8-17 所示。

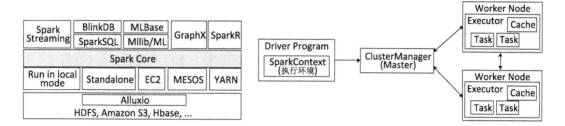

图 8-16　**Spark** 基本体系结构　　　　图 8-17　**Spark** 基本运行模型

其中:

Driver Program:也称为 Application,是指用户编写的 Spark 应用程序,其中包括一个 Driver 功能的代码和分布在集群中多个节点上运行的 Executor 代码。

Driver：运行 Application 的 main 函数并创建 SparkContext。创建 SparkContext 的目的是准备 Application 的运行环境,SparkContext 负责与 ClusterManager 通信,进行资源申请、任务分配和监控等,当 Executor 运行完毕后,Driver 同时负责将 SparkContext 关闭,通常用 SparkContext 代表 Driver。

Executor:某个 Application 运行在 Worker 节点上的一个进程,该进程负责运行某些 Task,并且负责将数据存到内存或磁盘,每个 Application 都有各种独立的一批 Executor。例如:在 Spark on Yarn 模式下,其进程名称为 CoarseGrainedExecutor Backend,一个 CoarseGrainedExecutor Backend 进程有且仅有一个 executor 对象,它负责将 Task 包装成 taskRunner,并从线程池中抽取出一个空闲线程运行 Task,这样,每个 CoarseGrainedExecutorBackend 能并行运行 Task 的数据就取决于分配给它的 CPU 的个数。

Cluster Manager:在集群上获取资源的外部服务。目前有 Standalone 模式(Spark 原生的资源管理,由 Master 主节点负责资源分配,控制整个集群并监控 worker)、Apache Mesos(与 Hadoop MR 兼容性良好的一种资源调度框架)和 Hadoop Yarn(即 Yarn 中的资源管理器 Resource Manager)三种类型。

Worker:集群中任何可以运行 Application 代码的节点(也称为从节点,负责控制计算节点,启动 Executor 或者 Driver),例如:在 Standalone 模式中是指通过 slave 文件配置的 Worker 节点,在 Yarn 模式下是指 NodeManager 节点。

Task:被送到某个 Executor 并在 Executor 进程中执行任务的工作单元,是运行 Application 的基本单位。多个 Task 组成一个 Stage,Task 的调度与管理等由 TaskScheduler 负责。

Spark 详细运行原理解析如下:

1. 任何 spark 应用程序都包含 driver 代码和 executor 代码。当一个 Spark 任务提交的时候,首先需要为 spark application 创建基本的运行环境,也就是在 Driver 创建并初始化

SparkContext（SparkContext 是 spark 应用程序通往集群的唯一路径），同时构建 DAGScheduler 和 TaskScheduler 两个调度器类（SparkContext 中包含了 DAGScheduler 和 TaskScheduler）。

2. 构建 Spark Application 的运行环境（启动 SparkContext），SparkContext 向资源管理器（可以是 Standalone、Mesos 或 Yarn）注册并申请运行 Executor 运行资源。

3. 资源管理器为 executor 分配资源并创建 executor 进程（例如：Standalone 模式下的 StandaloneExecutorBackend），executor 的运行状况通过心跳机制向资源管理器进行汇报

4. sparkContext 根据 RDD 的依赖关系构建 DAG 图，构建完毕后，将 DAG 图提交给 DAGScheduler 进行解析，DAGScheduler 开始划分 stage（DAGScheduler 在解析 DAG 图的过程中，当遇到 Action 算子时将进行逆向解析，根据 RDD 之间依赖关系以及是否存在 Shuffle 等，将 Job 解析成一系列具有先后依赖关系的 Stage），并将 stage 中的 TaskSet 按照先后顺序依次提交给底层的调度器 TaskScheduler。

5. Executor 向 SparkContext 申请 Task，TaskScheduler 将 TaskSet 中的 task 发送给 executor 运行，同时 SparkContext 将应用程序运行代码发送给 executor（TaskScheduler 接收到来自 DAGScheduler 的 stage 以后，将会在集群环境中构建一个 TaskSetManager 实例来管理 Stage（TaskSet）的生命周期。TaskSetManager 将会将相关的计算代码、数据资源文件等发送到相应的 Executor 上，并在相应的 Executor 上启动线程池执行（TaskSetManager 在执行的过程之中，使用了一些优化的算法，用于提高执行的效率，譬如根据数据本地性决定每个 Task 的最佳位置、推测执行碰到 Straggle 任务需要放到别的结点上重试、出现 Shuffle 输出数据丢失时要报告 fetch failed 错误等机制在 Task 的执行过程中，可能有部分应用程序涉及 I/O 的输入输出，在每个 Executor 由相应的 BlockManager 进行管理，相关 BlockManager 的信息将会与 Driver 中的 Block tracker 进行交互和同步）。

6. Task Threads 执行完成以后，将把执行的结果反馈给 TaskSetManager，TaskSetManager 反馈给 TaskScheduler，TaskScheduler 反馈给 DAGScheduler，DAGScheduler 将根据是否还存在待执行的 Stage，将继续循环迭代提交给 TaskScheduler 去执行。

7. 待所有的 Stage 都执行完成以后，将会最终达到应用程序的目标，或者输出到文件，或者在屏幕上显示等，Driver 的本次运行过程结束，等待用户的其他指令或者关闭。

8. 在用户显式关闭 SparkContext 后，整个运行过程结束，相应的资源被释放或回收。（在 Task Threads 执行的过程中，如果存在运行错误或其他影响的问题导致失败，TaskSetManager 将会默认尝试 3 次，尝试均失败以后将上报 TaskScheduler，TaskScheduler 如果解决不了，再上报 DAGScheduler，DAGScheduler 将根据各个 Worker 节点的运行情况重新提交到别的 Executor 中执行。）。

图 8-18 给出了相应的解析。由于每个 Spark 应用都有自己的 Executor 进程，此进程的生命周期和整个 Application 的生命周期相同，此进程内部维持着多个线程来并行地执行分配给他的 Task。这种运行形式有利于不同的 Application 之间的资源调度隔离，但也意味着不同的 Application 之间难以做到相互通信和信息交换。因此需要注意由于 Driver 负责所有的任务调度，所以他应该尽可能地靠近 worker 节点。如果能在一个网络环境则更好。

针对不同基础部署，图 8-19 至图 8-22 所示分别给出了详细的工作原理解析。

与 Standalone-Clien 模式类似，Standalone-client 模式也适用于程序测试，不适用于生产环

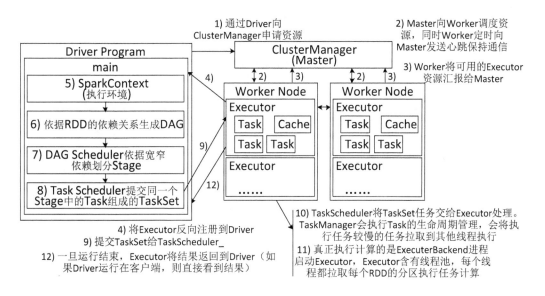

图 8-18　Spark 工作原理

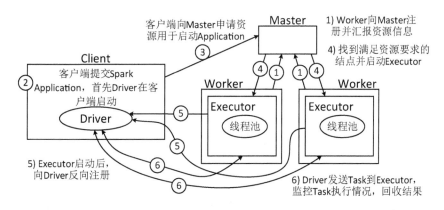

图 8-19　Standalone-Client 模式的基本工作原理

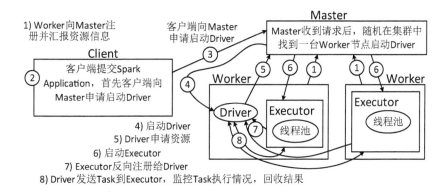

图 8-20　Standalone-Cluster 模式的基本工作原理

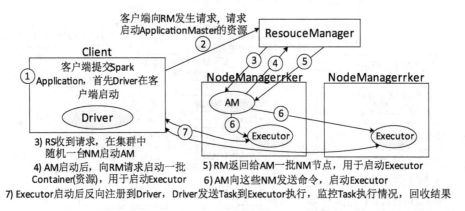

图 8-21　Yarn-Client 模式的基本工作原理

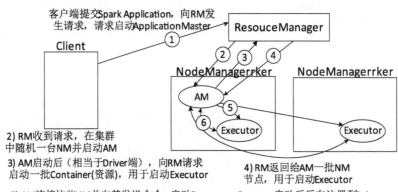

图 8-22　Yarn-Cluster 模式的基本工作原理

境。因为 Driver 是在客户端启动的,当在客户端提交多个 Spark application 时,每个 application 都会有自己独立的 Driver,Driver 与集群中的 Worker 有大量的通信,从而造成客户端的网卡流量激增问题。

同样,Standalone-Clien 模式在客户端可以看到 task 的执行和结果。

Standalone-Cluster 模式适用于生产环境中,因为 Driver 是随机在一台 Worker 节点上启动的,多个 Application 对应的 Driver 是分散到集群中,不会产生某一台机器网卡流量激增的现象。这种模式在客户端看不到 task 的执行和结果,要到 WebUI 中查看。

与 Standalone-Client 模式类似,Yarn-Client 模式也适用于程序测试,不适合生产环境。当客户端提交多个 application 时,每个 application 都有自己独立的 Driver,Driver 会与 Yarn 集群中的 Executor 进行大量的通信,造成客户机网卡流量的激增问题。

同样,Yarn-Client 模式在客户端可以看到 task 的执行和结果。

与 Standalone-Cluster 模式类似,Yarn-Cluster 模式主要也是用于生产环境中,因为 Driver 运行在 Yarn 集群中某一台 NodeManager 中,每次提交任务的 Driver 所在的机器都是随机的,不会产生某一台机器网卡流量激增的现象。

同样,这种模式在客户端同样看不到 task 的执行和结果,需要在 WebUI 中查看。

Spark 通过对多台机器上不同 RDD 分区的控制,能够减少机器之间的数据重排(data shuffling),通过集群中多台机器之间对原始 RDD 进行数据再分配来创建一个新的 RDD,通过 RDD 的依赖关系形成 Spark 的调度顺序,通过对 RDD 的操作形成整个 Spark 程序。Spark 追求的目标是像编写单机程序一样编写分布式程序。

8.1.3 深入认识云计算

云计算的本质是集成,并期望在此基础上构造面向网络的一台超级虚拟计算机,向用户提供无限的服务能力。集成是指对各种硬件设备资源、各种软件资源以及各种已有技术的综合,通过集成屏蔽所有差异和技术细节,通过统一的接口和界面向用户提供服务。

云计算模型本质上也演绎了计算思维的内涵,即给出了用有限方法实现无限服务能力的一种手段。例如,本质上 PaaS 也是 SaaS 模式的一种应用。但是,PaaS 的出现可以加快 SaaS 的发展,尤其是加快 SaaS 应用的开发速度。另外,IaaS 建立抽象的硬件层次,PaaS 建立抽象的 OS 层次,SaaS 建立抽象的应用软件层次,从而使整个网络抽象为一种可扩展的虚拟超级计算机。相对于传统的计算机系统,虚拟超级计算机的本质在于其无限扩展性,实现计算思维原理对计算机系统的投影及应用。

另外,从思维角度看,由 Hadoop 到 Spark 的演化本质上是一种维度拓展,主要表现为:1)RDD 是对分布物理数据集的二维化拓展,将原来一维的数据块管理拓展为基于 RDD 和物理数据块的二维化管理;2)Spark 对计算范型和基础集群环境的统一行,可以看做是对集群计算平台的一种横向维度拓展,即将原 Hadoop 的单一化拓展为多维化。

Spark 计算实现的本质是不断完成基于 RDD 的状态转移,与图灵机本质具有思维通约性。

伴随着云计算发展,出现了诸如**雾计算**(Fog Computing)等所谓**边缘计算**(Edge Computing)的新概念,将云计算浓缩到高性能集群计算,这种区分从本质上偏离了云计算内涵。事实上,云计算的本质就是其动态伸缩性,就是利用一切可以利用的计算资源,包括集群和边缘闲散资源,因此,雾计算、边缘计算等本质上也是云计算。

8.2 SOA 深入

8.2.1 Enterprise SOA(或流程化 SOA)

伴随着互联网及其应用的发展,电子商务成为应用的主流特征。服务模型给出了电子商务应用的基本构造单元的抽象;SOA 以服务模型为基础,定义了部署服务和管理服务的统一机制;BPEL4WS 给出了集成各种业务服务的机制。特别是服务模型和 SOA 的面向业务并独立于具体环境、平台和技术的本质特性,为构建有高度伸缩性、可扩展性和灵活演化能力及永久敏捷性的企业 IT 基础结构建立了基础(参见 5.2 小节的相关解析),基本解决了企业 IT 基础结构部署的技术动态性制约因素。然而,对于应用动态性制约因素的解决,则需要在 SOA 基础上继续演化,由 SOA 向 Enterprise SOA 发展。

Enterprise SOA 本质上是如何部署 SOA 的问题。由于 SOA 关注的是"功能基础结构"和"业务服务",而非"技术基础结构"和"技术服务",并且,不同的服务,其可重用性、维护性、伸缩性和性能存在明显的差异,因此,业务服务类型成为 Enterprise SOA 发展的首要问题。表 8-2 给出了 Enterprise SOA 的服务类型。其中,**基本服务**是 SOA 的基础,表示垂直领域的基本元素,包括"以数据为中心"的服务和"以逻辑为中心"的服务。**中介服务**分为技术网关、适配器、外观和功能添加服务。与"以流程为中心的服务"一样,它们既是 SOA 客户端,也是 SOA 服务器;与"以流程为中心的服务"的不同之处在于,它们是无状态的。**以流程为中心的服务**封装企业的业务流程知识,通常既是 SOA 的客户端,也是 SOA 的服务器,这种服务维护流程的状态。**公共企业服务**为跨企业集成提供接口。它们的粒度更大,并必须提供合理的解耦合、安全、收费或健壮性机制。另外,作为 SOA 的激活元素,**应用程序前端**(它本身不是服务)启动所有业务流程,并最终接收结果。GUI 或批处理是应用程序前端的典型例子。

表 8-2　**Enterprise SOA** 的服务类型

	基本服务 ⚙	中介服务 ⚙	以流程为中心的服务 ⚙➡	公共企业服务 🌐➡
描述	简单服务,包含"以数据为中心"的服务和"以逻辑为中心"的服务	技术网关、适配器、外观和功能添加服务	封装流程逻辑	与其他企业或合作组织共享的服务
实现的复杂性	低—中	中—高	高	因具体服务而异
状态管理	无状态	无状态	有状态	因具体服务而异
可重用性	高	低	低	高
更改的频繁性	低	中—高	高	低
是否是 SOA 的必要元素	是	否	否	否

基于表 8-2 给出的服务类型,可以建立 Enterprise SOA 的基本层次结构,如图 8-23 所示。该结构提供了企业级别的概念结构,将应用程序前端和服务组织在一起,每一层包含不同类型的服务和应用程序前端(参见图 5-73 所示)。其中,**企业层**包含应用程序前端和公共企业服务,是访问 SOA 的端点。这些端点方便了最终用户和 SOA 之间的交互(即应用程序前端),并支持跨企业或跨业务单元的集成(即公共企业服务)。**流程层**包括以流程为中心的服务(这是最高级的服务类型)。**中介层**包括中介服务,即外观、技术网关和适配器。也可以利用中介服务为现有服务添加功能。**基本层**包含基本服务。基本服务提供业务逻辑和数据,是 SOA 的基础。基本层还包含其他公司的公共企业服务的代理。Enterprise SOA 的基本层次结构解耦了系统体系结构(部署体系)与软件体系结构(应用系统的体系),允许总体上独立地设计系统体系结构与软件体系结构,允许高度灵活地部署 SOA。图 8-24 所示演示

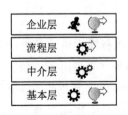

图 8-23　**Enterprise SOA** 的基本层次结构

了系统体系结构与 SOA 软件体系结构的关系。

Enterprise SOA 发展的另一个问题是 SOA 的部署策略。由于应用动态性制约因素的时间周期基本上是无终结的(open end),因此,SOA 的部署必须从无终结的时间周期的视野着手,建立其基本路线图。图 8-25 所示给出了 Enterprise SOA 发展的基本路线图。同时,由于 SOA 策略的定义和所需要的成熟度在很大程度上取决于规划的业务集成范围,因此,定义整体 SOA 策略时,首先必须识别出需要的业务集成范围。图 8-26 所示给出了集成级别与其所需的 SOA 成熟级别的依赖关系。

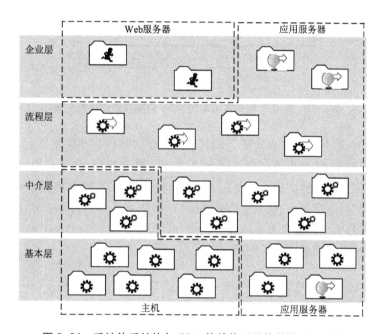

图 8-24   系统体系结构与 SOA 软件体系结构的关系(示例)

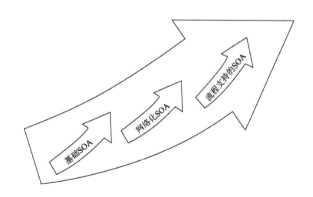

图 8-25   Enterprise SOA 发展的基本路线

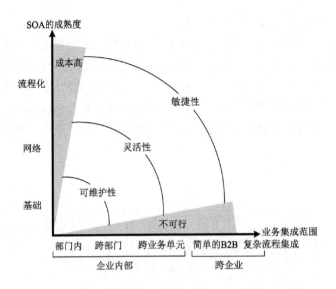

图 8-26　集成级别与其所需的 SOA 成熟级别的依赖关系

　　基础 SOA 包含"基本层"和"企业层"，通过应用程序前端和基本服务为企业应用程序提供完整的功能基础。图 8-27 给出了一个基础 SOA 案例。基础 SOA 是引入 Enterprise SOA 的合理起点，为后期引入更高级的扩展阶段奠定了基础。也就是说，基础 SOA 是企业应用程序环境的有效基础，提高了企业应用程序环境的可维护性，并且通过共享服务基本上消除了数据重复，具有简单、易于技术实现等优点。然而，其应用程序前端依然非常复杂，必须负责控制业务流程，并全面执行与后段的集成。

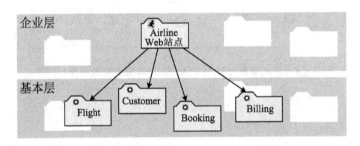

（a）通过分层为单个应用程序定义合理的高级结构

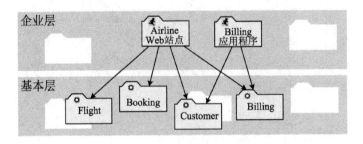

（b）两个应用程序共享业务逻辑和实时数据

图 8-27　一个基础 SOA 案例

网络化 SOA 包含"基本层"、"中介层"和"企业层",主要处理后端复杂性,并完成技术和概念的集成。图 8-28 给出了一个网络 SOA 案例。与基础 SOA 相比,网络化 SOA 通过中介服务填补了技术和概念的沟壑,实现了对应用程序前端隐藏后端系统的复杂性。因此,网络化 SOA 允许企业在独立于低层技术的情况下,灵活地集成软件资产。然而,相对于基础 SOA 而言,尽管其应用程序前端比较轻量,但前端仍具有一定的复杂性,因为它们必须处理业务流程。

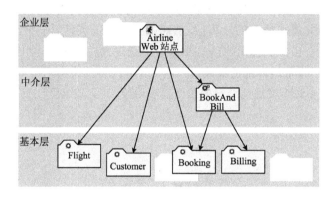

(a) 通过中介服务 BookAndBill 封装处理预订和收费服务的分布事务的复杂性

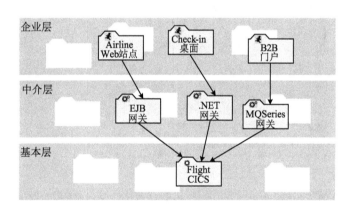

(b) 通过技术网关将服务功能提供给不同技术环境

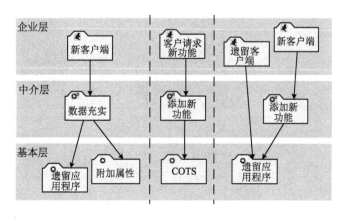

(c) 通过中介层使用"添加功能的服务"

图 8-28 一个网络 SOA 案例

流程化 SOA 是功能完备的 SOA,它代表了一个真正意义上的"以 SOA 为中心的企业"在"以流程为中心的服务"中封装企业业务流程的复杂性。流程化 SOA 的关键特性在于:在"以流程为中心的服务"中维护流程状态并在多个客户端之间共享状态,从而简化应用程序前端,使其成为轻量级部件,以便其仅仅考虑与用户的交互设计。并且,在中介服务和以流程为中心的服务中封装后端系统的复杂性,通过流程状态的维护来处理长期使用的流程。本质上,流程化 SOA 实现了从应用程序前端中的对话控制和基本服务的核心业务逻辑中抽象并解耦出流程逻辑并建立独立的流程层,从而提供强大的灵活性。图 8-29 给出了流程化 SOA 实施的一些案例。由于流程化 SOA 需要集成复杂流程高度独立的组织和实现,因此,在控制完好的环境(例如一个部门内部的集成)中,它并不是一种经济实惠的方式。另外,由于流程化 SOA 面向 Enterprise SOA 发展路线图的顶级发展阶段,其实现难度比其他两个发展阶段更具挑战性。

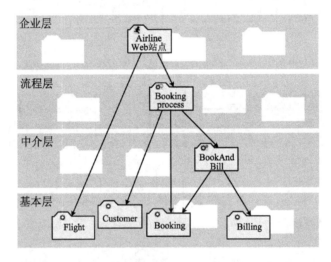

(a) 通过 Booking process(预定流程)封装业务流程 Booking(参见图 8-28(a))

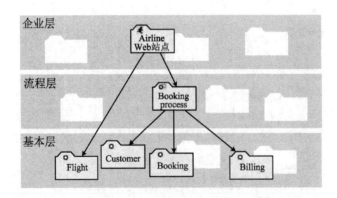

(b) 通过 Booking process(预定流程)封装预订机票需要的所有功能并维护会话状态

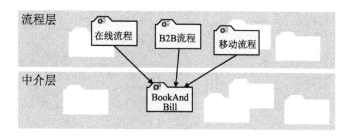

（c）多个流程同时使用 BookAndBill 服务

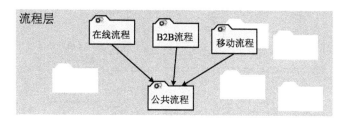

（d）多渠道体系中不同渠道可以共享行为

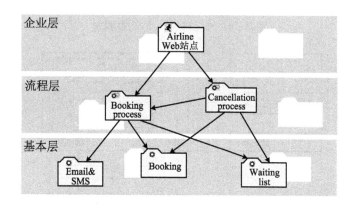

（e）预订流程与等待列表服务异步耦合

图 8-29　流程化 SOA 的一些案例

　　流程化 SOA 的本质在于没有将重要业务流程的信息和规则直接硬编码（或浮嵌）在应用程序代码中，而是将这些信息从应用程序系统中分离出来并对其单独控制和管理。因为大部分流程是动态的、经常变化、需要与流程参与者进行复杂协调，因此，与相对稳定的核心业务逻辑相比，流程控制逻辑显得更具多变性。因此，流程化 SOA 分离**核心业务逻辑**和**业务流程控制逻辑**，分别建立**核心业务逻辑服务**和**业务流程控制逻辑服务**（即以流程为中心的服务），并通过业务流程控制逻辑服务将核心业务逻辑服务"粘合"在一起，以便协调跨越多个人、几个重要业务实体、多个位置或一个长时间段的复杂活动。同时，通过 BPMS（Business Process Management System）实现对业务流程的发现、设计、部署、执行、管理和监控。从而，实现 Enterprise SOA 的高度敏捷性。图 8-30 所示给出了流程化 SOA 的基本原理。图 8-31 所示给出了 BPMS 的基本结构。

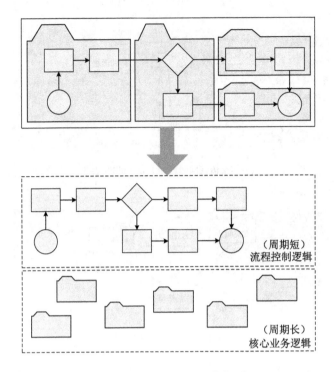

图 8-30 流程化 SOA 的基本原理

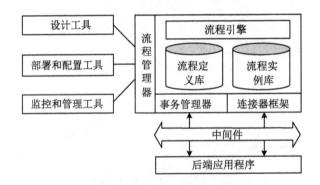

图 8-31 BPMS 的基本结构

从 SOA 到 Enterprise SOA，人类思维的重心更多地关注 Enterprise SOA 中的"Enterprise"特性，主要表现为**流程的完整性管理**、**服务总线的基础结构**和 **SOA 的有效组织与管理**三个方面。相对于传统的数据完整性（即数据的一致性、精确性和正确性），跨越多个 IT 系统的复杂业务流程的完整性管理面临更多的挑战，涉及流程状态定义、技术故障或业务异常判断与恢复、日志记录与追踪、ACID 事务、分布式事务、事务链与补偿和 SAGA 事务模型、BPM 等各种技术问题。组合使用 SOA、MOA（Message-Oriented Architecture）和 BPM，对于跨越了企业或其他组织边界的复杂流程逻辑实现，可以提高其灵活性并使流程能够适应边界两侧的更改。图 8-32 所示给出了一种典型实现方案。在此，SOA 为各个企业提供基本服务（提供核心业务逻辑）和面向流程的服务（提供实际业务流程逻辑）（参见表 8-2）；MOA 在消息格式和消息中间件类型方面提供更高的灵活性；MOA 的异步特性更有利于企业防止不受自己控制的合作伙伴的延迟影响,对企业起到保护作用;MOA 提供的存储和转发功能,可以消除非等幂性操作带来的一些问题;MOA 和 BPM 结合使用,可以表达跨企业集成应用场景中包含多个分支的 Petri-Net-like 型的复杂流程。另外,必须认识到流程完整性和实现成本之间存在一个清晰的折中线(如图 8-33 所示),需要在实现成本和完整性需求之间找到合理的折中点。

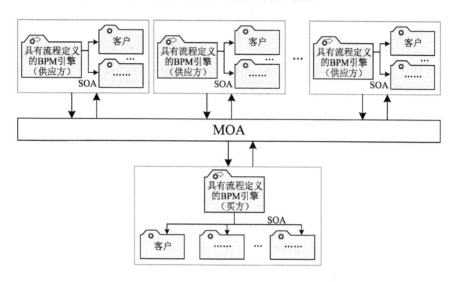

图 8-32　面向跨企业边界复杂流程的以一种实现方案

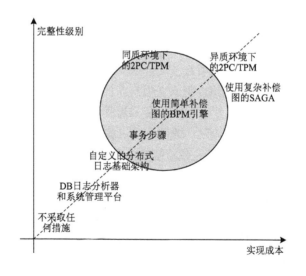

图 8-33　完整性级别与实现成本的关系

服务总线的基础结构在 Enterprise SOA 中扮演重要角色,传统的**软件总线**(Software Bus)一般都支持单一标准和通信模型,并且通信粒度太小。因此,它们不能满足实际企业对基础结构的需求。为此,**企业服务总线**(Enterprise Service Bus)概念诞生,它主要包括:**粗粒度的基于 XML 的通信协议**以及**面向消息的中间件内核**。另外,考虑到 Enterprise SOA 建设的不断演化特性,建立独立于具体技术和产品、可以支持多种通信模式的**元企业服务总线**(meta Enterprise Service Bus)显然是一个合理的措施。图 8-34 所示给出了元服务总线的基本思想。

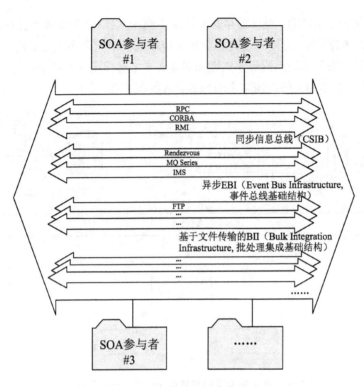

图 8-34　元服务总线的基本思想

Enterprise SOA 建设的复杂性在于,它不仅仅是一个技术问题或业务问题,决定它的策略能否成功部署还依赖于有效的组织与管理。尽管存在多种多样的影响因素,但其中四个要素最为关键:**预算到位、选择适当的启动项目、打造一支强大的 SOA 团队以及寻求支持者和合作伙伴**。如图 8-35 所示。同时,为成功地引入任何全新的企业级技术和方法论,可以使用如下的大量元素:**白皮书、SOA 董事会、多项目管理、标准流程和所有参与者的支持**。白皮书主要描述基本原理,并管理"为什么"和"如何办"的问题。白皮书应该有多种,分别描述 SOA 的各个特殊方面,面向不同的目标团队。一般来说有战略白皮书(描述企业 SOA 的总体目标及今后三至五年的发展规划,主要包括:与当前基础结构的集成,SOA 体系结构的主要业务驱动力以及跨企业边界,与供应商、合作伙伴和客户等的集成等)、业务白皮书(描述引入 SOA 带来的业务优势,重点强调业务功能的可重用性)和技术白皮书(描述实现 SOA 的技术问题,详细解释如何将 SOA 与现有技术基础结构集成,以及描述 SOA 本身的技术实现细节)。SOA 董事会是为

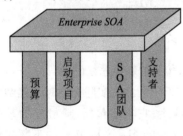

图 8-35　成功建设 Enterprise SOA 的四个关键要素

技术远景融入日常生活而必须配备的一个组织实体,主要负责宣传 SOA 的理念,并监控实际项目的进展。多项目管理用于协调作为一般 IT 策略的广义 SOA 开发与实现 SOA 业务功能的各个项目。标准流程和过程的详细说明可以减少 SOA 董事会的工作量。流程规范可以基于 6-Sigma 或 ISO9000 等实施流程标准化的通用框架。并且,要争取得到管理层、IT 部门、业务部门和管理员等所有相关参与者的支持。

本节以一个具体案例解析 Enterprise SOA 实现的基本过程。有关 Enterprise SOA 建设的更多具体经验，读者可以参阅相关参考文献。

【例 8-3】　航空公司的乘客登记服务系统

航空公司的乘客登记服务系统是一种典型的多渠道应用系统，可以通过多种方式实现和部署。例如：基于 Web 实现、通过 EAI（Enterprise Application Integration，企业应用集成）实现、通过 B2B（Business to Business，业务对业务）实现、基于胖客户端实现和基于小型移动设备的实现等。但是，SOA 是实现多渠道应用的极有效方式。它允许构建可重用的功能基础结构，管理异构性，并允许方便地访问数据和业务逻辑，为成功构建多渠道应用奠定强大的基础。图 8-36 到图 8-38 给出了航空公司的乘客登记服务系统的 SOA 部署方案。

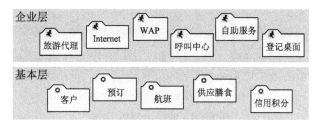

图 8-36　基础 SOA 实现

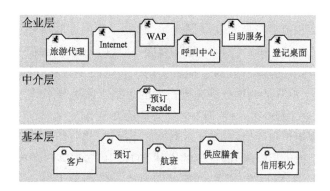

图 8-37　网络化 SOA 实现

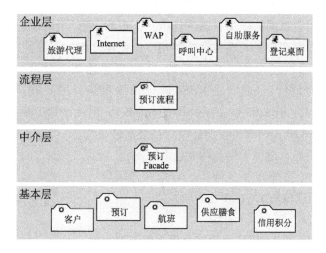

（a）引入以流程为中心的服务

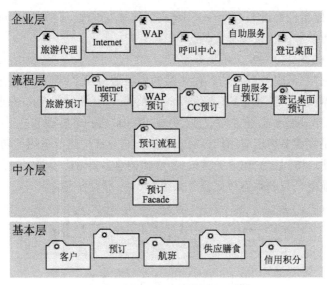

（b）每个渠道都需要各自的渠道专用流程逻辑

图 8-38　流程化 SOA 实现

8.2.2　RESTful & ROA

Web Services 将编程范型拓展到互联网环境,建立了面向互联网环境程序构造的基本方法,据此诞生了第一代 SOA。第一代 SOA 是从数据处理角度出发的编程范型的一种自然演化,尽管其考虑了互联网环境的复杂性,通过抽象实现了技术及平台独立性和程序单元(即 Web 服务)的动态耦合问题,但其从数据处理角度出发的思维本质决定了其方法本身的复杂性,使其方法的应用较为厚重,因此,第一代 SOA 也称为重量级 SOA。

RESTful 是从数据组织角度出发,基于互联网原生思维,将一切都抽象为资源,淡化或简化处理逻辑,通过服务端提供超媒体(即资源的表述)的指引,实现客户端应用状态的变迁,最终实现应用的处理逻辑。具体而言,首先将互联网上的一切抽象为资源,并通过 URI(Uniform Resource Identifier,统一资源标识符)统一标识。其次,考虑资源的表述,包括资源数据及元数据,以及资源(借助于浏览器)在客户端的多媒体形式表现。然后,通过定义有限的用于资源维护的基本操作集,对服务器端的资源状态进行维护。最后,通过资源状态的变化引导,实现客户端应用状态的变迁,完成应用处理逻辑的实现。由此建立面向互联网环境应用开发的一种计算范型,即基于资源表述的状态转移范型,简称**表述性状态转移**(Representational State Transfer,REST)。同时,将符合或满足 REST 原则及约束条件的互联网应用程序结构称为 RESTful 体系结构。因为 RESTful 以资源及其表述为核心,因此,RESTful 也称为**面向资源的体系结构**(Resource Oriented Architecture,ROA)。相对于第一代 SOA,ROA 比较简洁、轻量,且具有互联网原生基因,因此也适用于移动环境应用开发。

REST 的基本操作主要有如下五种:

· GET:从服务器获取资源(一项或多项)。

· POST:在服务器上新建一个资源。

· PUT:在服务器上更新资源(客户端提供完整资源数据)。

· PATCH:在服务器上更新资源(客户端提供需要修改的资源数据)。
· DELETE:从服务器上删除资源。

8.2.3　微服务体系

Web Services 及第一代 SOA 建立了面向服务的计算范型,但其工作原理依赖于比较厚重的 Web Services 规范,因此,应用的开发成本和维护成本相对较高。另一方面,基于 Web 的新 3-Tiers/n-Tiers 结构,其业务逻辑层无论是采用基于可配置组件模型的单体式程序,还是采用基于服务模型的分布式程序,程序各个功能部分的具体实现属于同构形态,其数据层也属于同构形态,并且业务组件或服务的粒度较粗。因此,同样导致相对较高的应用开发成本和维护成本。由于应用的业务逻辑具备永恒的动态可变性,因此,应用软件的可扩展、可维护是必然的。为了实现业务逻辑的完全解耦,以及各个业务功能的异构形态,基于分布式理念及 DevOps 文化的发展和实践,微服务体系应运而生。

微服务(Microservices)是指一些协同工作的小而自治的服务。小是指服务的粒度,一个微服务一般只完成单一的业务功能或能力(例如:Web 服务的每个方法就是一个服务)。自治是指一个微服务相对独立,拥有自己的进程与轻量化处理,并且实现技术、关联的数据库模型、部署等也相对独立或异构。相对于 SOA,微服务化本质是细化(或解耦)业务服务,实现业务重用、共享服务及强调开发运维的快速持续交付,提供高效率的基础运维能力。

微服务体系结构是指一种用分布式微服务来拆分(或解耦)业务逻辑的体系结构模式(或架构模式、架构风格)。也就是,逻辑上一个整体的业务逻辑及其实现程序是由一组完全解耦且相对独立的分布式微服务构成。

微服务体系结构的基本元素(或组件)主要包括服务相关、中间件相关、运维相关等几个方面,具体包括服务注册与发现、服务消息总线、消息队列、服务配置中心、服务网关(也称 API 网关)、缓存、负载均衡、服务隔离(熔断、限流、降级)、服务监控、链路追踪、服务容错、自动化构建部署、定时任务调度和日志及分析等等。

针对上述各种组件,目前每种组件都有多种软件工具提供。例如:Spring Cloud 生态提供了快速构建微服务的系列化技术组件。另外,上述组件也可以按需选用,用以搭建符合应用需求的具体微服务体系结构。

考虑到不同产品的相互集成,可以进一步构建微服务框架,即为每个微服务组件添加一些对接代码,并将其和另外一些公共代码抽离出来,构成一个统一的框架,所有的应用微服务都统一使用该框架进行开发。微服务框架在实现一致性的同时也可以增加附加增值功能(例如:可以将程序调用堆栈信息注入到链路跟踪,实现代码级别的链路跟踪;或者输出线程池、连接池的状态信息,实时监控服务底层状态。等等),但是框架更新成本较高,因为每次框架升级,都需要所有应用微服务配合升级。

微服务框架的另一种结构称为 Mesh 结构,它直接将抽象出来的公共代码构成一个反向代理组件(称为 Sidecar),每个服务都额外部署这个代理组件,所有出站入站的流量都通过该组件进行处理和转发。Sidecar 和微服务节点部署在同一台主机上并且共用相同的虚拟网卡,它不会产生额外网络成本(Sidecar 和微服务节点的通信实际上都只是通过内存拷贝实现的)。Sidecar 只负责网络通信,另外还需要一个组件统一管理所有 sidecar 的配置。在 Service Mesh 中,负责网络通信的部分叫数据平面(data plane),负责配置管理的部分叫控制平面(control plane）。数据平面和控制平面构成了 Service Mesh 的基本架构。所有微服务都运行在 Service Mesh 基本架构基础上。相比于一般微服务框架，Service Mesh 的优点在于它不侵入代码，升级和维护更方便。然而，其也存在性能问题（内存拷贝的额外成本，以及有一些集中式的流量处理）。

微服务体系结构较好地解决了应用业务逻辑的恒变性问题，使得维护和扩展十分便捷。然而，随着应用的发展，其业务逻辑越来越复杂，服务微化导致的微服务数量激增，使得服务的有效管理成为一个新的问题。

8.2.4 深入认识 SOA

SOA 可以看作是面向互联网环境应用开发的一种软件体系结构，其初始演化源自于程序构造基本范型的自然演化，定义了互联网应用软件的基本结构形态。从本质上看，任何体系结构主要包括基本组成元素及其耦合方法两个方面，基于 Web Services 的第一代 SOA，较为完整地给出这两个方面的定义，但其作为非原生互联网思维的产物，为了屏蔽网络环境的复杂性，使其自身的复杂性加大，导致使用成本较高。随着 RESTful 的诞生与发展，体系结构基本元素之间耦合方法得到较好的处理，于是基本元素的形态成为思考重心。由于应用软件承载的是业务逻辑，如何拆分和解耦业务逻辑成为基本元素形态思考的基础。鉴于业务逻辑的恒变性，显然构成业务逻辑的基本粒子越独立越好，这种独立性覆盖技术、部署、运行、维护等多个方面，于是微服务概念诞生，微服务体系结构成为互联网环境应用开发的主流。因此，微服务体系也可以看成是 SOA 和 RESTful 两者优点的综合，一方面它采用了 SOA 分布式服务动态耦合的基本原理，即相对独立的服务之间通过服务注册和服务发现进行动态耦合；另一方面它采用了 RESTful 的服务调用方式，即服务的对外接口满足 RESTful API 规则。

从思维本质来看，SOA 的发展和演化也是不断进行维度拓展。首先，Web Services 的 Web 服务到微服务的演化，是将一维大服务拓展到二维微小服务，这种拓展使得微小服务重组为大服务时维度得到拓展，即 1∶1 拓展到 M∶N。其次，微服务体系是将一维的新 3-Tiers/n-Tiers 结构拓展到多维的结构，即业务逻辑层和数据层从一维拓展到多维（每个微服务及其关联数据库模型都是异构独立的）。再次，RESTful 体系的建立，拓展了服务计算范型的维度，由基于数据处理的面向服务范型拓展为基于数据处理和基于数据组织两个维度的面向服务范型。最后，微服务体系诞生及演化，将互联网应用程序构造一个维度拓展到程序构造和程序运维两个维度。本质上，相比于一般微服务框架，Service Mesh 也是一种维度拓展，将一维结构（侵入代码）拓展到二维结构（不侵入代码）。

相对于源于程序构造基本范型自然演化的第一代 SOA，源自于互联网自身原生基因的 RESTful & ROA，通过简洁有限的基本操作实现资源状态和应用状态的变化，其原理与图灵机本质具有思维通约性，是计算思维原理对互联网应用程序构造方法构建的具体应用。

8.3 可恢复语句组件模型

SOA 在服务模型基础上建立了面向服务的计算范型，并通过 BPEL4WS 等规范定义了 Web Service 集成的一种机制（参见第 5.2 小节相关解析）。但是，其控制流的定义仍然基于传统的设计思想,具有封闭性,控制流的定义非常生硬,不能满足日益发展的应用的需要。也就是说,在程序交互方面并没有一种灵活的机制。例如,当一个 Web Service 的操作较多时,操作之间的交互关系变得复杂,整个 Web Service 的逻辑不清晰;或者,集成多个 Web Service 的业务流程不能按需任意定义、调整和扩展。因此,依据软件范型的发展轨迹(参见图 2-1),**可恢复语句组件模型**(Resumable Program Statements Component)自然演化。可恢复语句组件模型打破了传统的以语句为原子执行单元的编程方式,取而代之以**可恢复语句组件**(Resumable Program Statements)作为编程的基本元素,使程序的逻辑控制流等元结构得以无限扩展。因此,可恢复语句组件模型完全改变了传统的程序设计方式,建立了面向交互式程序(或称为可恢复程序,reactive program)——一种在执行期间暂停某一长短未知的时间段以等待输入以及需要对外部实体的信号作出响应的程序——的编程范型(也可称为面向活动的计算范型)。

8.3.1 可恢复语句组件模型的基本原理

1) 书签(Bookmark)

可恢复语句组件模型通过书签机制来实现其可恢复特性。所谓**书签**,是指一个物理恢复点,对应于可恢复语句组件中的一个逻辑定位点及可恢复语句组件实例的当前执行状态。每当一个可恢复语句组件实例接收到与书签对应的外部事件后,该可恢复语句组件实例可以从这个物理恢复点恢复执行。例如:一个可恢复语句组件包含三个基本操作,将其中后两个基本操作定义为逻辑定位点。当该可恢复语句组件实例执行第一个基本操作时,将第二个操作名及当时执行状态作为物理恢复点建立一个书签,然后钝化自己并等待外部事件到来;一旦外部事件到达,则该可恢复语句组件实例可以从书签中预先设置的物理恢复点恢复其执行;执行时又可以将第三个操作名及当时执行状态作为物理恢复点建立一个书签,然后再钝化自己并等待外部事件到来;一旦外部事件到达,则该可恢复语句组件实例可以从新书签中预设的物理恢复点再次恢复其执行。可见,书签机制采用异步回调的方式将一个可恢复语句组件的逻辑分离成多个异步执行片段,并维护它们的链接关系。图 8-39 所示给出了书签概念的基本解析。书签具有名称,不仅可以通过名称访问书签,还能独立地操纵书签而不依赖于物理恢复点(多个书签可以共享同一个物理恢复点)。

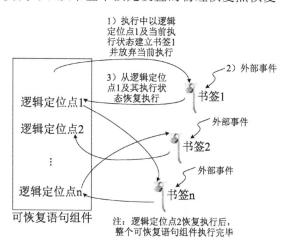

图 8-39 书签概念的基本解析

书签机制的异步片段式执行特点,使得可恢复语句组件的各个执行片段可以运行在任意线程上,具有线程灵活性。例如:上述案例中,三个基本操作可以运行在任意线程上。并且,多个操作之间可以通过静态量或借助于书签实现数据共享,使得共享量具有跨基本操作的可见性,从而降低程序对给定线程的依赖性。另外,由于书签机制一般是基于堆空间实现,因此,书签可以序列化，可以从持久存储介质中存取书签。书签的这种特性使得可恢复语句组件具有进程灵活性，即一个可恢复语句组件实例的运行可以跨越操作系统进程边界或机器边界。并且，基于书签机制后，不会出现执行阻塞情况，从而可以提高系统的运行性能。例如：上述案例中，基本操作1完成后，可恢复语句组件实例不会在等待外部事件时阻塞线程，而是可以作为延续而（通过钝化）驻留在持久存储介质中，驻留的时间完全取决于外部事件，驻留也可以迁移到其他机器。因此，书签机制可以为服务模型中一个 Web Service 的多个操作之间的逻辑关系的处理提供一种良好的解决方案，使得面向服务的应用程序具有强大的可伸缩性和健壮性。

一个可恢复语句组件实例需要一个或多个书签，因此，所有的书签必须有一个书签管理器进行统一管理。并且，还需要一个监听器程序，所有需要分发到书签去的数据都由该程序进行分发。书签管理器和监听器都独立于可恢复语句组件。图8-40所示给出了书签机制的完整解析。

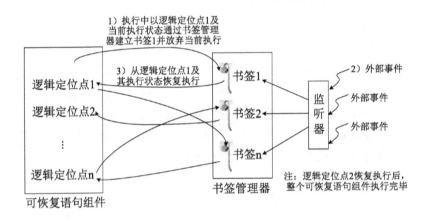

图8-40　书签机制的完整解析

2）可恢复语句组件

基于书签机制，可恢复语句组件具有**可恢复性**（Resumable）及支持**片段式执行**（Episodic Execution）的特点。因此，可恢复语句组件的基本模型一般包括两个部分：**基本执行逻辑**和**可恢复执行逻辑**，如图8-41所示。其中，基本执行逻辑部分相当于初始化部分，主要用于建立初

图8-41　可恢复语句
组件的基本模型

始书签；可恢复执行逻辑部分用于定义需要恢复执行的逻辑片段，其逻辑定义中可以再次设置书签来实现可恢复逻辑片段的执行。可恢复执行逻辑部分可以省略，此时，可恢复语句组件退化为传统的语句组或语句块。可恢复执行逻辑部分可以是一个（其逻辑定义可以不断迭代地建立书签），也可以是多个。基本执行逻辑部分及各个可恢复执行逻辑部分构成一个可恢复语句组件的多个逻辑执行片段。

3）复合可恢复语句组件

可恢复语句组件是可恢复语句组件模型中的基本执行单元，相当于一个语句。通过多个可恢复语句组件及其逻辑关系定义可以建立**复合可恢复语句组件**（Composite Resumable Program Statements，简称**复合语句组件**）。复合语句组件是可恢复语句组件模型中的控制流，相

对于传统编程模型中控制流封闭的特点,可恢复语句组件模型中的控制流具有开放、可扩展的特点。也就是说,通过按需定义可恢复语句组件之间的各种逻辑关系可以建立各种复合语句组件,以适应各种复杂应用流程的需要(即使是目前还没有出现的交互场景),例如:交错执行、提早完成、图、Pick、状态机等。因此,可恢复语句组件模型为控制流的自定义建立了基础。

由于复合语句组件可以定义任意的控制流,因此,确保控制流的健壮性成为可恢复语句组件模型的一个重要问题。例如:如何阻止外部对象对一个可恢复语句组件执行片段的随意调用(如果允许,将会破坏由复合语句组件定义的控制流的语义)?如何阻止一个可恢复语句组件在其最后一个执行片段执行完成后不再继续执行(即发出完成信号后,不再有挂起的书签)?针对该问题,显然需要一种通用机制和模型来建立控制流执行的语义约束。可恢复语句组件模型中,采用有限状态机来定义一个可恢复语句组件的生命周期和控制流的生命周期。

4)可恢复程序

基于可恢复语句组件模型的可恢复程序,是由可恢复语句组件和复合语句组件及其逻辑关系定义所建立的一个复合语句组件。也就是说,可恢复程序本质上也是一个复合语句组件,其描述的控制流是相对独立的某种业务工作流。图 8-42 所示是可恢复程序的一个基本结构。

可恢复程序中,位于最顶层的复合语句组件是整个程序的入口,该复合语句组件的执行完成即代表整个程序执行的完成。

可恢复语句组件模型中,将控制流及基本语句作为一种构造类型,可恢复程序的描述在于通过利用这些类型按需定义一种更大的类型,即**程序类型**(Program Type)。从而,使得可恢复程序的描述具有递归特性。这种类型化设计思想与面向对象的设计思想具有明显的思维通约性。图 8-43 给出了思维通约性的解析。

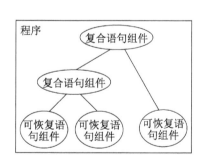

图 8-42 可恢复程序基本结构

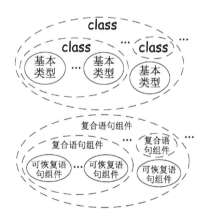

图 8-43 可恢复程序设计思想与面向对象设计思想的思维通约性

因此,可恢复程序本质上也就是一种数据,即程序=数据。

可恢复程序的数据化特性,使得可恢复程序的表达方法具有较大的灵活性,可以采用各种形式。例如:可以通过文本形式或数据库形式等进行表达(参见图 8-47)。这种独立于具体表达形式的表达方法,可以自由地建立面向特定问题领域的**领域专用语言**(Domain Special Language,DSL)。其中,可恢复语句组件和复合语句组件分别成为用于描述某个领域中的应用程序的词汇和文句结构。

5）可恢复程序运行环境

可恢复语句组件模型中，程序已经类型化，因此，对于一种程序类型可以创建多个程序实例，每个程序实例都有其自身的运行过程；对于不同的程序类型，存在多种不同的程序实例，每种程序实例有其自身的运行过程。为了实例化程序类型并管理各种（或各个）程序实例的运行过程，需要一个运行环境（也称为**运行时**，Runtime）。显然，运行时的构造应该建立在程序类型基础上。由于可恢复程序类型最终都是基于可恢复语句组件模型，因此，运行时必须支持可恢复语句组件模型。

具体而言，运行时应该统一管理书签、维护每一个可恢复语句组件实例的生命周期以及整个程序实例的生命周期、提供基本的运行时服务（实例钝化、恢复等）。运行时的具体实现，可以采用统一的书签机制或分级书签机制。统一书签机制将对整个程序实例中的每一个可恢复语句组件实例的可恢复调度与对一个可恢复语句组件实例的可恢复调度采用同一个书签机制；分级书签机制将对整个程序实例中的每一个可恢复语句组件实例的可恢复调度与对一个可恢复语句组件实例的可恢复调度采用不同的书签机制。

事实上，可恢复语句组件模型中，通过书签机制与运行时的配合，建立了构造和部署高伸缩性和高健壮性的可恢复程序的基础结构。图 8-44 所示给出了可恢复语句组件模型的基本体系。图 8-45 所示给出了可恢复程序的执行流程。可恢复语句组件模型的一种简单实现方法及解析，以及基于可恢复语句组件模型的一个程序实例及解析，参见配套在线资源第 8 章。

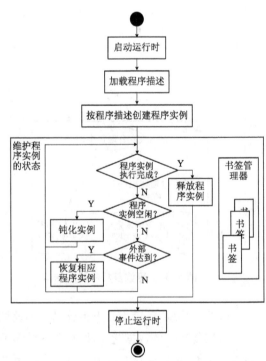

图 8-44　可恢复语句组件模型的基本体系　　　　**图 8-45　可恢复程序的执行流程**

8.3.2　可恢复语句组件模型的案例

目前,可恢复语句组件模型的具体实现案例只有 Microsoft .NET Framework 中的 Windows Workflow Foundation(简称 WF 模型)。Microsoft .NET Framework 专门提供一个命名空间 System. Workflow,用于定义 WF 模型的各种基本类型及其相互关系。

WF 中,将可恢复语句组件称为**活动**(Activity),将复合语句组件称为**复合活动**(Composite Activity)。由活动和复合活动及其逻辑关系定义构成**程序模式**(program schema,一种面向特定业务的业务流程描述)。由程序模式可以建立运行时的**程序原型**(program prototype,或**程序定义**、**程序类型**),由程序原型可以实例化运行时的各个**程序实例**。程序原型的建立、程序实例的创建及其运行过程管理由 **WF 运行时**(WF Runtime)负责, WF 运行时通过一个**执行环境**(或称为执行上下文)与程序实例交互并为程序实例提供必要的服务功能。WF 运行时本身由 **WF 运行时宿主应用**(WF Runtime Host)创建并配置, WF 宿主是独立的进程实体,可以是. NET 环境支持的各种应用程序形式,比如:Windows Forms 应用程序、控制台应用程序、ASP. NET Web 应用程序或一个 Windows 服务。图 8-46 所示是 WF 模型的基本体系结构。图 8-47 所示是 WF 程序模式、程序原型及程序实例之间的关系。

图 8-46　WF 模型的基本体系结构

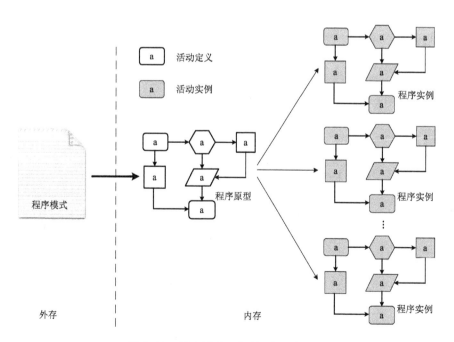

图 8-47　程序模式、原型与实例的关系

WF 中，书签机制通过**队列**（queue）模型实现，每个具体的书签值对应于队列中的一个项（Item）。WF 的队列分为两种：**调度队列**（schedule queue）和 **WF 程序队列**（WF program queue）。WF 程序队列是由活动主动创建，用于活动自身的显式书签管理。活动通过执行上下文提供的服务来创建其程序队列，图 8-48 所示是定义一个显式书签的样例。调度队列由 WF 运行时自动创建，用于 WF 程序实例（中各个活动实例）的调度。也就是说，WF 运行时对 WF 程序实例中各个活动之间的逻辑关系的维护，通过一个调度队列实现（参见图 8-61）。对于没有显式创建 WF 程序队列的 WF 程序实例，其书签借用调度队列进行管理。因此，调度队列也可以看作是一种隐式书签（参见图 8-62）。

图 8-48　定义一个显式书签的样例

WF 中，活动的基本类型由命名空间 System. Workflow. ComponentModel 中的 Activity 定义。考虑到对活动实例的动态管理需求以及活动实例之间的相互关系的动态管理需求，WF 通过**属性依赖**机制实现灵活的管理手段。也就是说，通过在运行过程中改变所依赖的属性值来实现非硬编码方式的执行逻辑的动态调整，或者通过依赖属性来传递协作数据。例如：通过**元数据属性**实现一个活动类型的所有活动实例之间共享一个属性；通过**数据绑定属性**实现多个不同类型的活动实例之间进行属性值实时引用；通过**附着属性**实现两个不同活动类型之间的属性引用，即实现两个不同活动类型之间的属性共享（例如一个复合活动类型的属性可以被其包含的所有子活动类型使用）等。依赖属性的管理机制统一封装在 DependencyObject 中，并由 Activity 继承。图 8-49 所示是 Activity 的继承结构，图 8-50 所示是 DependencyObject 的基本定义。另外，通过"关联分离"设计模式，可以使各种不同的功能关联到活动类型上，一起协同定义活动的完整功能。表 8-3 给出了五种标准的功能组件（Activity 类已经默认关联了这些组

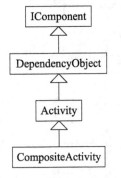

图 8-49　. NET 中 Activity 的继承结构

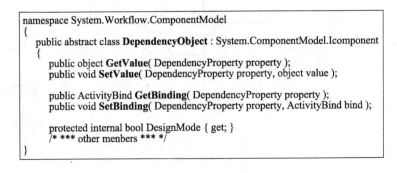

图 8-50　DependencyObject 的基本定义

件），它们可以关联到任何活动类型上。并且，当用户定义一个活动类型时，可以自定义这些组件的逻辑以满足活动的特殊需要，例如：通过自定义设计器序列化组件来定制 WF 程序所使用的领域相关语言（Domain Special Language，DSL）。WF 4 中 Activity 的完整定义参见配套在线资源第 8 章。

表 8-3　活动的默认关联组件

名称	描述
验证器（Validator）	验证 WF 程序中活动的正确性
代码生成器（Code Generator）	编译活动所在的程序，在 CLR 类型中加入一定的代码
设计器（Designer）	在可视化设计环境中呈现活动
工具箱条目（Toolbox Item）	可视化设计环境中代表该活动的项
设计序列器（Designer Serializer）	将活动序列化到特定的格式，例如 XAML 或 CodeDOM

具体应用中，用户可以通过继承 Activity 类并重载 **Execute( )** 方法来定义具体的活动及其执行逻辑。依据软件行业的习惯性思维，为了满足不同应用需求，WF 4 在 Activity 类基础上进一步定义了各种活动类，如图 8-51 所示。表 8-4 给出了这些类的应用场景解析。图 8-52 所示给出了自定义活动 MyWriteLine 的定义及解析。显然，该活动是不带可恢复逻辑的一种活动（由 Execute 函数的返回状态 Closed 决定）。

表 8-4　各种 Activity 类的应用场景解析

名称	描述
CodeActivity	一种抽象类，用于创建具有特定行为逻辑的自定义活动（不带可恢复片段逻辑）
NativeActivity	一种抽象类，用于创建具有特定行为逻辑的自定义活动，该活动具有对运行时功能的完全访问权限
AsyncCodeActivity	一种抽象类，用于创建具有特定行为逻辑的自定义活动（带可恢复片段逻辑）
DynamicActivity	一种抽象类，用于创建具有特定行为逻辑的自定义活动，该活动允许使用 ICustomTypeDescriptor 以动态方式构造与 WF 设计器和运行时的交互
Activity<TResult>	Activity 的泛型版本
CodeActivity<TResult>	CodeActivity 的泛型版本
NativeActivity<TResult>	NativeActivity 的泛型版本
AsyncCodeActivity<TResult>	AsyncCodeActivity 的泛型版本
DynamicActivity<TResult>	DynamicActivity 的泛型版本

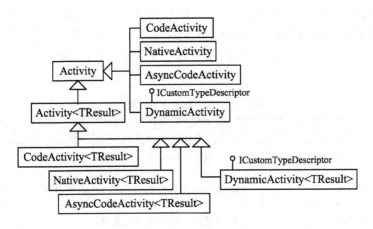

图 8-51　WF Activity 的分类

```
using System;
using System.Workflow.ComponentModel;

namespace MyCompositeActivity
{
    public class MyWriteLine : Activity
    {
        private string text;
        public mywriteline() { }
        public mywriteline(string name)
        {
            text = name;
        }
        protected override ActivityExecutionStatus Execute(ActivityExecutionContext executionContext)
        {
            Console.WriteLine(text);
            return ActivityExecutionStatus.Closed;
        }
    }
}
```

图 8-52　自定义 WriteLine 活动的定义及解析

在 Activity 类型基础上，WF 定义了复合活动的基本类型 CompositeActivity，如图 8-56 所示。一个复合活动实际上是活动的容器（也称为容器活动。与之对应，基本活动称为原子活动或元件活动），一般由两部分组成：**一组活动**（每个活动称为**子活动**，child activity）和**管理子活动执行所需要的信息**。图 8-53 中，属性 Activities 用于保存复合活动所包含的子活动的一个列表；只读属性 EnabledActivities 可以返回复合活动中所有启用的子活动。因为复合活动的作用是为 WF 程序提供控制流。因此，通过复合活动，可以创建各种各样的控制流。为了方便用户使用，WF 4 也为开发人员提供了许多轻量的"内置"复合活动来实现各种基本控制流的应用需求，例如：Sequence、IfElse、Parallel 等。分别基于.NET Framework 3 和基于.NET Framework 4 的 Sequence、IfElse 和 While 的自定义版本（不包含关联功能）及其解析，基于.NET Framework 4 的 Sequence、IfElse 和 While 的标准版本及其解析，参见配套在线资源第 8 章。其中，Sequence 的功能类似于 C、C++、C#中的{}语句块。图 8-54 和图 8-55 分别给出了 Interleave 和 Graph 复

```
[ActivityValidator(typeof(CompositeActivityValidator))]
[ActivityExecutor(typeof(CompositeActivityExecutor`1))]
[TypeDescriptionProvider(typeof(CompositeActivityTypeDescriptorProvider))]
[DesignerSerializer(typeof(CompositeActivityMarkupSerializer), typeof(WorkflowMarkupSerializer))]
[ActivityCodeGenerator(typeof(CompositeActivityCodeGenerator))]
[ContentProperty("Activities")]
public class CompositeActivity : Activity, ISupportAlternateFlow
{
    [NonSerialized]
    private ActivityCollection activities;
    private static DependencyProperty CanModifyActivitiesProperty;
    [DesignerSerializationVisibility(DesignerSerializationVisibility.Content)]
    [Browsable(false)]
    public ActivityCollection Activities...
    protected internal bool CanModifyActivities...
    [Browsable(false)]
    [DesignerSerializationVisibility(DesignerSerializationVisibility.Hidden)]
    public ReadOnlyCollection<Activity> EnabledActivities...
    [Browsable(false)]
    [DesignerSerializationVisibility(DesignerSerializationVisibility.Hidden)]
    private IList<Activity> System.Workflow.ComponentModel.ISupportAlternateFlow.AlternateFlowActivities...
    static CompositeActivity()...
    public CompositeActivity()...
    public CompositeActivity(IEnumerable<Activity> children)...
    public CompositeActivity(string name) : base(name)...
    protected void ApplyWorkflowChanges(WorkflowChanges workflowChanges)...
    private static bool CannotModifyChildren(CompositeActivity compositeActivity, bool parent)...
    internal override IList<Activity> CollectNestedActivities()...
    protected override void Dispose(bool disposing)...
    internal override void FixUpMetaProperties(DependencyObject originalObject)...
    internal override void FixUpParentChildRelationship(Activity definitionActivity, Activity parentActivity,
                                                        Hashtable deserializedActivities)...
    protected Activity[] GetDynamicActivities(Activity activity)...
    protected internal override ActivityExecutionStatus HandleFault(ActivityExecutionContext executionContext,
                                                                    Exception exception)...
    protected internal override void Initialize(IServiceProvider provider)...
    private static bool IsDynamicMode(CompositeActivity compositeActivity)...
    protected internal virtual void OnActivityChangeAdd(ActivityExecutionContext executionContext,
                                                        Activity addedActivity)...
    protected internal virtual void OnActivityChangeRemove(ActivityExecutionContext executionContext,
                                                           Activity removedActivity)...
    protected internal override void OnActivityExecutionContextLoad(IServiceProvider provider)...
    protected internal override void OnActivityExecutionContextUnload(IServiceProvider provider)...
    internal override void OnInitializeActivatingInstanceForRuntime(
                                                    IWorkflowCoreRuntime workflowCoreRuntime)...
    internal override void OnInitializeDefinitionForRuntime()...
    internal override void OnInitializeInstanceForRuntime(IWorkflowCoreRuntime workflowCoreRuntime)...
    protected virtual void OnListChanged(ActivityCollectionChangeEventArgs e)...
    private void OnListChangedEventHandler(object sender, ActivityCollectionChangeEventArgs e)...
    protected virtual void OnListChanging(ActivityCollectionChangeEventArgs e)...
    private void OnListChangingEventHandler(object sender, ActivityCollectionChangeEventArgs e)...
    protected internal virtual void OnWorkflowChangesCompleted(ActivityExecutionContext rootContext)...
    internal override Activity TraverseDottedPath(string dottedPath)...
    protected internal override void Uninitialize(IServiceProvider provider)...
}
```

图 8-53　WF 4 CompositeActivity 的定义

```
using System;
using System.Collections.Generic;
using System.Workflow.ComponentModel;
using System.Workflow.Activities;

namespace MyCompositeAcitity
  {
  public partial class MyInterLeave : CompositeActivity
    {
    private mywriteline w1;
    private mywriteline w2;
    private mywriteline w3;
    private mywriteline w4;

    public MyInterLeave()
      {
      this.CanModifyActivities = true;
      this.w1 = new mywriteline("line1 ...");   this.Activities.Add(w1);
      this.w2 = new mywriteline("line2 ...");   this.Activities.Add(w2);
      this.w3 = new mywriteline("line3 ...");   this.Activities.Add(w3);
      this.w4 = new mywriteline("line4 ...");   this.Activities.Add(w4);
      this.CanModifyActivities = false;
      }

    public ArrayList shuffleList(System.Collections.ObjectModel.ReadOnlyCollection<Activity> activities)
    {//随机排序活动
      ArrayList tmpList = new ArrayList(activities);
      ArrayList list = new ArrayList();
      int num = tmpList.Count;
      Random rand = new Random();
      for (int i = 0; i < num; i++)
        {
        int randNum = rand.Next(tmpList.Count);
        list.Add(tmpList[randNum]);
        tmpList.RemoveAt(randNum);
        }
      return list;
      }

    protected override ActivityExecutionStatus Execute(ActivityExecutionContext context)
      {
      if (this.EnabledActivities.Count == 0)  return ActivityExecutionStatus.Closed;
      ArrayList list = shuffleList(this.EnabledActivities);
      for (int n = 0; n < list.Count; ++n)
        {
        Activity child = list[n] as Activity;
        child.Closed += ContinueAt;
        context.ExecuteActivity(child);
        }
      return ActivityExecutionStatus.Executing;
      }

    void ContinueAt(object sender, ActivityExecutionStatusChangedEventArgs e)
      {
      e.Activity.Closed -= ContinueAt;
      ActivityExecutionContext context = sender as ActivityExecutionContext;
      if (this.ExecutionStatus == ActivityExecutionStatus.Executing)
        {
        foreach (Activity child in this.EnabledActivities)
        { if (child.ExecutionStatus != ActivityExecutionStatus.Closed) return; }
        context.CloseActivity();
        }
      }
    }
  }
}
```

（a）复合活动定义

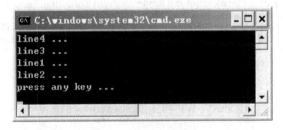

（b）执行结果

图 8-54　复合活动 Interleave 的定义及解析

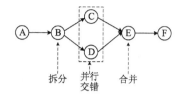

拆分　　并行　合并
　　　　交错

（a）子活动执行顺序

```
using System;
using System.Collections.Generic;
using System.ComponentModel;
using System.Workflow.ComponentModel;

namespace MyCompositeActivity
{
    public partial class MyGraph : CompositeActivity
    {
        private mywriteline wA;      private mywriteline wB;      private mywriteline wC;
        private mywriteline wD;      private mywriteline wE;      private mywriteline wF;
        private MyArc aAtoB;         private MyArc aBtoC;         private MyArc aBtoD;
        private MyArc aCtoE;         private MyArc aDtoE;         private MyArc aEtoF;
        private Dictionary<string, bool> transitionStatus;
        private bool exiting;
        public MyGraph() : base()
        {
            base.SetReadOnlyPropertyValue(MyGraph.ArcsProperty, new List<MyArc>());
            this.CanModifyActivities = true;
            this.wA = new mywriteline("A ..."); this.wA.Name = "A"; SetIsEntry(wA, true); his.Activities.Add(this.wA);
            this.wB = new mywriteline("B ..."); this.wB.Name = "B";  this.Activities.Add(this.wB);
            this.wC = new mywriteline("C ..."); this.wC.Name = "C";  this.Activities.Add(this.wC);
            this.wD = new mywriteline("D ..."); this.wD.Name = "D";  this.Activities.Add(this.wD);
            this.wE = new mywriteline("E ..."); this.wE.Name = "E";  this.Activities.Add(this.wE);
            this.wF = new mywriteline("F ..."); this.wF.Name = "F"; SetIsExit(wF, true); this.Activities.Add(this.wF);
            this.aAtoB = new MyArc("A", "B"); this.aBtoC = new MyArc("B", "C"); this.aBtoD = new MyArc("B", "D");
            this.aCtoE = new MyArc("C", "E"); this.aDtoE = new MyArc("D", "E"); this.aEtoF = new MyArc("E", "F");
            this.Arcs.Add(aAtoB);       this.Arcs.Add(aBtoC);       this.Arcs.Add(aBtoD);
            this.Arcs.Add(aCtoE);       this.Arcs.Add(aDtoE);       this.Arcs.Add(aEtoF);
            this.CanModifyActivities = false;
        }

        public static readonly DependencyProperty ArcsProperty =
                        DependencyProperty.Register("Arcs", typeof(List<MyArc>), typeof(MyGraph),
                            new PropertyMetadata(DependencyPropertyOptions.Metadata |
                                DependencyPropertyOptions.ReadOnly, new Attribute[] {
                                new DesignerSerializationVisibilityAttribute(DesignerSerializationVisibility.Content) }));
        public static readonly DependencyProperty IsEntryProperty =
                        DependencyProperty.RegisterAttached("IsEntry", typeof(bool), typeof(MyGraph),
                            new PropertyMetadata(DependencyPropertyOptions.Metadata));
        public static object GetIsEntry(object dependencyObject)
        { DependencyObject o = dependencyObject as DependencyObject; return o.GetValue(MyGraph.IsEntryProperty); }
        public static void SetIsEntry(object dependencyObject, object value)
        { DependencyObject o = dependencyObject as DependencyObject; o.SetValue(MyGraph.IsEntryProperty, value); }
        public static readonly DependencyProperty IsExitProperty =
                        DependencyProperty.RegisterAttached("IsExit", typeof(bool), typeof(MyGraph),
                            new PropertyMetadata(DependencyPropertyOptions.Metadata));
        public static object GetIsExit(object dependencyObject)
        { DependencyObject o = dependencyObject as DependencyObject; return o.GetValue(MyGraph.IsExitProperty); }
        public static void SetIsExit(object dependencyObject, object value)
        { DependencyObject o = dependencyObjcct as DependencyObject; o.SetValue(MyGraph.IsExitProperty, value); }
        [DesignerSerializationVisibility(DesignerSerializationVisibility.Content)]
        public List<MyArc> Arcs {  get { return GetValue(ArcsProperty) as List<MyArc>; } }
        protected override void Initialize(IServiceProvider provider)
        {
            exiting = false;    transitionStatus = new Dictionary<string, bool>();
            foreach (MyArc arc in this.Arcs)  { transitionStatus.Add(arc.name, false); }
            base.Initialize(provider);
        }
        protected override void Uninitialize(IServiceProvider provider)
        { transitionStatus = null;  base.Uninitialize(provider);  }
        protected override ActivityExecutionStatus Execute(ActivityExecutionContext context)
        {
            if (EnabledActivities.Count == 0)   return ActivityExecutionStatus.Closed;
            foreach (Activity child in EnabledActivities)
            {
                bool entry = (bool)MyGraph.GetIsEntry(child);
                if (entry) { Run(context, child);   break; }
            }
            return ActivityExecutionStatus.Executing;
```

```
    }
    void ContinueAt(object sender, ActivityExecutionStatusChangedEventArgs e)
    {
        e.Activity.Closed -= this.ContinueAt;
        ActivityExecutionContext context = sender as ActivityExecutionContext;
        string completedChildName = e.Activity.Name;
        bool exitNow = (bool)MyGraph.GetIsExit(e.Activity);
        ActivityExecutionContextManager manager = context.ExecutionContextManager;
        ActivityExecutionContext c = manager.GetExecutionContext(e.Activity);
        manager.CompleteExecutionContext(c, false);
        if (exiting || exitNow)
        {
            if (manager.ExecutionContexts.Count == 0)   context.CloseActivity();
            else if (exitNow)
            {
                exiting = true;
                foreach (ActivityExecutionContext ctx in manager.ExecutionContexts)
                {if (ctx.Activity.ExecutionStatus == ActivityExecutionStatus.Executing){ctx.CancelActivity(ctx.Activity);}}
            }
        }
        else
        {
            foreach (MyArc arc in this.Arcs)
            { if (arc.FromActivity.Equals(completedChildName)) this.transitionStatus[arc.name] = true; }
            foreach (Activity child in EnabledActivities)
            {
                bool entry = (bool)MyGraph.GetIsEntry(child);
                if (!entry)
                {
                    bool canrun = true;
                    foreach (MyArc arc in this.Arcs)
                    { if (arc.ToActivity.Equals(child.Name)) if (transitionStatus[arc.name] == false)   canrun = false; }
                    if (canrun)
                    {
                        foreach (MyArc arc in this.Arcs)
                        { if (arc.ToActivity.Equals(child.Name))  transitionStatus[arc.name] = false; }
                        Run(context, child);
                    }
                }
            }
        }
    }
    // Cancellation logic
    //  ...
}
public class MyArc : DependencyObject
{
    internal string name;
    public MyArc() : base()  { name = Guid.NewGuid().ToString();  }
    public MyArc(string from, string to) : this(){ this.FromActivity = from;  this.ToActivity = to; }
    public static readonly DependencyProperty FromActivityProperty =
                    DependencyProperty.Register("FromActivity", typeof(string), typeof(MyArc),
                    new PropertyMetadata(DependencyPropertyOptions.Metadata));
    public static readonly DependencyProperty ToActivityProperty =
                    DependencyProperty.Register("ToActivity", typeof(string), typeof(MyArc),
                    new PropertyMetadata(DependencyPropertyOptions.Metadata));
    public string FromActivity
    {
        get { return GetValue(FromActivityProperty) as string; }
        set { SetValue(FromActivityProperty, value); }
    }
    public string ToActivity
    {
        get { return GetValue(ToActivityProperty) as string; }
        set { SetValue(ToActivityProperty, value); }
    }
}
```

（b）复合活动定义

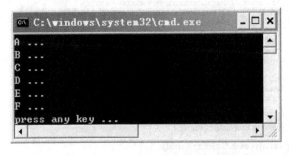

（c）执行结果

图 8-55　复合活动 Graph 的定义及解析

合活动的定义及解析。其中,CompositeActivity. EnabledActivities 列表中子活动的顺序是一种元数据,它决定了子活动的执行顺序。Interleave 一次性调度它所有的子活动,并通过元数据 ActivityCondition 支持子活动的提早完成,从而使得子活动可以以交错的方式执行。元数据 ActivityCondition 也可以应用到 Interleave 中的各个子活动,以便使其执行的顺序能够相互制约。Graph 是无回路图,图中的节点是 Graph 活动的子活动,节点之间的连接(图的弧)由 Graph 的元属性标识。Graph 中必须有一个子活动被指定为"入口"活动,它作为 Graph 活动执行的逻辑起点。Graph 中存在为数不确定的子活动(零个或多个)被标记为"出口"活动,如果"出口"活动成功地完成了执行,则图中所有其他挂起(仍在执行)的子活动都会被取消,而图本身会报告完成。Graph 活动对其子活动的类型没有限制,子活动可以是 Sequence、WriteLine、Interleave、Read 或者任何所需要的活动,甚至可以是另一个 Graph。Graph 中的子活动的执行顺序取决于作为 Graph 元数据的弧。例如:在图 8-55(a)中,子活动 B 的作用类似于拆分,子活动 C 和 D 以交错(并行)方法执行,子活动 E 的作用类似于合并(即子活动 E 只有在子活动 C 和 D 都完成后才开始执行)。

　　WF 中,抽象了两种基本的工作流模板:**顺序工作流**和**状态机工作流**。前者将多个活动(包括基本活动和复合活动)的逻辑关系抽象为一个顺序流程,相当于传统的流程控制;后者将多个活动(包括基本活动和复合活动)的逻辑关系抽象为一个状态图,基于事件来控制状态的迁移,是基于事件的流程控制。如图 8-56 所示。

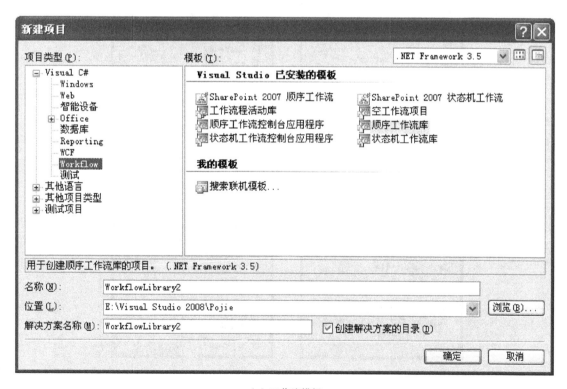

(a) 工作流模板

对应顺序型工作流　　　　　　　　对应状态机型工作流

（b）工作流模板对应的工具箱

图 8-56　WF 抽象的工作流模板（基于 . NET Framework 3. 5）

WF 中,一个活动不能同时成为多个复合活动的子活动。并且,一个 WF 程序中,有且仅有一个活动的 Parent 属性为 null,一个 WF 程序中的所有活动组成一个活动树(即活动的层次结构),那个惟一的 Parent 属性为 null 的活动就是树的**根活动**(root activity),它是一个 WF 程序的入口,其 Execute( )方法相当于 C#程序中的 main( )方法。

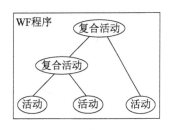

图 8-57　程序与活动及复合活动的关系

WF 程序是由一个或一组活动(包括活动和复合活动)构成的层次结构描述,定义了一个特定的应用工作流程。程序与活动及复合活动的关系如图 8-57 所示。

按照 WF 模型,WF 程序就是各种活动的层次结构或逻辑关系的排列模式,这种描述可以用任意的形式表达,例如文本语言、程序语言、基于 XML 的结构语言或数据库模式、行业特有的语言 DSL 等。WF 中,默认情况下通过 XAML(eXtensible Application Markup Language,可扩展应用程序标记语言)语言(一种专门用于对象初始化的语言)进行 **WF 程序模式**(schema)或**蓝图**(Blueprint)的描述。图 8-58 所示给出了几个 WF 程序的案例。

```
<PrintString xmlns = "c:\example\test\Activities">
```

(a) 包含一个活动 PrintString 的程序模式

```
<Sequence xmlns = "c:\example\test\Activities">
    <PrintString />
    <PrintString />
</Sequence>
```

(b) 包含两个活动的顺序程序模式

```
<While x:Name = "while1" xmlns = "c:\example\test\Activities"
 xmlns:wf=http://schemas.microsoft.com/winfx/2006/xaml/workflow"
 xmlns:x=http://schemas.microsoft.com/winfx/2006/xaml" >
    <While.Condition>
        <ConstantLoopCondition MaxCount="3" />
    </While.Condition>
    <Sequence x:Name="s1">
        <ReadLine x:Name="r1" />
        <WriteLine x:Name="w1" Text="{wf:ActivityBind r1, Path=Text}" />
    </Sequence>
</While>
```

(c) 包含两个活动带数据绑定的循环程序模式

```
using System;
using System.Workflow.ComponentModel;

namespace example.test.Activities
{
  public class PrintGreeting : Activity
  {
    public static readonly DependcyProperty KeyProperty
        = DependencyProperty.Register{ "Key", typeof( string ), typyof( PrintGreeting ));
    public static readonly DependcyProperty InputProperty
        = DependencyProperty.Register{ "Input", typeof( string ), typyof( PrintGreeting ));

    public string Key
    {
      get { return ( string ) Getvalue( KeyProperty ); }
      set { SetValue( KeyProperty, value ); }
    }
    public string Input
    {
      get { return ( string ) Getvalue( InputProperty ); }
      set { SetValue( InputProperty, value ); }
    }

    protected override ActivityExcecutionStatus Execute( ActivityExecutionContext context )
    {
      if ( Key.Equals( Input ))
          Console.WriteLine( "Hello, world!" );

      return ActivityExecutionStatus.Closed;
    }
  }
}
```

```
<Sequence  x:Name = "HelloWorld"  xmlns = "c:\example\test\Activities"
            xmlns:wf = http://schemas.microsoft.com/winfx/2006/xaml/workflow"
            xmlns:x = http://schemas.microsoft.com/winfx/2006/xaml" >
  <PrintString x:Name = "ps1" />
  <ReadLine x:Name = "r1" />
  <PrintGreeting x:Name = "pg1"  Key = "{ wf:ActivityBind ps1, Path=Key }"
                                 Input = "{ wf:ActivityBind r1, Path=Text }" />
</Sequence>
```

（d）包含三个活动带数据绑定的顺序程序模式

图 8-58　WF 程序案例

　　WF 程序仅仅描述了其所包含的活动及其逻辑关系的排列模式，但是，WF 程序的运行需要建立其所描述的各个活动的实例并管理其执行过程。因此，**WF 运行时**为 WF 程序的实例化及其运行管理提供支持。一方面，它是一个解析引擎，按照程序描述的活动及其逻辑关系的排列模式，建立各个活动的对象实例并解析它们之间预定义的工作流程关系，通过书签机制和可持久化技术进行程序实例的运行过程管理。也就是说，WF 运行时首先将 WF 程序描述的模式解析成内存中的一棵活动树（即**程序原型**），用来记录程序的结构以及所有**元属性**（即某个原型的所有实例共享的属性）的属性值。然后，按原型创建每次运行的程序实例（即各个活动的实例），并管理各个活动实例的片段式执行过程。另一方面，它也是一个服务容器，为程序实例的运行提供各种基本服务。程序实例通过**活动执行上下文**（ActivityExecutionContext，AEC 或称为活动执行环境）对象获得所需的服务引用。WF 中，**WF 运行时**由命名空间 System. Workflow. Runtime. WorkflowRuntime 定义，如图 8-59 所示。WorkflowRuntime 类的方法、属性和事件基本分

```
namespace System.Workflow.Runtime
{
  public sealed class WorkflowInstance
  {
    public Guid InstanceId { get; }

    public void Abort( );
    public void Load( );
    public void Resume( );
    public void Start( );
    public void Suspend( string error );
    public void Terminate( string error );
    public void TryUnload( );
    public void Unload( );

    public void EnqueueItem( IComparable queueName,
        object item, IPendingWork pendingWork, object workItem );
    public Activity GetWorkflowDefinition( );

    /* *** other members *** */
  }
}
```

```
namespace System.Workflow.Runtime
{
  public class WorkflowRuntime : IServiceProvider, IDisposable
  {
    public WorkflowRuntime( );
    public WorkflowRuntime( string configSectionName );
    public WorkflowRuntime( WorkflowRuntimeSection settings );

    public void StartRuntime( );
    public void StopRuntime( );
    public void Dispose( );

    public bool IsStarted { get ; }
    public string Name { get ;  set ; }

    public void AddService( object service );
    public void RemoveService( object service );
    public T GetService<T>( );
    public object GetService( Type serviceType );
    public ReadOnlyCollection<T> GetAllServices<T>( );
    public ReadOnlyCollection<object> GetAllServices( Type serviceType );

    public event EventHandler<ServiceExceptionNotHandledEventArgs> ServicesExceptionNotHandled;

    public WorkflowInstance CreateWorkflow( XmlReader workflowReader );
    public WorkflowInstance CreateWorkflow( XmlReader workflowReader,
                XmlReader rulesReader, Dictionary<string, object> namedArgumentValues );
    public WorkflowInstance CreateWorkflow( XmlReader workflowReader,
                XmlReader rulesReader, Dictionary<string, object> namedArgumentValues, Guid instanceId );

    public WorkflowInstance CreateWorkflow( Type workflowType );
    public WorkflowInstance CreateWorkflow( Type workflowType, Dictionary<string, object> namedArgumentValues );
    public WorkflowInstance CreateWorkflow( Type workflowType,
                Dictionary<string, object> namedArgumentValues, Guid instanceId );

    public WorkflowInstance GetWorkflow( Guid instanceId );
    public ReadOnlyCollection<WorkflowInstance> GetLoadedWorkflows( );

    public event EventHandler<WorkflowEventArgs> WorkflowAborted;
    public event EventHandler<WorkflowCompletedEventArgs> WorkflowCompleted;
    public event EventHandler<WorkflowEventArgs> WorkflowCreated;
    public event EventHandler<WorkflowEventArgs> WorkflowIdled;
    public event EventHandler<WorkflowEventArgs> WorkflowLoaded;
    public event EventHandler<WorkflowEventArgs> WorkflowPersisted;
    public event EventHandler<WorkflowEventArgs> WorkflowResumed;
    public event EventHandler<WorkflowEventArgs> WorkflowStarted;
    public event EventHandler<WorkflowSuspendedEventArgs> WorkflowSuspended;
    public event EventHandler<WorkflowTerminatedEventArgs> WorkflowTerminated;
    public event EventHandler<WorkflowEventArgs> WorkflowUnloaded;
  }
}
```

图 8-59　WF 运行时基本定义

为两类：**实例化 WF 运行时并管理它和包含在其中的服务**，以及**创建并管理 WF 程序实例**。图 8-60 所示给出了一个程序实例的创建过程，图 8-61 所示给出了程序实例运行的基本原理。图 8-62 所示给出了一个程序运行的案例解析。

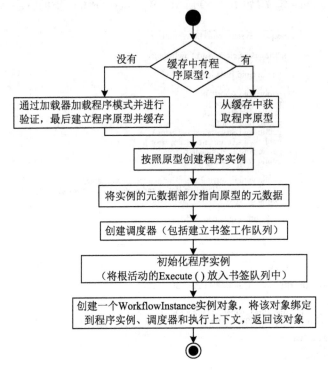

图 8-60　程序实例的创建过程

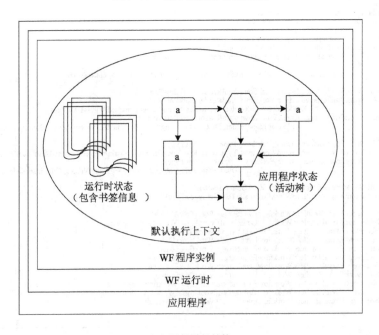

（a）运行时的结构

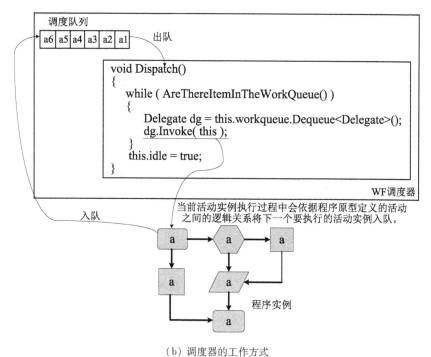

（b）调度器的工作方式

图 8-61　WF 程序实例执行的基本原理

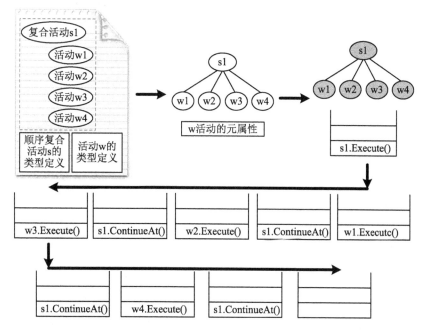

图 8-62　程序运行的案例解析（采用隐式书签机制）

　　为了实现工作流的相对独立性及其执行的柔性灵活控制，WF 模型中将 **WF 运行时**本身也作为一种类型，以便为特定业务工作流程序的执行配备个性化的 **WF 运行时**实例。WF 模型通过 **WF 运行时宿主程序**（Host program for WF Runtime）来实例化运行时、为运行时添加或配置需要的服务、启动运行时、通过加载服务建立（实例化）程序实例并管理其运行过程以及停止运

行时。实例化、配置并启动 WF 运行时实例的过程称为**驻留**（Hosting）。图 8-63 所示是通过控制台宿主程序启动、配置、运行和停止运行时的基本方法。

```
using System;
using System.Threading;
using System.Workflow.Runtime;
using System.Xml;

namespace ExecuteanVisioFile
{
  class Program
  {
    static void Main(string[] args)
    {                                                   建立并启动运行时
      using (WorkflowRuntime runtime = new WorkflowRuntime())

      AutoResetEvent waitHandle = new AutoResetEvent(false);
      runtime.WorkflowCompleted +=
          delegate(object sender, WorkflowCompletedEventArgs e){ waitHandle.Set(); }

      if (args.Length != 1)
        throw new ArgumentException("expecting one vdx file!");
      if (args[0].Contains(".vdx"))               配置运行时
        runtime.AddService(new VisioLoader());
      else
        throw new ArgumentException("we only support vdx files!");

      using (XmlReader reader = new XmlTextReader(args[0]))     通过运行时创建
      {                                                        一个工作流实例
        WorkflowInstance instance = runtime.CreateWorkflow(reader);
        instance.Start();
        waitHandle.WaitOne();        启动工作流执行
      }
    }                               等待工作流实例执行完成
  }
}            程序结束，运行时停止
```

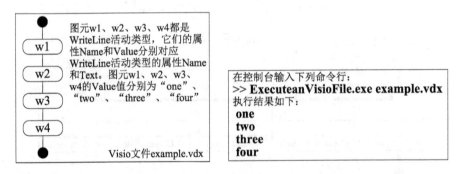

图元w1、w2、w3、w4都是WriteLine活动类型，它们的属性Name和Value分别对应WriteLine活动类型的属性Name和Text。图元w1、w2、w3、w4的Value值分别为"one"、"two"、"three"、"four"

在控制台输入下列命令行：
>> **ExecuteanVisioFile.exe example.vdx**
执行结果如下：
 one
 two
 three
 four

Visio文件example.vdx

图 8-63 运行时启动、配置、运行和停止的基本方法

作为一个服务容器，**WF 运行时**可以为 WF 程序实例的执行按需提供各种服务。WF 运行时提供的服务包括：**公共核心服务**（或称为运行时服务，用于管理程序实例的运行过程，例如 WorkflowLoaderService、WorkflowScheduleService、WorkflowPersistenceService 等）和**其他附加服务**（包括宿主程序中自己定义的一些服务）。公共核心服务定义为抽象类，允许用户按需自定义具体服务逻辑。服务可以按需通过**程序指定方式**或**配置文件方式**加入到运行时中（该过程称为运行时配置）。图 8-64 所示给出了如何配置一个自定义服务及其使用的方法解析。图 8-65 所示给出了服务提供机制的内部实现方法解析。

```
using System;

namespace example.test.Activities
{
   public abstract class WriterService
   {
      public abstract void Write( string s );
   }
}
```

（a）自定义一个服务 WriterService

```
using System;
using example.test.Activities;

namespace EssentialWF.Services
{
  public class SimpleWriterService : WriterService
  {
     public override void Write( string s )
     {
        Console.WriteLine( s );
     }
  }
}
```

（b）实现自定义的服务 WriterService

```
using ( WorkflowRuntime runtime = new WorkflowRuntime())
{
   runtime.AddService( new SimpleWriterService());
   ….
}
```

（c）将自定义服务添加到运行时

```
using System;
using System.Workflow.ComponentModel;

namespace example.test.Activities
{
  public class WriteLine : Activity
  {
     public static readonly DependencyProperty  TextProperty =
             DependencyProperty.Register( "Text", typeof( string ), typeof( WriteLine ));
     public string Text
     {
        get { return ( string ) GetValue( TextProperty ); }
        set { SetValue( TextProperty, value ); }
     }
     protected override ActivityExecutionStatus Execute( ActivityExecutionContext context )
     {
        WriterService writer = context.GetService<WriterService>();
        writer.Write( Text );

        return ActivityExecutionStatus.Closed;
     }
  }
}
```

（d）WF 程序实例中通过上下文使用自定义服务

图 8-64 WF 程序实例使用运行时提供的服务

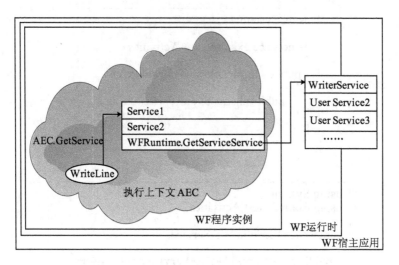

图 8-65　服务提供机制的内部实现方法解析

从本质上看，WF 程序就是一个活动（典型情况下，该活动是活动树的根节点），因此，运行一个 WF 程序，也就是运行活动树的每个活动，就是按照程序原型建立各个活动对象的实例并管理这些对象实例的运行。它包括建立一个运行时实例、为运行时实例配置需要的服务、建立一个调度器（包含调度队列）、启动运行时、加载程序实例并在执行上下文中管理程序运行（通过活动创建的书签——程序队列——管理程序中活动实例的钝化、激活、调度、线程等）以及停止运行时（参见图 8-63、图 8-66（c））。为了维护程序模式规定的活动逻辑关系，WF 中通过一个有限状态机（也称为**活动自动机**，activity automation）定义活动的状态及其变迁关系，并由活动和运行时的配合来驱动状态的变化。图 8-67 所示给出了 WF 活动实例的生命周期及其驱动过程。

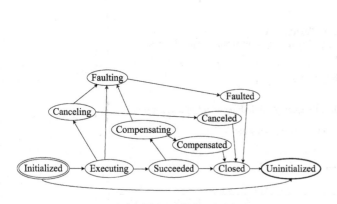

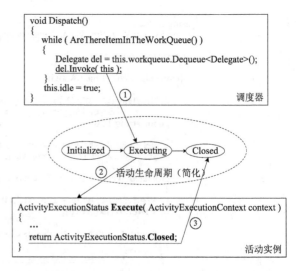

（a）WF 活动实例的生命周期（活动自动机）　　　　　（b）调度器与 WF 活动实例配合完成活动生命周期的管理

图 8-66　WF 活动实例的生命周期

WF 模型中,活动的片段式执行特点使得程序实例具有线程灵活性和进程灵活性,因此,WF 程序实例可以按需持久化。图 8-67 所示是 WF 程序实例的生命周期。图 8-68 所示是一个 WF 程序实例异地执行过程的解析。

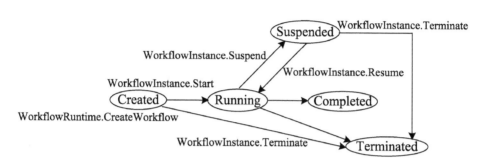

图 8-67　WF 程序实例的生命周期

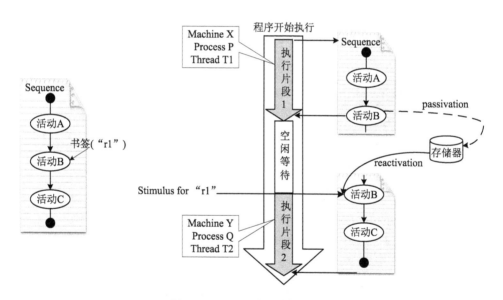

图 8-68　WF 程序实例的持久化

【例 8-4】　在 Visual Studio . NET 中设计一个 WF 程序

在 Visual Studio . NET 中,基于已有的内置基本活动设计一个 WF 程序,该程序基于**顺序工作流**类型,实现**传统顺序控制流**和**传统分支控制流**的集成,如图 8-69 所示。其中,codeActivity2 和 codeActivity3 构成传统的双分支控制流,它们又和 codeActivity1 构成传统的顺序控制流。本质上,该 WF 程序是由一个活动构成,图 8-70 所示是该程序的相应代码及其解析。图 8-71 所示给出了该程序的设计过程解析。图 8-72 所示是该程序的运行结果。

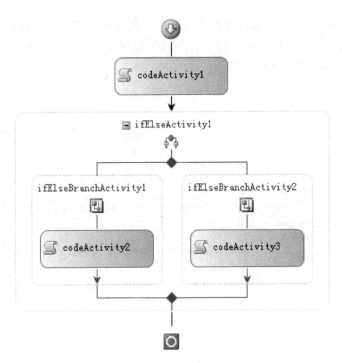

图 8-69 实现传统分支控制流和顺序控制流集成的 WF 程序结构

```
using System;
using System.ComponentModel;
using System.ComponentModel.Design;
using System.Collections;
using System.Drawing;
using System.Linq;
using System.Workflow.ComponentModel.Compiler;
using System.Workflow.ComponentModel.Serialization;
using System.Workflow.ComponentModel;
using System.Workflow.ComponentModel.Design;
using System.Workflow.Runtime;
using System.Workflow.Activities;
using System.Workflow.Activities.Rules;

namespace example.test.Activities
{
    public sealed partial class MyWorkflow: SequentialWorkflowActivity
    {
        public Workflow1()
        { InitializeComponent(); }

        private void codeActivity1_ExecuteCode(object sender, EventArgs e)
        { Console.WriteLine("Welcome to Work Flow"); }

        private void IsLarge(object sender, ConditionalEventArgs e)
        {
            Console.WriteLine("请输入一个数字：");
            string input = Console.ReadLine();
            int data = Convert.ToInt32(input);
            if (data >= 10)  { e.Result = true; }
        }

        private void codeActivity2_ExecuteCode(object sender, EventArgs e)
        { Console.WriteLine("输入的数字大于或等于10"); }

        private void codeActivity3_ExecuteCode(object sender, EventArgs e)
        { Console.WriteLine("输入的数字小于10"); }
    }
}
```

(a) WF 程序(主活动)的代码

```
using System;
using System.Collections.Generic;
using System.Linq;
using System.Text;
using System.Threading;
using System.Workflow.Runtime;
using System.Workflow.Runtime.Hosting;

namespace example.test.Activities
{
    class Program
    {
        static void Main(string[] args)
        {
            using(WorkflowRuntime workflowRuntime = new WorkflowRuntime())
            {
                AutoResetEvent waitHandle = new AutoResetEvent(false);
                workflowRuntime.WorkflowCompleted +=
                            delegate(object sender, WorkflowCompletedEventArgs e) {waitHandle.Set();};
                workflowRuntime.WorkflowTerminated +=
                            delegate(object sender, WorkflowTerminatedEventArgs e)
                {
                    Console.WriteLine(e.Exception.Message);
                    waitHandle.Set();
                };

                WorkflowInstance instance =
                            workflowRuntime.CreateWorkflow(typeof(example.test.Activities.MyWorkflow));
                instance.Start();

                waitHandle.WaitOne();
            }
        }
    }
}
```

（b）控制台主程序代码

图 8-70　实现传统分支控制流和顺序控制流集成的 WF 程序代码及解析

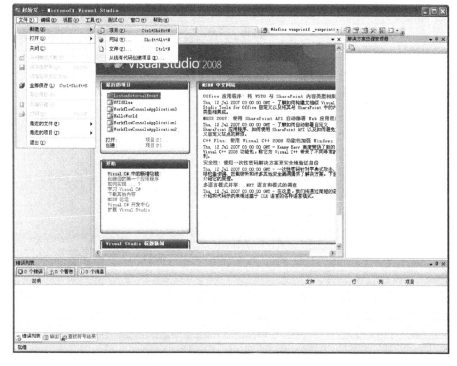

（a）启动 Visual Studio . NET 并新建一个工程

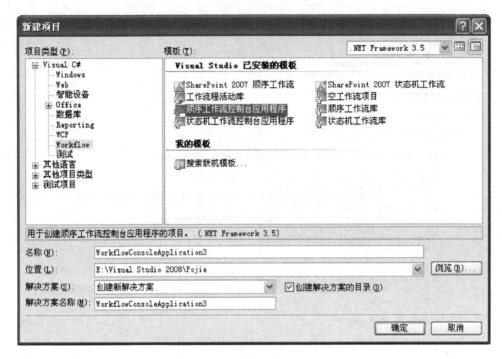

（b）选择工程类型

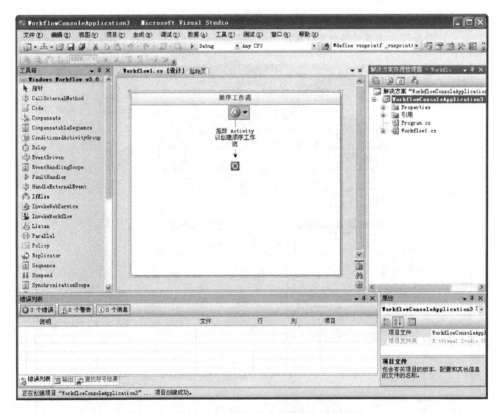

（c）打开并初始化 WF 程序（顺序工作流）可视化设计器

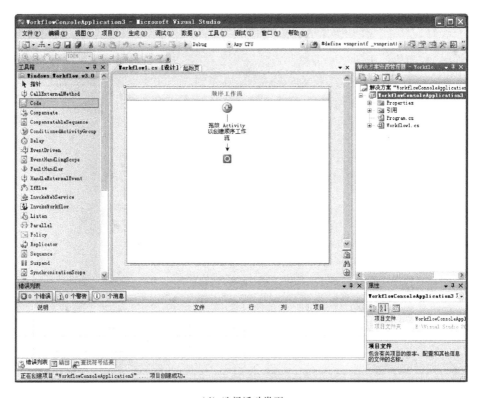

（d）选择活动类型

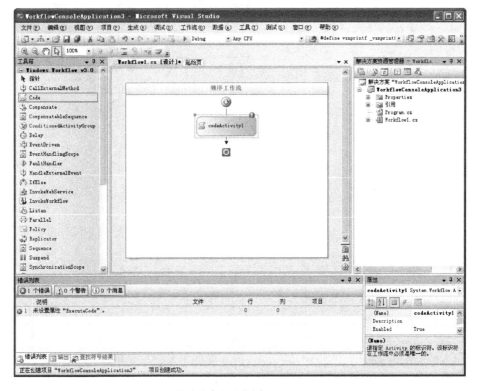

（e）拖放并建立活动实例 codeActivity1

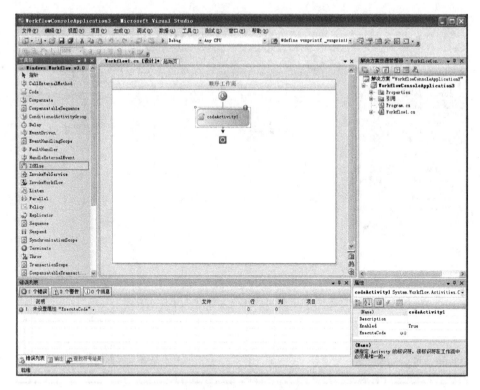

(f) 选择活动类型(分支流程控制)

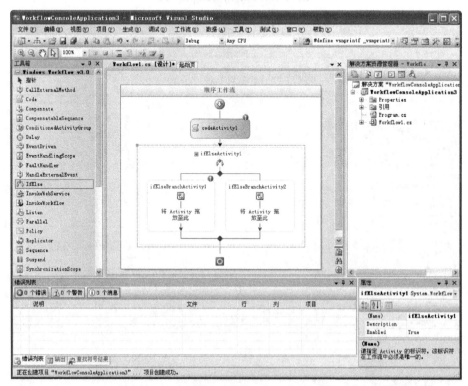

(g) 拖放并建立分支流程控制实例 ifElseActivity1

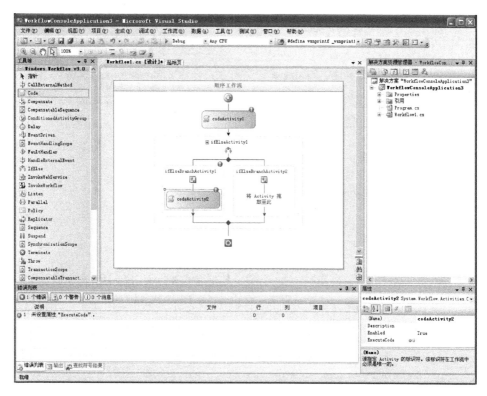

（h）拖放并建立分支流程控制实例的一个分支活动实例 codeActivity2

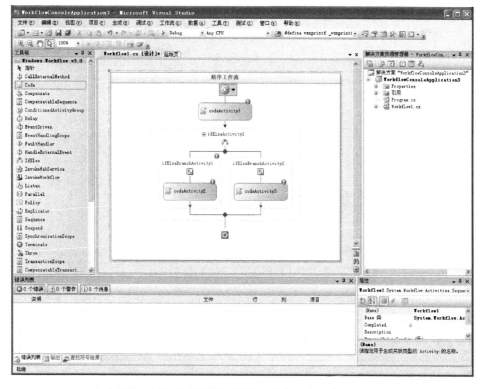

（i）拖放并建立分支流程控制实例的另一个分支活动实例 codeActivity3

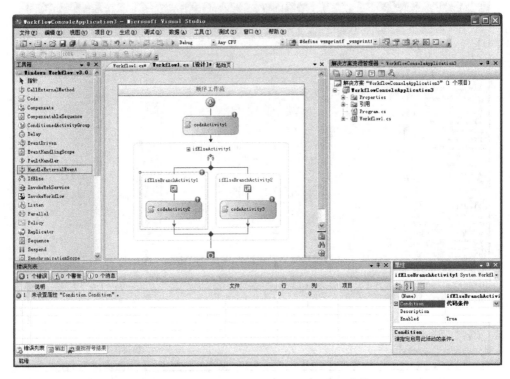

（j）设置分支流程实例 ifElseBranchActivity1 的条件

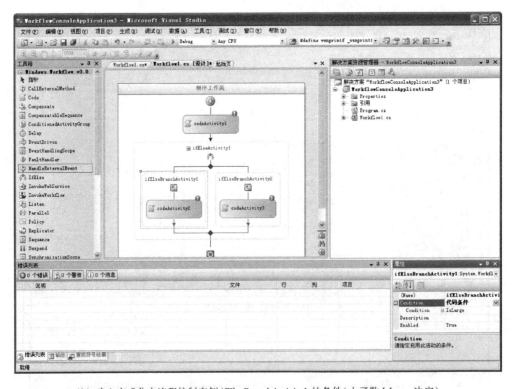

（k）建立完成分支流程控制实例 ifElseBranchActivity1 的条件（由函数 IsLarge 决定）

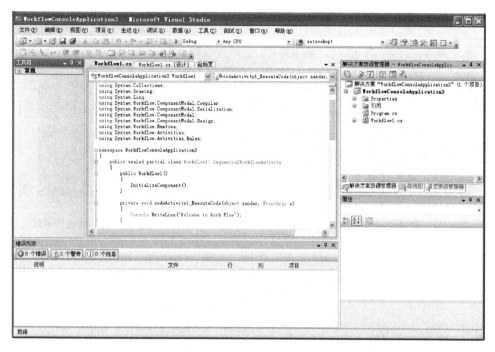

(1) 双击活动实例 codeActivity1 建立其代码

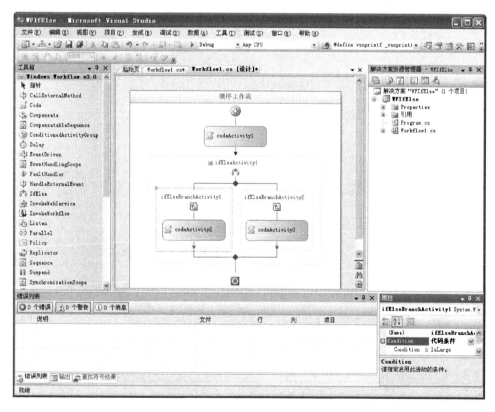

（m）完成各个活动实例的代码的建立

图 8-71　实现传统分支控制流和顺序控制流集成的 WF 程序的设计过程

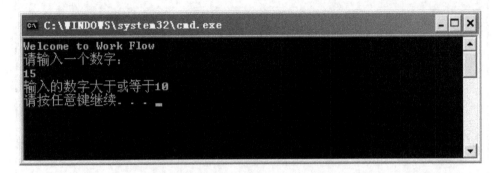

图 8-72   实现传统分支控制流和顺序控制流集成的 WF 程序（顺序工作流）的运行结果

图 8-73 所示是支持并发的顺序工作流程序。其中，sequenceActivity1 和 sequenceActivity2 可以并发执行。

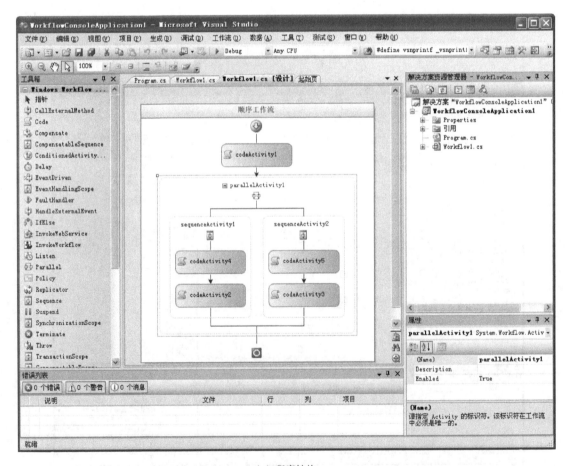

（a）程序结构

```
using System;
using System.ComponentModel;
using System.ComponentModel.Design;
using System.Collections;
using System.Drawing;
using System.Linq;
using System.Workflow.ComponentModel.Compiler;
using System.Workflow.ComponentModel.Serialization;
using System.Workflow.ComponentModel;
using System.Workflow.ComponentModel.Design;
using System.Workflow.Runtime;
using System.Workflow.Activities;
using System.Workflow.Activities.Rules;

namespace example.test.Activities
{
    public sealed partial class MyWorkflow2: SequentialWorkflowActivity
    {
        public Workflow1()
        {   InitializeComponent();   }

        private void codeActivity1_ExecuteCode(object sender, EventArgs e)
        {
            Console.WriteLine("Welcome to Work Flow");
        }

        private void codeActivity2_ExecuteCode_1(object sender, EventArgs e)
        {
            Console.WriteLine("执行左边第二条");
        }

        private void codeActivity3_ExecuteCode_1(object sender, EventArgs e)
        {
            Console.WriteLine("执行右边第二条");
        }

        private void codeActivity4_ExecuteCode(object sender, EventArgs e)
        {
            Console.WriteLine("执行左边第一条" );
        }

        private void codeActivity5_ExecuteCode(object sender, EventArgs e)
        {
            Console.WriteLine("执行右边第一条" );
        }
    }
}
```

（b）程序（主活动）的代码

```
using System;
using System.Collections.Generic;
using System.Linq;
using System.Text;
using System.Threading;
using System.Workflow.Runtime;
using System.Workflow.Runtime.Hosting;

namespace example.test.Activities
{
  class Program
  {
    static void Main(string[] args)
    {
      using(WorkflowRuntime workflowRuntime = new WorkflowRuntime())
      {
        AutoResetEvent waitHandle = new AutoResetEvent(false);
        workflowRuntime.WorkflowCompleted +=
                delegate(object sender, WorkflowCompletedEventArgs e) {waitHandle.Set();};
        workflowRuntime.WorkflowTerminated +=
                delegate(object sender, WorkflowTerminatedEventArgs e)
        {
          Console.WriteLine(e.Exception.Message);
          waitHandle.Set();
        };

        WorkflowInstance instance =
                workflowRuntime.CreateWorkflow(typeof(example.test.Activities.MyWorkflow2));
        instance.Start();

        waitHandle.WaitOne();
      }
    }
  }
}
```

（c）控制台主程序代码

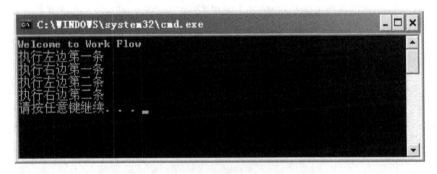

（d）程序的运行结果

图 8-73 支持并发的顺序工作流程序

【例 8-5】 在 Visual Studio . NET 中自定义一个 WF 复合活动

在 Visual Studio . NET 中，首先自己设计一个活动类型并将其添加到现有的系统工具箱中。新添加的活动类型实现简单的信息输出。然后，基于已有的内置基本活动类型及新添加的活动类型，设计一个 WF 程序。图 8-74 所示是新活动类型的代码及解析，图 8-75 所示是新活动类型的设计过程解析，图 8-76 所示给出了基于新活动类型的一个 WF 程序的相应代码及解析，以及其设计过程，图 8-77 所示是程序的运行结果。

```
using System;
using System.ComponentModel;
using System.ComponentModel.Design;
using System.Collections;
using System.Drawing;
using System.Linq;
using System.Workflow.ComponentModel.Compiler;
using System.Workflow.ComponentModel.Serialization;
using System.Workflow.ComponentModel;
using System.Workflow.ComponentModel.Design;
using System.Workflow.Runtime;
using System.Workflow.Activities;
using System.Workflow.Activities.Rules;

namespace MyActivity
{
    public partial class Activity1: SequenceActivity
    {
        public Activity1()
        {
            InitializeComponent();
        }

        private void codeActivity1_ExecuteCode(object sender, EventArgs e)
        {
            Console.WriteLine("This is my activity!");
        }
    }
}
```

（a）自定义活动 Activity1

```
using System;
using System.ComponentModel;
using System.ComponentModel.Design;
using System.Collections;
using System.Drawing;
using System.Reflection;
using System.Workflow.ComponentModel.Compiler;
using System.Workflow.ComponentModel.Serialization;
using System.Workflow.ComponentModel;
using System.Workflow.ComponentModel.Design;
using System.Workflow.Runtime;
using System.Workflow.Activities;
using System.Workflow.Activities.Rules;

namespace MyActivity
{
    public partial class Activity1
    {
        #region Activity Designer generated code
        [System.Diagnostics.DebuggerNonUserCode]
        private void InitializeComponent()
        {
            this.CanModifyActivities = true;
            this.codeActivity1 = new System.Workflow.Activities.CodeActivity();

            this.codeActivity1.Name = "codeActivity1";
            this.codeActivity1.ExecuteCode += new System.EventHandler(this.codeActivity1_ExecuteCode);

            this.Activities.Add(this.codeActivity1);
            this.Name = "Activity1";
            this.CanModifyActivities = false;
        }
        #endregion

        private CodeActivity codeActivity1;
    }
}
```

设计器支持所需的方法，不要使用代码编辑器修改此方法的内容

（b）可视化设计器操作相关联的代码

图 8-74 新活动类型代码及解析

(a) 新建一个项目

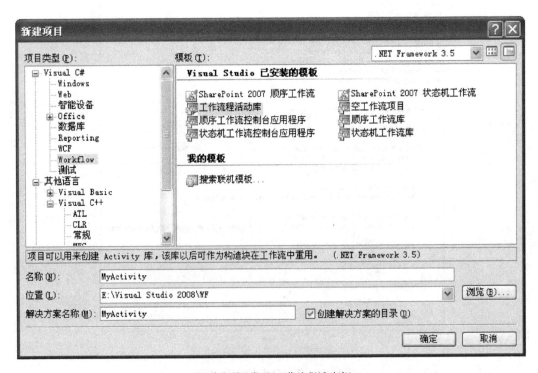

(b) 确定项目类型(工作流程活动库)

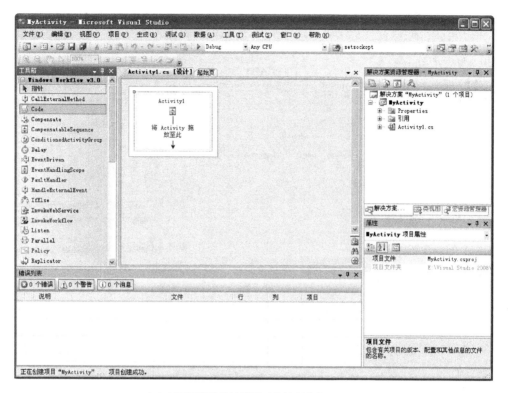

（c）打开可视化设计器界面并创建活动 Activity1

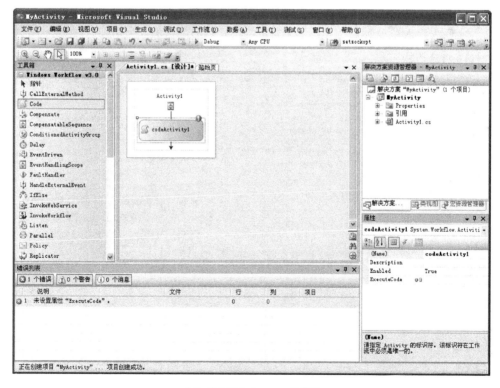

（d）建立活动 Activity1 的代码

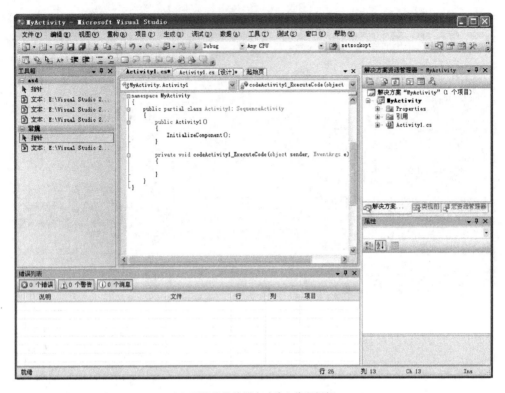

（e）可视化设计器自动建立代码框架

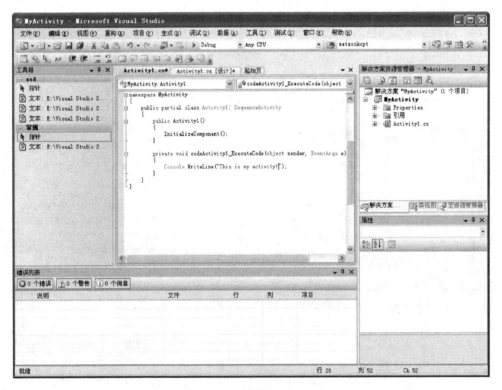

（f）给出具体的代码逻辑

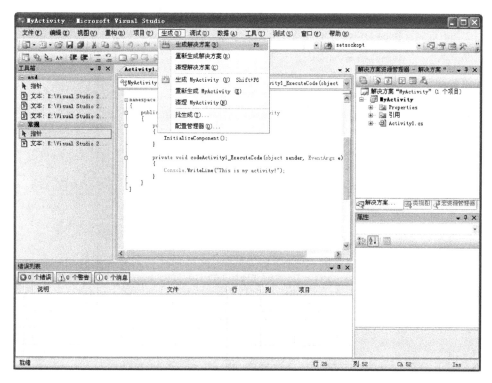

（g）生成解决方案使自定义活动 Activity1 放入工具箱

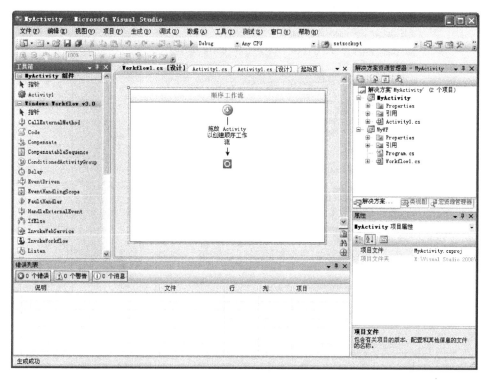

（h）自定义活动 Activity1 已经放入工具箱

图 8-75 新活动类型的设计过程解析

```
using System;
using System.ComponentModel;
using System.ComponentModel.Design;
using System.Collections;
using System.Drawing;
using System.Linq;
using System.Workflow.ComponentModel.Compiler;
using System.Workflow.ComponentModel.Serialization;
using System.Workflow.ComponentModel;
using System.Workflow.ComponentModel.Design;
using System.Workflow.Runtime;
using System.Workflow.Activities;
using System.Workflow.Activities.Rules;

namespace MyActivity
{
    public partial class Activity1: SequenceActivity
    {
        public Activity1()
        {
            InitializeComponent();
        }

        private void codeActivity1_ExecuteCode(object sender, EventArgs e)
        {
            Console.WriteLine("This is my activity!");
        }
    }
}
```

（a）自定义一个工作流 Workflow1

```
using System;
using System.ComponentModel;
using System.ComponentModel.Design;
using System.Collections;
using System.Drawing;
using System.Reflection;
using System.Workflow.ComponentModel.Compiler;
using System.Workflow.ComponentModel.Serialization;
using System.Workflow.ComponentModel;
using System.Workflow.ComponentModel.Design;
using System.Workflow.Runtime;
using System.Workflow.Activities;
using System.Workflow.Activities.Rules;

namespace MyActivity
{
    public partial class Activity1
    {
        #region Activity Designer generated code          设计器支持所需的方法，不要使
        [System.Diagnostics.DebuggerNonUserCode]          用代码编辑器修改此方法的内容
        private void InitializeComponent()
        {
            this.CanModifyActivities = true;
            this.codeActivity1 = new System.Workflow.Activities.CodeActivity();

            this.codeActivity1.Name = "codeActivity1";
            this.codeActivity1.ExecuteCode += new System.EventHandler(this.codeActivity1_ExecuteCode);

            this.Activities.Add(this.codeActivity1);
            this.Name = "Activity1";
            this.CanModifyActivities = false;
        }
        #endregion

        private CodeActivity codeActivity1;
    }
}
```

（b）可视化设计器操作相关联的代码

```
using System;
using System.Collections.Generic;
using System.Linq;
using System.Text;
using System.Threading;
using System.Workflow.Runtime;
using System.Workflow.Runtime.Hosting;

namespace MyWF
{
    class Program
    {
        static void Main(string[] args)
        {
            using(WorkflowRuntime workflowRuntime = new WorkflowRuntime())
            {
                AutoResetEvent waitHandle = new AutoResetEvent(false);
                workflowRuntime.WorkflowCompleted +=
                        delegate(object sender, WorkflowCompletedEventArgs e) {waitHandle.Set();};
                workflowRuntime.WorkflowTerminated +=
                        delegate(object sender, WorkflowTerminatedEventArgs e)
                {
                    Console.WriteLine(e.Exception.Message);
                    waitHandle.Set();
                };

                WorkflowInstance instance = workflowRuntime.CreateWorkflow(typeof(MyWF.Workflow1));
                instance.Start();

                waitHandle.WaitOne();
            }
        }
    }
}
```

（c）主程序代码

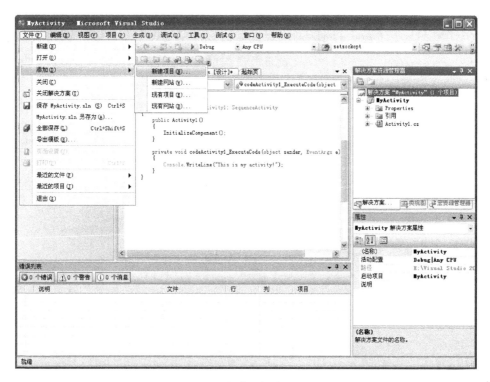

（d）新建一个项目

365

(e) 确定项目的类型(顺序工作流控制台应用程序)

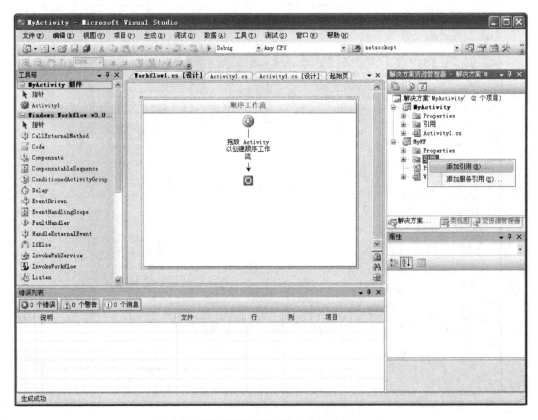

(f) 打开可视化设计器并引用自定义的活动 Activity1

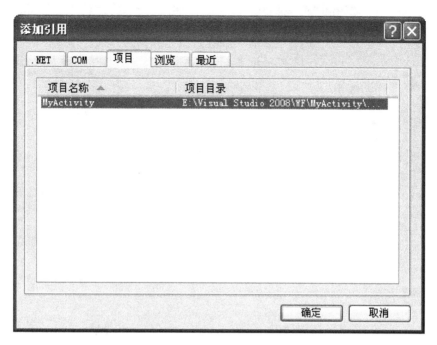

（g）指定引用自定义活动 Activity1 的项目存放路径

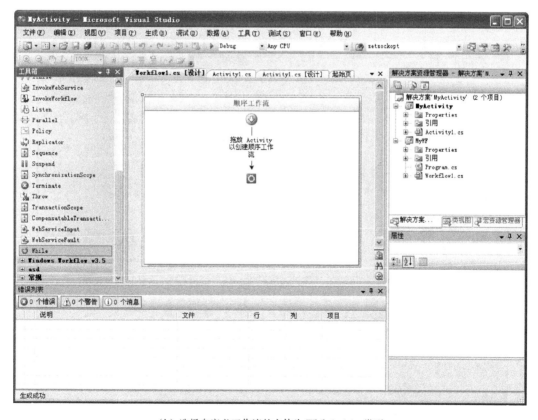

（h）选择自定义工作流的主体为 WhileActivity 类型

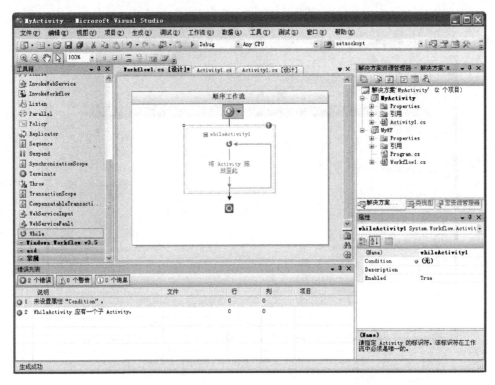

（i）建立自定义工作流的代码框架

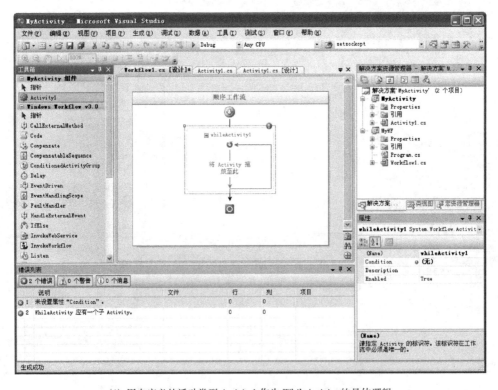

（j）用自定义的活动类型 Activity1 作为 WhileActivity 的具体逻辑

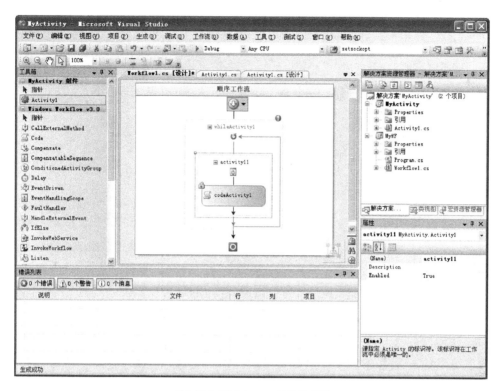

（k）建立 WhileActivity 的具体逻辑

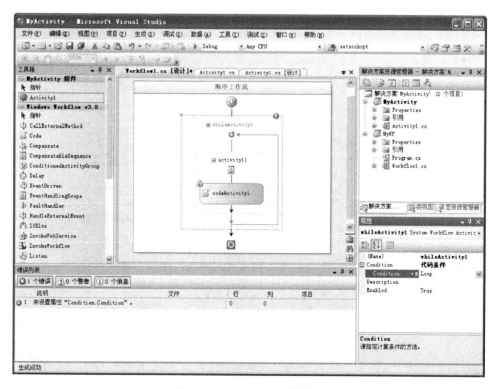

（l）定义 WhileActivity 的控制条件

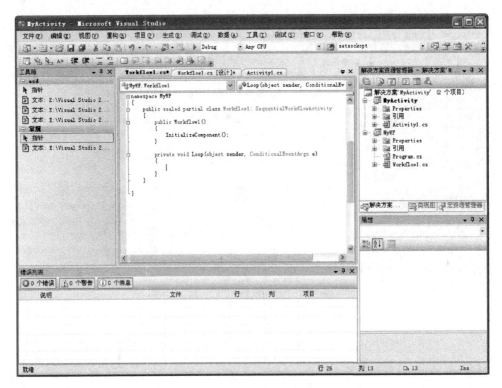

（m）确定循环条件的具体逻辑

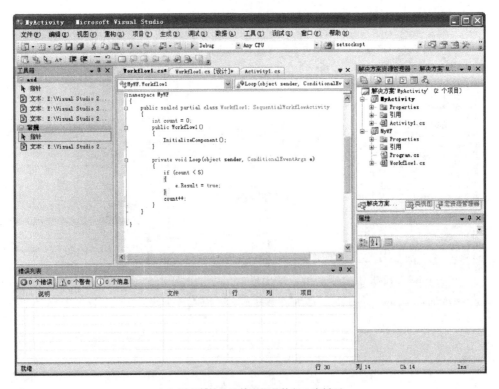

（n）循环条件的具体逻辑是执行 5 次循环

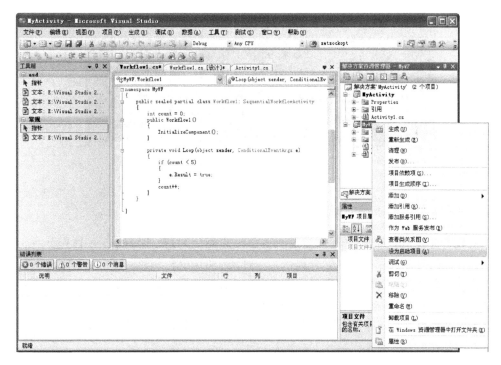

(o) 将默认项目改变为自定义工作流 Workflow1 项目

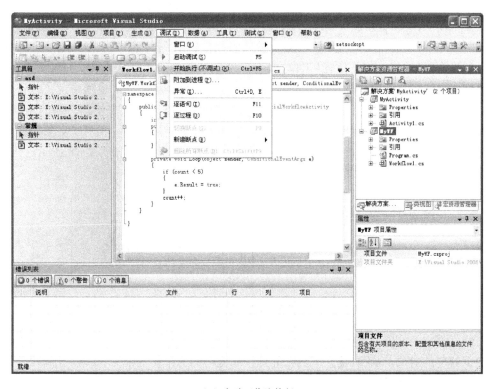

(p) 启动工作流执行

图 8-76 基于新活动类型的一个 WF 程序(相应代码、解析及设计过程)

371

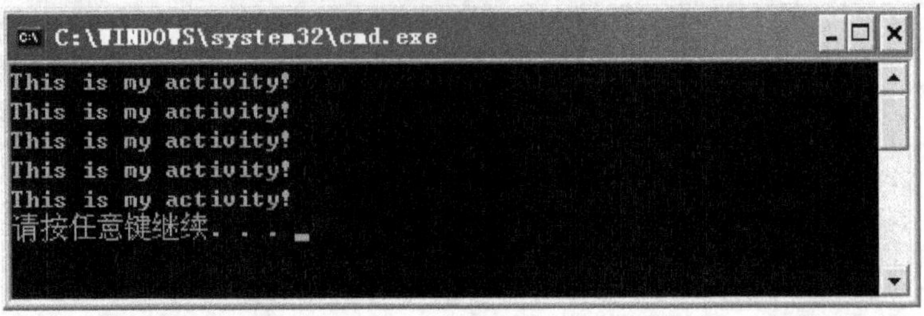

图 8-77   程序的运行结果

8.3.3   对可恢复组件模型的深入认识

可恢复组件模型基于书签机制，通过与运行时的配合，为服务模型中一个 Web Service 内部多个操作之间复杂交互关系的管理提供了一种统一的机制。书签机制及其堆空间特性，决定了可恢复组件实例及可恢复程序实例的线程灵活性和进程灵活性，因此，可以进行持久化操作。从而，在服务模型基础上，面向开放式的服务集成与服务交互的业务流程的描述建立了一种全新的编程模型——可恢复组件模型，使新型的基于可恢复程序模型的应用系统具有强大伸缩性和健壮性。

可恢复语句组件模型中，活动相当于词汇，复合活动相当于语句，程序则相当于文法结构。因此，WF 模型就相当于定义了一种描述语言，可以用该语言描述具体的程序。同时，WF 运行时相当于编译器，可以直接执行程序。WF 模型的关键在于：词汇和文法都是可以任意定义和扩展的。因此，可以按需定义满足特定应用领域的概念（词汇表）和逻辑（文句结构），例如定义自己的操作码（语句）、操作流程（工作流）。

可恢复语句组件模型的核心在于将程序元化，强调程序类型概念。也就是说，它强调处理流程，而不是处理对象。并且，通过活动概念的递归特性（复合活动又是更高一层的活动），建立了程序类型的递归特性，实现工作流程定义与描述的无限扩展基础。相对于对象模型而言，可恢复语句组件模型本质上是建立面向控制流的一种抽象数据类型。图 8-78 所示给出了类型概念对数据组织和数据处理（基本控制流程）两者的投影。

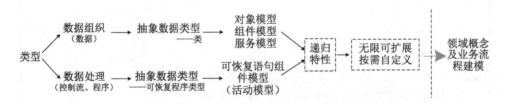

图 8-78   类型概念对数据组织和数据处理（基本控制流程）两者的投影

可恢复语句组件模型本质上是递归思想的一种具体应用，它将控制流（数据处理基础）又作为数据处理的对象。从而，建立了数据处理控制流程的无限扩展能力，实现程序和数据两个概念的统一，即程序就是数据。

可恢复语句组件模型本质上也是分层思想的一种具体应用，通过分层实现其灵活性。具体而言，通过将 Web Service 的多个操作之间的交互关系定义从 Web Service 中分离出来并建立统一的交互关系管理机制，为集成多个 Web Service 提供了一种灵活、可按需任意扩展的机制。相对于 BPEL 的封闭式集成特性，该机制具备开放式集成特性。图 8-79 所示给出了这种机制的原理。

特别地，为了进一步提高灵活性，.NET 环境对可恢复语句组件模型的实现中，将 **WF 运行时**本身也作为一种类型，允许面对不同的 WF 程序定制其运行时。例如：WF 为每一种运行时服务都提供了一个或多个实现，用户也可以自定义服务的逻辑（例如：用户可以自定义加载器，以满足特殊程序模式描述方法的需要）。因此，宿主程序可以通过选择最合适的运行时服务的实现来调节 WF 运行时的功能和行为。本质上，它将图 8-79 所示的两层模型拓展为图 8-80 所示的三层模型。从而，既可以通过对 WF 程序的类型进行动态调整（例如增删活动），在流程实例的基础上赋予流程执行的"柔性"，提升用户驾驭流程的能力；又可以通过定制运行时来调节流程的服务强度和服务柔性。

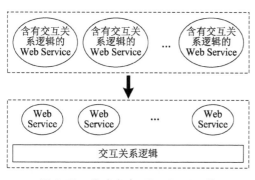

图 8-79　集成多个 Web Service 的
一种可扩展实现机制

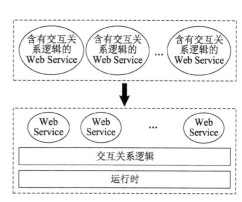

图 8-80　WF 对多个 Web Service
集成的一种实现机制

随着 .NET Framework 的发展，WF 模型也在不断地完善。例如，.NET Framework 将传统的书签机制用于参数输入，并增加基于事件的通信及调度机制；取消顺序型工作流程模板和状态机型工作流模板的分类，丰富和完善 Activity 基类及其派生类定义并完善内置活动库中的各种活动类型模板；将 WF 模型作为一种新的更大粒度的组件模型统一到 C#中，并支持多种工作流的承载方式：WorkflowInvoker（方法调用模式）、WorkflowApplication（宿主程序管理模式）和 WorkflowServiceHost（独立服务器管理模式）；通过在基础活动库中提供通用的 Web Service 活动（即通过 WebServiceInputActivity、WebServiceOutputActivity 将工作流发布为 Web 服务；通过 InvokeWebServiceActivity 调用 Web 服务）支持基于 Web Service 与 WCF（Windows Communication Foundation）的分布式应用。

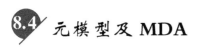

8.4　元模型及 MDA

8.4.1　元模型

在基于模型的开发方法中，任何一个软件系统的开发都需要预先建立一个系统模型，然后按照该模型进行具体的实现。例如：通过草图或某种建模语言等设计并描述一个工资管理系统。传统的建模方法中，模型的描述一般都会与具体的技术平台相关，都要考虑到具体实现应该采用的标准、语言及平台和环境的技术特点等因素。因此，描述的抽象层次不高，导致同一应用系统模型的反复建立以及限制了模型的通用性。

元模型（Meta Model）是指模型的模型。它通过提高抽象级别，在独立于具体技术和平台的抽象层次进行系统模型的描述，实现系统模型描述的技术独立性和平台独立性。并且，通过定义变换规则，实现元模型到具体平台模型的自动变换。图 8-81 所示给出了元模型的基本思想。可见，元模型是一种抽象模型（参见第 2 章图 2-1），它可以延长软件系统的生命周期，即系统元模型及其演化具有相对稳定性，可以适应任何时期技术平台模型的发展。

因此，元模型建立了面向模型的软件设计方法，基于**模型集合**及**模型关系集合**来描述一个系统。它将传统的模型看成是特殊的系统，将元模型看成是这些特殊系统的模型。

从认识本质看，元模型通过分层思想实现其模型描述的灵活性，将传统的系统与模型之间的两层直接关系改变为系统、模型与元模型之间的三层间接关系，如图 8-82 所示。这种认识上的提高，也体现了递归思想的深刻内涵。

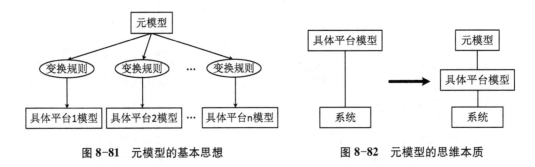

图 8-81　元模型的基本思想　　　　图 8-82　元模型的思维本质

元模型的具体实现需要解决元模型的描述、模型的描述问题以及模型之间的转换描述问题。元模型的描述问题需要定义相应的描述语言（称为**元语言**，Meta-Language），模型的描述问题需要定义建模语言，模型之间的转换描述问题需要定义相应的变换规则描述语言。另外，为了对元模型、模型以及模型关系进行管理和维护，需要定义相应的元级机制。

8.4.2　MDA

MDA（Model-Driven Architecture，模型驱动的体系结构）是由 OMG（Object Management Group）组织提出的支持元模型的一种软件开发方法学，它定义了**平台独立模型**（Platform Independent Model，PIM）、**平台相关模型**（Platform Specific Model，PSM）及**变换定义**等概念，通过自动变换实现模型之间的转换与生成，从而建立完整的面向模型（或称**模型驱动**）的软件开发方法。具体而言，模型是指以精确定义的语言（即具有精确定义的语法形式和语义含义、适合计算机自动解释的语言）对系统（或系统的一部分）作出的描述，变换是指按照变换定义（即一组变换规则，共同描述了用源语言描述的模型如何变换为用目标语言描述的模型）从源模型到目标模型的自动生成。MDA 通过 PIM 描述系统的抽象（业务需求）模型（或称为**计算独立模型**，Computational Independent Model，CIM），每个 PIM 描述系统的一个方面（称为**域** domain。相应地，PIM 模型也称为**域模型**），所有的域组合起来就得到系统的完整描述。PIM 模型一般通过 xUML 描述，是可执行的描述；PSM 包含了所有在 PIM 中描述的功能，并且还添加了针对实现平台的设计思想。PSM 可以是用 UML 表示的设计模型，也可以是用某一种编程语言表示的具体实现（称为 PSI，Platform Specific Implementation，平台相关的实现）；PSM 或 PSI 是通过运用一系列变换规则（也称为**映射**）从 PIM 自动生成出来的，映射本身也是一个 xUML 模型。一个 PIM 常常可以生成多个 PSM，而且还会生成它们之间可能的桥接器。因此，**模型**、**PIM**、**PSM**、**语言**、**变换**、**变换定义**以及**变换工具**构成 MDA 的基本框架。图 8-83 所示是基于 MDA 的软件开发基本原理。图 8-84 所示是 MDA 的基本框架概览。图 8-85 是一个（简单的）具体案例的解析。

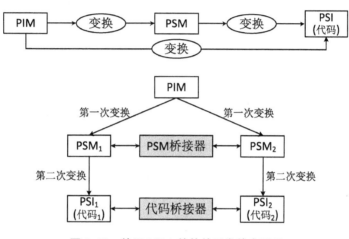

图 8-83　基于 MDA 的软件开发基本原理

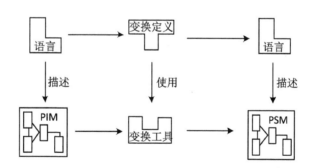

图 8-84　MDA 的基本框架概览

　　MDA 中，映射本身可以复用，即基于相同源语言的模型和基于相同目标语言的模型之间的变换可以重用已有的映射。另外，MDA 不必维护 PSM，如果应用需求有变化，这些变化将在 PIM 中反映出来并在 PIM 中测试，然后再次运用映射规则来生成新的 PSM。从而，不需要忍受同一个系统模型在不同抽象层次上的冗余表示。并且，通过重写映射规则和重新生成系统，能够应对在平台上或在系统的非功能性需求上发生的变化。也就是说，PIM 永远不会因为技术的变化而过时，从而做到了可不断发展和可复用。

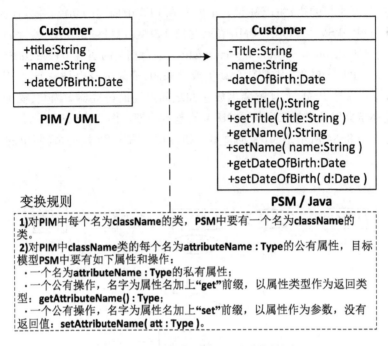

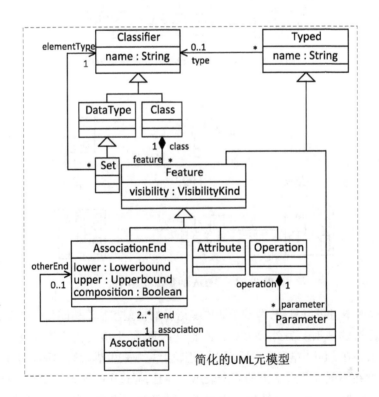

变换规则

1) 对**PIM**中每个名为**className**的类，**PSM**中要有一个名为**className**的类。

2) 对**PIM**中**className**类的每个名为**attributeName : Type**的公有属性，目标模型**PSM**中要有如下属性和操作：

· 一个名为**attributeName : Type**的私有属性；

· 一个公有操作，名字为属性名加上**"get"**前缀，以属性类型作为返回类型：**getAttributeName() : Type**；

· 一个公有操作，名字为属性名加上**"set"**前缀，以属性作为参数，没有返回值：**setAttributeName(att : Type)**。

（a）UML 到 Java 模型变换的一个简化案例解析

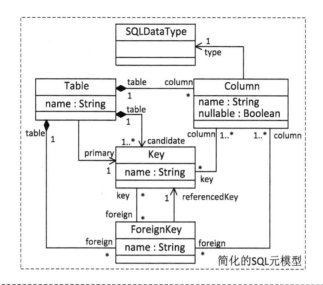

简化的SQL元模型

```
Transformation ClassToTable ( UML, SQL ) {
    params
        tidName : String    = "ID";
        tidType : SQLDataType = INTEGER;
    source
        class : UML::Class;
    target
        table : SQL::Table;
        primary : SQL::Key;
        tid : SQL::Column;
    target condition
        table.primary = primary and
        table.type = tidType and
        table.table = table and
        table.key = primary and
        table.nulltable = false;
    unidirectional;
    mapping
        class.name + tidName <~>tid.name;
        class.name <~>table.name;
        class.attributes() <~>table.column;
        class.associationEnds() <~>table.foreign;
}
```

变换规则**1**:从
UML中的类
(Class)到SQL
中的表（Table）
的变换

```
Transformation AssociationEndToForeignKey ( UML, SQL ) {
    source
        assocEnd : UML::AssociationEnd;
    target
        foreign : SQL::ForeignKey;
    source condition
        assocEnd.upper = 1 and
        assocEnd.association.oclIsTypeOf(UML::Association)
    unidirectional;
    mapping
        assocEnd.name  <~> foreign.name;
        assocEnd.Type <~> foreign.referenceKey;
}
```

变换规则**3**:从UML中的
关联端到SQL中的外键

```
Transformation AssociationClassEndToForeignKey ( UML, SQL ) {
    source
        assocEnd : UML::AssociationEnd;
    target
        foreign : SQL::ForeignKey;
    source condition
        assocEnd.upper <> 1 and
        assocEnd.association.oclIsTypeOf(UML::AssociationClass)
    target condition
        foreign.table.primary.foreign > includes(foreign);
    unidirectional;
    mapping
        assocEnd.name  <~> foreign.name;
        assocEnd.Type <~> foreign.referenceKey;
}
```

变换规则**4**:处理
关联类的变换

```
Transformation AssociationClassToTable ( UML, SQL ) {
    source
        assocClass : UML::AssociationClass;
    target
        table : SQL::Table;
        primary : SQL::Key;
    target condition
        table.primary = primary;
    unidirectional;
    mapping
        assocClass.name <~>table.name;
        assocClass.attributes() <~>table.column;
        assocClass.associationEnds() <~>table.foreign;
        assocClass.end <~>table.foreign;
}
```

变换规则**2**:从UML中的关
联到SQL中的表的变换

```
Transformation AttributeToColumn ( UML, SQL ) {
    source
        attr : UML::Attribute;
    target
        column : SQL::Column;
    target condition
        column.nullable = true;
    unidirectional;
    mapping
        attr.name  <~> column.name;
        attr.type <~> column.type;
}
```

变换规则**5**:从
UML中的属性到
SQL中的列

部分变换规则

（b）UML 到关系模型变换的一个简化案例解析（有关 UML 元模型可参见下面的图 8-96）

图 8-85 一个具体案例的解析

为了统一现有的各种建模方法及语言，以及考虑未来的发展，MDA 在图 8-82 的基础上进一步提高抽象级别，建立如图 8-86(b) 所示的四层模型结构，通过**元元模型**(Meta-Meta Model) 统一目前的各种元模型并支持未来的扩展。并且，考虑到可视化建模的需要，定义了一些面向元建模的可视化建模元素，如图 8-86(a) 所示。针对元元模型的实现，MDA 给出了 MOF 规范 (Meta Object Facility，元对象设施或机制。也称为面向建模语言定义的语言，元语言)，用以定义各种建模语言，例如：UML 及其扩展机制、未来可能出现的其他建模语言、变换定义语言等。并且，通过 MOF 仓库接口规范，还可以创建定义建模语言的工具。针对基于 MOF 的元模型的交换，MDA 给出了 XMI 规范(XML Metadata Interchange，XML 元数据交换)，用于定义基于 XML 的元模型的标准交换方式。同时，MDA 通过**数据仓库**(Data Warehouse)实现对元模型和模型的管理与维护。为了统一现有的各种数据仓库技术以及考虑未来的技术发展，MDA 相应地给出了 CWM 规范(Common Warehouse Metamodel，公共仓库元模型)。CWM 元模型都是通过 MOF 建模的，因此，它们都可以用作 MDA 变换的源和目标。另外，为了实现模型之间的变换，MDA 给出了 QVT 规范(Query-View-Transformations)。尽管该规范自身的元模型都是基于 MOF 建模的，但考虑到模型变换需要涉及源模型的描述语言(源元模型)和目标模型的描述语言(目标元模型)的变换，因此，QVT 工作在元层次。相应地，QVT 自身的元模型(即变换定义语言)

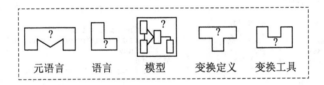

(a) 可视化元建模元素

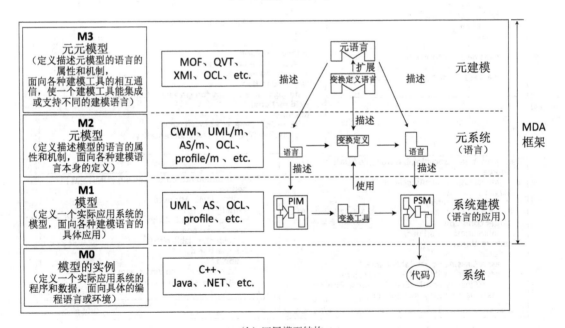

(b) 四层模型结构

图 8-86 MDA 的模型体系

也是一种元语言。对于模型和元模型的描述,MDA 推荐 UML 和 UML/m。图 8-87 所示给出了各种规范之间的关系。图 8-88 所示给出四层模型结构的一个案例。

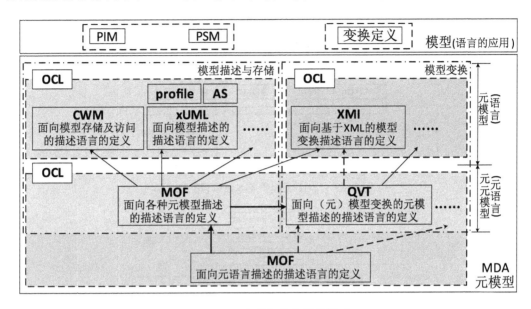

图 8-87　各种规范之间的关系

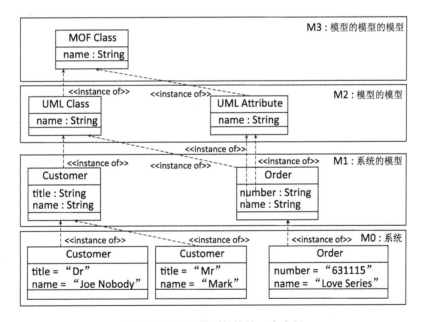

图 8-88　四层模型结构的一个案例

　　MOF 基于分类器概念,通过类型、属性和实例定义 MDA 模型体系中各层模型的描述机制(参见图 8-88 所示),图 8-89 所示给出了 MOF 元模型的基本结构。具体应用中,用户可以通过继承或直接实现 MOF 规范的相应接口,以便定义各自的元模型及其描述方法或语言。图 8-90 所示给出了基于 MOF 的 UML 元模型的基本结构。

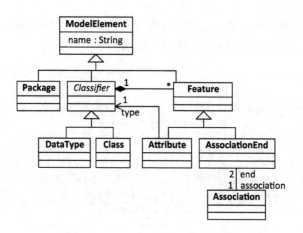

图 8-89　MOF 元模型基本结构（简化）

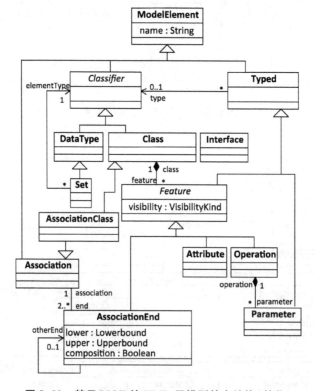

图 8-90　基于 MOF 的 UML 元模型基本结构（简化）

随着 MDA 设计方法及思想的发展与应用，各个 IT 企业都开始在其产品中给予支持。例如：作为元开发工具的典范，Eclipse 支持 MOF 的仓库接口规范。另外，微软研究院近几年在通用的模式管理领域中已经展开了相关研究，他们建立了一个代数运算符的集合，用以模型的运算。通过模型的运算，可以实现模型管理任务的自动化。相关运算符包括：

● 匹配（Match）运算符

将两个模式做为输入并返回两者之间的映射。该映射可以识别在输入模式中等价或相似的对象的联合体（取决于外部给该系统的等价或相似的标准定义）；

- 复合（Compose）运算符

输入模式 A 到模式 B 的映射和模式 B 到模式 C 的映射，返回模式 A 到模式 C 的映射；

- 差（Diff）运算符

输入模式 A 和从 A 到模式 B 的映射，返回 A 中不参与映射关系的那一部分子集元素；

- 模式生成（ModelGen）运算符

输入模式 A，返回一个基于 A 生成的新模式 B 和一个 A 和 B 之间的映射；

- 合并（Merge）运算符

输入模式 A 和模式 B，以及它们之间的映射，返回 A 和 B 的联合 C，以及 C 和 A、C 和 B 之间的映射。

MDA 的发展将改变传统的软件开发过程，真正演绎软件设计的深刻内涵。图 8-91 所示给出了传统软件开发生命周期与 MDA 软件开发生命周期的基本流程。其中，MDA 软件开发过程强调了模型级的设计与测试，一切都是由模型来驱动。相对于传统的软件开发过程，代码实现阶段全部由模型自动生成。图 8-92 所示给出了 MDA 方法中所涉及的各种角色及其关系。表 8-5 给出了相对于传统软件开发方法，MDA 带来的一些影响和改变。

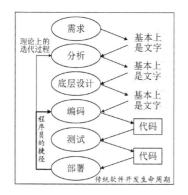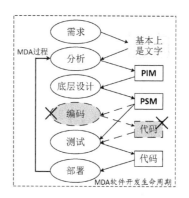

图 8-91　传统软件开发生命周期与 MDA 软件开发生命周期的比较

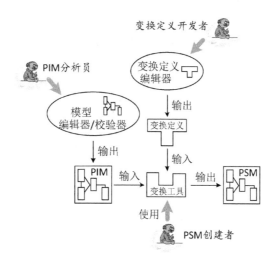

图 8-92　MDA 开发方法的角色与关系

表 8-5　MDA 带来的影响

	传统软件开发	MDA 软件开发
开发角色与规则	程序员,编写代码	建模者,编写规则
开发过程	需求分析/文字+图形,其他相应变化(参见图 8-97)	需求分析/PIM,其他相应变化(参见图 8-97)
开发工具	API 编译器 汇编器 代码级调试	设计模式 变换工具 编译器 模型级调试
文档	模糊	精确
体系结构描述	逻辑视图,开发视图	PIM,PSM
编程级别	代码级	抽象模型级

8.4.3　深入认识元模型和 MDA

元模型及其实现者 MDA,强调了设计、强调了抽象、强调了领域应用本质和规律的挖掘以及强调了标准化,体现了最精确化的人机分工,即较为精确地划分了人与机器两者的各自作用,使得机器可能完成的工作最大限度地由机器实现(最大限度的实现自动变换),只有机器不可能完成(即应用域业务逻辑的理解)的工作才由人来解决。也就是说,对于任何组织中最有价值的财富——积累起来的专业知识,MDA 通过 PIM、PSM 给予了形式化的表示,并且通过自动变换及存储等等使之在组织范围内被人获取和使用。

MDA 对传统系统开发的思维进行突破,使软件工程具有更加成熟的工程学科特征:建立精确的、可预测的模型;使模型在被实现之前就被测试;建立良定义且自动的构建过程;用大型的可复用组件构建产品。

从本质上看,元模型及 MDA 仍然是基于分层策略,通过增加思维层次,解决了模型描述的通用方法,以及模型数据表示、存储及转换的通用方法。从而,较为完善地解决技术发展动态性对软件系统演化带来的影响。并且,元模型也是递归思想的一种典型应用。

8.5　对软件体系结构发展的深入认识

软件体系结构的发展,首先取决于程序基本模型的发展。从程序基本模型的演化历程来看,强调如何满足和适应应用的恒变性是其发展的主要核心力。设计模式、组件模型、服务模型、可恢复语句组件模型、元模型以及建立在它们基础上的各种框架及体系,都反映了这一特点。同时,它也体现出任何技术和方法最终都是由应用来驱动!

从软件生命周期来看,程序基本模型及体系结构的发展脉络,也反映了人类对软件这种特殊产品的认识的深入。从面向机器的编码视图,到面向问题的设计视图,再到面向应用的维护视图,整个发展轨迹走向软件开发的根本——设计阶段就必须考虑如何面向未来因发展而必需的维护问题。

从技术特点来看，程序基本模型及体系结构的发展呈现从静态到动态的发展趋势，以实现强大的灵活性。例如：从可配置组件模型到组件依赖关系的外置、从基于服务模型的封闭流程到基于可恢复语句组件模型的开放流程，以及正在兴起的面向类型的动态编程模型，都体现了这种趋势。另外，灵活性的具体实现都是采用分层策略，通过分层不断扩展灵活性。

从事物发展的规律来看，程序基本模型的演化历程，由过程模型到可恢复语句组件模型，显然是基于归纳思维策略来实现其技术的独立性，体现了事物发展普遍规律的初级发展阶段特征，即从实践出发逐步建立抽象模型。与之相反，元模型则基于演绎思维策略来实现其技术的独立性，可以初步地对应事物发展普遍规律的高级发展阶段特征，即从理论出发建立抽象模型。两者的目标是异曲同工。事实上，从两者的思维本质来看，也反映出从量变到质变的发展，期望在实践基础上建立软件构造的完整理论和方法。

从认识角度来看，软件体系结构发展的本质是抽象。为了实现技术独立性，程序基本模型的发展对抽象层次的要求，从计算机固有的三层思维结构上升为四层思维结构。XML、元模型以及面向类型的动态编程模型都证明了这一点。从而，也充分反映了软件技术发展对人类思维潜能带来的挑战，突出了计算机这种智能设备蕴涵的思维特性。另外，软件体系结构的发展体现了计算机学科的核心思想——递归思想。例如：对象模型带来的通用类型，可恢复语句组件模型带来的通用控制流，元模型带来通用建模，XML 带来的通用描述语言等等，它们都是递归思想的具体应用。再者，程序基本范型及软件体系结构的发展，也反映出人们想构造一种大机器，以及构造面向这种大机器的程序构造模型。从而，回归到计算机（器）及计算的原点，演绎硬件和软件的递归。

更为深入地可以看到，软件体系结构的发展，真正回归到软件设计的本质——思维创新！并且，也突出了文化对思维的深刻影响。

另外，随着面向类型的动态编程模型的兴起，传统的一些编译技术（例如：即时编译、动态代码生成）、操作系统技术（例如：线程模型、进程模型）等已经融入到软件设计中，拓展了软件设计的传统内涵。从而，对人类的技术素养和知识的全面性、系统性带来了较高的要求。事实上，这也是计算机学科的思维本质——多维思维的典型应用。也就是说，从数学的角度来看，各种概念及其衍生的各种技术和方法等，都是采用同一种思维本源——从一维到多维的拓展。例如：接口及其继承是对一般继承的拓展，即将接口和实现看作是两个维度；从单继承到多继承，相当于从树结构到图结构的拓展；相对于控制流抽象（函数和例程）、数据抽象（类），设计模式关注多个类、多个模块的关系，实现了对控制流抽象和数据抽象的多维拓展；从函数式编程到函数递归、再到高阶函数，实现了函数概念的多维拓展，以及数据和程序两个维度的统一。计算思维的核心——递归，就是一种特殊的（自含的）多维拓展。例如：元编程（程序的程序）、动态语言（语言的语言）、程序与数据的统一（程序就是数据，数据就是程序）等等。

软件体系结构的发展脉络体现了人类对软件的认识能力的提高，也反映了计算机软件学科发展的成熟度。尽管目前还没有建立完整的理论体系，但各种基于抽象模型的开发方法正向完善的理论体系迈进。可以肯定地说，作为软件体系结构赖以建立的基础，程序基本范型的未来发展一定是智能件范型，它是被动式抽象模型的自然演化，能够主动式自适应工作。从而，为解决两个恒变因素中的应用恒变性寻求并建立相应的理论基础。

8.6 本章小结

随着人类对软件生产目的的认识深入，软件构造方法也不断发展，发展的本质在于解决应用和技术双动态变化的适应性。为此，一方面从程序构造范型这个核心出发，发展出可恢复语句组件范型，以满足应用逻辑无限变化的需求。同时，发展元模型以满足技术变化的需求。另一方面从体系结构层面出发，发展流程化 SOA 以满足应用逻辑的变化需求，并且，发展云计算拓展体系结构的维度和内涵，实现应用规模变化的适应性。

从思维特征角度，软件体系结构发展的两种路线及其带来的相应技术、方法和思想，本质都是通过增加层次提高抽象级别以实现动态适应的灵活性。进一步深入剖析，指出软件体系结构的发展回归到并诠释了图灵机本质——递归思想及其应用，实现哲学原理对计算机软件构造的直接投影。同时，也指出了文化特性对思维的影响及其给计算机软件技术发展带来的重要影响，诠释了创新的本质——文化及其作用。

习　　题

1. 什么是云计算？它有什么优点？

2. Hadoop 的任务粒度问题。假设 map 调用将输入数据分割为 M 片并分发到多个节点上并行执行，reduce 调用利用分割函数（例如：hash(key) mod R）分割中间的 KEY，形成 R 片，也分发到多个节点上执行，此时，master 必须执行 $O(M+R)$ 次调度，并且在内存中保存 $O(M*R)$ 个状态。一般而言，节点数小于 M+R。因此，M 和 R 的调整对整体性能有影响。你认为对于 M 和 R，调整哪个比较好？M 大还是 R 大比较好？为什么？（提示：考虑到每一个 REDUCE 任务最终都是一个独立的输出文件，因此 R 小一点并相对固定）

3. Map-Reduce 模型是如何提高并行性和可靠性的？

4. Map-Reduce 模型的实现是如何向用户屏蔽集群计算能力的？

5. Map-Reduce 模型是如何提高处理性能的？

6. 图 8-93 所示给出了 Map-Reduce 模型的基本思想，请解析其蕴涵的递归思想。

7. 什么是 RDD？它是如何提高处理性能的？

8. 请解析 SOA 和 Enterprise SOA 的区别与联系。

9. Enterprise SOA 的服务类型有几种？

10. Enterprise SOA 的基本服务一般有哪两种类型？

11. 请给出 Enterprise SOA 的基本层次结构并解析每层的主要作用。

12. Enterprise SOA 的建设一般分为哪三个阶段？

13. 流程化 Enterprise SOA 的本质是什么？它通过什么手段实现？

14. 为什么流程化 Enterprise SOA 具有较强的灵活性？

15. Enterprise SOA 成功建设的四个关键因素是什么？

16. 请解析软件总线与服务总线的区别与联系。

17. 什么是 REST？什么是 RESTFUL？

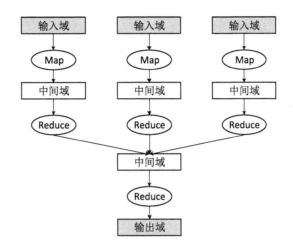

图 8-93　Map-Reduce 模型的基本思想

18. REST 的基本操作有几种?

19. 什么是微服务? 什么是微服务体系?

20. 相对于 SOA,微服务体系有什么优点和缺点?

21. 什么是可恢复语句组件模型? 它的基本结构是什么?

22. 什么是书签? 为什么书签机制可以隔离一个 Web Service 的多个操作之间的交互关系?

23. 什么是片段式执行? 它有什么优点?

24. 为什么复合可恢复语句组件可以设计任意的控制结构? 它有何优点?

25. 什么是可恢复程序? 请解析它的基本运行过程。

26. 什么是运行时? 可恢复语句组件模型中为什么需要运行时? 运行时的主要作用和功能是什么?

27. 请解析书签机制与运行时的关系。

28. 请解析 WF 中的程序模式、程序原型(类型)和程序实例之间的区别与联系。

29. WF 中,程序是不是也是一种活动? 它与一般的复合活动有什么区别?

30. WF 中将 WF 运行时本身也作为一种类型有什么好处? 针对同一种程序原型,能否建立两个不同的运行时,实现两种不同的执行流程控制?

31. WF 中,什么是活动执行上下文? 它的主要作用是什么? 它一般包括哪些信息?

32. MDA 是如何实现元模型的统一的?

33. MOF 规定了建模语言如何定义,它本身也是一种语言,称为元语言(即语言的语言)。请问:元语言本身是否仍然需要另一种元元语言来定义? 元元语言与元语言是否是一致的(能否用元语言来定义元语言)? [提示:将元语言看做也是一种特殊的建模语言]

34. 什么是面向类型的动态编程? 反射机制对动态编程有何作用? 如何理解动态编程带来的对软件技术系统化的知识需求?

35. CIM 和 PIM 的关系是什么? PIM 是由人决定的,还是可以由 CIM 自动推导出来? 为什么?

拓展与思考：

36. 云计算本质是什么？它的实现原理应该是动态的，还是静态的？为什么？

37. SOA 和 ROA 分别从程序的两个 DNA（数据处理和数据组织）出发来考虑服务体系的构建方法，请分析各自的优点和缺点。

38. 对于 SOA 和 Enterprise SOA 的关系与面向对象方法的基本使用和设计模式的使用及其关系，请解析两者之间的思维通约性。

39. 什么是多渠道应用？为什么 SOA 是实现多渠道应用的极有效方式？

40. Enterprise SOA 的基本层次结构解耦了系统体系与软件体系，与 VSTS 的系统设计器与逻辑数据中心关系两者有何思维通约性？

41. 通过将业务流程从嵌入在业务应用系统中（相当于一维流程实现方法）到从业务应用系统中分离出业务流程（相当于二维流程实现方法），这种方法既可以分担应用层的复杂性，又可以带来强大的灵活性和伸缩性。请解析其原因。

42. 什么是微服务框架？它有什么优点和缺点？

43. MDA 的元模型与通用的元模型两者有什么本质区别？（提示：MDA 元模型不是指通过元语言来描述的某个系统的元模型，而是指用于描述系统模型的语言本身的模型。因此，严格说来，该元模型的内涵是通用元模型的子集）

44. 如何理解元元语言等同于元语言？它是否是递归思想的一种具体应用？

45. MDA 从本质上解决了模型描述的通用方法，以及模型数据表示及转换的通用方法（即 MDA 元模型给出了定义描述语言的通用方法）。XML 也给出了定义语言的通用方法。请问两者有何区别？能否统一？（提示：两者的思维方法和层次一致，但面向的应用目标不同）

46. 基于 MDA 的发展，软件能否全部自动生成（不需要人）？

47. 对于普通建模人员而言，他们使用 UML 语言为某个应用系统建模。对于元建模人员而言，他们使用 UML 元模型并实现其到其他元模型的转换。请问：建模与元建模有何不同？变换定义是建模还是元建模？

48. 通过元语言与元元语言的关系，如何理解"道生一，一生二，二生三，三生万物"的内涵？它与递归有何本质上的思维通约性？

49. 你如何理解"图灵机的本质是递归"？

50. 强调标准可以说是逻辑文化的一种具体体现，你如何理解这一点？

51. 软件体系结构主要是面向大型复杂软件系统的构造，为了降低软件的复杂性，有效地开发大规模软件，显然，需要寻找开发大规模软件的方法。结构化方法就是在牺牲一些运行性能（该牺牲的性能可以由硬件的发展来弥补）的基础上提出的方法，它有两个要素：限制与抽象化，这两个要素成为该方法建立的基础。限制是通过约束控制流种类及其组合种类来实现，尽管降低了编程的自由度，但也达到了降低软件复杂度的目标。抽象化是通过关注接口而不关注内部实现来实现，从而因为不关注内部处理细节而使整体复杂性得到降低。请问：可恢复语句组件模型为什么要反其道而行之，要打破结构化方法的"限制"这一要素？（提示：仍然是结构化，是结构化的多维拓展，即结构化的结构化，因该模型本身的方法也是"限制"的）。

52. 结构化方法降低了程序流程的复杂性，但随着数据的增加，程序的复杂性还会上升。

因此，对象模型就是解决数据复杂性的方法。因此，对象模型是功能模型的自然延伸和发展，实现数据的结构化。请问：对象模型是如何演绎结构化方法的"抽象化"和"限制"两个要素的内涵的？

53. 结构化的本质是用多维来解决问题，实现一维到多维的思维拓展。你是如何理解的？（提示：抽象与分层，分层即是维数拓展）

参 考 文 献

[1] Don Box. COM 本质论[M]. 潘爱民,译. 北京:中国电力出版社,2001.

[2] Guy Eddon,Henry Eddon. COM+组件编程技术内幕[M]. 希望图书创作室,译. 北京:北京希望电子出版社,2000.

[3] Gregory Brill. 精通 COM+[M]. 黄志军,任雄伟,刘启忠,译. 北京:机械工业出版社,2002.

[4] Juval Löwy. COM 与. NET 组件服务[M]. 常晓波,朱剑平,译. 北京:中国电力出版社,2002.

[5] David Chappell. . NET 大局观[M]. 侯捷,荣耀,译. 武汉:华中科技大学出版社,2003.

[6] Markus Völter,Alexander Schmid,Eberhard Wolff. 服务器组件模式:EJB 描述的组件基础设施[M]. 张志祥,孙宁,石剑琛,等译. 北京:机械工业出版社,2004.

[7] Richard Monson-Haefel. Enterprise Java Beans[M]. 朱小明,周琳,译. 北京:中国电力出版社,2001.

[8] Don Box,Aaron Skonnard,John Lam. XML 本质论[M]. 卓栋涛,译. 北京:中国电力出版社,2003.

[9] Eric Newcomer,Greg Lomow. Understanding SOA with Web Services[M]. 徐涵,译. 北京:电子工业出版社,2006.

[10] Robert Tabor. . NET XML Web 服务[M]. 徐继伟,英宇,译. 北京:机械工业出版社,2002.

[11] Erich Gamma,Richard Helm,Ralph Johnson,John Vlissides. 设计模式:可复用面向对象软件的基础[M]. 北京:机械工业出版社,2021.

[12] Alan Shalloway,James R. . Trott. 设计模式解析[M]. 徐言声,译. 北京:人民邮电出版社,2010.

[13] Rob Harrop,Jan Machacek. Spring 专业开发指南[M]. Redsaga 翻译小组,译. 北京:电子工业出版社,2006.

[14] Steven L. Halter,Steven J. Munroe. Java 技术精髓[M]. 许崇梅,张雪莲,等译. 北京:机械工业出版社,2002.

[15] 沈军,翟玉庆. 大学计算机基础:基本概念及应用思维解析[M]. 2 版. 北京:高等教育出版社, 2011.

[16] 王先国,方鹏,曾碧卿,等. UML 统一建模实用教程[M]. 北京:清华大学出版社,2009.

[17] 覃征,李旭,王卫红. 软件体系结构[M]. 4 版. 北京:清华大学出版社,2018.

[18] Chris Raistrick, Paul Francis, John Wright, 等. MDA 与可执行 UML[M]. 赵建华,张天,

等译. 北京:机械工业出版社,2006.

[19] Dharma Shukla,Bob Schmidt. WF 本质论[M].周健,译. 北京:机械工业出版社,2007.

[20] Dirk Krafzig,Karl Banke,Dirk Slama. Enterprise SOA:面向服务架构的最佳实战[M]. 韩宏志,译. 北京:清华大学出版社,2006.

[21] Microsoft 公司. System Definition Model Schema. (2007-10-02)[2012-05] http://technet. microsoft. com/zh-cn/bb932708.

[22] Microsoft 公司. SDM Architecture[SDM]. (2005-10)[2012-05] http://msdn. microsoft. com/en-us/library/bb167816(v=VS. 80). aspx.

[23] 温昱. 运用 RUP4+1 视图方法进行软件架构设计. (2006-07-20)[2012-05]. http://www. ibm. com/developerworks/cn/rational/06/r-wenyu/index. html.

[24] stone_zhu. 什么是 RDD?. https://www. jianshu. com/p/6411fff954cf.

[25] RESTful 架构风格概述 2020-04-17. https://blog. csdn. net/siqiangming/article/details/105573840? utm_medium=distribute. pc_relevant. none-task-blog-2~default~baidujs_baidulandingword~default-1-105573840-blog-122451186. 235^v38^pc_relevant_sort&spm=1001. 2101. 3001. 4242. 2&utm_relevant_index=2.

[26] 微服务架构详解 2022-07-31. https://blog. csdn. net/m0_67394002/article/details/126081208.

[27] 面向资源的架构(ROA)概述 2021-07-21. https://baijiahao. baidu. com/s? id=1705865446200108568&wfr=spider&for=pc.

[28] Spark:基本架构及原理 2021-11-26. https://baijiahao. baidu. com/s? id=1717418788218668344&wfr=spider&for=pc.